Pyrolysis Technology and Application
of Oily Sludge in Oil Field

冯英明 魏利 李卓 冯涛 等著

油田含油污泥热解技术及其应用

化学工业出版社

·北京·

内 容 简 介

本书以含油污泥为研究对象，系统地介绍了含油污泥热解处理的技术原理及工艺，并归纳总结了其在环境污染治理与新能源回收开发等方面的应用。全书共 8 章，主要内容包括绪论、含油污泥热解技术的相关标准及分析方法、国外油田热解技术介绍、微波热解技术及应用、大庆油田含油固体废弃物热解工艺、长庆油田含油污泥热解试验、辽河油田含油污泥热解试验、热解脱附技术在油田中的应用。

本书具有较强的技术应用性和针对性，可供从事油田含油污泥处理及资源化等的工程技术人员、科研人员和管理人员参考，也可供高等学校环境科学与工程、市政工程、生物工程及相关专业师生参阅。

图书在版编目（CIP）数据

油田含油污泥热解技术及其应用/冯英明等著. —北京：化学工业出版社，2022.1
　ISBN 978-7-122-39937-3

　Ⅰ.①油… Ⅱ.①冯… Ⅲ.①油田-污泥处理-研究
Ⅳ.①X741.03

中国版本图书馆 CIP 数据核字（2021）第 189436 号

责任编辑：刘兴春　刘　婧　　　　　　　　　文字编辑：丁海蓉
责任校对：王佳伟　　　　　　　　　　　　　装帧设计：张　辉

出版发行：化学工业出版社（北京市东城区青年湖南街 13 号　邮政编码 100011）
印　　装：北京虎彩文化传播有限公司
787mm×1092mm　1/16　印张 20¾　彩插 4　字数 512 千字　2022 年 2 月北京第 1 版第 1 次印刷

购书咨询：010-64518888　　　　　　　　　售后服务：010-64518899
网　　址：http://www.cip.com.cn
凡购买本书，如有缺损质量问题，本社销售中心负责调换。

定　　价：148.00 元

序

随着史上最严格的环保法《土壤污染防治行动计划》（"土十条"）和《水污染防治行动计划》（"水十条"）的出台，含油污泥已被列入《国家危险废物名录》，按照《中华人民共和国清洁生产促进法》要求必须对含油污泥进行无害化处理。国家危险废物处理规范严格，危险废物处理不当可以直接入刑，现在国家允许污染产生企业在法律允许的范畴内自行处置危险废物，给危险废物处置带来新的机遇。

油泥污泥（含油泥砂）是石油产业在勘探、开采、集输过程中产生的大量废弃物，一般分为油田含油污泥与石油化工行业（主要是炼油厂）产生的含油污泥。油田含油污泥包括油田开发过程中产生的落地含油污泥、联合站生产运行中产生的罐底含油污泥和污水站运行中产生的含油污泥。这些废弃物含油量高，不能直接利用或外排，被堆放风干或掩埋地下，不仅污染环境，同时造成大量资源浪费。油田含油污泥已被列为危险固体废物（HW08），是原油开采过程中产生的主要污染物之一，随着三次采油的开发，油田含油污泥产量日趋增大。

近年来热解技术受到广大科研工作者和企业的重视和欢迎，作者系统地总结归纳了国内外含油污泥热解原理和热解技术，在企业的帮助下获得了比较详细的热解工程案例。热解技术经历了不同的发展阶段，由探索、不成熟逐渐走向成熟。现有工艺仍然存在一定的缺点和不足，后续的研究中和工业推广应用中应逐步完善。

现行的许多处理方法都是视含油污泥为危险废物，或仅仅利用了含油污泥的燃烧热，忽略了含油污泥本身所具有的资源价值。随着天然资源的短缺和固体废物排量的激增，许多国家把废物作为"资源"积极开展综合利用，固体废物已逐渐成为可开发的"再生资源"，含油污泥资源化利用将是其最终处置的根本方式，热解技术的一个重要的优点是能够回收部分热解油和产生的炭黑，可以进一步实现资源化。

由中国昆仑工程有限公司冯英明高级工程师与哈尔滨工业大学环境学院的魏利博士等共著的《油田含油污泥热解技术及其应用》一书，填补了国内在该领域的图书空白，将对广大环保科研工作者从事的科学研究和工程实践具有针对性的指导意义。

作者多年来工作在科研和生产一线，对含油污泥进行了深入的研究，同时具有丰富的生产实践经验。作者以近年来新兴的含油污泥处理技术为主线，依据含油污泥处理基本原理的不同对其进行分类及归纳总结，探讨不同背景技术和工艺条件下各种技术工艺在含油污泥处理、环境工程治理等领域不同方向的研究及应用。另外，本书内容充分体现了理论联系实践的思想，结合含油污泥处理技术在解决实际工程问题、指导工程实践中的应用，体现了该类新兴技术对于人类社会实际生产的应用价值及意义，在内容上也充分体现了学以致用的原则。

　　总之，本书在遵循全面落实科学发展观的基础上，详细地总结归纳了含油污泥热解技术、检测分析方法、热解原理以及工艺应用等，将极大程度地满足从事环境保护、环境工程、给水排水等领域的教学、科研、工程技术人员对此类技术的需求。

中国工程院院士　马军

2021 年 5 月

我国在油田环境保护方面的技术研究起步较晚，对含油污泥的处理没有足够重视，鲜有成熟的应用工艺和实例。含油污泥种类繁多、性质复杂，相应的处理技术和设备也呈现多元化趋势。目前含油污泥处理技术大致可分为调质-机械脱水工艺、热处理工艺（化学热洗、焚烧、热解吸）、生物处理法、溶剂萃取技术及其对含油污泥的综合利用等。含油污泥已被列为危险废物，随着环保法规的逐步完善和企业技术进步的要求，含油污泥的污染治理技术已日益引起人们的关注和重视。

含油污泥的处理措施众多，每种方法都有其自身的优缺点和适用范围。含油污泥直接填埋或将含油污泥脱水制成泥饼等简单处理措施是我国多数油田采用的主要方法，但这种方法在一定程度上带来了经济损失和环境污染。

近年来热解技术受到广大科研工作者和企业的重视和欢迎，本书系统地总结归纳了国内外含油污泥热解技术、热解原理，同时在企业的帮助下获得了比较详细的热解工程案例。热解技术经历了不同的发展阶段，由探索、不成熟逐渐走向成熟。现有的工艺仍然存在一定的缺点和不足，后续的研究中和工业推广应用中应逐步完善。

因此，对含油污泥热解处理技术和工艺的产生、原理、发展及应用进行详尽、清晰的阐述，将能够填补我国在该领域的空白。

《油田含油污泥热解技术及其应用》一书，集中阐述了油田含油污泥热解技术及工艺在环境污染治理等方面的应用实例，以含油污泥为研究对象，旨在利用热解工艺技术实现能源的回收和实现资源化。

全书共分为8章。第1章为绪论，分析了我国含油污泥处理的必要性、国内外热解技术的现状，并对含油污泥热解技术发展趋势进行展望；第2章为含油污泥热解技术的相关标准及分析方法，介绍了含油污泥的热解试验以及工程检测的常规方法和标准；第3章为国内外油田热解技术介绍，介绍了美国、加拿大、韩国、德国、澳大利亚、日本、荷兰等国家及我国的含油污泥热解处理技术及现状；第4章为微波热解技术及应用，介绍了微波热解技术的原理和应用情况；第5章为大庆油田含油固体废弃物热解工艺，主要介绍了大庆油田含油污泥热解技术的应用情况、存在的问题与不足；第6章为长庆油田含油污泥热解试验，介绍了长庆油田处理含油污泥热解的工艺和技术特点及实际工程应用；第7章为辽河油田含油污泥热解试验，介绍了辽河油田含油污泥热解的工艺和技术特点及实际工程应用；第8章为热解脱附技术在油田中的应用，介绍了热解脱附技术在我国其他一些油田的应用状况。

总之，本书系统地介绍了含油污泥热解处理的技术原理及工艺，并归纳总结了其在环境污染治理与新能源回收开发等方面的应用，有助于增进读者对这类新兴技术的理解与认识。

本书由冯英明和魏利等著，具体分工如下：第1章由冯英明（中国昆仑工程有限公司），魏利（哈尔滨工业大学、香港科技大学霍英东研究院），欧阳嘉（香港科技大学霍英东研究院）著；第2章由李卓（大庆油田有限责任公司开发事业部），马庆华（中国昆仑工程有限公司），韩丽华、国胜娟（大庆油田工程有限公司），魏利著；第3章由刘才［华辰环保能源（广州）有限责任公司］，魏利，欧阳嘉、张昕昕、潘春波（香港科技大学霍英东研究院），冯英明著；第4章由冯涛（大庆油田工程有限公司），欧阳嘉，魏东（哈尔滨工业大学），李春颖（哈尔滨商业大学），魏利著；第5章由冯英明，王超峰（大庆油田华谊实业公司），李卓、陈鹏、冯涛（大庆油田工程有限公司）著；第6章由陶卫克（中国昆仑工程有限公司），陈勇、刘旭（辽宁华孚环境工程股份有限公司），马玉峰（长庆油田质量安全环保部），刘忠宇（大庆油田有限责任公司第七采油厂），冯英明著；第7章由魏利，李卓，张昕昕、赵云发（香港科技大学霍英东研究院），魏东，李春颖著；第8章由姜麟松（中国昆仑工程有限公司），岳勇、金兆迪（杰瑞环保科技有限公司），鲁勇蒲（新疆油田公司采油二厂），邓海平（大庆油田有限责任公司第七采油厂），冯英明著。全书最后由冯英明、魏利、李卓、冯涛统稿并定稿。

本书的编写一直得到哈尔滨工业大学马军院士的关注，马军院士在百忙之中为本书欣然作序，在此表示衷心的感谢！中石油集团公司咨询中心专家罗治斌，中国昆仑工程有限公司许贤文，大庆油田有限责任公司万军、韩凤臣及大庆油田工程有限公司张昌兴、夏福军等对本书的撰写给予了鼎力的支持与帮助，同时大庆油田工程有限公司的工作人员为本书的出版做了大量的工作，在此对支持和关心本书编写的领导、专家和同事表示衷心的感谢。本书的撰写和出版得到杰瑞环保科技有限公司、辽宁华孚环境工程股份有限公司的帮助，著者深表谢忱！同时本书还得到了中国昆仑工程有限公司含油污泥处理项目、大庆油田含油固体废弃物处理项目，广州市"羊城创新创业领军人才支持计划"（项目编号：2017012），广州市科技厅项目对外科技合作专题（201704030053），佛山科技专项（FSUST19-FYTRI03），广州市科技规划项目（201907010005），广州市基础与应用基础研究项目（202002030220），城市水资源与水环境国家重点实验室开放研究基金（2019TS05）以及国家创新群体项目（No.51121062）的资助。

本书在撰写过程中参考了相关领域部分教材、专著以及国内外生产实践相关资料，在此对这些著作的作者表示感谢。

由于本书是著者首次探索性撰写，且著者水平有限，书中疏漏和不妥之处在所难免，敬请广大读者批评指正。

著　者
2021 年 4 月

目录

第1章

绪　论

1.1　含油污泥概述及其处理的必要性

1.1.1　含油污泥的定义、组成及性质

（1）含油污泥的定义

含油污泥，简称油泥，指混入原油、各种成品油、渣油等重质油的污泥，是油田开发、运输、炼制过程中产生的主要污染物之一，是原油采出液带到地面的固体颗粒（砂岩、石灰岩等含油层的细小岩屑、黏土或淤泥）和容器内物质的反应生成物。含油污泥主要分为原油开采产生的含油污泥、油田集输过程产生的含油污泥、炼油厂污水处理工艺产生的含油污泥。

原油开采产生的含油污泥主要来源于地面处理系统，包括采油污水处理过程中产生的含油污泥，以及污水净化处理中投加的净水剂形成的絮体、设备及管道腐蚀产物和垢物、细菌（尸体）等。

油田集输过程产生的含油污泥主要来源于油田接转站、联合站的油罐、沉降罐、污水罐、隔油池底泥，炼厂含油水处理设施、轻烃加工厂、天然气净化装置清除出来的油砂、油泥，钻井、作业管线穿孔而产生的落地原油及含油污泥。油品储罐在储存油品时，油品中的少量机械杂质、砂粒、泥土、重金属盐类以及石蜡和沥青质等重油性组分沉积在油罐底部，形成罐底油泥。

炼油厂污水处理工艺产生的含油污泥主要来源于炼油厂隔油池底泥、浮选池浮渣、原油罐底泥等，俗称"三泥"。

油田含油污泥主要包括落地油泥、沉降罐油泥、三相分离器油泥及生产事故产生的溢油污泥等。

目前，我国含油污泥的产量巨大，按照我国目前原油产量（16×10^8 t/a）估算，每年将有近百万吨的油泥产生，若加上石油化工产生的"三泥"（包括隔油池和浮选池底泥、浮选池浮渣及剩余活性污泥等），总量还要大得多。据不完全统计，我国每年产生的不同类型含油污泥高达 1×10^7 t，预估市场值达到 1000 亿元人民币。

（2）含油污泥的组成及性质

含油污泥是由石油烃类、胶质、沥青质、泥砂、无机絮体、有机絮体以及水和其他有机

物、无机物牢固黏结在一起的乳化体系。它属于危险固体废物，污泥含油量高，一般为 $10\%\sim50\%$，含水率为 $40\%\sim90\%$，砂土含量为 $55\%\sim65\%$，密度约为 $1.6t/m^3$，孔隙率约为 40%。阮宏伟等提出，污水处理过程中经板框压滤后产生的油泥含油率为 5.3%，含水率为 80.2%，无机矿物质含量高；清罐过程中产生的油泥性质波动较大，泥砂含量较高，含油率普遍高于 10%。含油污泥黏度大，脱水难，是黑色黏稠状的半流体，且成分复杂。它不仅含有大量老化原油、沥青质、蜡质、胶体、细菌、固体悬浮物、盐类、腐蚀性产物、酸性气体等，还包括在生产过程中加入的缓蚀剂、凝聚剂、杀菌剂、阻垢剂等水处理剂，以及 Fe、Cu、Hg、Zn 等重金属，苯系物、酚类等有机物，是石油行业主要的污染源之一。

1.1.2　含油污泥对油田生产的影响

含油污泥的露天堆放将会对生产区域造成影响：

① 油田地面处理系统中产生的含油污泥，如果不及时移出系统，会降低系统（尤其是污水处理系统）的处理效率，影响系统的处理效果，最终导致处理结果不达标；

② 在油田地面处理系统中，一部分污泥在脱水和污水处理系统中循环，造成水处理系统恶化，恶化的水处理系统使原油生产中的注入水水质超标，致使注入压力越来越大，不仅造成了能量的巨大损耗，还会导致井筒内套管变形，影响原油生产；

③ 油田产生的含油污泥不及时处理，会给企业带来巨大的经济损失，仅大港油田每年就要缴纳高达 500 万元的排污费。

1.1.3　含油污泥对周边生态环境和人体健康的影响

含油污泥得不到及时处理将会对周边环境造成不同程度的影响：首先，散落和堆放的含油污泥，其中的石油类物质不易被土壤吸收，通过渗透等一系列作用进入地下，污染地下水，使水中化学需氧量（COD）、生化需氧量（BOD）和石油类严重超标；其次，这些污染物随着大气运动扩散到大气环境中，污染空气，并以雨水、雾等形式重新回到地面，进入水体中污染地表水；再次，含油污泥含有大量的原油，石油类物质进入土壤环境后影响其通透性，降低土壤质量，造成土壤中石油类超标，土壤板结，使区域内的植被遭到破坏，草原退化，生态环境受到影响；最后，含油污泥中的油气挥发，使生产区域内空气质量存在总烃浓度超标的现象，石油类物质中的芳烃类物质，尤其是多环芳烃毒性更大，各种正烷烃、支链烃、环烷烃会引起呼吸系统、肾脏和中枢神经系统疾病，油泥中的有毒重金属（如镍、铬、锌、铅、锰、镉和铜）浓度也比在土壤中相对较高，如果处理不当会造成工人中毒事件，或是进入生态系统后通过食物链进入动植物体内，进而影响人类的身体健康。

含油污泥若不处理直接排放，不仅占用大量耕地，而且对周围土壤等生态系统造成很难逆转或不可逆转的破坏。含油污泥中的石油类物质是破坏土壤、水体以及空气等生态系统的主要成分；烃类物质会阻碍植物的呼吸、吸收以及光合作用，甚至会引起根部腐烂，从而破坏植被生态系统。

1.1.4　含油污泥处理的必要性和意义

由于含油污泥中含有硫化物、苯系物、酚类、蒽、芘等数百种有毒有害物质，且原油中所含的某些烃类物质（苯、多环芳烃等）具有致癌、致畸、致突变"三致"效应，被美国环保署列为优先污染物，并且对其排放有严格的限制，美国资源保护与回收法将其列为危险废物。在中国，含油污泥也已被列入《国家危险废物名录》废矿物油条目（HW08）中，危险特性属于毒性、易燃，纳入危险废物进行管理。按照《中华人民共和国清洁生产促进法》的要求，必须对含油污泥进行无害化处理。此外，针对危险废物，我国相继制定和出台了《危险废物焚烧污染控制标准》和《危险废物填埋污染控制标准》等标准。根据国家 2018 年 1月 1 日开始实施的《中华人民共和国环境保护税法》规定，排放危险废物将会承担 1000元/t 的环境保护税。最高人民法院、最高人民检察院联合发布的《关于办理环境污染刑事案件适用法律若干问题的解释》第一条第 2 项，"非法排放、倾倒、处置危险废物三吨以上"认定为"严重污染环境"，进而构成污染环境罪。因此，含油污泥的合法处理处置是必要的。

随着国家环保要求日趋严格，含油污泥减量化、无害化、资源化处理技术将成为污泥处理技术发展的必然趋势。带有有害物质和含油量较高的污泥，采用一定的回收处理技术，可将污泥中的原油回收，在实现环境治理和防止污染的同时可以取得一定的经济效益；另外，处理后的污泥可用于高渗透率油层调剖，或再采用相应治理技术处理，达到国家排放的标准，或者回用铺路等综合利用，能够彻底实现含油污泥的无害化处理。因此，对含油污泥进行经济有效的治理与利用对油田可持续发展具有重要的实际意义。

1.2 含油污泥热解处理研究的发展历程

1.2.1 含油污泥热处理技术的分类、定义及优缺点

现今对含油污泥的处理应遵循以下 3 个步骤：
① 将石油工业产生的含油污泥减量化；
② 回收既有的含油污泥中的燃料油；
③ 将不可回收的残渣或含油污泥无害化处置。

现有的含油污泥处理技术根据目的不同可以分为资源化处理技术和无害化处理技术两大类。其中，资源化处理技术主要有热解法、溶剂萃取法、热化学洗油、冷冻/融化法、微波处理法、离心分离法、超声处理法等；无害化处理技术包括焚烧法、稳定固化法、氧化剂新型氧化技术、安全填埋、生物堆肥和生物反应器法等。表 1-1 所列为几种含油污泥处理技术的对比分析。

表 1-1 几种含油污泥处理技术比较

处理方法		优 点	缺 点
无害化处理技术	回注法	污泥无害化处理,封堵能力强,可以提高油井开采能力	不能回收油泥中的可燃组分
	焚烧法	流程简单,处理费用低,可以回收含油污泥中的热能	焚烧过程中控制条件要求高,焚烧后易产生二噁英等二次污染物
	填埋法	操作简单,运行成本低,处理量大	油泥未进行根本处理,易形成二次污染
	氧化处理法	处理周期短;抵抗外界干扰能力强;产物易被生物降解	需要大量氧化剂;需要专门的设备;能源消耗大
	稳定固化法	固定重金属及有机污染物,固定率高	固化产物的机械强度待研究
	生物反应器法	操作简单,处理效果好,处理方式灵活	影响因素较多,成本高

续表

处理方法		优 点	缺 点
资源化处理技术	溶剂萃取法	可以将油泥中大部分原油进行回收,能耗小,处理彻底	萃取剂消耗较大,价格昂贵,无法工业应用
	微波处理法	加热速率高,升温时间短;破乳效率高,过程易控制;易引发低温芳构化反应,生成的小分子芳香族化合物毒性较弱	需要专业设备,投资高;运行成本高
	离心分离法	技术成熟、清洁;分离效率高;占地面积小	能耗高;处理量小;设备投入高,且带来噪声污染;需预处理
	超声处理法	快速、清洁、高效;不会引发二次污染	难以大规模应用;需要专业设备,前期投入高,运行成本高,设备维护费用高
	热解法	能将重质油等转化为小分子可燃物质,处理彻底、清洁	对温度要求严格,难以实现均匀加热

含油污泥的热处理方法主要包括焚烧法、热脱析法、焦化法和热解法。

(1) 焚烧法

焚烧法是将含油污泥在辅助燃料和过量空气条件下充分燃烧的热分解方法,使污泥变成体积小、毒性小的炉渣,是一种大型炼油厂普遍选择的含油污泥处置方式。主流的焚化炉主要是回转窑和流化床两种形式。回转窑焚烧炉内温度更高,处理时间短;而流化床焚烧炉中火焰温度更低,燃尽时间长,但是能处理低热值的废弃物。因此,在我国流化床焚烧炉渐渐取代了回转窑式焚烧炉。焚烧过程会受到很多因素的影响,例如燃烧条件、停留时间、炉内温度、原料热值、辅助燃料和加料速度等。经过炉内燃烧,含油污泥可以作为燃料提供能源,驱动蒸汽轮机。而且,经过焚烧之后,含油污泥的体积急剧减小。尽管焚烧处置有很多优势,但它也受到很多限制。首先,含油污泥中含有大量水分,焚烧之前需对其进行脱水处理,以提高燃料效率。其次,为了保证含油污泥的连续燃烧,需添加一定比例的辅助燃料,焚烧温度一般控制在 800～850℃;而且,燃烧过程中不完全燃烧产生的污染物(如小分子多环芳烃)逃逸到大气中,会带来严重的大气污染。焚烧厂还会产生大量的飞灰、废水和污泥,这些都不能直接排放到环境中。此外,含油污泥中含有大量不能被燃烧分解的有害成分,而且焚烧处置需要大量的前期投入和运行成本。

焚烧法是含油污泥无害化处理研究与应用较早的方向之一,流程简单,可以回收含油污泥中的热能,但由于焚烧过程中控制条件要求高,运行成本较高,同时还可能产生二噁英等二次污染物。

(2) 热脱析法

含油污泥的热脱析处理技术是 20 世纪 90 年代初国外迅速发展起来的。热脱析法是污泥在绝氧的环境下加热到一定的温度(略低于有机物的热分解温度,在 300～450℃ 之间),采用惰性气体或烟气作为吹扫气,使有机物从含油污泥中解析并分离,没有或很少的有机污染物发生分解,实现有机物的物理分离过程。解析后的剩余残渣能达到美国最佳示范有效技术(BDAT)要求。热脱析是一种改型的污泥高温处理工艺,该工艺适合处理像含油污泥这类含有挥发性污染物的物质,多用于挥发性或半挥发性污染物、多氯联苯及农药造成的土地污染的场地修复,但难以用于处理无机污染物。

热脱析的主要缺点是重质油无法处理,反应条件要求较高,操作比较复杂。

（3）焦化法

焦化法是指在较高的温度下对含油污泥进行热解处理，既能将低沸点的有机挥发分分离提取出来，也可将高沸点重质油通过裂解和缩合分离出来，属于烃类物质的热转化过程。焦化法处理含油污泥，实质就是对重质油的深度热处理，主要是利用现存的焦化处理工艺可处理重质油，增加轻质油收率的原理，对含油污泥中的重质油进行处理。在热转化过程中，重质油一般加热至 370℃ 左右即开始裂解，同时缩合反应随裂化深度的增加而加快。在低裂解深度下，原料和焦油中的芳烃是主要结焦母体；在高裂解深度下，二次反应生成的缩聚物是主要结焦母体。最终，裂解的轻质烃类在合适的温度下被分离，最终的缩聚物被留在反应容器中。通过控制一定的反应条件，可以使反应有选择地进行，其中原料性质、反应温度、反应压力、停留时间等是影响反应的主要参数。

目前，焦化处理含油污泥的发展主要有两个方面：一是利用焦化法处理含油污泥中的重质油，直接回收轻质油产品；二是向含油污泥中加入一定量的强度添加剂和炭化添加剂，并在焦化过程中控制焦化反应条件生产含碳吸附剂。该方法要求污泥的含油量必须达到 50%以上才能和焦化原料油按一定比例处理，但由于反应设备昂贵、能耗高，难以大规模推广，目前仅在炼油厂和油田企业有些应用。

（4）热解法

热解法是在惰性气氛下（无氧或控氧的环境下）将物料加热到高温（500～1200℃），使含油污泥发生热脱析、热解和炭化一系列物理和化学反应过程，将有机物大分子转化为小分子的热化学反应，亦称为干馏。热解产物分为回收油、不可冷凝气体、冷凝水和固体残渣（焦炭、半焦）。根据最终热解温度可分为：低温（500～700℃）热解，可产生高热值的油、固定碳含量高的固体残渣；中高温（700～1200℃）热解，以生产中热值燃料气与焦炭为目的。通过控制热解过程的条件可以确定热解过程的主要产物是焦炭、液相油或可燃气，从而达到无害化与资源化处理含油污泥的目的。

国内外对含油污泥热解技术已经开展初步试验研究，并依据小规模试验和实际操作经验进行工艺设计，部分已进入中试或工业规模阶段的研究，有的已经进行了商业化应用，但热解法一般较适用于含油率较高的污泥。热解法最大的特点是可以回收资源，无论是回收油还是焦炭。含油污泥低温热解技术具有巨大的环境效益和资源化效益，主要表现在以下几个方面：

① 设备简单，无需耐高温、高压设备，与焚烧技术相比投资相当或略低，运行成本则远低于焚烧技术。

② 能量回收率高，热解产物以易储藏的液体油的形式回收，经过热解处理后，产物的热值与油泥相比均有提高。

③ 对环境造成二次污染的可能性较小，处理后油泥中的重金属钝化富集于固体残渣中；处理温度低、不凝气产量小，SO_2、NO_x、有机氯化物等有害气体产量也相应较少，气体中重金属量小，气体较易处理。

1.2.2　含油污泥的热解技术

热解技术是指含油污泥在隔绝空气的条件下加热到一定温度（500～1200℃），将热分解和蒸馏融为一体，使污泥中的烃类物质进行复杂的水合和裂化反应，将含油污泥转化为气、液、固三种相态物质然后进行分离。气相以烃类和 CO_2 等为主，液相以热解油和水为主，固相以无机矿物残渣和残炭为主。热解技术既可以回收油气资源，又可以利用热解残渣制备吸附剂，有很好的经济效益。

主要工艺过程为：含油污泥经振动筛处理后，去除砖、瓦和石块等大颗粒杂质，经传送带输送至密闭的热解反应器，在热解反应器中污泥被加热至合适的温度进行油泥分离，挥发出的油气通过循环水冷凝回收，处理后的高温污泥经淋水降温后达标排放。该工艺对含油污泥处理得比较彻底，处理后的高温污泥含油率可达 0.01%（100mg/kg）。

含油污泥的热解过程一般经过几个阶段完成。通常热解过程包括干燥脱气（50～180℃）、轻质油挥发析出（180～370℃）、重质油热解析出（370～500℃）、半焦炭化（500～600℃）与矿物质分解（>600℃）5 个阶段。其热解机理方程式可归结为：

$$C_nH_mO_p \xrightarrow{\text{热解}} \sum_{\text{liquid}}C_xH_yO_z + \sum_{\text{gas}}C_aH_bO_c + H_2O + C(\text{char}) \tag{1-1}$$

热解处理是指在无氧或缺氧条件下物质受热分解，与燃烧相比具有以下 3 个方面的优点：a. 能产生固体焦炭、液体油和可燃气；b. 能有效地分离回收含油污泥中的有用组分；c. 其资源化效果好。低温热解的温度比燃烧要低，其氮氧化物排放量和类似二噁英等物质的产量都比燃烧要低，加上其是在缺氧或无氧条件下进行，只要控制好密封问题就能较好地对污染物进行集中控制，无害化程度较高。热解破坏了稳定的油包水、水油和稳定胶体体系，其减量化程度好。

按照供热方式的不同，热解可以分为燃油/燃气加热热解技术、电加热热解技术和微波热解技术三种。其中，燃油/燃气加热和电加热等方式属于传统热源的加热方式。几种传统热源的优缺点对比见表 1-2。

表 1-2 几种传统热源的优缺点对比

热源类型	优 点	缺 点
煤	成本较低	加热难以控制,烟气污染严重
电	加热控制简便,设备体积小	运行成本高
天然气	加热控制简便,清洁能源	需有工业气源
渣油	成本相对低	加热不便控制,有烟气污染

（1）燃油/燃气热解技术

采用燃油或燃气加热热解形式，显著特点是回收的热解油气作为补充燃料为反应釜持续提供热量，减少热解过程中的能量消耗，降低处理成本。燃油、燃气热解技术除了直接加热形式外，还有间接加热形式与直接-间接加热相结合形式。直接供热主要是采用燃烧火焰的辐射热或者产生的高温烟气给物料加热，其优点是供热效率高，缺点是燃烧烟气混入热解气体，降低热解气体的热值；间接加热是将直接供热介质与物料隔开，通过墙式导热或者高温固体介质传热，优点是保证了热解气体的品质，但是间接加热过程中热量损失较大，而且加热效率不高，采用高温固体介质加热时还会出现介质与热解固体难分离的问题。直接加热和间接加热均采用能量传递的方式，热量从表面传入内部，挥发分则从内向外扩散，传热和传质方向相反。燃气直接-间接加热相结合的加热形式为：反应釜壁外部采用燃气直接加热，内部螺旋推进器内通入导热油间接加热，可大大提高燃气加热效率。燃油、燃气热解设备多适用于集中处理，处理量相对较大，运行成本相对较低。

（2）电加热热解技术

对于处理量少的含油污泥，为了减少集中处理的物料运输成本，降低环保风险，在处理过程中考虑到安全因素，往往设计为电加热形式。常见的电加热形式有电阻丝加热和电磁感应加热两种。虽然都是电加热，但两种加热方式及原理大不相同，如图 1-1 和图 1-2 所示。热量传递有热传导、热辐射和热对流 3 种形式。电阻丝加热主要是依靠热辐射和热对流。而电磁感应加热由于磁场与电场的交互作用，在炉壁上形成集肤层，90％以上的交变电流都集中在集肤层中，如图 1-3 所示。根据欧姆定律，电流通过导体会在炉壁的集肤层形成一个"发热层"，能量从集肤层通过炉壁以热传导方式传至炉内物料层。显然，电磁感应加热的热传导能量传递效率远高于电阻丝加热的热辐射和热对流。

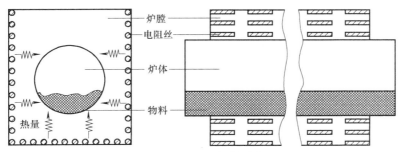

图 1-1　电阻丝加热示意

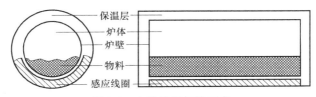

图 1-2　电磁感应加热示意

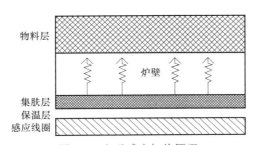

图 1-3　电磁感应加热原理

因此，在油田含油固废热解过程中，电磁感应加热具有热效率高、能量散失少、热量分布均匀等优点。但是由于目前线圈材料的原因，在加热过程中往往会出现过热现象，从而需要实时冷却，常用的有风冷与水冷两种冷却形式。另外，市场上目前常见的都是卧式炉型，物料集中在下半部分，在线圈布线过程中，通常是在有物料接触的地方布线或者上下线圈采用不同的疏密间隙，从而减少加热不均导致的热变形。炉体内材料的磁导率高低对传热效率也有显著影响，所以炉壁选材比较关键。因此，电磁感应加热的传热效率更高，装备投入、技术要求也相对更高。

(3) 微波热解技术

传统加热方式的传热效率低，含油污泥在高温下停留时间较长，其表面和中心的温差较大，内部温度分布不均匀，导致含油污泥在热解过程中二次反应加剧，继而焦炭的生成量增加，反应器容易结焦。除此之外，热解得到的回收油含有较多的多环芳烃。微波加热与常规加热机理不同，微波加热是材料在电磁场作用下由介质损耗而引起的物体加热，分子的高频振动使得动能转变为热能，从而达到均匀加热的目的。物质的加热过程与物质内部的分子极化有着密切关系。传统加热是以热传导的方式，将能量从表面向物料内部传递，而微波加热时是将微波能量场直接作用于整个物料，在物料内部迅速转变为热量，因此加热速度很快。一般而言，物料中的非极性分子与微波不发生作用，而极性分子（如水分子）则会大量地吸收微波能。微波被限制于密闭的加热器内，金属器壁的反射作用使得微波最终只能被物料充分吸收，从而较好地减少了热量的散失，微波能被充分利用。与常规的直接加热热解方式相比，微波热解技术可使温度调控、热解过程及预期最终产物的控制变得容易，节省大量时间和能源，且微波热解污泥等固体废弃物时，合成气产率更高，而且液相油品质更好，油中硫、氮的含量比传统热解得到的油中的含量少。

图 1-4 微波热解和传统热解方式的传热途径

图 1-4 为微波热解与传统热解方式的传热途径示意图。

Dominguez 等发现微波热解与常规热解相比所产生的多环芳族化合物（PACs）含量减少了 72%，而且微波热解污泥对重金属也有一定的固化作用。Yu 等发现，与传统的加热方式相比，微波热解污泥后重金属的溶出率可降低 63%～70%，减少了重金属对土地的污染。张健等对胜利油田所产生的深度干化油泥进行微波热解，研究发现，经微波处理所得的液相油品主要是汽油、柴油及重油，且加热到 800℃ 的残渣符合排放标准。王同华等采用微波辐照热解污泥，利用气相色谱-质谱联用（GC-MS）技术研究了产物的组成与结构，结果微波直接辐照污泥仅达到对其干燥的效果。但在加入吸波介质后分析了热解产物组成及含量，发现可大量提高产物产量且其可直接作为燃料回收利用。

表 1-3 为国内外生物质微波热解的应用情况。

表 1-3 国内外生物质微波热解的应用情况

研究单位	原料	方法	微波裂解效果描述
美国南达科他大学	玉米秸秆	间歇式微波裂解	热解油中富含酚、脂肪烃、芳香烃和呋喃衍生物。生物油收率最高为 36.98%
马来西亚工业大学	棕榈果壳和纤维	低功率微波裂解	当微波功率为 450W，原料与微波吸收剂质量比为 1：0.5，热解时间为 25min 时，生物油收率最高为 20%
日本产业技术研究所	原木	间歇式微波裂解	使用 2450MHz/1.5kW 微波装置直接将原木进行热解，当原木直径为 100mm，质量为 0.371kg 时，热解 11min，生物油收率最高为 31.5%
博洛尼亚大学、VTT 能源公司	松树木屑	微波等离子技术	金属氧化催化剂能够减少生物油重质组分，增加气化冷凝物的产生，使用 MoO_3 时生物油收率最高达 58%
华盛顿州立大学	可溶固形物干酒糟	间歇式微波裂解	在微波功率为 800W，温度为 684℃ 时，反应 13min，生物油收率最高为 50.3%。生物油热值为 20～28MJ/kg
上海大学	杉木屑	低温微波裂解	以甘油或离子液体为微波吸收剂，在温度 150～250℃ 下微波裂解，热值 28MJ/L
武汉工程大学	柳木、麦秆、稻草、高粱秆	间歇式微波裂解	生物质在路易斯酸存在下进行微波裂解，热解液收率达 50% 以上，其中糠醛占有机成分含量达 60% 以上

1.2.3 含油污泥热解处理技术的国内外发展现状

国内外很多学者开展了与含油污泥热解相关的基础领域研究。基础性分析主要包含含油污泥热解动力学分析、含油污泥热解反应器选型、含油污泥热解机理研究、催化热解提高产物油回收率 4 个方面。

1.2.3.1 含油污泥热解动力学分析

热分析是在控温条件下测量物质物理量变化与温度之间的关系，物理量包括质量、吸放热、热形变等。热分析动力学是指在热分析的基础上得到可靠的热分析数据以后，对热分析数据进行数学处理、机理假设等，从而确定该变化过程的动力学信息，通过分析这些动力学信息能推断出物质受热的反应过程和机理。

热分析动力学作为研究反应过程中反应速率动态变化的一门学科，在工程实践中能指导反应器的设计与运行。对于含油污泥的热解，国内外也进行了相当多的动力学研究。

Teixeira 等进行了含油污泥的热解示差扫描量热分析（DSC）实验，结果表明含油污泥在加热过程中水分挥发，在 200℃ 和 600℃ 有两个明显的吸热峰。Saikia 等通过对含油废水处理厂的剩余污泥进行热解研究，得到了扩散和随机成核的热分析动力学机理。在 450～600℃ 条件下以随机成核反应为主，主要是高岭土类物质脱除挥发分过程，活化能为 197kJ/mol，指前因子为 $(2.56～9.79)×10^8 s^{-1}$；在 600～900℃ 条件下以二维扩散反应为主，主要是碳酸盐和含硫化合物的边界相扩散，活化能为 158kJ/mol，指前因子为 $4.897×10^5 s^{-1}$。Choudhury 等通过多重速率扫描法，对含油污泥的热解动力学采用 KAS、Flynn-Wall 和 Friedman 法进行计算，并计算了单反应模型和双反应模型。单反应模型即含油污泥通过一条路径转化为挥发分和残渣，其活化能为 88kJ/mol，反应级数为 2.88，指前因子为 $1.22×10^8 min^{-1}$，反应级数为 2.88；双反应模型即含油污泥通过两条权重不一的路径转化为挥发分和残渣，其活化能分别为 64kJ/mol 和 112kJ/mol，指前因子分别为 $2.97×10^5 min^{-1}$ 和 $1.5×10^{10} min^{-1}$，权重因子分别为 0.7 和 0.3，反应级数分别为 2.08 和 2.98。

Wu 等研究了一种 Arrhenius 型动力学模型，是活化能、指前因子、反应级数的连续变换函数。这种数据拟合方案并不是用来确定实际涉及的化学动力学的，而是以统一的、"无模型"的方式描述复杂的化学动力学，用于工程应用。汇总参数动力学模型适用于从热重分析中解释热解数据。无论数据拟合精度如何，建立模型都需要一个形式化的动力学模型，这个模型不能被认为是固有的，因为它所涉及的化学反应比高度简化的形式化动力学模型所能描述的更为复杂。此研究介绍了另一种将污泥建模为连续混合物的方法，可以描述复杂的化学动力学，而无需使用预先假定的正式的动力学模型。采用 Arrhenius 型表达式，为参数估计提供了依据。此外，还采用两步法确定活化能、指前因子、反应级数的分布，作为样本转换的函数。这个自由模型不需要考虑所涉及的化学方案的详细结构。在过程计算中使用平均动力学参数会产生错误的结论，因为所有得到的分布都明显偏离一个常数值。这一方案可以用于分析工程应用中的热解行为。

金浩等研究了含油污泥的干燥动力学，认为修正 Page 模型适合含油污泥的干燥过程；陈爽等采用微分法拟合 Doyle 法对含油污泥热解的轻重质油的热解两阶段活化能进行了计算，得到第一阶段温度跨度为 200～450℃，反应级数为 2.0，活化能为 33.95～38.99kJ/mol，第二阶段温度跨度为 450～900℃，反应级数为 0.8，活化能为 15.79～16.31kJ/mol。于清航等利用高温热重-差热分析（TGA-DTA）热分析研究了辽河油田罐底含油污泥的热解失重，主要有两个温度阶段，且通过 Coats-Redfern 法求得其动力学参数频率因子 A 和活化能 E。

高敏杰等研究表明炼化厂的含油污泥含水率高达 62.56%，热值低，约 10.85MJ/kg，含油率低至 15.97%，而油组分中的轻质油含量较大，可考虑中低温热解回收轻质油，而重质油的热裂解阶段耗能较大。鲁文涛等分析得到轧钢含油污泥含水率 9.09%，油分达 63.03%，经热解反应动力学分析得出，残渣的存在有助于降低油蒸发阶段的表观活化能。

热重-微商热重分析（TG-DTG）分析油田含油污泥、风化含油污泥和混合油泥（含油污泥和储油罐沉积物的混合污泥）的 DTG 曲线峰值分布，得出：a. 当水或油直接接触亲水基体时，它不能在 393K 以下蒸发；b. 当水或油间接接触亲水基体时，它可以在 393K 以下蒸发；c. 当水或油直接或间接接触疏水基体时，其蒸发温度可在 393K 以下，不受油和水添加顺序的影响。含油污泥和风化含油污泥具有亲水基质，然而，混合油泥具有疏水基体。这些信息对于污泥处理工艺的选择和热解设计的优化具有重要的参考价值。添加含油污泥灰分有助于提高含油污泥热解的失重量。动力学分析表明，风化含油污泥的平均活化能显著高于含油污泥。因此，储存含油污泥过程中的风化作用会提高含油污泥的平均活化能，使热解风化含油污泥比热解含油污泥消耗更多的能量。高温（>680K）热解过程，添加含油污泥灰分比添加石英砂可降低活化能，平均活化能分别为 172.8kJ/mol、183.6kJ/mol。

杨淑清等利用 9 种动力学机制模式函数模拟临港含油污泥的热解动力学过程，通过热解分析得出，随升温速率增加，热解过程的 TG 和 DTA 曲线向高温方向移动，含油污泥热解在第一阶段（200～400℃）符合三维扩散反应动力学机制，表观活化能为 12.95～41.68kJ/mol；第二阶段（400～600℃）的热解反应符合一级反应规律，表观活化能为 36.16～84.28kJ/mol。此研究有助于调控热解参数，以提高产物资源化利用率。重油烃类热反应机理见图 1-5。

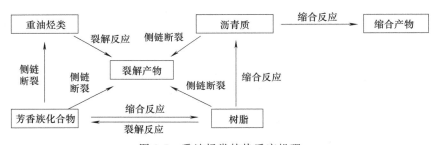

图 1-5　重油烃类的热反应机理

1.2.3.2　含油污泥热解反应器选型

目前，国内外学者在含油污泥热解反应器选型方面也开展了大量工作。一个完整的热解工艺包括进料系统、反应器、回收净化系统、控制系统几个部分。其中反应器部分是整个工艺的核心，热解过程就在反应器中发生。不同的热解器类型决定了整个热解反应的方式以及热解产物的成分。根据加热方式不同，固体废物的热解反应器可分为外热式和内热式两种；根据供热介质不同，又可分为固体热载体和气体热载体两种。热解反应方式有催化热解、干燥热解、真空热解、低温热解、加氢热解、过热蒸汽气提热解、自热热解、煤共热解和等离子体热解等。可采用的反应器种类很多，主要根据燃烧床条件及内部物流方向进行分类。常用的含油污泥热解反应器有流化床和固定床两种，炉型包括回转式反应器、循环流化床反应器、固定床反应器、真空移动床反应器、烧灼床反应器等。选用不同热解方式所回收的热解产物存在一定的差异。因此，应针对不同热解产物选择合适的热解装置。

常用的几种热解炉炉型对比分析见表 1-4。

表 1-4　常用的热解炉炉型对比

项目	常规炼焦炉	小型炉排炉	回转炉
工艺结构	复杂	复杂	简单
运行操作控制	严格	严格	简单
安全性	密封性好	密封性好	密封性差
适宜处理规模	>100t/d	20~200t/d	<30t/d
适应物料	固态物料	固态物料	各种物料

(1) 固定床反应器

经选择和破碎的物料从反应器顶部加入，通过燃烧床向下移动，在反应器的底部引入预热的空气或氧气。这种反应器的产物包括从底部排出的熔渣和从顶部排出的气体。在固定燃烧床反应器中，维持反应进行的热量是由废物部分燃烧提供的。物料在反应器中滞留时间长，保证了废物最大限度地转换成燃料。但固定床反应器也存在一些技术难题，如黏性燃料需要经过预处理才能直接加入反应器。

P. Hyunju 等采用催化剂床反应器对污水污泥的快速催化热解进行了研究，结果表明金属氧化物 CaO 和 La_2O_3 的加入会使热解产油量减少，产水量增加，但是能够脱出油中的氯化物。C. Y. Chang 等和 J. L. Shie 等利用小型管式炉进行了细致的研究；赵东风等对含油污泥进行了焦化反应，样品平均含油率为 69.46%，含水率为 4.71%；Heuer 等开发的加热、蒸发、冷凝步骤的含油污泥处理工艺已在欧洲多个国家申请了专利，其包含低温（107~204℃）到高温（357~510℃）；Krebs、Geory 等研究出利用锅炉排放热废气干燥含油泥饼的专利技术和 TermTech 热解吸工艺等。

(2) 流化床反应器

流化床是一种快速热解反应器，比固定床热解过程的传热速率高。在流化床中，气体与物料同流向相接触，由于反应器中气体流速高到可以使颗粒悬浮，所以反应性能好，速度快。在流化床工艺控制中，要求物料颗粒本身可燃性好。另外，温度应控制在避免灰渣熔化的范围内。流化床适用于含水量高或波动大的物质，且设备尺寸比固定床小，但流化床反应器热损失大，气体中不仅带走大量的热量，还有较多未反应的固体粉末。所以在物料本身热值不高的情况下，尚须提供辅助燃料以保持设备正常运转。流化床的快速热解研究表明，在一定温度下，相对较快的进料速度以及快速地冷凝挥发产物使含油污泥脱挥发分得到的热解油产物量相对较高，得到的热解油可以用作燃料以及其他化学产品。循环流化床装置见图 1-6。

流化床热解工艺具有快速热解、产油率高、热效率高等特点。目前，最著名的循环流化床反应器研究团队是德国汉堡大学的团队。该团队从 20 世纪 70 年代开始循环流化床反应器的热解研究，取得了显著的成果。流化床反应器一般在反应条件下通过直接接触传热方式以达到制取热解油等产物的目的，分别用于塑料和污泥热解的循环流化床，已经研制成功并顺利调试。目前，该团队开始研究流化床在低温下热解固体有机废物，以提高热解油的产量以及减少过程中能量的投入。流化床热解装置可实现连续生产，但在工业运行过程中，存在设

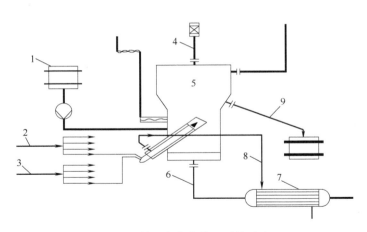

图 1-6 循环流化床装置系统示意

1—液态进料；2—压缩空气；3—丙烷；4—锁栓；5—反应器；6—流态化气体；7—换热器；8—废气；9—溢流槽

备磨损严重、控制复杂等问题。H. Schmidt 等利用流化床反应器对含油污泥进行了热解处理，在控制热解温度 650℃时，从含油污泥中回收油量可以达到 84%，并且热解温度越高，回收油中的低沸点物质越多。吴家强等在小型流化床反应器上对含油污泥热解的条件进行了优化，得到了适合流化床热解过程的工艺参数。刘会娥等在冷态流化床中进行了含油污泥与石英砂的流化实验，计算了最小流化速度和最佳配料比。

(3) 回转窑

回转窑是一种间接加热的高温分解反应器，主要设备为一个稍微倾斜的圆筒，因此可以使物料移动通过蒸馏容器到卸料口。分解反应所产生的气体一部分在蒸馏容器外壁与燃烧室内壁之间的空间燃烧，这部分热量用来加热物料。在这类装置中要求物料必须破碎较细，以保证反应进行完全。此类反应器生产的可燃气热值较高，可燃性好。回转窑反应装置见图 1-7。

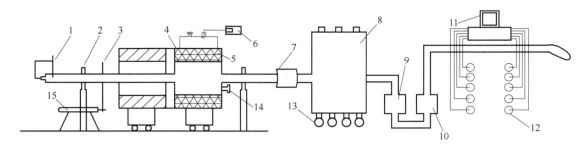

图 1-7 回转窑反应装置系统示意

1—数字式温度计；2—轴承；3—齿轮链条传动机构；4—管式电炉；5—回转窑筒体；6—温度控制仪；7—密封；8—两级冷凝器；9—过滤器；10—累计流量计；11—计算机；12—气体采样装置；13—焦油收集器；14—给料出料口；15—无极变速电机

回转窑反应器目前广泛应用于物料的热解与气化过程，相比于其他反应器有其特殊的优势。回转窑热解处理废物最大的特点是对废物有很好的混合效果，可以得到更均匀的热解产物；并且对于连续的热解器来说，回转窑中物料的停留时间更容易控制。回转窑热解反应器适合于不同形状、大小以及热值的物料的热解处理。

根据加热方式的不同，回转窑热解工艺可分为外热式和内热式两种。外热式热解工艺相对内热式热解工艺污染小、产品质量纯和油产率高等，因此应用更为广泛。另外，回转窑相比其他热解装置对原料形态和尺寸要求更低，适应性更广，在工业应用上更为普遍。

典型的回转窑热解器有意大利中试规模回转窑、卡塞尔大学实验规模的回转窑以及清华大学和浙江大学中试回转窑反应器。

Chao 等利用回转窑热解反应器对含油污泥和生物质进行了热解研究；陈超等在 1kg/h 的回转窑热解反应器中开展了含油污泥的热解析实验，并进行了质能平衡分析；李静通过智能模糊控制对含油污泥热解过程中的温度控制和换热控制进行了研究，并得到了一个比较适合工业运用的仿真设计方案；唐昊渊对回转窑反应器含油污泥的输送方式进行了研究，确定了泵输送与螺旋桨输送相比存在着不易黏、输送均匀性好的优点，但存在对油泥本身的均匀性要求高的缺点。回转窑热解轻质组分油的效率和热值比干馏炉和固定床热解装置高，分别可达 90.75% 和 48.01MJ/kg。

（4）双塔循环式热解反应器

双塔循环式热解反应器包括固体废物热分解塔和固形炭燃烧塔，二者的共同点是将热分解及燃烧反应分开在两个塔中进行。热解所需的热量由热解生成的固体炭或燃料气在燃烧塔内燃烧供给。惰性的热媒体在燃烧炉内吸收热量并被流化气鼓动成流态，经连络管返回燃烧炉内，再被加热返回热解炉。受热的废物在热解炉内分解，生成的气体一部分作为热分解炉的流动化气体循环使用，一部分为产品，而生成的炭及油品在燃烧炉内作为燃料使用，加热热媒体。双塔的优点是燃烧的废气不进入产品气体中，因此可得热值较高的燃料气；在燃烧炉内热媒体向上流动，可防止热媒体结块；因炭燃烧所需的空气量少，向外排出废气少；在流化床内温度均一，可以避免局部过热和防止结块。

（5）移动床反应器

R. Cypres 等开发出两段移动床，分别由链条式热解一次反应器和挥发相二次反应器两个反应器组成。

（6）烧蚀床反应器

烧蚀床反应器的热解原理是先将金属料板加热到一定温度后，再将物料与高温的金属表面直接接触，使物料快速升温并热解，获得大量热解油产物。Block 等和 T. J. Bandosz 等研究了连续烧蚀床对固体废弃物物料在热解方面的应用。烧蚀床是将物料在高温的金属表面进行滑动接触，由于其高传热效率，在热解过程中可以最大限度地得到热解油产物。目前烧蚀床有 50kg/h 中试规模的反应器以及 10～25kg/h 实验室规模的反应器，两种规模的反应器都验证了其高效的传热传质效率。在一定热解条件下，采用烧蚀床热解有机废物，热解油产率可以达到 54%（质量分数），且热解油中轻质油组分很少，说明接触传热对于提高物料的传热传质效果明显。烧蚀床的热解固体产率比回转窑和固定床高，且灰分含量低。

（7）真空反应器

通过抽真空方式实现物料热解产生的热解气快速离开反应器，大幅度提高油产率，但设备庞大，操作难度高，工艺应用受到限制。目前加拿大 Laval 大学已建成一套 3500kg/h 的生物质真空热解设备。

（8）热固载体热解反应器

热固载体这种高速率传热热解方式不仅提高了能量的利用率，而且高硬度的热固载体石英砂克服了含油污泥热解过程中结团现象的发生，使热解更加充分。该技术的核心部分是利用回转窑对物料良好的混合性和易控制的停留时间等优势，在窑内添加热固载体以改变传统回转窑的慢传热方式。热固载体回转窑的内部温度分布区别于一般回转窑，窑内高温区域集中在热固载体部分，而窑壁和窑内非热固载体空间的温度较低，这种温度梯度分布可以有效地避免在热解过程中产生的挥发物发生二次裂解、聚合等一系列反应，提高热解油的产率和燃料品质。

对于热固载体热解反应方面的研究，Yperman 等在半连续的热固载体热解反应器中开展了生物质和聚乳酸混合物热解研究。结果表明，热固载体这种闪速热解过程有助于提高热解油的产率以及降低热解油中水分的含量，热解油产率增加了 28%（质量分数），水分含量下降了 37%（质量分数），能量的回收率提高了 27%。Kodera 等研究了在移动床中添加石英砂等热固载体对废旧塑料热解制取燃料气特性的影响。结果表明，聚丙烯塑料通过热固载体热解后，在催化剂同时存在下气态碳氧化合物产率高达 94%（质量分数）。

（9）微波热解反应器

微波辅助技术是缩短热解反应时间，提高不同原料附加值产品质量的有效方法。此外，该技术还可以克服原料粉碎的需要，提高加热质量。在许多欧洲国家，例如奥地利、芬兰、德国和英国，利用生物质发电和供热的生产正在发展。其他一些国家（瑞典、丹麦、美国和其他几个经济合作组织国家）也在这一领域进行投资。瑞典超过 50% 的供热使用生物质。农业废料，如椰子壳，在发展中国家已用于小规模发电和供热。而拥有大型制糖业的国家，如巴西、哥伦比亚、古巴、印度、菲律宾和泰国等使用甘蔗废料作为热源和电源。

Zhao 等的微波反应器是由家用 3000W、2.45GHz 的微波炉改造的，由一个两位数的电子天平称重，热电偶读取热解温度，电加热设备使反应器气体循环，避免在反应器壁上和管道内的液相产物冷却。随温度升高，产气量升高，固体炭残渣的比表面积增大。Hu 等将 500mL 的三口石英反应器置于 3750W/2.45GHz 的微波炉中，反应器连接氮气瓶，石英反应器中间口插入热电偶测温，另一口释放热解气体。微波能量从 750W 调到 2250W，反应温度从 200℃升至 800℃，促进气相产物的生成，降低固体产率。最大产油率 35.83%（质量分数）在 1500W 微波能中产生，最大产气量 52.37%（质量分数）在微波能 2250W 的条件下产生。结果表明，提高微波功率和催化剂浓度可以改善催化剂的产气性能，使用活性炭作为催化剂的效果最好，固体残渣次之。生物燃料的最大产量（87.47%）采用活性炭最佳含量（5%），提高了普通炭的产气率 75.66%。Ren 等采用 700W 的微波功率，于 471℃下反应 15min，产油率和产气率达到最大值，气体收率从 39.3%（质量分数）升至 68.8%（质量分数），生物油收率从 33.8%（质量分数）升至 57.8%（质量分数），固体炭和合成气分别从 31.2%（质量分数）升至 60.7%（质量分数）和从 7.9%（质量分数）升至 15.0%（质量分数）。R.Omar 等提出由于水是一种很好的微波吸收体，高含水量的油棕空果束（EFB）可以提高微波的加热效率从而实现快速干燥，高含水量的 EFB 提高了 12.8% 的微波加热效率，对微波吸收有正向的影响。在 2.45GHz 时，介质的介电性能和含水率可以达到 60%。结果表明，EFB 的燃料和化学性能与其他生物质原料相当，具有较高的微波热解原料潜力。

（10）其他工艺

另外，还有热辐射反应器、桨式间歇反应器（见图 1-8）等。

1.2.3.3 含油污泥热解机理研究

对于含油污泥的热解机理，主要的研究方式是通过对热解产物的理化性质进行分析和用

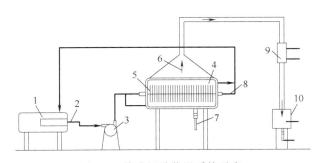

图 1-8 桨式间歇装置系统示意

1—加热器；2—导热流体；3—泵；4—桨式反应器；5—摇桨；6—水油气产物；

7—固体残余物；8—回流导热流体；9—冷却器；10—分离器

一些现代化的在线分析手段进行研究。一般认为含油污泥的热解过程是含油污泥中的烃类有机物在受热条件下挥发，同时一些有机物产生热裂解从而改变原有分子结构形态，一方面大分子通过断键和异构等反应形成小分子，另一方面小分子聚合形成大分子。这些烃类有机组分经过冷凝后得到热解油。含油污泥中所蕴藏的热力以热解油和小分子不可冷凝气的形式贮留下来。因此，含油污泥的热解过程是一个复杂的连续化学反应和物理挥发相转移的耦合过程。

G. Hu 等使用响应曲面法研究废弃生物质和石油污泥的共热解。响应曲面法用于分析原料中生物质的百分率、温度和加热速率对热解油和残炭的交互影响。实验表明，共热解的油产率和品质都优于生物质单独热解，具有更好的经济效益。共热解的生物质百分比高于 50%，可提高 4% 的产油率。产物油的 H/C 值从 1.5 提高到 2.0，热值从 19.5MJ/kg 提高到 24.5MJ/kg。原料中提高生物质的比例，残炭中的碳含量也随之增加。含油污泥作为生物质热解的添加物，不仅促进了能量的回收，同时也有效降低了危险废物的环境风险。

Schmidt 等研究了罐底含油污泥在 773~923K 下流化床热解制取热解油及产物分布的热解特性。结果表明，70%~84% 的热解油从含油污泥中分离出来。热解油的分布情况主要受含油污泥本身特性以及反应条件控制。在高温情况下，挥发出来的油蒸气会裂解成低沸点的小分子气体。而在加热过程中有些固体会发生部分氧化现象，所以热解后的残渣需要进一步惰性化处理。总体上验证了流化床是一种有效的回收含油污泥中原油的方式。

宋薇等通过气相色谱-红外光谱联用对含油污泥热解进行了研究，通过对热解过程中挥发分析出的红外片段进行分析，认为含油污泥的热解过程可以分为 5 个阶段：干燥脱气阶段，主要表现为少量的水的特征峰和 CO_2 特征峰；轻质烃挥发阶段，主要表现为大量的烷烃类和弱的醛类物质的特征峰；重质烃挥发阶段，与轻质烃挥发类似，但会出现烯烃和芳烃特征峰；半焦反应阶段，烃类物质的强度逐渐减弱；矿物质反应阶段，产物以 CO_2 为主，为碳酸盐受热分解所致。

赵海培等研究表明含油污泥热解过程中不仅仅是含油污泥颗粒孔隙内的烃类组分挥发，还伴随着大分子烃裂解生成低碳烯烃，焦炭表面烃类发生催化重整和气化过程，使含油污泥内油的特性发生改变。同时，通过电镜等手段对含油污泥热解后的残渣进行了表征，显示出其孔道结构通过热解有了较大的改善，适合制成吸附剂。

阚新东分析得出加热速率会影响热解反应的液相收率，加热速率加大，液相收率会降低。因此，需根据产物回收需求调节热解工艺参数。而热解回收油的回收率和品质受热解条件的影响较大。由于热解处于中低温还原氛围下，不易有二噁英等有害物质生成，且有利于回收油质量的提高，也有利于重金属的稳定化作用。

岳勇等对含油污泥及含油污泥-芦苇混合物进行热解特性的研究，发现添加芦苇可缓和含油污泥的热解过程，残渣呈分散颗粒状，无聚结现象，对热解结焦将产生一定抑制作用。

张岩等通过对长庆油田超低渗透油藏含油污泥热解前处理添加加温化学药剂热洗工艺，发现热洗后的热解残渣更致密，热解效果更佳。

1.2.3.4 催化热解提高产物油回收率

杨鹏辉等制备了掺杂钯的钛氧化物介孔分子筛，利用真空度为70kPa的GSL-1500X真空管式热解炉，添加1%的白土催化剂，探究催化剂对含油污泥热解回收油的影响，控制反应器参数在终温440℃、保温140min、升温速率5K/min，利用热重-Fourier变换红外光谱仪测试分析含油污泥热解与煤富氧共燃烧的产物特征，发现污泥热解的IR谱图上烷烃类气体特征峰较多，与煤混合作燃料可提高燃烧物的热分解失重率，实现含油污泥的彻底处理利用。经催化的产物中 $C_{26} \sim C_{31}$ 的烃类组分由25%升至30%，提高了回收油中的重质组分，油回收率最高可达82.73%，残渣含油率也从无催化剂热解的3.61%降至2.98%。

周建军等研究添加活性白土、高岭土、粉煤灰等催化剂以提高含油污泥热解液相产物回收率，最终考虑到催化效果、成本等因素，认为活性白土催化效果较好并且便宜，是最佳的催化剂，热解液相产物回收率达82.22%，反应转化率可达99.97%。

刘鲁珍等制备了钛基催化剂 $TiO_2/MCM-41$ 以提高含油污泥热解的产油率，经实验证明，添加催化剂后热解油的回收率由76.04%提高到83.88%，且热解温度可降低21℃，提高油品的同时降低热解能耗。

李彦等则选择制备铝基 Al-MCM-41 催化剂以提高产物油回收率，最高可达83.46%。经试验，催化热解提高了 $C_6 \sim C_{15}$ 的馏分收率，残渣可作辅助燃料再利用，热值在2160kJ/kg左右。

雍兴跃等研究表明，在含油污泥中添加石墨可使含油污泥在很短时间内微波升温达到1000℃左右，这样可使脂肪烃链裂解，从而产生更多的烯烃、单环芳香族化学物质。

添加CaO，将最大限度上减少热解残渣的形成，从而提高热解油和热解气的产率。结果表明，热解油热值在42MJ/kg左右，其中以脂肪族为主；多环芳烃（PAHs）在热解过程中有所增加，主要是发生了环加成反应；热解过程中 $CaSO_4$ 与半焦发生还原反应生成 CO_2，是降低热解残渣的主要原因，热解后的残渣对水中含磷化合物有很好的吸附作用。

刘思佳通过添加活性炭作为热解催化剂以促进含油污泥的热解，实验结果表明，添加活性炭作为吸波材料可加速污泥热解，热解分离的烃类在 $nC_{15} \sim nC_{28}$ 之间，主要为芳香族、烷烃、烯烃类化合物，使产物含固率下降，含油率显著提升。

林炳丞等采用U形固定床管式炉研究了含油污泥在ZSM-5分子筛催化剂上的热解产物特性。发现在450℃下未使用催化剂热解时，热解油产物中的主要成分为烷烃和烯烃，芳烃含量较低；气体产物中主要为短链烃类，氢气产量较少。而在ZSM-5分子筛的催化作用下，热解油中芳香烃产量达到88.4%，气体产物中的氢气产量和短链烃类产量均明显增加，说明ZSM-5促进了C—H、C—C键的断裂，同时促进了芳构化作用。ZSM-5在500℃时催化效果最佳，油相产率达到65.6%，而油相中的芳香烃产率达90.9%，沥青质和胶质等重质组分含量较低。通过热重和X射线光电子能谱（XPS）分析发现分子筛上的积炭主要以多环芳烃焦炭的形式存在。这是由于分子筛的脱氢芳构化作用促进了芳烃持续发生脱氢缩合反应，导致焦炭的形成。同时 C—O 和 C =O 类型的积炭也被检测到，这说明分子筛促进了含氧化合物在分子筛上的吸附。

1.3　热解技术的国外研究进展

1.3.1　含油污泥热解实验研究进展

国外对污泥热解制油技术的研究较早，且国外炼油厂开发了多种热解工艺，主要有 Heuer 等开发的低温热解冷凝工艺、Krebs 和 Geory 利用锅炉废热干燥含油泥饼的专利技术和 TermTech 热解工艺。

Steger 等针对炼油厂污水污泥的处理，设计出了真空干燥器（65℃）、低温热解转换器（400℃）的连续处理流程。R. M. Satchwell 等提出的 Taborr 工艺，首先低温蒸发水与轻质组分，浓缩固体；固体通过重力沉降，再利用螺旋进料器进入热脱析室，利用热烟气吹脱；最后的固体残渣进入热解反应器，在 550℃下分解其他有机物。其中产生的有机蒸气经冷凝后油分回用，这一过程适用于罐底泥的回收利用与场地修复，尤其适用于油田产生的罐底泥，但不适用于炼油厂的 K 系列废物。

西班牙 J. A. Menéndez 等利用微波辅助高温热解处理含油污泥，不仅气体燃料产量大，固体残渣产量小，而且由于温度较高，固体残渣发生玻璃化反应，故残渣中的重金属抗浸出能力强。

R. Abrishmian 主要基于高温热解。第一阶段必须使污泥尽可能地脱水；第二步在旋转窑内加热至 500~600℃，氮气吹扫，热解气进行油水分离。

A. P. Kuirakose 等通过温度调节和改变催化剂 AlCl$_3$ 的添加量，生产了不同等级的沥青。Godino 等将新鲜的含油污泥输送到焦化装置上部的骤冷罐进行冷却处理，一部分混合物在焦炭塔内发生反应转化成焦炭，另一部分则进行再次循环。这种技术成本低，但单次利用率低，当水含量较高时污泥处理效率低。

德国汉堡大学 Kaminsky 等在处理量为 1~3kg/h 的 Hamburg 工艺循环流化床装置上进行了多工况实验研究；美国科罗拉多州 R. Steven 等成功开发油水一起去除的桨式套管加热装置，操作简单方便，且已申请了专利。

1.3.2　含油污泥热解技术的工业化应用进展

国外较早就开始了对含油污泥处理技术的研究，特别是加拿大、美国、荷兰、丹麦等欧美国家，采用热解技术处理含油污泥的工艺技术已经比较成熟。

1999 年 8 月第一套污泥低温热解制油工业化装置在澳大利亚成功运行，之后德国汉堡大学、加拿大沃特卢大学、比利时布鲁塞尔大学都开展了含油污泥低温催化热解的研究。

爱沙尼亚油页岩工业（Kiviter 工艺）的含油污泥，是通过汉堡流化床热解工艺在生产原始石化产品时回收的。污泥中约含有 60%（质量分数）水和 20%（质量分数）的固体。该项目的目的是建造一个试验厂，产能约为 5000t/a，加入现有的 Kiviter 工艺中。污泥热解所得的气体馏分主要由典型的裂解气体（甲烷、乙烷等烃类）组成，燃烧热解气体可为现有工艺提供热能。油中含有有价值的化学物质（如苯、甲苯和二甲苯）。燃料气体或油类化合物的产物受反应堆温度变化的影响较大。

美国的含油污泥热解流化床反应器，在500℃的热解条件下最大产油率59.2%，包括链式烷烃、烯烃、羧酸、酮类和几种类型的芳烃，可作为锅炉燃料或生产柴油的原料。最低能量损失19%，处理1kg含油污泥能耗只有2.4～2.9MJ。同时，产油、气、固体残余物的能量分别为20.8MJ、6.32MJ、0.83MJ。固体残渣中含有多于42%的氧化铁，可作为生产铁的原始材料。因此，在钢铁工业中通过含油污泥热解回收能量和铁是可行的。

API油水分离器污泥在热解处理时，热解分两个阶段进行：第一阶段在230～270℃之间，主要是轻质挥发性有机物的挥发；第二阶段在400～415℃之间，主要是蒸发和热解，氢气和乙炔是主要的产物，反应符合伪二级动力学模型/伪双组分模型（pseudobi-component）。污泥的热解传热行为受升温速率的影响较大，部分取决于API含油污泥中含有的大量飞灰。

国外在含油固废热解处理方面的技术工艺研究起步较早，很多公司都开发了各具特色的技术工艺及设备，其中较有代表性的公司有加拿大斐斯、国民油井、M-ISWACO。不同公司的热解技术工艺及设备情况具体介绍如下。

1.3.2.1 TPS技术

由于加拿大斐斯公司入驻中国市场较早，在中国国内有多家合作伙伴，所以旗下的TPS（thermal phase separation）技术对国内热解技术发展的影响最深远。国内常见的燃油、燃气内置单螺旋热相分离设备多是模仿斐斯的技术。TPS技术起初是在加拿大为了商业化处理受印制电路板（PCB）污染的土壤而研发的技术，后逐渐被应用于油田含油固体废物。TPS技术具有一些显著的特点：a. 采用橇装设计，每个橇块都按照标准的橇块单元设计，现场适应能力较强；b. 设备密闭进料，微负压运行，安全可靠；c. 内置螺旋输送器，受热均匀；d. 不凝气助燃回用，提高资源利用效率，降低系统运行成本。该设备主要用于油田油基钻屑及其附属物的处理。TPS成套装备三维模型如图1-9所示。

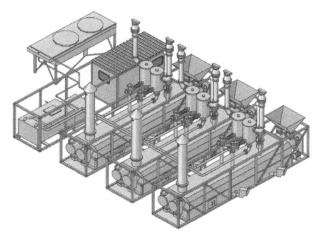

图1-9　TPS成套装备三维模型

1.3.2.2 TDU技术

国民油井的TDU（thermal desorption unit）技术主要用于处理油基钻屑与油基泥浆，从中提取柴油或白油。与其他技术相比，TDU采用了"导热油＋电阻丝"的加热形式，开发出导热油间接加热式热相分离装备，最高加热温度为300℃。主要由进出料装置、热相处理装置、洗涤冷凝装置、收集分离装置、散热装置、锅炉及配电装置组成，其工艺流程如图1-10所示。

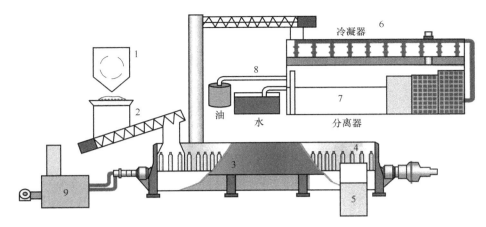

图 1-10　TDU 导热油间接加热式热相分离工艺流程

1—预处理；2—进料斗；3—主处理装置；4—高温处理模块；5—配电装置；
6—冷凝器；7—分离器；8—油/水分离器；9—燃烧锅炉

国民油井 TDU 技术在国内的应用主要集中于重庆涪陵页岩气开采区块，并建成了国内第一个油基钻屑处理站。处理后的油基钻屑的含油率在 1% 以下，回收的油品与 0# 柴油的相似度达 99%，可重新用于配浆。国民油井 TDU 技术在国外应用也非常广泛，一直服务于壳牌、BP、雪佛龙、巴西石油等主要国际油公司，截至目前全球有 40 多个应用现场。

1.3.2.3　TCC HAMMERMILL 技术

M-IS WACO 隶属于斯伦贝谢公司，主要从事钻井液、完井液、固控和环保等服务。M-I 开发了 TCC（thermal-mechanic cuttings clean）HAMMERMILL 处理工艺和设备，是最新的利用热脱附处理钻井废弃物的技术，主要用于处理钻井液涂层固体（非流程钻屑），以清除并回收利用基液。TCC HAMMERMILL 系统的核心设备是一套热力铣床，利用高速旋转的转臂带动固体颗粒高速运动产生摩擦，摩擦产生的温度达到油的沸点之上（设备的最高加热温度为 260℃）。油、水汽化后克服毛细管力脱附固体颗粒的孔隙，达到固体与污染物分离的效果。蒸汽经过多级冷凝后达到油、水、固体分离的效果。TCC 热相分离设备的核心设备是一套热力铣床，通过摩擦生热将水、有机组分从固体物中清除，如图 1-11 所示。

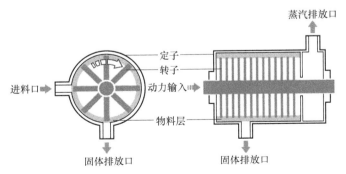

图 1-11　热力铣床原理

在开始进料前，向滚筒内加入砂子并给旋转轴通电，摩擦使得砂子被加热，随后将钻屑或其他废物通过进料装置送入铣床内，内部的快速旋转臂使得废物紧靠铣床内壁。旋转臂末端的锤子通过摩擦对物料进行加热。钻屑中的水分与有机组分在高温下蒸发并排入冷凝室进行回收。TCC HAMMERMILL 处理后的钻屑含油量能达到 1% 以下，最大特点是能够实现对基液的回收利用。

TWMA 公司开发了 TCC RotoMill 处理工艺和成套设备，主要用于处理含油钻屑。其工艺流程如图 1-12 所示。

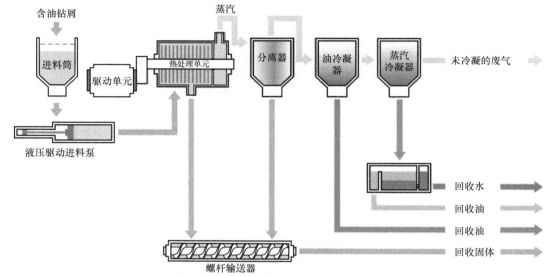

图 1-12　TCC 工艺流程（见书后彩图）

TCC RotoMill 成套设备主要由筛分装置、混合装置、动力装置、热处理装置、旋风分离器、油冷凝装置、蒸汽冷凝装置、油水分离装置、中央控制装置及配电装置组成。利用摩擦生热的原理，动力为柴油发动机或电动机，并且设备的占地面积小，主要应用在海上平台。

1.3.2.4　RLC 技术

美国纽约市也建立了采用纯氧高温热解法处理废物能力达 3000t/d 的最大的热解工厂。其中，以美国 RLC Technologies Inc. 公司热解析含油污泥处理技术较为成熟，是一种改型的污泥高温处理方法。其典型的处理工艺流程见图 1-13。

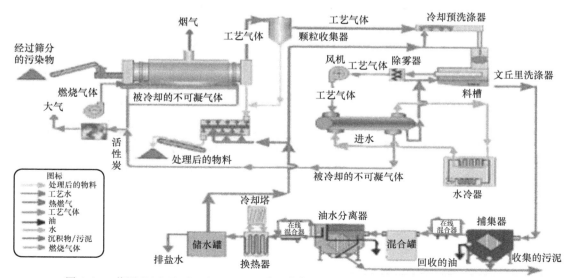

图 1-13　美国 RLC Technologies Inc. 公司热解析/回收系统工艺流程（见书后彩图）

RLC 公司开发出了间接加热的回转窑热相分离设备，在世界上多个地方存在应用，处理对象包括油基泥浆、罐底油泥、污染土壤等，但是针对黏性物料，容易发生结焦问题，设备维保周期短，其三维模型如图 1-14 所示。间接加热回转窑热相分离设备主要由热相分离橇、蒸汽回收橇、冷却橇、油水分离橇、进料系统及中央控制系统组成。

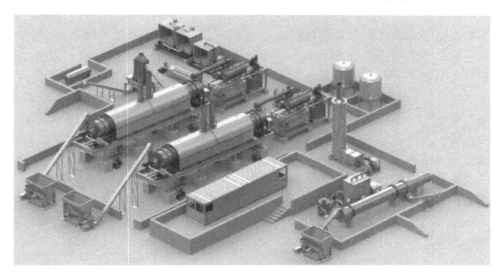

图 1-14　RLC 间接加热回转窑热相分离设备三维模型

该工艺适合处理含水量不高而烃类含量较高的污泥，设备的处理能力和能耗与进料中的水含量成正比，因此该技术适用于经过减量化处理的含油污泥，对污泥中的油和其他有毒有害物质处置彻底。该工艺处理速度快，回收的能量可以回用，与传统的焚烧法相比，其节约能源，而且产生的烟气少，减少了大气污染，是国际上含油污泥处理技术的发展趋势之一；但是与其他工艺相比，该工艺投资大，操作复杂，能耗高。

1.4　热解的国内研究进展

1.4.1　含油污泥热解实验研究进展

在含油污泥热解设备研究方面，国内已有的实验室规模有：同济大学的何品晶等采用回转式电炉加热石英管研究了污泥低温热解制油技术；清华大学李水清等运用回转式反应器作为典型的慢速反应器，具有较好的物料适应性、灵活的操作调节性等优点；台湾省学者利用小型管式炉进行了细致的研究。

天津大学李海英等采用固定床对污泥进行了研究。热解温度为 $250 \sim 700℃$，停留时间 30min，结果表明除热解油中 N、S 元素超标外，其性能满足燃料油要求，且其成本低于焚烧法。

华中科技大学邵爱敬等在固定床上研究了污泥热解机理，获得热解终温对产物物性的影响。中国科学院广州能源研究所戴先文等采用循环流化床研究了固体废物的热解技术。

清华大学的刘阳生等采用管式炉研究废轮胎催化热解技术。实验结果表明添加 4% 的 NaOH 能提高热解油和热解炭的产率，降低了热解气产率。东南大学贾相如等采用热解装置研究了热解产物产率随热解温度变化的规律。

王万福等对热解气组成进行分析，其中 $C_1 \sim C_4$ 烃类约占 90% 以上，热解油中 85% 以上的烃类都有很好的油品回收价值，而且残渣具有很高的吸附量，对沥青质有很好的吸附脱色作用。同时残渣中含有 26% 的三氧化二铝，可以回收利用，其对含油 2500mg/L 左右的高乳化、难处理的稠油污水具有良好的絮凝效果，可以将水中悬浮物降到 10mg/L 以下。并取 5 种不同的污泥，新疆乌尔禾进行现场中试研究，其结果表明 5 种样品均具有较好的油、气产收率，其产油率为室内的 86.6%，产气率略高于室内评价结果，现场实验装置设备可行。赵海培等利用热解残渣对苯酚的吸附量来确定含油污泥热解的影响因素，当热解温度为 550℃，热解时间为 4h，升温速率为 10℃/min 时，苯酚吸附量最大达到 29.26mg/g。Shie 等研究发现添加 Na、K 等化合物后，有利于提高热解效率和液态产物的回收率。

萨依绕等采用热解工艺对新疆乌尔禾油田污水处理站的含油污泥进行了现场中试，将脱水之后的污泥在回转式干燥热解炉中 600℃ 条件下反应，对其残渣污染物及残渣浸出液污染物进行检测，结果表明：残渣中污染物指标均达到国家标准的要求，对污水有较好絮凝作用，同时残渣浸出液中石油类、重金属及 COD 等污染物的含量也低于国家相关标准要求。

贺利民的实验研究表明，含水率小于 40%，在 270℃ 以下才有净能量输出，说明含水率是影响能量平衡的关键参数，也会影响整个热解工艺是否有经济性。Maria 等利用热重分析法，研究含油污泥含水量对其热解焓的影响，结果表明水分的蒸发会增加总的含油污泥热解焓，认为含水量可能会显著影响热解过程中的热量平衡。陈爽等研究发现含水率越大，热解速率越滞后，可能是因为含水量大的污泥在热解过程中胶结成团，传热和传质作用受到影响。

东南大学金保升等发明了一种双床交互循环的污泥热解工艺，采用流化床反应器，要将污泥进行单独干燥处理，需要配有热载体加热和循环输送装置，工艺和设备都相当复杂，投资成本较高，不适合小型炼厂的油泥处理。清华大学陈超等建立了一种处理量为 1~2kg/h 的回转式反应器热解实验系统，并进行了大量实验，这类回转式反应器能够较好地模拟实际工业中的整体回转窑。中国石油安全环保技术研究院王万福等发明一种用于污泥热解的水平回转炉，并设计了一套含油污泥热解处理工艺技术方案，该方案于 2008 年在辽河油田进行了现场试运行，取得了很好的运行效果。但是，间接加热方式以及物料在炉壁的结焦导致传热较慢，热效率较低，另外还存在进料口堵塞的问题。

陈继华等利用管式炉，研究储运油泥的热解特性。发现二氧化碳气氛下油泥热解的最佳温度为 450℃，而氮气气氛下为 500℃。二氧化碳气氛下的渣是致密性渣，氮气气氛下是薄壁型渣。宋薇等利用热重傅里叶变换红外光谱联用仪与管式电阻炉对含油污泥热解特性进行了研究，发现矿物油反应集中发生在 220~480℃，且矿物质组分含量越高，挥发分转化率越低，升温速率越大，反应进行得越快。

张欢等对由经过调质处理的含油污泥、热解处理的热解残渣与煤粉以不同比例混配制得的型煤的焚烧过程进行了研究，结果表明：型煤中调质处理污泥最佳添加量为 32%、热解残渣最佳添加量为 16% 时，其热值可分别达到 19936.14kJ/kg、23482.82kJ/kg 以上。对于添加量为 32% 的调质污泥制成的型煤，以 Ca/S 值（质量比）为 2/1 添加 1.4%CaO 和不同浓度的 Fe_2O_3，其烟气中二氧化硫最高排放浓度从最初的 70mg/m³ 降低到 48mg/m³ 以下，型煤中固硫率可达 95.23%。

　　于清航等利用 TG-DTA 分析仪对含油污泥的热解特性进行分析研究，模拟计算获得热解反应动力学的活化能和频率因子两个关键参数，为设计和开发高效的罐底含油污泥热解装置提供理论依据。

　　秦国顺等采用热重分析法探究含油污泥混煤热解动力学规律，发现含油污泥和煤的热解失重过程基本相同，分为水分及吸附气的挥发，轻烃的析出，重烃的裂解和煤小分子链脱除，重烃的二次裂解、煤大分子链脱除和半焦的缩聚反应以及无机矿物质的分解 5 个阶段。在煤中掺入 10% 的含油污泥可显著提高 CH_4 的产生量。

　　叶政钦等利用热解管式炉探究了热解工况参数对热解油回收率的影响，得出：热解终温升高，热解油的凝固点逐渐降低；在工况热解终温 440℃、停留时间 4h、升温速率 10℃/min、氮气流速 80mL/min 条件下，热解油回收率最大可达 73.56%。

　　朱元宝等探究热解产物油加氢精制处理，在氢分压为 12.0MPa、氢油体积比为 800、体积空速为 1.0h^{-1}、反应温度为 420℃ 的条件下，热解油经加氢处理后，脱硫率为 94.5%，脱氮率为 89.4%，轻油馏分收率较高，可作为轻质燃料调和组分，而蜡油馏分及重油馏分可以作为优质的加氢裂化原料，进而获得更多的轻质燃料。

　　胡志勇探究 SG-GL1200 真空管式炉对塔河油田含油污泥的热解工艺，对热解残渣中的含油进行分析，并考察了油品的性质和回收等问题。氮气流量控制在 120mL/min 条件下，以直形冷凝管回收凝析油，热解终温 500℃，时间为 30min 时，残渣含油率最低值为 1764.89mg/kg，满足《农用污泥污染物控制标准》（GB 4284），油回收率达 62.3%，回收油品质得到显著改善。

　　李桂菊等利用热重分析仪对 N_2 气氛下的罐底含油污泥热分解进行研究，对 Coats-redfern 法、Kissinger 法、Ozawa 法和 Popescu 法 4 种热力学参数计算方法进行探讨和比较，发现：Ozawa 法相对准确，这是由于该法在求反应活化能时避免了对反应机理函数进行选择，该法往往用于检验反应机理函数的准确性；而 Popescu 法反应机理函数与反应活化能、活化因子无关且无假设条件，推算结果准确，与实验结果最契合，适合用于油罐底泥的热解计算。

　　刘鹏等提出，含油污泥热解处理方法可使废物量减少 90% 以上，同时还有利于含油污泥中石油类物质的回收利用和无机矿物的再生利用。

　　张巧灵等采用焦化法对大港油田西一联合站含油污泥进行中试试验，处理后残渣可满足农用污泥中污染物排放标准，液相回收率为 73.9%～78.2%，回收液相组分中柴油为 72.2%，渣油和蜡油为 23.3%，汽油为 5.5%，液相产品可用于进一步深加工或用作燃料油。

　　小试规模热解回转窑反应器：550℃ 下，含油污泥（胜利油田）和固体热载体混合比例为 1∶2，产油率达 28.98%，油回收率达 87.9%，获得高比例（72.5%）的饱和烃含量，最低沥青质含量 9.8%。升温和固体热载体促进热解气的产生。热解油主要含长链烃类，含碳量在 C_{13}～C_{25} 范围内。适当的固体热载体负荷可以促进污泥中油脂的回收。经分析，裂解油与萃取油具有相似的红外特征。含油污泥萃取油与热解油对比，热解过程有利于长链正构烷烃和 1-烯烃的形成。

　　连续 U 形催化热解反应器：污泥经过热分解再进行催化分解。热解 500℃ 时，产液率最大可达 67.7%，在热解过程中链烃首先被裂解并进一步聚合成芳烃。800℃ 的高温促进芳香族化合物聚合。

微波加热/电加热热解油基钻屑：样品为陆上钻井的岩屑，初始含油量 3.34%，含有 85% 的灰分［大大限制了油基钻屑（OBDC）固体残渣的资源化利用］，4.59% 的水分，13.02% 的挥发物，1.57% 的固定碳。研究结果对实现危险废物的无害化、资源化利用具有重要意义。微波技术可以降低含油量，在一定程度上减少 OBDC 对环境的不利影响；同时，它也能适应更严格的环境要求。

R. M. Wu 等证明了将热解样品建模为连续混合物的可行性，该混合物中应用了活化能、指数前因子和反应顺序作为连续转换函数的 Arrhenius 型动力学。这种数据拟合方案并不是用来确定实际涉及的化学动力学，而是以统一的、"无模型"的方式描述复杂的化学动力学，用于工程应用。

1.4.2 含油污泥热解技术的工业化应用进展

国内对固体废物热解特性的研究起步比国外晚，产业化应用相对比较少。目前已产业化的还是以小型化、批量化生产为主，导致工艺系统能耗高，热解产物品质差，二次污染严重等问题。

浙江大学的研究人员采用回转窑和流化床对固体废弃物进行热解研究，并建成中试规模。

胜利油田胜利勘察设计研究院有限公司自主研发了 30kW 大功率的间歇式微波热解设备，含油污泥处理量可达 20kg/次，通过添加 5% 的污泥热解残渣作为吸波剂、热解终温控制在 500℃、微波辐照 180min，污泥残渣含油率可降低至 0.23% 以下，满足农用污泥排放标准。现场装置和工艺流程如图 1-15、图 1-16 所示。

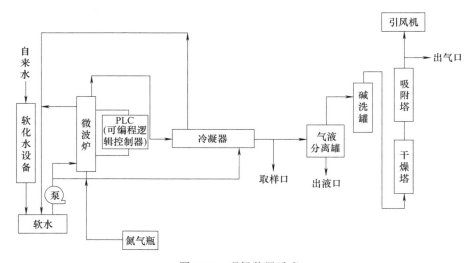

图 1-15 现场装置示意

神雾无热载体蓄热式旋转床是北京神雾集团独创的专利设备，热解的主体设备为旋转床热解炉，其炉底为可转动的环形炉底，蓄热式燃气辐射管燃烧器布置于环形炉壁上，通过燃烧可燃气以热辐射的方式提供含油污泥热解所需热量。反应生成高温油气和热解炭，经过三级冷凝器，收集热解油水和热解气。

中化兴中油田段（舟山）有限公司采用有机溶剂萃取重量法（萃取剂分别为石油醚、苯、甲苯）和热重法分析干燥罐底部石油污泥的油成分和比例。发现用石油醚萃取法和直接

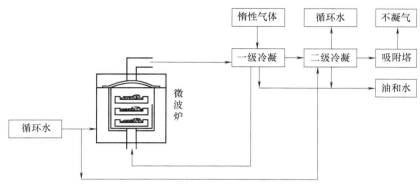

图 1-16　现场工艺流程

热失重法的测量误差大于苯或甲苯萃取重量法。石油醚作为萃取剂难以提取沥青质。而由于污泥中水合无机物的分解失重，固体质量分数降低，有机溶剂萃取重量法测定含油污泥含油量比煅烧重量法准确。且甲苯萃取剂可以替代苯萃取剂以降低萃取剂毒性。经分析，含油污泥的水相、油相和固相比例分别为 9.8%、25.8%（沥青质占污泥含油量的 22.7%）和 64.4%，且 Fe（OH）O·H_2O 是石油污泥中的主要固体成分。

王万福等对新疆乌尔禾油砂试验现场的含油污泥进行热解处理，利用 20t/d 的水平回转热解炉进行产物资源化分析，研究发现热解油回收率可达 30% 以上，油品较好，且热解残渣中含碳量和 Al_2O_3 含量也很丰富，残炭量高，可通过高温灼烧回收炭，残渣 Al_2O_3 可经酸再生处理后作水处理絮凝剂，具有很高的回收再利用价值。

姜亦坚等开发了一套连续化热解处理装置处理大庆油田清洗后含油污泥，实验流程如图 1-17 所示。热解残渣含油率低于 0.3%，符合国家标准。含油污泥的连续热解技术是一种无害化处理技术，但投资费用高，设备要求高，能耗高，操作复杂，易造成二次污染及安全问题。

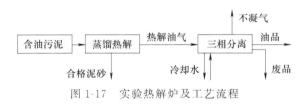

图 1-17　实验热解炉及工艺流程

阮宏伟等认为，含油污泥热解工艺需具备以下几点：

① 采用管道密闭输送技术，实现污泥清洁连续、稳定可靠地上料进料；

② 采用多燃烧器焙烧回转窑炉结构，确保对污泥实现有效处理；

③ 采用冷凝分离技术进行热解馏分的分离，实现馏分和热能的有效回收；

④ 采用密闭干式排渣技术、氮气保护隔氧条件和实现残渣的洁净排放；

⑤ 采用系统自动控制技术，将单元工艺有机整合，实现生产运行的连续性、稳定性和安全性。

根据油泥热解的特点，热解设备的关键在于油泥的进料辅助装置、热解装置（主反应器）、易挥发物和固体残余物的出料辅助装置，而核心是在热解装置的传热系统上。回转式和桨式间歇反应器的传热效果好，温度稳定易控制，操作简单，但处理量小；循环流化床则是连续的反应器，但设备复杂且价格昂贵，技术含量高，不易控制。

1.5 含油污泥热解产生气体的处置

1.5.1 含油污泥热解的气体产物

普遍研究认为，含油污泥热解气相产物主要为 CH_4、CO_2、CO、H_2 等小分子气体，但气体产物会随热解反应条件、热解反应装置、传热过程等变化而产生差异。Punnaruttan-akun 等研究发现氢气和乙炔是热解的主要气态产物。Liu 等研究了热解过程中气态产物的分布情况。结果表明，含油污泥热解主要气态产物为 CH（烃类）、CO_2、H_2 和 CO。其中，CH 主要产生于 $600 \sim 723K$ 温度之间，在高升温速率下 CH 的产生峰增强，并向高温区域移动。Chang 等研究了固定床内罐底含油污泥在热解过程中主要气态产物分布。研究表明，反应过程中产生的主要热解气组分（不包括 N_2）为 CO_2 [50.88%（质量分数）]、CH_4 [24.23%（质量分数）]、H_2O [17.78%（质量分数）] 和 CO [6.11%（质量分数）]，而 CH 中的 $C_1 \sim C_2$ 占 51.61%（质量分数），产量在温度为 $713K$ 左右达到峰值。Chiang 等研究了炼油厂含油污泥的热解动力学、热解残渣的元素分析以及热解气中挥发性有机物的含量等方面。结果表明，热解温度达到 $773K$ 时，热解油产量趋于稳定。当热解温度从 $673K$ 上升到 $973K$ 时，热解残渣中 C、H、O、N 的含量降低，而 S 的含量升高。随着热解温度的升高，苯、甲苯、乙苯以及苯乙烯的含量随之增加。

王万福等对油田含油污泥和炼油含油污泥进行了室内热解实验，并对产物进行了分析，结果表明，样品来源不同，不凝气组成有较大差异，但主要成分为轻烃类，还有一些氮气和二氧化碳，烃类含量可达 85% 以上。汤超等对辽河油田的热解压滤污泥和清罐油泥进行了热解研究，并对热解产物进行了组成分析，发现在热解温度 600℃、反应时间 2h 的条件下，热解不凝气的主要成分是甲烷和乙烷，$C_1 \sim C_3$ 等烃类组分的含量较高，接近 90%，其中压滤污泥热解后的甲烷含量达 50% 以上，具有很好的利用价值。宋薇等的研究表明，热解气体含烃量较高，但低温时含有较多 CO_2。陈超等在回转式连续反应器中进行含油污泥产物组分的试验，处理量 $1 \sim 2kg/h$，反应气氛为氩气，温度 550℃，研究发现，热解气体主要由 CH_4、C_2H_6、H_2 和 CO_2 组成，能够回收挥发性有机物和半挥发性有机物，热解油以柴油为主。

1.5.2 热解以气态产物为目标的研究优化

目前以热解气态产物为目标产物的含油污泥热解工艺很少，通常都在 <700℃ 中低温下进行热解研究。随着微波高温加热和感应加热技术的快速发展，以产气为目标的污泥热解工艺开始得到广泛的关注。通常在 N_2、H_2 和惰性气体气氛下，在热解温度 $700 \sim 900$℃、较长的气相停留时间、较快的升温速率、较短的物料停留时间下，可提高气体产率。

与无生物质（杏壳）参与含油污泥热解的产物相比，添加生物质（杏壳）时，不凝气体中 CO 和 CH_4 组分含量增加；回收热解油中 $C_9 \sim C_{12}$ 和 $C_{20} \sim C_{28}$ 的烃类组分降低，而 $C_{13} \sim C_{19}$ 烃类组分含量增加；焚烧烟气污染气体组分中 NO 和 SO_2 的含量大幅度减少。与无催化剂参与含油污泥热解的产物相比，有催化剂参与热解反应，不凝气体中 CO 和 CH_4 组分含量增加；回收热解油中 $C_{17} \sim C_{31}$ 的烃类组分降低，而 $C_{11} \sim C_{16}$ 烃类组分含量增加。焚烧烟气污染气体组分中 NO 和 SO_2 的含量有少量增加。

巴玉鑫等研究表明热解气组分和热值的大小与热解装置有关，20kg 的格金试验干馏炉、20kg 的固定床和 2000kg/h 神雾无热载体蓄热式旋转床三种装置中，旋转床中的高温辐射管加热导致热解液和热解气的二次裂解，促进热解气的生成和热值的升高，可获得产率较高的可燃气。此外，含油污泥中含有的大量矿物质也会影响油的热转化反应，有利于气体中氢气的生成。

秦国顺等将含油污泥与煤的混合热解分为 4 个阶段：第 1 阶段在掺煤质量分数接近 70% 时活化能最低，第 4 阶段最低活化能在掺煤率 60% 附近，整体活化能第 1 阶段小于第 4 阶段，第 2 阶段与第 3 阶段活化能变化相似，总体活化能第 3 阶段大于第 2 阶段。由色谱分析可知，热解气体产物主要为 H_2、N_2、CO_2 以及甲烷，热解终温的提高以及掺煤量的增加促进 H_2 的产生，CH_4 产量在 700~800℃、掺煤率 10% 时达到最佳，N_2 在掺煤比 50%、800℃ 以上大量析出，CO_2 在 700℃ 以上大量析出，随煤含量增加，CO_2 产量逐渐减小。

吕全伟等探究发现含油污泥和废轮胎两种固体废弃物共热分解可提高产物可燃气体的回收率，反应过程第 2 阶段（500~800℃）所需的活化能最低。周雄等探究发现 N_2/CO_2 混合气氛下 CO_2 气氛使热解含油污泥在高温段的活化能明显增加，产气以轻质气体如 CO_2、CH_4、CO 等为主，且有大量的甲基化合物析出。祝威对孤岛采油厂联合站堆放场的含油污泥进行热解处理及热解产物成分分析，利用 KSS-14G 管式炉于 600℃ 下热解污泥 4h，升温速率为 5℃/min，气体产物中的氢气含量较多，可燃气体可达 80%，不凝气可作为洁净燃料气使用，也可经分离后作合成气原料使用。

含油污泥热解油的传热过程需要在高于 1300℃ 的工况下转化，以确保含油污泥热解产物油组分的高转化率（>90%），所需的气化热能大概在 0.8~1.25kW·h/kg 油泥的范围内，等效空气和蒸气/油泥值分别为 0.25~0.37kg 空气/kg 油泥和 0.2~1.5kg 蒸气/kg 油泥，产气量达 2.28m^3/kg 油泥，其中 H_2 含量接近 25%（摩尔分数），H_2 产量大约 1.84m^3 H_2/kg 油泥。此外，含油污泥和生物质油混合加热，氢气产量（标）可提高到 3.51m^3 H_2/kg 油泥，这意味着柴油加氢脱硫所需的 H_2（来自天然气）的 37% 可以被取代，是含油污泥废物转化的附加技术，大大减少温室气体排放和替代不可再生资源的利用。燃烧和热解/气化反应器的操作与非均相反应同时进行（表 1-5）。

表 1-5　油泥气化模拟中的化学反应

τ_i	化学反应计量学	化学反应式	ΔH/(kJ/mol)
r_1	苯酚的部分氧化	$C_6H_6O + 4O_2 \longrightarrow 6CO + 3H_2O$	−1300
r_2	萘的部分氧化	$C_{10}H_8 + 5O_2 \longrightarrow 10CO + 4H_2$	−2200
r_3	苯的部分氧化	$C_6H_6 + 4.5O_2 \longrightarrow 6CO + 3H_2$	−1500
r_4	甲苯的部分氧化	$C_7H_8 + 3.5O_2 \longrightarrow 7CO + 4H_2$	−1800
r_5	二甲苯的部分氧化	$C_8H_{10} + 4O_2 \longrightarrow 8CO + 5H_2$	−2100
r_6	蒽的部分氧化	$C_{14}H_{10} + 7O_2 \longrightarrow 14CO + 5H_2$	−3000
r_7	菲的部分氧化	$C_{14}H_{10} + 7O_2 \longrightarrow 14CO + 5H_2$	−3000
r_8	芘的部分氧化	$C_{16}H_{10} + 8O_2 \longrightarrow 16CO + 5H_2$	−3200
r_9	煤油的部分氧化	$C_{18}H_{12} + 9O_2 \longrightarrow 18CO + 6H_2$	−3700
r_{10}	焦炭(C)的部分氧化	$2C + O_2 \longrightarrow 2CO$	−110
r_{11}	一氧化碳(CO)的总氧化	$2CO + O_2 \longrightarrow 2CO_2$	−283
r_{12}	氢氧化	$2H_2 + O_2 \longrightarrow 2H_2O$	−240

续表

τ_i	化学反应计量学	化学反应式	$\Delta H /$ (kJ/mol)
r_{13}	氮的部分氧化	$N_2 + O_2 \longrightarrow 2NO$	+181
r_{14}	苯酚的热裂解	$C_6H_6O \longrightarrow CO + 0.4C_{10}H_8 + 0.15C_6H_6 + 0.10CH_4 + 0.75H_2$	+51
r_{15}	萘的热裂解	$C_{10}H_8 \longrightarrow 6.5C + 0.5C_6H_6 + 0.5CH_4 + 1.5H_2$	−150
r_{16}	萘的再合成	$C_6H_6 + 2H_2O \longrightarrow 1.5C + 2.5CH_4 + 2CO$	−7.8
r_{17}	甲苯的再合成	$C_7H_8 + 2H_2O \longrightarrow 2C + 3CH_4 + 2CO$	−12
r_{18}	二甲苯的再合成	$C_8H_{10} + 2H_2O \longrightarrow 2CO + 0.556C_6H_6 + 2.667CH_4$	+90
r_{19}	蒽的再合成	$C_{14}H_{10} + 2H_2O \longrightarrow 2CO + 0.10C_6H_6 + 0.4CH_4 + 3.7H_2 + 0.55C_{10}H_8 + 5.5C$	+94
r_{20}	菲的再合成	$C_{14}H_{10} + 2H_2O \longrightarrow 2CO + 0.10C_6H_6 + 0.4CH_4 + 4.7H_2 + 0.30C_{10}H_8 + 8C$	+79
r_{21}	䓛的再合成	$C_{18}H_{12} + 2H_2O \longrightarrow 2CO + 0.13C_6H_6 + 0.33CH_4 + 4.43H_2 + 0.63C_{10}H_8 + 8.59C$	+81
r_{22}	芘的再合成	$C_{16}H_{10} + 2H_2O \longrightarrow 2CO + 0.1C_6H_6 + 0.3CH_4 + 5.7H_2 + 0.1C_{10}H_8 + 12.1C$	+38
r_{23}	炭的氢化作用	$C + 2H_2 \longrightarrow CH_4$	−75
r_{24}	波多反应	$C + CO_2 \longrightarrow 2CO$	+170
r_{25}	炭的气化	$C + H_2O \longrightarrow CO + H_2$	+130
r_{26}	$CaCO_3$ 的形成	$CaO + CO_2 \longrightarrow CaCO_3$	−170
r_{27}	甲烷的再合成	$CH_4 + H_2O \longrightarrow CO + 3H_2$	+206
r_{28}	转换反应	$CO + H_2O \longrightarrow H_2 + CO_2$	−41
r_{29}	脱硫反应	$C_{12}H_8S + 2H_2 \longrightarrow C_{12}H_{10} + H_2S$	−90

1.5.3　含油污泥热解气体收集装置

含油污泥热解气体通过热解蒸气冷凝/分离系统和不凝气净化系统进行收集和处理。

热解气体收集装置是热解反应系统的辅助装置，即热解蒸气的冷凝与分离系统，是热解产物油和气的分离与回收装置，是热解系统中重要的产物收集装置。热解蒸气冷凝/分离系统利用冷凝器和油水分离器，把油泥热解过程中产生的热解蒸气进行冷凝，得到油水化合物，再进一步回收油品。该系统主要由冷凝器、冷凝液收集和油水分离储槽、水储罐和油储罐等构成。热解蒸气冷凝/分离系统的设计与热解的污泥投加量、产物量、热解温度、热解时间等因素有关，不同的热解反应炉型，收集装置的接口、密封方式、管道设计也随之而异。

一台处理量为 $1\sim2kg/h$ 的回转式连续热解反应器（见图 1-18），热解污泥生成的气体首先经陶瓷过滤器除尘，然后进入逆流管式冷凝塔，在塔底回收冷凝液，未冷凝气体则从塔顶排出，经过滤棉、引风机（ElektrorSD22）、氧量指示计、气体体积流量计后在系统出口处点燃。运行过程中，氩气以 $60L/h$ 的流量连续吹扫系统，以保证热解所需的无氧状态。但由于设备转动或采样拆卸的需要，在系统的连接处仍会有空气漏入。出口气体的 O_2 含量在 $0.6\%\sim1.3\%$ 之间。

系统主要部件的温度变化趋势如图 1-19 所示。

固定床热解装置主要由固定床热解炉、两级水间冷却装置、气体储罐和液体储罐四部分组成。无热载体蓄热式旋转床热解处理工艺，在热解炉一端采用了三级间冷和直冷却器串联的冷凝装置，收集热解油水和热解气。经冷却后的不凝气分别经过洗气瓶、流量计、气泵后进入气柜中。热解气通过排水法收集在气柜中。含油污泥微波热转化工艺，烟气冷凝/分离系统利用冷凝器和油水分离器，把油泥微波热解过程中产生的烟气进行冷凝，得到油水化合

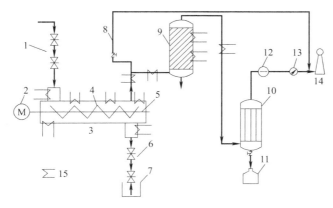

图 1-18　连续回转窑反应器热解流程示意

1—进料系统；2—发动机；3—热解炉；4—传送轴；5—桨；6—排渣系统；7—废渣罐；
8—分管；9—陶瓷过滤器；10—冷凝器；11—液体收集器；12—引风机；
13—气体流量计；14—气体燃烧室；15—热电偶

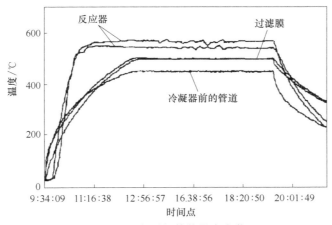

图 1-19　主要部件的温度变化

物，再进一步回收油品。

在油水分离器中，为了从混合气体中分离可冷凝的有机蒸气，需要在混合气体中进行气-液相变分离。而 Saleh 等研发了纳米高分子膜材料，该材料具有超快的渗透性能、优异的化学机械性能和优异的效率，将成为精细选择性气体分离的候选材料。一般挥发性有机气体和混合气的分离，可选用聚合硅橡胶膜材和 1-三甲基硅烷基-1-丙炔聚合物膜。混合气在膜材料中的传输机制如图 1-20 所示。

1.5.4　含油污泥热解不凝气净化处理装置

热解过程中会产生可燃不凝气体，直接排放会对空气造成污染，所以需要对其进行处理。

热解不凝气的净化系统一般接在冷凝分离系统后端。不凝气净化系统采用洗涤技术把不凝气中的硫化物除去，可燃性不凝气进行燃烧，回收热能并送至油泥预处理工段进行再利用。该系统主要由洗涤净化塔、不凝气燃烧塔等构成。其中，洗涤净化塔利用碱性洗涤液除去不凝气中的硫化物，使不凝气脱硫。净化后的不凝气进入燃烧塔进行燃烧。

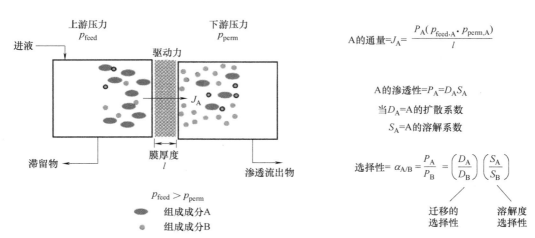

图 1-20　膜分离混合气体的机理

对可燃不凝气首先进行燃烧氧化处理，然后再进行洗涤，实现热解工艺废气的安全与无害排放，保证无色无味排放。为此，设计了热氧化塔与洗涤塔。实验过程中要对不同时间段产生的不凝气组分进行分析，所以需要不凝气在线监测。系统配置气相色谱分析仪与硫化仪，可以实时在线采样、分析不凝气中的特征组分，包括氢、氧、硫化物、一氧化碳、二氧化碳、氮氧化物、甲烷及其他烃类组分。

1.5.4.1　热氧化塔

热氧化塔的工作原理是，通过加热使可燃不凝气中可燃组分燃烧，转化为二氧化碳和热量。热量利用陶瓷填料储存，使之升温至最高 800℃。然后，停止电加热，让可燃不凝气通过高温陶瓷层，利用高温陶瓷填料将可燃不凝气点燃焚烧。一旦陶瓷填料层温度下降至400℃，即可再用电热焚烧。如此反复，这样一方面确保可燃不凝气得到焚烧，另一方面也有利于节能。具体操作方法是：首先利用电炉丝加热，使通过电热丝的可燃不凝气燃烧，当经过一定时间后陶瓷填料层温度升高至 800℃饱和；其次，停止电加热，可燃不凝气通过高温陶瓷填料层焚烧一段时间后陶瓷填料层降温至 400℃；再次开始电加热焚烧。如此反复即可。

1.5.4.2　洗涤塔

气体吸收是将气体混合物中的可溶组分（简称溶质）溶解到某种液体（简称溶剂或吸收剂）中去的一类单元操作。热解过程中产生的可燃不凝气中主要含有硫化物等杂质，若气体产生量较小，可选择水作为吸收剂，若气体产生量较大，需选择碱性溶液作为吸收剂，吸收后的排放气体要满足相应的排放标准。吸收过程通常是在立式、圆柱形板式塔或填料塔内进行，气、液两相在塔内逆向流动接触，发生传质。填料塔较小，适合用于具有腐蚀性物料的情况，与板式塔相比，填料塔造价更低。填料选择的是金属环矩鞍，它具有孔隙大和流体均匀性好的优点，是目前应用最广泛的一种散装填料。洗涤塔的作用是利用新鲜水对焚烧烟气进行洗涤，一方面降温，另一方面除去尾气中的可溶性组分。一般地，洗涤塔的喷淋密度至少为 $20m^3/(m^2 \cdot h)$。

不凝气净化系统如图 1-21 所示，设备选型见表 1-6。

图 1-21　不凝气净化系统

　　不凝气净化系统主要是对热氧化塔的温度进行在线控制。不凝气净化系统的控制温度是炉壁温度，显示点燃后的炉内温度。该系统的控制界面如图 1-22 所示。

表 1-6　不凝气净化系统设备选型

序号	设备名称	数量	主要参数及型号	备注
1	热氧化塔	1 台	型号：Dia300×500	带防爆、放空阀
1-1	检测热电偶	2 套	热电偶温度计，约 1200℃	
2	尾气缓冲罐	1 台	$V=50L$，不锈钢	带取样阀和仪表阀
3	尾气洗涤塔	1 套	Dia200×1200mm	内装塔内件和填料
4	循环槽	1 台	$V=100L$，不锈钢	
5	循环泵	1 套	$Q=50L/min$	
6	引风机	1 台	$Q=500L/min$	

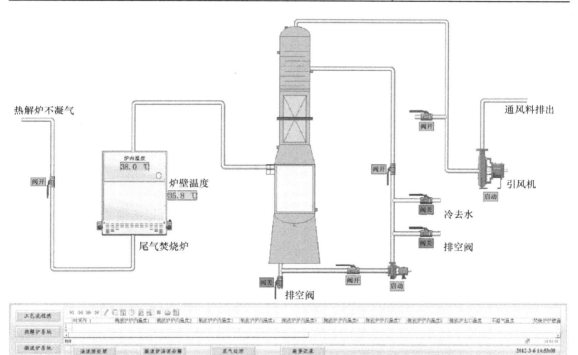

图 1-22　尾气处理系统控制界面

1.5.4.3　尾气在线检测系统

　　对可燃不凝气在线检测系统的设备进行选型，如表 1-7 所列。

表 1-7　在线检测系统设备选型

序号	设备名称	数量	主要参数及型号	备注
1	气相色谱仪	1 套	测 H_2、N_2、CO、CO_2、CH_4	主机型号 SP-3420A
1-1	检测器	1 套	TCD	
1-2	填充柱	1 套		
2	气相色谱仪	1 套	测硫分	主机型号 SP-3420A 单通道数据采集
2-1	检测器	1 套	FPD	

1.6 含油污泥热解的固体的资源化

含油污泥的热解残渣，一般是原质量的 $30\%\sim50\%$（质量分数），呈黑色粉体，以活性炭和无机物为主，含碳量高且有部分金属氧化物。

采用热解方式处理含油污泥，相比于焚烧飞灰，热解残渣的重金属耐浸出性更高。因此，热解后的残渣可以用作污染物吸附材料。

热解是一个吸热反应，宏观上意味着热解后得到的产物比原料热值将有所提高。从能量守恒角度来看，热解过程必须有外界能量提供到系统中或消耗自身部分能量才能进行反应。因此，热解残渣可为热解过程提供能量支持。热解处理最大的优势就是通过热解可以将含油污泥等一些废弃物转化为液态燃料类产物。

热解残渣中，碳的质量分数可达 $35\%\sim50\%$。残渣是否具有以中大孔为主、微孔为辅的疏松多孔结构与高的含碳量，含油污泥的来源、特性，热解工艺参数的改变，是否进行活化及活化方式（包括含油污泥的活化及热解残渣的活化）等因素是热解残渣资源化利用的依据。灰分为污泥高温热解后形成的氧化物及硫酸盐、碳酸盐等，并含有少量的重金属。在高温热解过程中甚至会有碳纳米管形成。

因热解过程及污泥性质的差异，所产生的热解残渣的作用也有所差异。

1.6.1 吸附剂的制备

对于热解残渣，一些学者研究得出其可作为一种吸附材料使用。

1.6.1.1 热解残渣制备吸附剂的可能性

含油污泥中重组分含量高，焦化热解后残渣含量高，有着良好的吸附剂基础制备条件，如张冠瑛等进行含油污泥的热解过程，研究发现，含油污泥的热解过程可分为三个阶段：第一阶段（$50\sim175℃$），此阶段主要去除水分和表面吸附的小分子；第二阶段（$175\sim600℃$）主要实现挥发分的挥发和重质组分的热解，期间存在重质油的缩合反应；第三阶段（$600℃$之后），含油污泥继续发生脱氢、缩聚及重排的炭化反应，此阶段为残渣形成的主要阶段。

戴永胜等考查了矿物油的焦化反应机理，并利用焦化反应制备含碳吸附剂。研究发现，重质组分多为沉积状态，而焦化反应就是对重质油进行深度热解处理，在热解处理过程中，重质油会出现一系列的高温热裂解和缩合反应，其中，缩合反应生成较大分子（如胶质、沥青质、焦炭等），这为吸附剂的制备提供了良好的材料。另外，在焦化法最佳制备条件下，油品的回收率达 84.87%，焦炭堆积密度达 $1.106g/cm^3$，因焦炭有较好的吸附性能，所以用其制成的吸附剂可用于液态油的回收，从而实现含油污泥的最大化利用。

詹亚力等的研究表明，在电镜下可以观察到：热解残渣形成了以中孔为主、微孔为辅的表面结构，在高温热解的情况下可能会有碳纳米管形成。根据残渣中碳含量以及后续处理后，热解残渣的比表面积可以达到 $689\sim1686m^2/g$。

W. Y. Xu 等通过改变工艺参数、进料中的 $w_水$ 以及油泥的物化性质（如密度、酸价、运动黏度、高热值和闪点）得到生物油。结果显示在 $450℃$，反应 $75min$ 和原料的 $w_水=10\%$ 的条件下获得的炭可以用作微孔液体吸附剂，而生物油脱酸升级后可用作低级燃料油。

热解残渣和商品活性炭的微观 SEM（扫描电镜）图如图 1-23 所示。

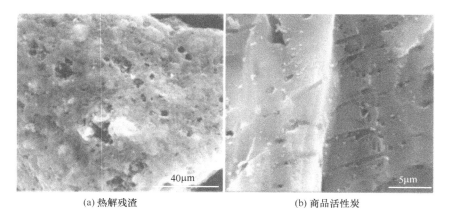

(a) 热解残渣
(b) 商品活性炭

图 1-23 热解残渣和商品活性炭的扫描电镜照片

张璇等将热解的含油污泥残渣、铝渣和氢氧化钠混合制得活性炭负载纳米氧化铝，复合材料的比表面积为 291.804m²/g，平均孔径大小为 6.098nm。复合材料的微观 SEM 图如图 1-24 所示。

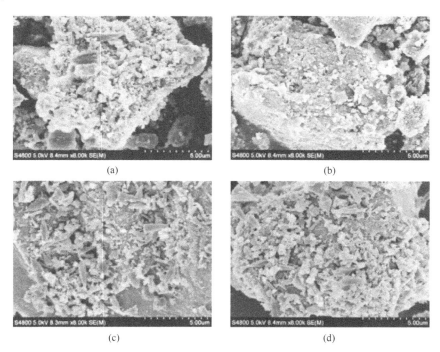

(a)
(b)
(c)
(d)

图 1-24 活性炭纳米氧化铝的 SEM 图

1.6.1.2 吸附剂的活化方法

为获得比表面积大、吸附性能良好的残渣吸附剂，需对残渣进行后续处理，目前研究较多的是将其制备成高比表面积的活性炭。Pazouk 等、Beeckmans 和 Park 提出，可以通过控制一定的热解条件和经过化学处理，将污泥转化为有用的吸附剂，并且许多关于污泥热解炭化方面的应用已经被成功授予了专利，例如关于污泥热解炭化制备含碳吸附剂的美国专利。G. Q. Lu 研究了在 N_2 气氛下污泥的热解过程，考察了热解温度、热解时间、升温速率对热解残渣的比表面积的影响。结果表明，热解温度的影响最明显，升高热解温度可以增加残渣的比表面积，升温速率主要影响残渣的孔隙分布。同时，他认为，在化学活化法制备污泥吸附剂的过程中，选用合适的化学药剂可以明显缩短活化时间，增加吸附剂的产量，较大限度地提高吸附剂的吸附性能。他们发现，一般常用的活化药剂主要有 $ZnCl_2$、KOH、H_2SO_4、H_3PO_4、NaCl、$MgCl_2$ 和 $CaCl_2$ 等。Tay 等采用 $ZnCl_2$ 溶液作为活化剂，对厌氧和好氧污泥进行热解，制备吸附剂。Chen 等对厌氧污泥和干化污泥进行热解制备吸附剂，并对吸附剂进行了物化表征。

周传君等认为，为了使热解残渣达到较高的吸附能力，可利用高压水热活化、硝酸钾活化、氢氧化钾活化、氢氧化钠活化等化学处理方法来提高其作为吸附材料的比表面积、微孔大小等。若作为脱硫吸附材料，热解残渣的穿透时间越长，即硫容越大，则热解残渣的脱硫效果越好。热解含油污泥制备吸附材料的除油性能主要采用静态吸附法评价，该方法主要是将吸附材料与含油污水在特定条件下混合，并且在搅拌均匀后放置一段时间，用紫外分光光度计对上层液面中的残油量进行分析，计算除油率。

邓皓等首次提出用含油污泥热解残渣制备高比表面积活性炭的研究。在以 NaOH 为活性剂、污泥碳化温度为 500℃、先在 320℃下预活化一段时间再升温至 800℃活化 1h、$m_{NaOH}/m_C = 2$ 的条件下，得到的活性炭比表面积可达 $2000m^2/g$，平均孔径小于 2nm，总孔容大于 $2cm^3/g$。通过对热解残渣进行扫描电镜测试发现，处理后的热解残渣具有优越的液相扩散性能，对大分子有机物的吸收能力大大增加。在残渣基本孔隙基础上，经过物理或化学活化，可以丰富残渣的孔隙结构，扩大残渣的孔容积和比表面积，进而提高残渣的吸附能力。其性能优于普通活性炭，可作为能源储存介质、电极材料、高效吸附剂的基础材料等。

Victor Manuel Monsalvo 等通过研究发现不同孔隙率的残渣活性炭可以通过干污泥中的物理（CO_2）和化学（KOH）方法来进行活化。

Mohammadi 等选取炼油厂储油罐底泥制备污泥基活性炭，含油污泥中的碳含量为 80%，并且以脂肪族化合物为主，含油污泥用 KOH 活化（$m_{KOH}/m_{污泥} = 2$）后热解得到的残渣的 BET 比表面积、总孔容积、微孔比表面积分别为 $328.0m^2/g$、$0.21cm^3/g$ 和 $289.10m^2/g$，而含油污泥直接热解得到的残渣的 BET 比表面积仅为 $3.6m^2/g$。

J. Wang 等研究含油污泥经脱油步骤再进行活化制备出高效活性炭，比表面积达 $3292m^2/g$，是普通活性炭比表面积的 2 倍，对染色剂甲基蓝的吸附量从 17.8mL/0.1g 提高到 64.6mL/0.1g，因此含油污泥有潜力作为活性炭的生产原料，其中，污泥脱油工艺能使制备的活性炭性能更优异。含油污泥经转速 3000r/min 离心 15min 后分离成四层（轻质油、水、重油、固体颗粒），其中，重油是制备活性炭的原料，回收率约 30%。新增的脱油步骤是为了在热解前去除油中的轻馏分以及促进重沥青的纯化。除油工艺是根据重沥青和轻质油在溶剂中的溶解度不同而分离的。经分离后，重质沥青被浓缩，而其他轻质油如饱和烃、芳香烃以 1:1 质量分数溶于正戊烷中，经转速 3000r/min 离心 10min 分离出。产物在空气气氛下加热氧化，以 2℃/min 的升温速率升温至 420℃加热 110min。加热产物冷却至室温后，研磨成粒径<2mm 的颗粒，与 KOH 固体混合，混合物在氮气气氛中于 400℃下碳化 30min，以 4℃/min 的升温速率升温至 850℃，这是活化过程。产物用去离子水洗去残留的碱，在 105℃下烘干 5h，制得活性炭颗粒。经除油工艺热解制得的活性炭的不定性碳含量更多，使产物的比表面积和吸附性能都有很大的提高。

工艺流程和活性炭微观 SEM 图如图 1-25 和图 1-26 所示。

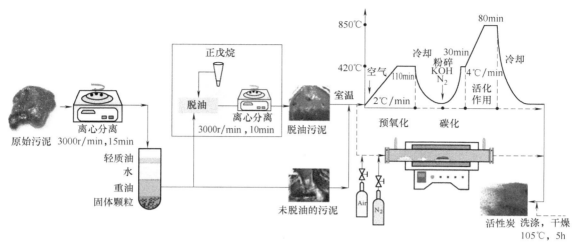

图 1-25　以含油污泥为原料制备活性炭的新工艺流程

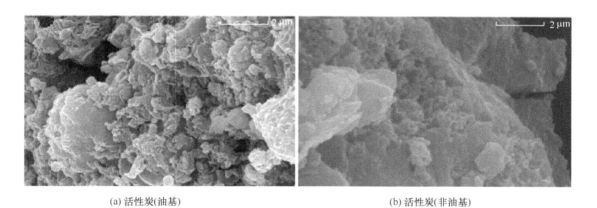

(a) 活性炭(油基)　　　　　　　　(b) 活性炭(非油基)

图 1-26　活性炭（油基）和活性炭（非油基）的扫描电镜照片

1.6.1.3　吸附剂在污水处理中的应用

(1) 对重金属离子的吸附

污泥热解产生的残渣可被作为吸附剂使用，去除水中的一些重金属离子。将污泥热解残渣应用于污水中金属离子的脱除，研究较多的是对重金属离子的脱除吸附。Méndez 等用热解残渣处理含有金属离子的模拟海水时发现，热解残渣用 HNO_3 活化或模拟水初始浓度越高，金属离子的脱除效果越好。当金属离子浓度较高时，残渣对金属离子的脱除效果依次为 $Na^+>K^+>Mg^{2+}>Ca^{2+}$，而金属离子浓度较低时，对金属离子的脱除效果依次为 $Mg^{2+}>Ca^{2+}>Na^+\approx K^+$。此外，热解时加入 $5\%\sim10\%$ 高岭土得到的热解残渣可明显降低水中 Ca^{2+} 和 Mg^{2+} 的浓度，但对 Na^+ 和 K^+ 的影响不大。污泥热解残渣对 Fe^{3+}、Cu^{2+}、Cd^{2+}、Ni^{2+}、Cr^{6+} 等都有很好的吸附性，且 Gascó 等认为热解残渣通过离子交换和化学沉积两种机制脱除水中的 Cu^{2+}。

(2) 对有机污染物的吸附

污泥吸附剂不仅可以通过吸附作用去除水中的重金属离子，还可以通过各种机理去除水中的有机污染物。Y. S. Wang 等研究发现污泥热解残渣是一种连续、不规则的网状多孔材料。由于其特殊的结构及组成，对处理油田废水中的 COD 有一定的作用。邓皓等通过 SEM

电镜扫描等手段的表征，发现热解残渣对含油污水中的有机物有良好的吸附性能，可以降低污水中的 COD，是一种廉价的吸附剂。

赵海培等研究发现，通过控制热解含油污泥的热解温度为 550℃、热解时间为 4h 和加热速率为 10℃/min，可制备出具有丰富微米孔的多孔固体吸附剂，对苯酚的吸附容量可达 29.26mg/g。

程爱华等利用污泥为原料，以甲基橙溶液为研究对象，研究了污泥吸附剂的脱色性能，发现在适当的操作条件下甲基橙溶液的脱色率可达 97.76%。方平等研究了采用 $ZnCl_2$ 活化热解制备的炭化污泥吸附剂，并用该吸附剂处理水溶液中的 Pb^{2+}，取得了较好的去除效果。尹炳奎等在已研究的生物质活性炭吸附剂制备工艺基础上，将污泥活性炭吸附剂应用于染料废水的处理中，获得了较为理想的效果。张德见等制备污泥吸附剂，对溶液中的 Pb^{2+} 进行吸附实验，研究一定条件下的等温吸附特性。任爱玲等利用污泥活性炭处理制药废水中的 COD 和对废水进行脱色处理，去除效果十分理想。

胡艳军等用污泥热解残渣对亚甲基蓝和孔雀绿染料废液进行吸附试验，两种染料溶液的最大饱和吸附量均大于 24mg/g。Jindarom 等考察了热解残渣对酸性黄 49、碱性蓝 41 和反应红 198 等染料的吸附研究，发现残渣对阴离子的吸附作用是静电相互作用和色散作用力，对阳离子的吸附作用是离子交换，均遵循 Langmuir 吸附模型。对酸性黄 49、碱性蓝 41 和反应红 198 的最大吸附容量分别为 116mg/g、588mg/g 和 25mg/g。Otero 等用硫酸活化污泥热解残渣处理结晶紫、靛青、苯酚、甲基蓝和番红精等水溶液，得出吸附剂对不同污染物的吸附选择性不同。

1.6.1.4 吸附剂在废气处理中的应用

热解残渣作为气体污染物吸附剂主要用作烟气脱硫剂脱除 SO_2、H_2S 和 NO_x 等气体。Bandosz 和 Block 研究了含油污泥 923K 下以及含油污泥、污水污泥和含金属油泥等混合污泥 923K 和 1223K 下炭化后的残渣吸附 H_2S 的特性。研究结果表明，由于 H_2S 中 S 被氧化，混合污泥残渣具有较高的吸附能力。残渣中虽然微孔不多，但是更多的中孔使得反应吸附作用增强以及提供更多的氧化物存储空间。混合污泥 1223K 下热解残渣对 H_2S 的最大吸附量达到 10%（质量分数）；由于更高的孔体积，含油污泥 923K 下热解残渣对 S 的吸附量达到 30%（质量分数）。当所有活性孔被填满以及催化中心消耗完时吸附过程达到平衡。在热解过程中碳和氮元素的存在，导致具有催化活性矿物质的形成是残渣具有高吸附能力的主要原因，而且残渣中较高的分散相为 H_2S 分解和氧化提供碱度和催化中心。相比含油污泥单独热解，混合污泥热解后的残渣中具有不均一的化学结构，在固态反应方面表现出更好的协同作用。

余兰兰等利用石化污泥热解残渣处理烟气中的含硫物质，研究发现其对 SO_2 的吸附主要是物理吸附和化学吸附，干烟气中的 SO_2 吸附量可达 9.8mg/g，湿烟气中的 SO_2 吸附容量为 15.20mg/g，这是因为无水存在时残渣对 SO_2 的吸附以物理吸附为主，有水存在时残渣中的无机组分在对湿气脱硫时起到了催化作用，同时存在化学吸附，吸附等温方程满足 Freundlich 模型。

南京理工大学的冯兰兰研究了热解污泥制备烟气脱硫剂，并进行了物化性质表征，结果表明：在原料粒径为 0.1~0.5cm、N_2 流量为 30L/h、热解温度和时间分别为 550℃ 和 1h 的条件下制备的吸附剂性能最好；在 SO_2 入口浓度 2021.38mg/m³、O_2 含量 12%、气体流速和温度分别为 4.25m/min 和 40℃ 的模拟烟气条件下，污泥吸附剂的脱硫效率为 75.3%，吸附容量为 8.68mg/g，水洗再生 2 次后，脱硫效率下降至 66.2%，吸附容量为 6.25mg/g；在 SO_2 入口浓度为 2021.38mg/m³、O_2 含量为 12%，H_2O（g）含量为 12%、气体流速和温度分别为 4.25m/min 和 60℃ 的条件下，吸附剂的脱硫效率为 85.1%，吸附容量为 12.20mg/g，水洗再生 2 次后，脱硫效率下降至 76.23%，吸附容量为 10.36mg/g；干态下污泥吸附剂对 SO_2 的吸附主要为物理吸附，水蒸气存在时以化学吸附为主，化学吸附效果好于物理吸附。

对污泥采用浸渍碳酸钠溶液或负载金属氧化物的方法进行改性制备烟气脱硫吸附剂。结果表明同时负载 5%MnO_2 和 5%MgO 的吸附剂性能最好；在 SO_2 入口浓度为 2021.38mg/m³、O_2 为含量 12%、H_2O（g）含量为 12%、气体流速和温度分别为 2.13m/min 和 60℃ 的条件下，吸附剂的脱硫效率为 93.7%，吸附容量为 99.3mg/g，水蒸气存在时复合氧化物的协同作用促进了对 SO_2 的化学吸附；氨溶液再生 2 次后污泥吸附剂的脱硫效率为 93%，吸附容量为 84.4mg/g。

Lu 利用化学活化方法将污泥制备成廉价吸附剂，并且应用于 NO_x 废气的吸附中，结果表明在 25℃ 时，对 NO_2 的吸附容量达到了 34.5mg/g，对 H_2S 的吸附能力可以达到商用活性炭的 50% 左右。

Baggreev 等对污泥进行化学活化热解获得的吸附剂，一部分用 HCl 进行活化处理，另一部分未处理，然后对比它们对 H_2S 的吸附能力，结果发现不同的热解温度对 H_2S 吸附效果的影响非常显著。在 400～950℃ 范围内，随着温度的升高，吸附剂对 H_2S 的吸附能力明显增加；而经 HCl 活化后的吸附剂对 H_2S 的吸附能力明显降低，吸附容量从 82.5mg/g 下降至 57.5mg/g，这是因为经过酸洗后清除了吸附剂中的金属氧化物，而这些金属氧化物在工业上常用作脱除 H_2S 的催化剂。

侯影飞等对高含油的含油污泥采用热解处理，回收油气资源的同时将热解残渣制备成烟气脱硫剂，同时以苯吸附值和热解残渣含油率为基准对热解工艺进行了优化，研究发现，在热解终温 550℃、热解时间 4h、升温速率 10℃/min 条件下，热解残渣对苯的吸附容量达 60.12mg/g，热解残渣含油率为 0.29%，热解残渣中所含的 Al、Fe、Cu、Mn、V 等都是常见的烟气脱硫剂的主要组分或活性组分，且 Mg、Ca、K 等碱金属可以提高吸附材料的碱性，改进吸附材料对 SO_2 的吸附能力，对热解残渣进行高温灼烧和水蒸气活化，可用于脱除烟气中的 SO_2，吸附脱硫能力较好，穿透硫容达到 3% 以上。

祝威对孤岛采油厂联合站堆放场的含油污泥经 815℃ 高温灼烧脱碳后，热解残渣再通过 60%NaOH 溶液碱洗、60%HNO_3 溶液酸性、水蒸气活化，残渣进行烟气脱硫试验测试，硫容由 1.33% 提高到 3.47%，可用作脱硫吸附剂。

张冠瑛对孤岛采油厂第六联合站的含油污泥进行热解，并采用 NaOH 饱和溶液对含碳量 12%、金属含量 15% 的热解残渣进行活化处理，在模拟烟气气氛下，利用固定床反应器测量该活化热解残渣对 SO_2 的脱除，结果表明：在 SO_2-N_2 体系中，未活化热解残渣的硫容为 0.37%，穿透时间为 39min；活化残渣的硫容为 1.96%，穿透时间为 101min；在 SO_2-N_2-H_2O 体系中，活化前后热解残渣的硫容和穿透时间分别为 0.46% 和 2.35%、43min 和 131min，即当有水蒸气存在时可明显提高残渣对 SO_2 的吸附性能。

此外，Bashkova 等认为残渣中的金属氧化物及盐类物质在湿式脱硫过程中起到了催化剂的作用，促进了 SO_2 的催化氧化过程，增强了残渣的脱硫效果。污泥热解残渣对潮湿空气中的 H_2S 也具有明显的脱除作用。

1.6.1.5 吸附剂在含油污水和溢油事故应急处理中的应用

胡华龙等利用碳化法将石化污泥在 360～400℃下碳化以制备新型含碳除油吸附剂，得到的吸附剂具有低的饱和水蒸气吸附量、良好的悬浮率（100%）和较强的亲油疏水性，20℃时其对原油的饱和吸附量达到 7.7g/g，可有效吸附水面原油。

汤超等分别将吉化剩余污泥和辽河浮渣两种含油污泥热解以制备吸附剂，尽管热解条件不同（吉化剩余污泥：0.5mol/L $ZnCl_2$ 活化，热解温度 550℃，停留时间 2h；辽河浮渣污泥：直接热解，热解温度 650℃，停留时间 2h），但得到的吸附剂的微观表面均粗糙，呈不规则的多孔结构，对采油污水中化学需氧量（COD）和石油类的去除率均高于木质活性炭。其中吉化剩余污泥热解残渣和辽河浮渣污泥热解残渣对含油污水 COD 的去除率分别为 91.51% 和 93.76%，对石油类的去除率分别为 87.14% 和 90.59%（含油污水样品 COD 质量浓度为 502.12mg/L，石油类质量浓度为 45.31mg/L，pH 值为 7），经处理后的采油污水 COD、石油类含量均达到《污水综合排放标准》（GB 8978—1996）中的二级标准。

邓皓等在研究含油污泥热解残渣结构特征基础上，进一步探讨了其在油田含油污水处理中的应用。实验含油污水 pH 值为 7.5、COD 值为 644.45mg/L、含油量为 26.80mg/L，随着残渣投加量的增加，COD 和石油类去除率不断提高，当残渣投加量为 4% 时，COD 和石油类去除率均达到了 80% 以上，优于商品活性炭对 COD 和石油类的去除率。这是因为热解残渣以过渡孔结构为主，液相吸附时有利于吸附大分子有机物。含油污泥中重质组分（烃类物质）含量较高，适合吸附材料的制备，将残渣吸附剂应用于（含油）污水处理中，真正起到了"以污治污"的效果，实现了热解残渣的资源化利用。

吸附剂可应用于油液的吸附处理中，如徐乐由含油污泥热解得到残渣吸附剂，研究发现，在最佳条件下，热解残渣可以达到甚至超过普通商品活性炭对油品的应急吸附性，与活性炭相比，含油污泥热解残渣具有吸附量大、吸附速率快、吸附饱和后仍可浮在水面上等优点，因此其可用作水上、陆上溢油事故处理的应急吸附剂。同时，经成本核算，其价格比活性炭低 4000 元/吨，适用于石化企业突发溢油事件的应对。

1.6.2 催化剂的制备

热解残渣作为催化剂主要用于催化各类固体废物的热解过程。目前，污泥热解催化剂主要有钠盐、钾盐和一些金属氧化物等，由于热解残渣具有疏松多孔的结构，且含有一定质量的重金属，使其具有一定的催化作用，尤其在热解终温不高于 550℃的热解环境中，大多数金属元素都残留于残渣中。

刘龙茂等利用热解残渣催化污泥热解，所得液体产率、油品产率、气体产率均明显增加，固体产率减少，说明残渣的存在促进了污泥的热解。彭海军等以印染污泥和市政污泥为热解对象，利用热重分析，探讨了热解残渣对其催化效果的影响，分析了热解残渣作为催化剂的潜力，结果表明两种污泥热解残渣对污泥热解均有催化作用，且印染污泥热解残渣的催化效果优于市政污泥热解残渣的催化效果，同时热解残渣中金属化合物种类和含量对其催化效果有一定影响，热解残渣中的铝、铁、锌化合物在污泥催化热解过程中起了重要作用。但是，由于污泥中重金属含量会因污泥种类、来源、处理方式等有所差别，使得热解残渣的催化效果也会有所波动。将污泥热解残渣再应用到污泥热解过程中，同样起到了"以废治废"的效果，且可反复循环利用。

此外，热解残渣孔隙结构发达，具有较高的比表面积和化学惰性，还可以是一种良好的催化剂载体，以残渣为载体制备负载型催化剂用于污泥热解过程有望使其具有更加优越的催化性能。张亚等比对研究了无催化剂、热解残渣催化剂以及热解残渣负载 Fe、Cu、Al、Ni金属元素的负载型催化剂对城市污泥的催化效果，结果表明：无催化剂存在时，有机相产率在 500℃时达到最大值的 6.83%；热解残渣的存在有利于污泥中挥发分的脱除，尤其对有机相加氢脱氧及含氯化合物的脱除效果较好，随着残炭添加比例增大，有机相中烷烃类含量由纯污泥的 18% 升至添加比例为 200% 时的 39%，也就是说残炭的存在对有机相的加氢脱氧效果较好，可显著改善油品品质。但是，残炭添加比例不宜超过 50%，因为添加残炭虽然有利于有机相中含氯物质的脱除，但多环芳烃含量会增加。另外，负载型催化剂中，残渣负载 Al 催化剂对污泥中挥发分的脱除效果最佳，热解液有机相的热值升高，黏度降低，含氧化合物和含氮化合物含量均降低；残渣负载 Fe 催化剂对有机相加氢脱氧及黏度降低效果最好，与残渣催化剂相比，有机相黏度降低了 24.32%，烷、烯烃类含量增加了 17.62%；而残渣负载 Ni 催化剂可有效降低含氮化合物含量；负载 Cu 催化剂有机相中未发现多环芳烃。

残炭中含有的重金属，如最常见的 Hg、Ni 等，可能在热解高温过程中与分子筛表面的羟基发生反应，使重金属固定在催化剂表面，减少残炭中的重金属含量。

在含油污泥热解催化剂的选择上，采用介孔分子筛硅藻土以及 MCM-41 作为含油污泥热解催化剂的基体材料，以掺杂钯的金属钛为催化活性中心，并且钛是当前研究最为活跃的催化活性金属元素，因其对氧原子具有极强的结合能力，因此易与分子筛表面羟基牢固结合形成含钛介孔分子筛催化剂。

1.6.3　絮凝剂的制备

含油污泥中含有铝元素，且在热解中加入含铝的添加剂，使含油污泥热解残渣中铝含量（按 Al_2O_3 计，以下同）较高，可达 20% 以上，可作为水处理的絮凝剂。开展含铝污泥热解残渣制备聚合氯化铝的研究，能够有效地回收利用在处理中加入的含铝药剂，减少资源的浪费及其对环境的污染。同时，Al_2O_3 高达 20% 的热解残渣经酸溶处理后可以用于污水的絮凝。何银花等针对辽河油田欢三联稠油污水污泥的热解残渣含铝量高的特点，采用盐酸进行铝溶出及制备聚合氯化铝研究。结果表明：污泥在 650℃下热解，热解残渣经 700~750℃ 的马弗炉中焙烧 1h 以增加铝盐的反应活性，将其在常温下用 25%~30% 的盐酸进行酸溶 2~5h，其中氧化铝与盐酸的摩尔比为 (1∶1.0)~(1∶1.2) 为宜。将溶出的铝溶液的 pH 值用 CaO 调节为 3.5，聚合反应时间为 1d，即可得聚合氯化铝溶液。

利用污泥热解残渣制备聚合氯化铝絮凝剂，实现了污水处理过程中投加的铝盐絮凝药剂的回收与利用，减少了污染物排放和资源消耗。王万福等针对炼油湿污泥残渣 Al_2O_3 含量高达 25.9% 的特点，对热解残渣酸溶再生，并测其絮凝性能，发现其对高含油（2000~3000mg/L）、高乳化难处理稠油污水有很好的絮凝作用，当加入量为 500mg/L 热解残渣时稠油污水絮凝沉降分离效果良好，沉降后水质清澈透明，水中含油和悬浮固体降到 10mg/L以下。

1.6.4　制取富氢燃气

与生物质半焦的性质类似，污泥热解残渣中富集了大量的固定碳成分，因而具有良好的反应性，可以作为气化原料制备富氢燃气。张艳丽等采用固定床反应器，进行了污泥热解残渣水蒸气气化制取富氢燃气的研究，结果表明，气化温度、停留时间、水蒸气、催化剂均会影响残渣的气化过程、气体种类及相应产率。随反应温度的升高，气体产率由 0.0967m³/kg 逐渐增加到 0.4600m³/kg，H_2 含量由 17.87% 逐渐增加到 52.44%；停留时间和水蒸气流量对 H_2 产率的影响有相似的趋势，随着停留时间的延长或水蒸气流量的增大，H_2 产率均呈先增大后降低的趋势。此外，催化剂白云石的加入有利于催化焦油的降解和 H_2 产率的提高，且白云石的最佳催化温度为 800～850℃。

1.6.5 热解残炭制取燃料

热解残渣的碳含量很高，热值高达 5000kJ/kg 以上，可以作为燃料使用。杨鹏辉等将真空管式热解炉中的热解含油污泥残渣（含碳 10%）与煤粉以 2∶8 的比例混合制成粉末状燃料，研究表明其热值高于煤的热值，可达 24000kJ/kg，是很好的锅炉燃料。而残渣中的金属元素种类较多，其中的 Al、Fe 等含量较高，残渣作为添加剂对含油污泥的热解有一定的催化作用。总之，含油污泥热解残渣的循环利用，实现了废物资源化、无害化的目标。

以产炭为主要生产目的的热解称为"碳化"。通过改变热解条件或对热解炭深加工处理，改变热解炭孔隙率达到吸附剂作用。如生物质、污泥、轮胎、油泥砂的目标产物之一是固体含炭产物。以城市污泥和轮胎热解为例：城市污泥中含有蛋白质、纤维素、无机盐等组分，热解得到的污泥热解炭与生物质热解炭相比热值偏低，但其吸附性能好，使污泥热解制炭技术引起关注和研究；在轮胎热解方面，Roy 等对热解炭黑进行研究，结果表明，轮胎热解炭黑相关物性与商业炭黑非常相似，可作为添加剂代替商业炭黑，应用于道路沥青中，也可作为部分橡胶制品的补强填料或作色素，还可作为燃料使用。

邓皓等探讨热解残渣中炭的分离和回收，通过物理浮选法和化学分离法，可回收残渣中 35%～50% 的炭，纯度达 95%。原油污泥热解残渣热值为 8763.2kJ/kg；含生物质（杏壳）油泥热解残渣热值为 11470.8kJ/kg，生物质（杏壳）参与热解后热解残渣热值增高；含催化剂油泥热解残渣热值为 6041.3kJ/kg，催化剂参与热解使热解残渣热值降低。

李彦等使用自制的 Al-MCM-41 催化剂在管式热解炉中对含油污泥进行热解试验，催化热解使 C_6～C_{15} 的馏分收率提高了 4.02%，残渣热值可达 2160kJ/kg 左右，可作为辅助燃料再利用。

1.6.6 微波吸收剂的制备

对于含油污泥这种油水混合的乳化液，在混合相中水分子具有相对较高的介电损耗，这样水分子可以吸收更多的微波能量，在这种作用下水分子进行扩张运动，将水油界面膜变薄，从而有利于油水两相分离。此外，微波辐射可以加速分子转动，使水分子表面包围的电荷发生重排，这样可以破坏油水界面的双电层，从而导致电位降低，油分子和水分子移动更加自由，在乳化液中油分子和水分子各自的碰撞加强，使油分子和水分子分别凝聚在一起，最终达到两相分离效果。在微波 800℃ 的条件下，含聚合物油泥的热解残渣，其重金属离子溶出量很低，并且可以将其作为微波吸收剂，来加速含油污泥的微波升温过程。

李娣等以低温热解后的固体残留物为催化剂分别进行污水污泥和城市生活污泥的催化热解研究时发现，在固体残留物的作用下，与无催化剂时相比，污泥低温热解的液体产物产率、油品产率、气体产率均明显增加，而固体产物量明显减少，油品最大产率从 20.5% 增加到 24.5%，且油品达到最大产率时所需温度降低了 40℃，同时油品的品质提高。

1.6.7　橡胶填料剂

由于含油污泥经热解后的固态产物中含有大量的 $CaCO_3$，$CaCO_3$ 又是橡胶填充物的主要来源，具有陶土所具备的良好的补强性和高填充性，所以当含油污泥所含 $CaCO_3$ 含量较高时，其经过热解处理后的固态产物可制备成橡胶填料剂和补强剂，代替陶土和轻钙在橡胶制品中使用，同时又克服了陶土撕裂性差和轻钙补强性差的缺点。中国科学院采用有机聚合物对 $CaCO_3$ 固体废弃物的表面进行一系列处理，从而制得了性能较好的 $CaCO_3$ 无机填料，其可用于填充一些化学建筑材料例如聚氯乙烯（PVC）管材料、PVC 地板革等。经过检验，这种产品性能良好，符合国家标准要求。

1.6.8　热解残渣的其他用途

污泥中除了含有大量有机物外，还含有 20%～30% 的硅、铝、铁、钙等无机化合物，鉴于其化学组成与常用的建筑材料组分接近，因此含油污泥热解残渣还可以用作生产建筑材料的原料。

陈超等采用回转式连续反应器热解处理含油污泥，反应气氛为氩气，温度 550℃，热解残渣主要为砂粒，含碳量较低，重金属含量低，在 4%～6% 左右，可以在铺路或建筑工程中使用。

Mansurov 等用热解的方法处理含油污泥，分离出有机物及矿物部分，将冷却后的固体残渣与砂子及粉末状石灰石混合，然后加入热的液态沥青，混合后即可得沥青混凝土建筑材料。R. Khanbilvardi 的研究表明污泥灰可代替 30% 混凝土的细填料（按质量计），具有很高的商业价值。Okuno 等发明了一种用 100% 焚烧污泥灰制砖的技术，先将污泥焚烧，其焚烧后的所有污泥灰被用来制作普通建筑用砖。

1.7　含油污泥热解产物油的资源化利用

杨肖曦等认为含油污泥与煤共热解的混合燃料可降低热解反应的表观活化能，有利于提高燃料的热解性能。宋薇等研究发现，热解的液体产物是 C_5～C_{27} 的烷烃物质，组成复杂且混合油的沸点较宽，快速升温热解不利于固体、液体等资源的回收。

朱元宝等研究对热解油进行固定床加氢精制获得轻质燃料，通过控制反应温度 420℃、氢分压 12.0MPa、氢油体积比 800、体积空速 $1.0h^{-1}$ 的反应条件，热解油加氢后回收率较高，可作轻质燃料，脱硫率达 94.5%，脱氮率达 89.4%，而蜡油馏分及重油馏分可作优质的加氢裂化原料，进而获得更多的轻质燃料。

全翠等考察管式热解炉中不同升温速率对油泥热解产物的影响，研究表明，823K 是回收原油的最适热解温度，热解油产率为 40.36%。所得到的热解油组成与柴油的化学组成相似，但热值比柴油热值高，具有较高的回收利用价值。

20% 脱墨污泥热解油与生物柴油混合使用，可在不添加任何点火添加剂或表面活性剂的情况下间接注入 CI 发动机使用，与化石柴油相比，混合燃料的废气中二氧化碳含量要高出 4%，NO_x 含量要低 6%～12%。在满载时，共混物的 CO 排放量减少为原来的 1/10～1/5。在满载时，30% 混合燃料的燃烧峰值比化石柴油和生物柴油分别高出 26% 和 12% 左右。与化石柴油相比，两种混合物的燃烧时间都有所缩短；在满载 30% 的情况下，持续时间几乎降低了 12%。

1.8 含油污泥热解的不足及展望

含油污泥的热解是一个复杂的热化学反应过程，热解条件与产物的关系十分复杂，且由于含油污泥本身性质的影响，目前工业中常用的生物质热解设备并不完全适合含油污泥的热解，从而制约着含油污泥热解技术的推广应用。

1.8.1 热解处理及设备相关理论问题

目前国内含油污泥的热解技术尚处于研究阶段，在工业化应用中其关键问题就是缺乏比较成熟的反应设备。

中国石油安全环保技术研究院环保技术研究所正在进行含油污泥立式热解炉的设计，但是在设计过程中，关于炉型的布置和污泥在炉内停留时间的控制还缺乏相应数据和依据。而含油污泥的热解时间是影响这两个方面的关键因素。现有的实验设备大多采用电加热方式，升温速率缓慢，无法实现工业上高温快速的加热条件，采用实验的方法确定热解时间难度较大。而模拟计算方法不受实验条件的限制，比较容易实现。进行热解时间的模拟计算需要建立热解过程的传热传质模型，以及一些基本的动力学参数，但是针对含油污泥热解技术研究的调研表明，目前含油污泥热解过程的传热传质的研究几乎还是空白，关于干燥阶段的动力学研究也比较少，关于热分解阶段的动力学研究虽然已有不少，但研究方法多样，得到的数据适用范围有限。含油污泥热解过程的传热传质特点尚不明确，使得在确定炉子的尺寸、供热方式、供热温度等参数时缺乏必要的参数和理论依据。

1.8.2 热解处理成本问题

传统加热方式因其传热效率低，污泥在高温下停留时间较长，其表面和中心的温差较大，内部温度分布不均匀，容易引起热解产生的小分子物质在传输过程中产生二次反应，继而增加了焦炭生成量，所以反应器容易结焦。另外，热解得到的回收油含有较多多环芳烃。微波热解在传热方式上有相对的优势，目前微波热解技术已经广泛应用于废弃物的热解处理，例如很多学者利用微波技术热解污泥、生物质等。然而，微波辐射所需的特殊反应设备和高昂的处理成本是限制其工业化应用的主要瓶颈。此外，微波热解的效率偏低，目前还没有有效的手段可以提高微波的热解效率。

含油污泥热解制油相比于其他处理方式有较大的优势，但是制约含油污泥热解制油的最大问题是大规模处理含油污泥时制取的热解油相对经济价值低以及复杂的设备操作流程。由于热解是一个吸热反应，从能量角度上来分析，工业化应用时需要提供额外的能量。因此，含油污泥热解研究的瓶颈是对热解反应器的改进和突破以及如何提高能量利用率。

另外，含油污泥中含水率较高，给含油污泥提供的热量主要消耗在了水分的蒸发上，这导致热解过程的能耗和运行费用较大，从而制约含油污泥热解技术的推广应用。

1.9 含油污泥处理新工艺

在含油污泥的处理技术上仍有众多学者在科学前沿探讨新的工艺和方法。

1.9.1　超声波和芬顿反应

超声法可去除含油污泥中 22.6% 的石油烃类，芬顿反应法可去除 13.8%，两者结合可去除 43.1%。超声法用 MisonixSonicator3000 超声波发生器，波频 20kHz，是将 1g 含油污泥置于 100mL 烧杯中，注入 25mL 去离子水。然后将超声探头放入污泥/水系统进行超声氧化。超声功率设置在 60W，处理时间分别为 1min、3min、5min、8min。芬顿法是将 1g 含油污泥置于 100mL 烧杯中，加入 0.63g 的 $FeSO_4 \cdot 7H_2O$，H_2O_2 添加量分别为 5mL、10mL、15mL、20mL，再加入适量的去离子水，使反应总体积恒定。由于氧化反应剧烈，用 1mL 移液管逐渐向系统中加入 H_2O_2，直至达到规定的体积。芬顿反应需人工不断搅拌溶液。两种方法结合，通过增加羟基自由基与石油烃类的接触，可以改善污泥系统的氧化反应，对难降解重质石油烃类的降解率有显著的提高，$C_{10} \sim C_{16}$ 降低 56.7%，$C_{16} \sim C_{34}$ 降低 39.1%，$C_{34} \sim C_{50}$ 降低 46.5%。

1.9.2　水热液化技术

水热反应器是一个 SS-316L 管式批处理反应器，容积 58mL。反应器的内径和外径分别为 18mm 和 25mm，长 230mm。由于实验环境是超压状态，反应器由厚的无缝管制作。电炉用于加热反应器，PID 控制器控制温度。样品在传送到反应器前，先通过不同比例的污泥和去离子水搅拌混合 5min。每次反应，反应器的填充度保持在 20%。反应器泵入氮气以确保反应腔内为无氧环境。当反应器加热到指定温度后，开始计算反应时间。当反应时间结束后，反应器在冷水浴中快速冷却。反应器用 4mL 的三氯甲烷清洗 3 次，以收集水热反应中的液固相产物。混合物在磁力搅拌器中搅拌 5min。用抽滤方法分离液体和固体颗粒。固体残渣经烘干后称重。用分离漏斗将剩余液相分离为水相和溶剂馏分。三氯甲烷通过旋转蒸发仪汽化，剩余的液相称重，即是生物油。液相产物在 105℃ 下烘干，残留物称重，计算水溶性产物。水热产物包括生物油、固体残留物、水溶性产物和少量轻质气体（主要是 CO、CO_2 和 H_2）。水解温度对生物油产量有最优点，高于该温度，产量下降。适当增加反应时间有助于提高生物油产率，但时间过长对产物质量有负面影响。提高泥水比也有不利影响，反应会消耗焦化油。水热温度 290℃，水热 65min，含油污泥含量 16%（质量分数），生物油产量达干燥无灰基的 45.52%（质量分数），产物油主要包含脂肪族、饱和脂肪酸和不饱和脂肪酸、单芳香族和多芳香族化合物。提高温度，小分子化合物通过再聚合反应转化为高分子化合物。随着低温反应时间的增加，含氮组分含量增加，表明长时间的反应带来不利影响。另外，若生物油作车用燃料使用，需进一步催化脱氢、脱氧和新的 C—H 键的生成。工艺流程如图 1-27 所示。

1.9.3　湿式氧化法

湿式氧化法（wet air oxidation，WAO）是在高温、高压下，利用氧化剂将有机物氧化成二氧化碳、水和其他小分子有机物，从而达到去除污染物的目的。该方法中，反应温度、停留时间、反应压力是热解过程中三个最重要的影响因素。该方法适合处理含水量不高而烃类含量较高的污泥，设备的处理能力和能耗与进料中的水含量成正比，因此该技术适用于处理经过物理化学方法处理的含油污泥，对污泥中的油和其他有毒有害物质处置彻底。

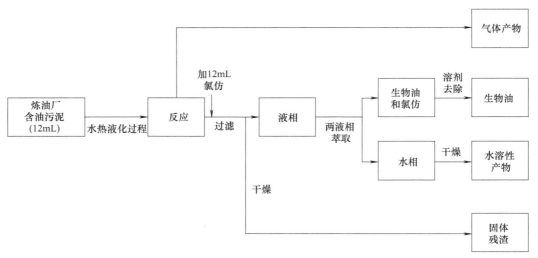

图 1-27　水热液化技术和产物分离的实验过程

1.9.4　燃料化技术

谢水祥等借助国外处理污泥的先进技术，研发了一种含油污泥燃料化处理剂，由破乳剂、疏散剂、引燃剂和催化剂以 3.0∶2.5∶3.5∶1.0 的比例组成。将含油污泥与处理剂以 4.0∶1.0 的比例混合，置于室温条件下，使其自然干化。再将其粉碎与煤以 1∶9 比例混合，其热值达到 4900kcal/kg（1kcal＝4184J），可以满足日常锅炉运行所需。同时对燃烧后灰渣和烟气进行分析，均满足污染物排放标准。陈云华等先对含油污泥进行破乳分离，残留的固化废渣经风干后与自制的助燃剂混合，制成仿煤燃料，加入燃煤中，用作锅炉燃料。在小型燃煤炉和电厂 5# 锅炉中进行了为期 2 个月的焚烧试验，其燃烧状况良好，在正常情况下煤耗＜10t/h，进入锅炉进行燃烧，其燃烧热值 80% 以上可以被利用，其烟道气中 SO_2 溶度为 852mg/m^3，NO 溶度为 41mg/m^3，O_2 浓度为 6.0mg/m^3，烟尘含量为 175.0mg/m^3，各项大气污染物排放指标均达到了环保的要求。

1.9.5　亚临界流体萃取技术

亚临界流体萃取技术相较于超临界流体萃取技术所需压力小得多，溶解能力更强，并且可以采用变压、变温两种方式实现流体循环。因此将亚临界流体萃取技术应用于含油污泥处理中，能够有效去除并回收其中的石油类物质，做到含油污泥的资源化利用，并大幅降低工作所需压力，增强工艺安全性，降低工艺成本。

利用亚临界流体萃取含油污泥，使原油在萃取剂作用下从污泥中分离出来，利用萃取剂在一定条件下易分离的特性，对溶蚀出的萃取剂及原油混合物气化脱溶，将原油与气态萃取剂分离，回收萃取剂，循环使用。

将配制好的含油污泥样置于污泥修复罐中，放置好以后关闭污泥修复罐，将罐内抽真空后充入氮气，提升罐内压力至萃取剂的饱和蒸气压以上，防止萃取剂汽化。再将亚临界态萃取剂注入罐中开始萃取，利用亚临界态萃取剂溶蚀污泥中的原油、胶质及沥青质，使原油在萃取剂作用下从污泥中分离出来。萃取完成后将萃取液滤出排至分离器，将滤出的萃取液减压脱溶，分离出的原油储存。汽化后的萃取剂通过压缩机压缩后再通过冷凝器冷凝，回到亚临界态以循环使用。

亚临界流体萃取含油污泥系统的工作原理如图 1-28 所示。

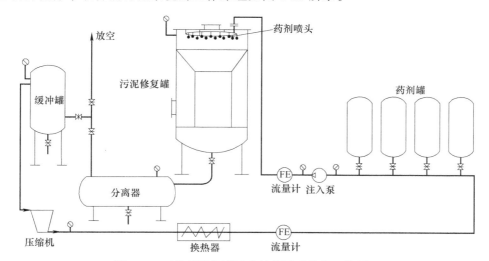

图 1-28 亚临界流体萃取含油污泥系统的工作原理

控制实验条件在 0.1~0.6MPa 的压力范围内，对含油污泥进行亚临界萃取可有效去除污泥中的总石油烃（TPH）和油类物质，萃取剂和原油可以有效回收。

第**2**章
含油污泥热解技术的相关标准及分析方法

2.1 含油污泥的组成及其特性表征

2.1.1 含油污泥的含油量、含水率、含固率分析

2.1.1.1 含油量

(1) 索氏抽提-紫外吸收光度法

采用有机溶剂萃取-紫外线检测法检测样品含油量。在使用标准样品之前，用四氯化碳（CCl_4）进行超声萃取几个小时，再将萃取液进行脱水、过滤、蒸馏处理获得比较纯的石油样品，以此石油样品作为标准石油样品。

标准曲线的确定：以标准石油样品按照适当的质量梯度称取后，再用石油醚定容到指定刻度后，进行超声萃取处理，从中抽取 1mL 进行紫外光谱扫描来确定标线。如图 2-1 所示，$A = K_1 \times C + K_0$，$K_1 = 0.0157$，$K_0 = -0.00848$，$R^2 = 0.9987$。

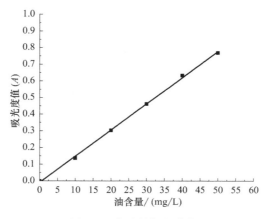

图 2-1 含油量标准曲线

将 K_0、K_1 代入线性方程，得到油含量和吸光值的线性关系式，如式（2-1）所示：

$$A = 0.0157C + 0.00848 \tag{2-1}$$

式中 A——吸光度值；

C——油含量，mg/L。

根据吸光度值算出石油类物质的质量，然后通过计算质量比，算出含油率。

以石油醚为溶剂，称取经相同预处理步骤的同一批油泥 1.5g 左右，在 225nm 波长处，分别在 10mL、20mL、30mL、40mL、50mL 溶剂量和超声处理 2min、4min、6min、8min、10min、12min 的条件下做正交试验，确定最佳固液比为 1:20，最佳的超声处理时间为 8min。

（2）比烘干法

粗含油率（Y_0）可采用比烘干法测量。实验步骤如下：取干净坩埚，准确称重 W_1；取油泥样品 10g 左右，准确称重 W_2；置于坩埚中于 105℃下干燥 3h 后准确称重 W_3；干燥后样品经 600℃烘干后称重 W_4。计算公式如下：

$$Y_0 = \frac{W_0}{W} = \frac{W_3 - W_4}{W_2 - W_1} \times 100\% \tag{2-2}$$

式中　W_0——含油固废中粗含油质量，g；

　　　W_1——坩埚质量，g；

　　　W_2——坩埚与含油固废样品质量，g；

　　　W_3——干燥后含油固废和坩埚质量，g；

　　　W_4——600℃烘干后含油固废和坩埚质量，g；

　　　W——含油固废样品质量，g。

（3）重量法（CJ/T 51—2018）

实验步骤如下：a. 将采集的样品倒入 500mL 或 1000mL 分液漏斗中，加硫酸溶液 5mL，用 25mL 石油醚洗采样瓶后，倒入分液漏斗中，充分振摇 2min，并打开活塞放气，静置分层。水相用石油醚重复提取 2 次，每次用量 25mL，合并 3 次石油醚（有机相）提取液于锥形瓶中。b. 向石油醚提取液中加入无水硫酸钠脱水，轻轻摇动，至不结块为止。加盖后放置 0.5～2h。c. 用预先以石油醚洗涤过的滤纸过滤，收集滤液于经烘干恒重的 100mL 蒸发皿中。d. 将蒸发皿置于（65±1）℃水浴上蒸发至近干。将蒸发皿外壁水珠擦干，置于烘箱中，在 65℃下烘 1h，放干燥器内冷却 30min，称重，直至恒重。样品中油的含量 ρ（mg/L）的计算公式如下：

$$\rho = \frac{(m_2 - m_1) \times 1000 \times 1000}{V} \tag{2-3}$$

式中　m_1——蒸发皿的质量，g；

　　　m_2——蒸发皿和油的总质量，g；

　　　V——样品体积，mL。

采用重量法测定城镇污水中的油，测定油浓度下限为 5mg/L。

2.1.1.2　含水率

（1）比烘干法

严格执行标准《固体废物浸出毒性浸出方法　水平振荡法》（HJ 557—2010）中含水率的测定方法。称取 20～100g 含油污泥样品，于预先干燥至恒重的有盖容器中，在 105℃下烘干，恒重至±0.01g，计算含油污泥样品含水率的公式如下：

$$含水率(\%)=\frac{m-m_1}{m}\times100\%$$ (2-4)

式中　m——所称取的含油污泥样品质量，g;

m_1——含油污泥经烘干恒重后的质量，g。

（2）蒸馏法

采用 GB/T 260—2016 石油产品水含量的测定蒸馏法。实验步骤如下（接收器和蒸馏装置见图 2-2）：a. 试样测试前，需混匀。b. 根据试样类型，取适量的试样，准确至±1%，按 c 或 d 要求转入蒸馏瓶中。c. 对流动的液体试样，用量筒取适量的试样。用一份 50mL 和两份 25mL 选好的抽提溶剂，分次冲洗量筒，将试样全部转移到蒸馏器中。在试样倒入蒸馏器后或每次冲洗后，应将量筒完全沥净。d. 对于固体或黏稠的样品，将试样直接称入蒸馏瓶中，并加入 100mL 所选用的抽提溶剂。对于水含量低的样品，需要增加称样量，所以抽提溶剂的量也需要大于 100mL。e. 磁力搅拌可以有效防止暴沸，也可在蒸馏器中加入玻璃珠或助沸材料，以减轻暴沸。f. 按图 2-2 组装蒸馏装置，通过估算样品中的水含量，选择适当的接收器，确保蒸汽和液体相接处的密封。冷凝管及接收器需清洗干净，以确保蒸出的水不会粘到管壁上，而全部流入接收器底部。在冷凝管顶部塞入松散的棉花，以防止大气中的湿气进入。在冷凝管的夹套中通入循环冷却水。g. 加热蒸馏瓶，调整试样沸腾速度，使冷凝管中冷凝液的馏出速率为 2～9 滴/s。继续蒸馏至蒸馏装置中不再有水（接收器内除外），接收器中的水体积在 5min 内保持不变。h. 待接收器冷却至室温后，用玻璃棒或聚四氟乙烯棒，或其他合适的工具将冷凝管和接收器壁黏附的水分拨移至水层中。读出水体积，精确至刻度值。

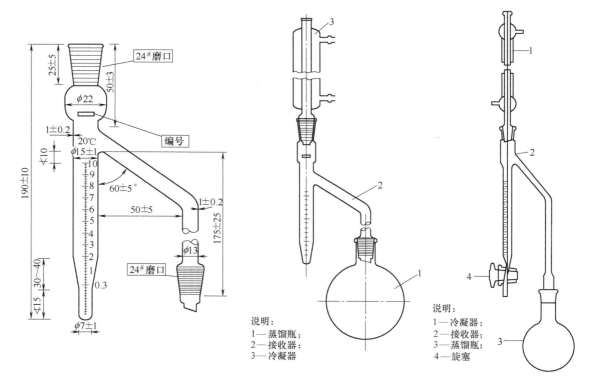

图 2-2　接收器和蒸馏装置图

根据试样的量取方式，按式（2-5a）～式（2-5c）计算水在试样中的体积分数 φ（％）或质量分数 ω（％），计算公式如下：

$$\varphi = \frac{V_1}{V_0} \times 100\% \tag{2-5a}$$

$$\varphi = \frac{V_1}{m/\rho} \times 100\% \tag{2-5b}$$

$$\omega = \frac{V_1\rho_水}{m} \times 100\% \tag{2-5c}$$

式中　V_0——试样的体积，mL；

V_1——测定试样时接收器中的水分，mL；

m——试样的质量，g；

ρ——试样 20℃ 的密度，g/cm^3；

$\rho_水$——水的密度，g/cm^3，取值为 1.00g/cm^3。

注：试样中如果存在挥发性水溶性物质，也会以水的形式测定出来。

2.1.1.3　含固率

含固率即含油污泥的含泥率，可通过萃取法和焙烧重量法测定。其中，焙烧重量法的测定步骤如下：

① 称量一干燥坩埚质量，记为 m_1；

② 往坩埚中加入一定量的含油污泥，称量质量，记为 m_2；

③ 将坩埚放在 650℃ 的马弗炉中焚烧 8h 后冷却，称量质量，记为 m_3；

④ 含泥率的计算公式如下：

$$含泥率(\%) = (m_3 - m_1)/(m_2 - m_1) \times 100\% \tag{2-6}$$

含油污泥是由油、水、泥砂三部分组成的，含固率也可根据之前测定的含油率和含水率来计算。计算公式如下：

$$含固率(\%) = 100\% - 含油率(\%) - 含水率(\%) \tag{2-7}$$

2.1.2　有机质

含油污泥的有机质是指存在于含油污泥中的含碳有机物，包括污泥中的微生物及各种有机物。以含油污泥的有机质含量表示含油污泥的热解反应程度，有机质含量越高，表明热解反应越剧烈，反应活性越高；反之亦然。含油污泥的有机质含量参照《土壤环境监测分析方法》，采用重铬酸钾氧化-容量法测定。

2.1.2.1　重铬酸钾氧化-容量法原理

在加热条件下，用过量的重铬酸钾-硫酸溶液氧化含油污泥中的有机碳，使有机质中的碳氧化成二氧化碳，而重铬酸离子被还原成三价铬离子，剩余的重铬酸钾用二价铁的标准溶液滴定，根据有机碳被氧化前后重铬酸离子数量的变化，就可算出有机碳或有机质的含量。此方法只能氧化约 90% 的有机质，在计算分析结果时采用氧化校正系数 1.1 来计算有机质含量。

2.1.2.2　样品处理及分析步骤

准确称取通过 100 目筛的风干试样 0.05～0.5g（精确到 0.0001g，称样量根据有机质含量范围而定），放入硬质试管中，用自动调零滴定管准确加入 10.00mL 0.4mol/L 重铬酸钾-

硫酸溶液，摇匀，并在每个试管口插入一玻璃漏斗。将试管逐个插入铁丝笼中，再将铁丝笼沉入已在电炉上加热至185～190℃的油浴锅内，使管中的液面低于油面，要求放入后油温度下降至170～180℃，等试管中的溶液沸腾时开始计时，此时必须控制电炉温度，不使溶液剧烈沸腾，期间可轻轻将铁丝笼从油浴锅内提出，冷却片刻，擦去试管外的油（蜡）液。把试管内的消煮液及污泥残渣无损地转入250mL锥形瓶中，用水冲洗试管及小漏斗，洗液并入锥形瓶中，使锥形瓶内溶液的总体积控制在50～60mL。加3滴邻菲罗啉指示剂，用硫酸亚铁标准溶液滴定剩余的$K_2Cr_2O_7$，溶液的变色过程是橙黄—蓝绿—棕红。

有机质的计算公式如下：

$$O.M = \frac{c(V_0-V) \times 0.003 \times 1.724 \times 1.10}{m} \times 1000 \quad (2\text{-}8)$$

式中　$O.M$——污泥有机质的质量分数，g/kg；

V_0——空白试验所消耗硫酸亚铁标准溶液的体积，mL；

V——试样测定所消耗硫酸亚铁标准溶液的体积，mL；

c——硫酸亚铁标准溶液的浓度，mol/L；

0.003——1/4碳原子的毫摩尔质量，g；

1.724——由有机碳换算成有机质的系数；

1.10——氧化校正系数；

m——称取烘干试样的质量，g；

1000——换算成每千克含量。

2.1.2.3　适用范围

适用于有机质含量在15%以下的污泥，如样品的有机质含量大于150g/kg时可用固体稀释法来测定。方法如下：称取磨细的样品1份（准确到1mg）和经过高温灼烧并磨细的矿质土壤9份（准确到1mg），使之充分混合均匀后再从中称样分析，分析结果以称量的1/10计算。不宜用于测定含氯化物较高的污泥。

2.1.3　重金属离子含量

含油污泥中含有As、Hg、Cr、Cu、Zn、Ni、Pb、Cd等重金属物质，通过电感耦合等离子体质谱（ICP-MS）法、原子吸收法、原子荧光法可对含油污泥中重金属离子组成及成分含量进行测定。

2.1.3.1　样品的预处理

含油污泥在进行重金属测试之前需对油泥样品进行风干—研磨—消解等步骤的预处理，再应用电感耦合等离子体质谱法、原子吸收法、原子荧光法等方法进行重金属离子的测定。

（1）风干

在风干室，将泥样放置于风干盘中，摊成2～3cm的薄层，适时地压碎、翻动，拣出碎石、砂砾等。

（2）样品粗磨

在磨样室，将风干的样品倒在有机玻璃板上，用木锤敲打，用木滚、木棒、有机玻璃棒再次压碎，拣出杂质，混匀，过孔径0.085mm（20目）尼龙筛。过筛后的样品全部置于无色聚乙烯薄膜上，并充分搅拌混匀。

（3）样品细磨

研磨到全部过孔径 0.15mm（100 目）筛。

（4）消解法

测定油泥中的铜、铅、锌、镉、铬、镍等重金属，可选用盐酸-硝酸-氢氟酸-高氯酸消解法或硝酸-盐酸-氢氟酸消解法进行预处理，其中，盐酸-硝酸-氢氟酸-高氯酸消解法包括电热板消解法和全自动消解法，而测定油泥中的汞、砷、硒、锑等重金属应使用王水消解法进行样品的预处理。

2.1.3.2　铜、铅、锌、镉、铬、镍等重金属的消解

盐酸-硝酸-氢氟酸-高氯酸电热板消解法适用于应用原子吸收分光光度法测定含油污泥中的铜、铅、锌、铬、镍等重金属的全消解。参照《土壤质量铜、锌的测定火焰原子吸收分光光度法》（GB/T 17138）中的消解方法。

准确称取 0.2～0.5g 试样于 50mL 聚四氟乙烯坩埚中。用水润湿后加入 10mL 盐酸，于通风橱内的电热板上低温加热，使样品初步分解，待蒸发至约剩 3mL 时，取下稍冷，然后加入 5mL 硝酸、5mL 氢氟酸、3mL 高氯酸，加入后于电热板上中温加热。1h 后，开盖，继续加热，为了达到良好的飞硅效果，应经常摇动坩埚。当加热至冒浓厚白烟时，加盖，使黑色有机碳化物分解。待坩埚壁上的黑色有机物消失后，开盖驱赶高氯酸白烟并蒸至内容物呈黏稠状。视消解情况可再加入 3mL 硝酸、3mL 氢氟酸和 1mL 高氯酸，重复上述消解过程，当白烟再次基本冒尽且坩埚中内容物呈黏稠状时，取下稍冷，用水冲洗坩埚盖和内壁，并加入 1mL 硝酸溶液温热溶解残渣。然后将溶液转到 50mL 容量瓶中，冷却后定容至标线，摇匀，待测。

由于含油污泥所含有机质差异较大，在消解时，要注意观察，各种酸的用量可视消解情况酌情增减。消解完成后，土壤消解液应呈白色或淡黄色（含铁量较高的），没有明显肉眼可见物存在，否则应重复以上消解过程。注意：消解温度不宜太高，否则会使聚四氟乙烯坩埚变形。

2.1.3.3　汞、砷、硒、锑等重金属的消解

王水的微波消解法适用于汞、砷、硒、锑等重金属的总量测定。参照《土壤和沉积物金属元素总量的消解微波消解法》（HJ 832—2017）的处理步骤。

称取待测样品 0.25～0.5g 置于消解罐中，用少量实验用水润湿。在防酸通风橱中一次加入 2mL 硝酸、6mL 盐酸，使样品和消解液充分混匀。若有剧烈化学反应，待反应结束后再加盖拧紧。将消解罐装入消解罐支架后放入微波消解装置的炉腔中，确认温度传感器和压力传感器工作正常。按照表 2-1 的升温程序进行微波消解，程序结束后冷却。待罐内温度降至室温后在防酸通风橱中取出消解罐，缓缓泄压放气，打开消解罐盖。将消解罐中的溶液转移至 25mL 容量瓶内，用少许实验用水洗涤消解罐和盖子后一并倒入 25mL 容量瓶中，然后用实验用水定容至标线，混匀，静置 60min 后取上清液待测。

表 2-1　微波消解升温程序

步骤	升温时间/min	消解温度	保持时间/min
1	7	室温升温至 120℃	3
2	10	120℃升温至 180℃	15

2.1.3.4　原子吸收法

原子吸收法是基于样品中的基态原子对该元素的特征谱线的吸收程度来测定待测元素的

含量。

一般情况下原子都是处于基态的。当特征辐射通过原子蒸气时，基态原子从辐射中吸收能量，由基态跃迁到激发态。原子对光的吸收程度取决于光程内基态原子的浓度。因此，根据光线被吸收后的减弱程度就可以判断样品中待测元素的含量。这就是原子吸收光谱法定量分析的理论基础。因此，原子吸收光谱法的基本原理是处于气态的被测元素基态原子对该元素的原子共振辐射有强烈的吸收作用。该法具有检出限低、准确度高、选择性好、分析速度快等优点。

在温度吸收光程、进样方式等实验条件固定时，样品产生的待测元素基态原子对作为光源的该元素的空心阴极灯所辐射的单色光产生吸收，其吸光度（A）与样品中该元素的浓度（C）成正比，即 $A=KC$（式中，K 为常数）。据此，通过测量标准溶液及未知溶液的吸光度，又已知标准溶液浓度，可作标准曲线，求得未知液中待测元素浓度。

2.1.3.5 X射线荧光光谱法

X射线荧光光谱法适用于25种无机元素和7种氧化物的测定。其方法原理是样品经过衬垫压片或铝环（塑料环）压片，试样中的原子受到适当的高能辐射激发后，放射出该原子所具有的特征X射线，其强度大小与试样中该元素的质量分数成正比。通过测量特征X射线的强度来定量分析试样中各元素的质量分数。

2.1.3.6 电感耦合等离子体质谱法

电感耦合等离子体质谱法对67种金属元素进行了规定。其方法原理是采集的样品经风干、研磨后，采用混合酸体系对含油污泥样品进行预处理，成为待测溶液。然后用电感耦合等离子体质谱仪（ICP-MS）对待测液中目标元素的浓度进行测定，内标法定量。

2.1.4 含油污泥pH值的测定

含油污泥样品用水浸提或用中性盐溶液浸提（如酸性土壤可用 1mol/L 氯化钾溶液浸提；中性和碱性土壤可用 0.01mol/L 氯化钙溶液浸提）。水土比一般为 2.5：1；盐碱土水土比为 5：1。经充分搅拌，静置30min，用酸度计或pH计测定。

（1）试剂配制

① pH 4.01 标准缓冲溶液：将 0.21g 苯二甲酸氢钾（$KHC_8H_4O_4$，分析纯，105℃下烘干）溶于 1000mL 蒸馏水中。

② pH 6.87 标准缓冲溶液：将 3.39g 磷酸二氢钾（KH_2PO_4，分析纯，45℃下烘干）和 3.53g 无水磷酸氢二钠（Na_2HPO_4，分析纯，45℃下烘干）溶于 1000mL 蒸馏水中。

③ pH 9.18 标准缓冲溶液：称取 3.80g 硼砂（$Na_2B_4O_7 \cdot 10H_2O$）溶于 1000mL 煮沸冷却的蒸馏水中。装瓶密封保存。

④ 1mol/L 氯化钾溶液：将 74.6g 氯化钾（KCl，分析纯）溶于 1000mL 蒸馏水中。该溶液的pH值为5.5～6.0。

⑤ 0.01mol/L 氯化钙溶液：将 147.02g 氯化钙（$CaCl_2 \cdot 2H_2O$，分析纯）溶于 1000mL 蒸馏水中，即 1mol/L 氯化钙溶液。取 10mL 浓度为 1mol/L 的氯化钙溶液于 500mL 烧杯中，加入 500mL 蒸馏水，滴加氢氧化钙或盐酸溶液调节 pH=6，然后用蒸馏水定容至 1000mL，即 0.01mol/L 氯化钙溶液。

（2）样品处理

将含油污泥样品风干磨细过 2mm 筛，称取 10.0g 样品于 50mL 烧杯中，加入 25mL 无二氧化碳的蒸馏水或 1mol/L 氯化钾溶液（酸性土壤），或 0.01mol/L 氯化钙溶液（中性和碱性土壤），用玻璃棒剧烈搅拌 1～2min，静置 30min，以备测定。此时应注意实验室氨气和挥发性酸雾的影响。

按仪器说明书开启 pH 计（或酸度计），选择与土壤浸提液 pH 值接近的 pH 标准缓冲溶液（酸性的用 pH 4.01 缓冲溶液，中性的用 pH 6.87 缓冲溶液，碱性的用 pH 9.18 缓冲溶液）作为标准，校正仪器指示的 pH 值与标准值一致。将 pH 计的复合电极（或 pH 玻璃电极和甘汞标准电极）插入土壤浸提液中，轻轻转动烧杯，读出 pH 值。每份样品测定后，用蒸馏水冲洗电极，并用滤纸将水吸干。

2.1.5　油泥粒径分布特性

含油污泥的粒径分布对热解反应器的传热效率、反应充分程度和热解效果等有一定的影响，特别是不同的热解反应器对污泥的粒径需求不同。如热解流化床装置希望污泥的粒径尽量小，使物料较轻，使热解反应更充分；而固定式热解炉或回转窑则对颗粒粒径的需求较低。因此，含油污泥在热解前可通过破碎、研磨、筛分等预处理方式，获得实验理想的粒径大小。颗粒粒径大小和粒径分布一般采用粒度分析仪测定。粒径在微米级以上的颗粒，一般选用激光粒度分析仪测试，而粒径在微米级以下或是纳米级别的，适宜采用纳米粒度分析仪。

2.1.6　污泥样品中油品的测定分析

2.1.6.1　含油污泥中含油量的不同表述及定义

含油污泥成分的复杂以及状态的多样，给其中油类含量的检测带来了很大的难度。在我国，含油污泥的油类含量检测方法一直缺乏一个统一的标准。造成这一状况的主要原因：一是因为我国制定的《土壤环境质量标准》中，只主要说明了重金属和难降解农药的指标，并没有石油类及其相关物质的标准要求；二是因为研究中常常混淆矿物油（mineral oil）、石油类物质（petroleun substances）和总石油烃（total petroleum hydrocarbons，TPH）含量的概念。

对于含油污泥来讲，虽然我国目前还没有一个统一的标准规定，实际上，矿物油、石油类物质和总石油烃在概念上是有一定区别的，尤其是石油类物质含量与总石油烃含量的概念也应当与水质标准中规定的概念有所不同。

油类物质从来源上一般可分为三大类：一是矿物油，指天然石油（原油）及其炼制产品，由烃类组成；二是动植物油，来自动物、植物和海洋生物，主要由各种三酰甘油组成，并含有少量的低级脂肪酸酯、磷脂类、甾醇类等；三是香精油，由某些植物提馏而得的挥发性物质，主要成分是一些芳香烃或萜烯烃等。各种油类的化学性质完全不同，多数动植物油能作为营养源供人们食用，并且被消化和吸收，而矿物油和香精油非但不能食用，而且对人体有害。

对于油田开发生产过程中产生的含油污泥来讲，其组成成分应为矿物油，以下就从矿物油的角度来进行分析。各种油类的一般定义如下。

（1）总体油

总体油是总体石油类加总体动植物油。测定样品中（一般为水中）的油如未加说明或特殊要求，报出的结果是总体油，既包括石油类又包括动植物油。如果需要分别测定石油类和动植物油，应先测总体油，然后将被测溶液经硅酸镁吸附处理，单独测定石油类，再利用差减法求出动植物油的含量。

测定方法为：《水质　石油类和动植物油类的测定　红外分光光度法》(HJ 637—2018)。

（2）石油类

《水质　石油类和动植物油类的测定　红外分光光度法》(HJ 637—2018) 采用的方法原理为：水样在 pH≤2 的条件下用四氯乙烯萃取后，测定油类，即将萃取液用硅酸镁吸附去除动植物油类等极性物质后，测定石油类。油类和石油类的含量均由波数分别为 $2930cm^{-1}$（CH_2 基团中 C—H 键的伸缩振动）、$2960cm^{-1}$（CH_3 基团中 C—H 键的伸缩振动）和 $3030cm^{-1}$（芳香环中 C—H 键的伸缩振动）处的吸光度 A_{2930}、A_{2960} 和 A_{3030}，根据校正系数进行计算，动植物油类的含量为油类与石油类含量之差。ISO 和国标中指出：只有红外分光光度法才能满足烃类 CH_2、CH_3 和芳香烃测量的要求。其他的测油方法只是测定出总体石油类中的一部分，不能代表总体石油类。

（3）动植物油

从动物、植物体内提炼出来的油，称为动植物油，例如菜籽油、花生油、豆油、香油（芝麻油）等为植物油，猪油、牛油、羊油等为动物油。动物油和植物油，它们的主要成分都是脂肪酸。脂肪酸（fattyacid），是指一端含有一个羧基的脂肪族碳氢链。

油脂中的碳链含碳碳双键时，主要是低沸点的植物油；油脂中的碳链为碳碳单键时，主要是高沸点的动物脂肪。碳碳双键的性质是可以使溴水和酸性高锰酸钾溶液褪色，同时也是植物油所具有的特性，而含单键的动物脂肪不能使固体反应褪色，这就是两者的区别。动物油沸点在 400℃ 左右；花生油、菜籽油的沸点为 335℃，豆油为 230℃。此外，动植物油能被硅酸镁吸附。

（4）矿物油

依据习惯，把通过物理蒸馏方法从石油中提炼出的基础油称为矿物油，加工流程是在原油提炼过程中，在分馏出有用的轻物质后，残留的塔底油再经提炼而成〔俗称"老三套"（溶剂精制、酮苯脱蜡、白土补充精制）〕。矿物油主要是含碳原子数比较少的烃类物质，多的有几十个碳原子，多数是不饱和烃，即含有碳碳双键或是三键的烃。按照现代工艺是指取原油中 250～400℃ 的轻质润滑油馏分，经酸碱精制、水洗、干燥、白土吸附、加抗氧剂等工序制得的油。

中华人民共和国国家环境保护标准《废矿物油回收利用污染控制技术规范》中定义废矿物油（used mineral oil）：从石油、煤炭、油页岩中提取和精炼，在开采、加工和使用过程中外在因素作用导致改变了原有的物理和化学性能，不能继续被使用的矿物油。

有文献介绍，矿物油的测定范围是沸点较高（170～430℃）、碳数在 C_{10}～C_{35} 的石油烃类，包括柴油烃类、煤油类等。

但是，针对油田开发生产过程中产生的含油污泥来讲，其组成成分应为广义的矿物油，也就是含油污泥中的原油组成成分。

（5）总石油烃（TPH）

烃类是碳原子与氢原子所构成的化合物，主要包含烷烃、环烷烃、烯烃、炔烃、芳香烃。总石油烃指所有的烃类，对环境空气造成污染的主要是常温下为气态及常温下为液态但具有较大挥发性的烃类，即 C_1～C_{12} 的烃类，而 C_{13} 以上的烃类一般不会以气态存在。

显然，总石油烃字面的意思是石油中总的烃类，实际上，对于油田开发生产过程中产生的含油污泥来讲，应该指的是含油污泥中的原油组成成分：烃类化合物及含氮、硫、氧等的烃类衍生物。

因此，根据以上分析，总石油烃相当于广义的矿物油；石油类（用 CCl_4 萃取，不被硅酸镁吸附）相当于总萃取物去掉动植物油，对于含油污泥中的原油组成成分来讲，缺少一部分温度下的馏分（动植物油对应部分）。

2.1.6.2　含油量测定方法

国外土壤中石油烃类监测方法标准中，萃取剂有超临界 CO_2、正己烷和二氯乙烷，方法有免疫法、红外法、重量法、免疫比浊法、气相色谱法和荧光法；国外水体中石油烃检测方法标准中，萃取剂有正戊烷、正己烷、四氯乙烷、二氯乙烷、S-316 和环己烷，方法有红外分光光度法、重量法、气相色谱法和荧光法。

国外学者在实验中也提出了新的测定油含量的方法。J.Fan 等提出了采用共聚焦激光显微镜（CLFM）作为一种对处理水中的油定量的技术，该方法利用油的自荧光特性，可实时地对水中的三维油滴进行量化。该技术不需要危险有害的溶剂来提取石油，人工劳动强度低，有很大的潜力被用于对处理过的水中的油量进行初步的实时检测。J.A.Costa 等研究以纳米乳液为溶剂，用紫外可见分光光度计（UV-vis）和全有机碳分析仪（TOC-VCHS）测定油在油水中的含量，该方法准确度很高，UV-vis 和 TOC-VCHS 的平均标准差都很低（5%），与传统的测定方法相比需要的溶剂很少，可以对含油量进行简单、快速和准确的测定和分析。O.P.Jiménez 等提出了一种测定地下水中脂肪族和芳香烃组分的分析方法，该方法利用气相色谱对地下的烃类进行了两次固相萃取，并用火焰电离对所得馏分分析检测，该方法已在大量烃类存在的污染地区采集的一组地下水样品的检测分析中得到了很好的效果。

由于国内尚无土壤中石油类的国标方法，多数参照采用《水质　石油类和动植物油类的测定　红外分光光度法》（HJ 637—2018）。

（1）红外分光光度法

红外分光光度法是目前测定石油烃的较好方法，具有灵敏度高、能显示油品的特征吸收、可以识别—CH_2—、—CH_3—、=CH—的 C—H 伸缩振动和不受油标准限制等优点，被广泛应用于水体、土壤、沉积物中石油烃含量的测定。红外光谱法更能全面地反映出被测样品中的总石油烃含量，因为石油中的烷烃、环烷烃占总体的 70%～80%，这两种烃类中的—CH_3—、—CH_2—、=CH—和 C_6H_n 是红外光谱法测定的基础，而芳烃仅占石油的 20%～30%，有些产地的油仅含 6%～15% 的芳烃，因此所测值普遍偏低。实践证明芳烃苯环上可能有一定量的—CH_3—、—CH_2—、=CH—在 $2960cm^{-1}$、$2930cm^{-1}$、$3030cm^{-1}$ 处有吸收，所以红外光谱法可测定石油中 80%～90% 的组成物。

（2）紫外分光光度法

石油烃中带有 C—C 共轭双键的有机化合物在紫外区 215～230nm 处有特征吸收，而含有简单的、非共轭双键和具有 n 电子的生色基团有机化合物在 250～300nm 范围内有低强度吸收带。因此，一般是选在 215～300nm 范围内进行扫描，然后选择在最大吸收峰处进行测量。紫外法测定石油烃含量，合理选择萃取溶剂和测定波长尤为重要，因为很多溶剂在紫外区 225nm 处都有吸收。紫外分光光度法常用的萃取剂是石油醚，为避免其他因素的干扰，常采用双波长测定。紫外分光光度法由于灵敏度低，对饱和烃、环烃无效，比较适于高浓度样品中石油烃含量的测定。此法广泛地用于水中、土壤中、沉积物中石油烃含量的测定，而较少应用于水产品中石油烃的含量测定。而且紫外分光光度法只能测定具有共轭双键的成分

和具有 n 电子的生色基团有机化合物，而不包括饱和烃类，因此测定结果不具代表性。

因此，紫外分光光度法在含油污泥石油组成物的测定中不适用。

（3）气相色谱法

气相色谱法（GC）在将石油烃经色谱柱分离后，可分别检测不同的石油烃组分。GC 具有灵敏度高、能定性检测石油烃的某种组分等优点。但由于石油烃组成极其复杂，所以 GC 测量时使用的标样也十分复杂，从应用角度来看不适于石油组成物含量的测定。有标准样的情况下，由于其吸收峰的复杂性，难以进行分析而不能实际应用。

（4）可见光分光光度法

石油（包含各种组分）在可见光中 430nm 处有最大吸收峰，可以用于测定。该方法以标准油绘制标准曲线，样品用四氯化碳萃取，采用分光光度法（可见光 430nm）测定。

（5）非分散红外法

该法适用于测定 0.02mg/L 以上的含油水样，当油品的比吸光系数较为接近时，测定结果的可比性较好。但当油品相差较大时，测定的误差也较大，尤其当油样中含芳烃时误差更大，此时要与红外分光光度法相比较。同时要注意消除其他非烃类有机物的干扰。

（6）重量法

重量法适用于高含量样品的测定。

2.1.6.3 含油污泥中含油量的测定方法

通过上节分析，含油污泥中含油量的测定可采用重量法和红外分光光度法。

（1）重量检测方法

用 250mL 的锥形瓶称取 3～5g 含油污泥样品，向锥形瓶中加 25mL 石油醚，轻轻振荡 1～2min，盖上盖，放置过夜；将过夜的锥形瓶置于 50～55℃ 水浴振荡器上热浸 1h（注意放气 2 次）；振荡后液体取出过滤，在滤纸上放适量（加入量以不再结块为准）的无水硫酸钠脱水；滤渣中加 25mL 石油醚，水浴中振荡 0.5h；重复加入石油醚清洗滤渣，至滤渣中加入石油醚无色；将装有所有滤液的烧杯放在 55～60℃ 水浴振荡器中通风浓缩至干；擦去烧杯外壁水汽，置于 60～75℃ 烘箱中 4h，取出放入干燥器冷却 0.5h 后称重。烧杯前后质量差即为污泥中油的质量。该方法准确度比较低，一般用于含油量高（10mg/L 以上）的样品的分析。本方法参照《水和废水监测分析方法》（第四版）。

（2）红外分光光度法

红外光谱测定方法见黑龙江省地方标准《油田含油污泥综合利用污染控制标准》（DB23/T 1413—2010）中石油类的测定：红外光度法。

2.1.7 含油污泥中的挥发性物质

含油污泥中的挥发性物质包括：苯系物（苯并芘等）、多环芳烃、酚类、蒽等物质。以芳环类和高分子聚合物为主，主要为烷烃、环烷烃、烯烃、硫甲基化合物和杂芳环及芳环类化合物等，采用美国 Varian 公司 NMR 型核磁共振波谱仪分析。

2.1.8 含油污泥中矿物与有机组分分析

2.1.8.1 有机成分分析

测定时取 2g 风干过夜的含油污泥，同样溶解于 50mL 四氯化碳（CCl_4）中进行超声萃取处理，参照 U.S.EPAtestmethods3350B 中推荐的测定方法，采用抽滤法将萃取液通过无水硫酸钠以去除残余的水分，最后取 1mL 采用气相色谱-质谱联用仪（Agilent6890-FID）进行油品组分的分析。有机官能团的测定与分析采用红外光谱（FT-IR）检测。有机物的平均分子量使用 EPS-MS 测定。

气相色谱的测定程序为：汽化温度为 250℃，检测器温度为 300℃，高纯氮气作为载气，进样量为 1μL。升温程序为：90℃，1min；90～190℃，190～270℃，270℃，35min。

2.1.8.2　重质有机物含量的计算

污泥组成中存在着非石油醚萃取物，且在 600℃条件下灼烧后的物质主要为重芳烃、胶质、沥青质等物质，统称为重质有机物。重质有机物含量 X_c（%）可通过以下公式计算：

$$X_c = 100\% - X_w - X_o - X_s \tag{2-9}$$

式中　X_w——含水率，%；

　　　X_o——可萃取油比率，%；

　　　X_s——含固率，%。

2.1.8.3　矿物成分分析

经有机溶剂萃取，分离含油污泥中的固体矿物组分，采用 X-衍射法分析全岩量，对含油污泥中矿物的主要成分进行定性分析，并对粒子的粒径及分布进行测定。仪器为粒径分布测定仪、多功能衍射仪器。

通过液相分离技术，将溶解于水中的无机物和溶解于油中的无机物分别采用 90℃的烘箱烘 12h，然后用刀片刮下干粉，进行测样。分别对油中的无机物和溶解于水中的无机物依次通过 X 射线衍射仪（XRD）、X 射线荧光光谱仪（XRF）以及 X 射线光电子能谱仪（XPS）三种仪器进行数据的综合比较和分析，最终确定污泥中的无机物组成。

2.1.9　含油污泥的生物毒性和毒理学分析

2.1.9.1　生物表面活性剂分析

对生物表面活性剂的定性分析采用红外光谱来分析官能团。对于固体物质的红外光谱分析需要进行样品的预处理，常用的是溴化钾压片法。需要先将菌株的发酵上清液进行离心收集；然后加入 HCl 调 pH 值为 2，放入冰箱中过夜；然后将产生的白色絮体再次离心收集，并进行烘干；最后将烘干后的样品取 1～3mg，加 100～300mg 经研磨和干燥后的溴化钾粉末在研钵中研细，使粒度小于 2.5μm，放入压片机中进行抽真空加压，使样品与溴化钾的混合物形成一个薄片，外观上透明；然后放于红外光谱专用的固定装置上，进行红外光谱扫描。根据扫描后图谱中出现特征谱线的位置与红外光谱标准对照表进行比较，就可以确定样品中所含有的官能团。

2.1.9.2　含油污泥微生物的观察及测定

(1) 常用土壤微生物量测定方法

目前在土壤微生物研究中，常用研究方法主要包括直接镜检法、平板计数法、成分分析法、熏蒸-培养法、底物诱导呼吸法、化学抑制等方法。另外，随着技术的不断发展，一种新兴的土壤微生物研究方法——微生物分子生态学方法已经成为该领域研究的主要手段。各种研究方法的基本原理和特点如下。

1）直接镜检法

该法较为原始，但不失为一种最直接的土壤微生物测定方法，其基本操作过程为：土壤样品加水制成悬液后，在显微镜下计数，并测定各类微生物的个体大小。根据一定观察面积上的微生物个数、体积及密度（一般采用 $1.18g/cm^3$），计算出单位干土所含的微生物量。

该法的主要缺陷：一是技术难度大，特别是在测定微生物个体大小时很容易产生大的误差，不太适宜常规分析；二是操作复杂，首先要测定各类微生物的个体大小，其次要针对同类微生物个体之间存在的大小差异，进行大量的抽样测定，在此基础上计算出微生物大小的平均值，而通常情况下土壤中往往存在种类不同的微生物，因此几次测定结果很难重现，无法做出准确判断，不适宜批量样品的测定。

2）成分分析法

成分分析法常采用的是 ATP（adenosine triphosphate——三磷酸腺苷）分析法，是由 Jonkinson 等于 1979 年提出的。其基本过程是将微生物细胞破坏，将其释放的 ATP 经适当的提取剂浸提，浸提液经过滤，用荧光素-荧光素酶法测定其中的 ATP 量，然后将 ATP 量转换成土壤微生物量。土壤微生物的 ATP 含量一般采用 $6.2\mu mol/g$ 微生物干物质。

该法的不足之处：a. ATP 的提取效率不理想；b. 质地差异较大的土壤，其微生物 ATP 含量差异可能较大，因此 ATP 与土壤微生物量的转换系数需针对测试土壤种类重新测定；c. 土壤 P 素状况也可能影响 ATP 测定；d. ATP 测定所需的荧光素-荧光素酶试剂较为昂贵以及测定过程的复杂性在一定程度上影响了该法的普及。

3）底物诱导呼吸法

底物诱导呼吸法由 Anderson 和 Domsch 提出，其基本原理是通过加入足够量的底物（葡萄糖），诱导土壤微生物达到最大呼吸速率，根据土壤最大呼吸速率与土壤微生物量之间存在线性相关，可以快速测定土壤微生物量。Anderson 等测得土壤微生物量与呼吸释放的 CO_2 量之间的相关性可以用方程 $C_{mic}(\mu g/g)=40.92C_{CO_2}[\mu L/(g \cdot h)]+12.9$ 表示。

该法的特点及注意事项：a. 该法适用的土壤范围较广，但测定值受土壤 pH 值及含水量的影响。由于碱性土壤对产生的 CO_2 的吸收较多，常使测定结果偏低。Chen 和 Colemn 建议采用气体连续流动系统来减少 CO_2 的损失。土壤培养期间的含水量调整到 120% 田间持水量被认为是比较合适的。b. 土壤呼吸速率必须在加入葡萄糖之后 1～2h 内测定，时间过长，微生物增殖，会使结果偏高。c. 对每个待测土壤必须先做一个预备试验，以确定达到最大呼吸速率所需的最少葡萄糖量。

4）熏蒸-培养法

该法为 20 世纪 70 年代中期 Jenkinson 和 Powlson 提出的，其特点是简便，适合于常规分析。其基本过程为：采集新鲜土壤样品，调节其含水量至 40%～50% 田间持水量，25℃ 下预培养 7～10d，置干燥器内用不含酒精的氯仿熏蒸 24h，抽气法除尽氯仿后，调节土壤含水量至 50% 田间持水量，好氧培养 10d，收集、测定培养期间释放的 CO_2，根据熏蒸和未熏蒸土样释放 CO_2 量差值，计算出土壤微生物量（C_{mic}），计算公式如下：

$$C_{mic}=F_c/K_c \tag{2-10}$$

式中　F_c——熏蒸和未熏蒸土样释放 CO_2 量之差；

　　　K_c——$F_c \to C_{mic}$ 的转换系数，可通过纯培养试验获得，也可通过同位素标记法测得。

不同试验测得的 K_c 不尽相同，但根据大部分测定结果，K_c 为 0.45 较合适，应用于不同土壤不会导致出现较大的误差。

该法的局限性主要是不适于风干土样土壤微生物量测定，对游离 $CaCO_3$ 含量高的土壤、淹水土壤、pH<4.5 的土壤以及新近施过有机肥或绿肥的土壤，其测定结果均不可靠。

5）化学抑制

该方法通过使用化学抑制剂，有选择地抑制不同种类微生物的代谢活性来达到估计其相对组成的目的。例如，某些学者推荐用硫酸链霉菌抑制细菌、用环己酰亚胺抑制真菌。A. W. West 用类似的方法测定了土壤中真核生物与原核生物的比例。

这种方法存在的致命缺点是只能在研究土壤中微生物群落结构时作为辅助手段。首先，很难找到一种理想的化学品即使在使用浓度很高时也能完全抑制土壤中某一类微生物的代谢活性；其次，对土壤微生物活性的最大抑制所需的浓度并不是固定的，依不同来源的土壤而不同，因而限制了这一方法的应用。

6）平板计数法

平板计数法比较原始，但仍为最直接的土壤微生物量测定方法。土壤样品加水制成悬液，在显微镜下计数，并测定各类微生物的大小，根据一定观察面积上微生物的数目、体积及微生物的密度（一般采用 $1.18g/cm^3$）计算出每克干土中所含的微生物量，或根据微生物的干物质量（一般采用 25%）及干物质含碳量（通常为 47%），进一步换算成每克土壤微生物的碳含量。

该法的局限性在于：自然界中有 85%～99.9% 的微生物至今还不可纯培养，再加上其形态过于简单，并不能提供太多的信息，这给客观认识环境中的微生物存在状况及微生物的作用造成了严重障碍。该法优点在于方法简单，费用较低。

7）分子生物学方法

要对土壤微生物的群落结构组成进行定量描述或者说要定量地测定土壤中各种不同种类微生物的相对比例在目前确实很困难。土壤微生物通常紧密地黏附于土壤中的黏土矿物和有机质颗粒上，它们所形成的结合体之间具有的生理和形态差异非常大。虽然常用的研究方法可以对土壤微生物形态多样性进行观察，但不能描述土壤微生物的群落结构组成方面的信息，往往会过低估计土壤微生物的群落结构组成，无法得到它们在土壤生态系统中的重要信息。

利用土壤中可提取 DNA 的复杂性来估计土壤中微生物群落结构和组成的多样性是最近几年刚刚兴起的一种分子生物学方法。众所周知，生物多样性可分为基因、物种和生态系统三个层次。最近，Torsvik 等认为土壤中细菌的基因多样性可以通过直接测定土壤中脱氧核糖核酸组成的复杂性来实现，而且这种方法是目前唯一能评价土壤中微生物整体群落多样性的手段。他们在直接测定土壤细菌群体中 DNA 后证实：土壤中整体微生物群落基因多样性要比实际上能分离出来的群体水平上表现出的多样性高 200 倍。土壤微生物在基因水平上的多样性是指微生物群体或群落在这一水平上不同数目和频率的分布差异。这种多样性可以通过微生物中 DNA 组成的复杂性表现出来，而 DNA 组成的复杂性是指在一特定量 DNA 中不同 DNA 序列总长度或其碱基对总数目。从理论上讲，使用分离和鉴别土壤中目标生物的 DNA 这一方法可以完全实现对土壤中微生物种类的鉴别，但是实际上问题并非如此简单。由于土壤是一个极为复杂的体系，对其中 DNA 提取的困难性、完全性以及对 DNA 鉴别时需要高程度的纯化导致了分析方法的复杂性和最终大大地影响了所得到数据的可靠性。尽管如此，利用土壤中 DNA 的组成来估计土壤中微生物的多样性至少在目前是其他手段难以替代的方法。常规方法和现代方法相结合才能更有效地探索性地分析生物修复和微生物处理过程中微生物群落的变化情况。

（2）平板菌落计数法对微生物筛选、鉴定及群落动态分析过程

1）含油土壤样品的采集

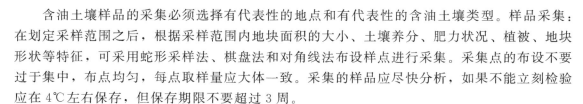

含油土壤样品的采集必须选择有代表性的地点和有代表性的含油土壤类型。样品采集：在划定采样范围之后，根据采样范围内地块面积的大小、土壤养分、肥力状况、植被、地块形状等特征，可采用蛇形采样法、棋盘法和对角线法布设样点进行采集。采集点的布设不要过于集中，布点均匀，每点取样量应大体一致。采集的样品应尽快分析，如果不能立刻检验应在 4℃ 左右保存，但保存期限不要超过 3 周。

2）富集培养

基本原理：含油土壤中存在的各种微生物，都是按各自的特征进行着不同的生命活动，并对外界环境的变化做出不同的反应。根据微生物的这一基本性质，如果提供一种只适于某一特定微生物生长的特定环境，那么相应微生物将因获得适宜的条件而大量繁殖，其他种类的微生物由于环境条件不适宜，逐渐被淘汰。这样就有可能较容易地从土壤中分离出特定的微生物。

操作步骤：配制富集培养用培养基，分装 30～50mL 于 100mL 锥形瓶中灭菌。在第一个锥形瓶里加入 1g 土壤样品，恒温培养，待培养液浑浊时，用无菌吸管吸取 1mL，移入另一个培养锥形瓶中。如此连续移接 3～6 次，最后就得富集培养对象菌占绝对优势的微生物混合培养物。然后，以这种培养液作为材料，用平板法分离纯化所需的微生物。

3）纯种培养

基本原理：平板菌落计数法是根据微生物在固体培养基上所形成的一个菌落是由一个单细胞繁殖而成的现象进行的，也就是说一个菌落即代表一个单细胞。计数时，先将待测样品做一系列稀释，再取一定量的稀释菌液接种到培养皿中，使其均匀分布于平皿中的培养基内，经培养后，由单个细胞生长繁殖形成菌落，统计菌落数目，即可换算出样品中的含菌数。

这种计数法的优点是能测出样品中的活菌数，但平板菌落计数法的手续较繁。操作步骤：取新鲜土壤样品 1g，用无菌水按 10 倍稀释法做成一系列稀释液。选择 2～3 个连续的稀释度，用混菌法进行平板接种。每个稀释度做 3～5 个平板，每个平板上接种土壤悬液 1mL。接种后的平板于 28～30℃ 恒温箱中培养，待菌落长出后进行计数。按下列公式计算每克土中的菌数，即：

$$1g \text{ 干土中的菌数} = 2 \text{ 个平板的菌落数} \times \text{稀释度} / \text{干土的百分数} \times 100$$

4）纯种分离、鉴定

基本原理：通过纯种分离，可把退化菌种的细胞群体中一部分仍保持原有典型形状的单细胞分离出来，经过扩大培养，就可恢复菌株的典型形状。

纯种的验证主要依赖于显微镜观察，从单个菌落（或斜面培养物）上取少许进行各种制片操作，在显微镜下观察细胞的大小、形状及排列情况，革兰氏染色，鞭毛的着生位置和数目，芽孢的有无，芽孢着生的部位和形态，细胞内含物等是否相同以及个体发育过程中形态的变化规律，以此来确认所分离的微生物是否为纯种。

5）污染土壤中微生物组成及动态分析

基本原理：土壤样品的采集时间与土壤微生物的数量变化有很大关系；土壤微生物的数量随着季节性的不同而变化，也随着环境因子、营养因素的变化而变化。

基本步骤：配制细菌培养基、马铃薯葡萄糖琼脂（PDA）培养基和高氏一号培养基，按平板计数法统计土壤中细菌、真菌和放线菌的数目，绘制菌数时间变化曲线，观察污染物浓度、营养、温度、pH 值等因子与微生物组成、数量之间的关系。

(3) PCR-DGGE 技术石油污染土壤和含油污泥中的微生物种群动态分析过程

常规检测方法受采样及分析条件的影响极大，准确性差，检测时间长，有些种类（如厌氧菌）分离困难。且自然界中有 85%～99.0% 的微生物至今还不可纯培养，再加上其形态过于简单，并不能提供太多的信息。由于生物处理工程中生物氧化作用是多种菌种共同作用的结果，因此不同菌群之间的相互作用至关重要。由聚合酶链式反应（PCR）发展而带动的基于多态性技术的研究取得了迅速进展，如变性梯度凝胶电泳（DGGE）技术、单链构象多态（SSCP）技术都可以检测各种生物反应器中的微生物种群结构。应用 DGGE 分析 16S rDNA/18S rDNA 的扩增产物，可绘制一组微生物种群的 16S rDNA/18S rDNA 基因图谱，使环境学家从基因水平上描述和鉴定微生物群落，估计菌种的丰度、均度，了解微生物多样性、群落和区系动态变化及其在自然生态系统中的作用，进行环境的风险评价及环境治理。

1）PCR-DGGE 技术的基本原理

rRNA 分子在进化上是一种很好的度量生物进化关系的分子钟。细菌核糖体小亚基 16S rRNA 分子约为 1500bp，包含可用于细菌系统发育和进化研究的足量信息。利用 16S rRNA 保守序列设计特异性引物，对其多变区或全长进行扩增和序列分析，最早用于细菌分类、鉴定、起源和进化等方面的研究，近年来在微生物多样性、种群结构和区系变化等研究领域已得到广泛应用。DGGE 使用具有化学变性剂梯度的聚丙烯酰胺凝胶，该凝胶能有区别地解链 PCR 扩增产物。DGGE 不是基于核酸分子量的不同将 DNA 片段分开，而是根据序列的不同，将片段大小相同的 DNA 序列分开。双链 DNA 分子中 A、T 碱基之间有两个氢键，而 G、C 碱基之间有 3 个氢键，因此 A、T 碱基对对变性剂的耐受性要低于 G、C 碱基对。这四种碱基的组成和排列差异，使不同序列的双链 DNA 分子具有不同的解链温度，因此长度相同但核苷酸序列不同的双链 DNA 片段将在凝胶的不同位置上停止迁移。DNA 解链行为的不同导致一个凝胶带图案，该图案是微生物群落中主要种类的一个轮廓，根据此轮廓就可知微生物群落结构、多样性和区系变化。

另外，在生物增强系统中应用这些技术得出的数据，不仅强有力地支持了生物增强技术的理论基础，为理论研究、工艺优化及提高生物处理效率提供了条件，而且可用来确定系统的最优条件，设定投菌日程及投菌量，了解混合菌种生物增强菌对系统改善的贡献。Jacobsen 利用免疫荧光显微镜检测技术对系统中生物增强菌进行定量，评价了这些菌对 PCP（五氯苯酚）降解速率提高的贡献。

2）操作步骤

样品采集：根据实验需要采集具有代表性的污染土壤。

① 基因组 DNA 的提取：a. 取离心后样品 1g 放入 1.5mL 的离心管中，加入提取缓冲液 900μL，轻轻搅动；b. 加入 10% 十二烷基硫酸钠（SDS）100mL，充分混匀，于 65℃ 水浴中保温 30min，每隔 5min 晃动一次；c. 采用液氮冻融 30min，重复 3 次；d. 加入 100μL 5mol/L 乙酸钾，充分混匀，冰浴中放置 30min，4℃、12000r/min 下离心 10min；e. 上清液转入新离心管中，加入等体积的氯仿/异戊醇，轻轻颠倒离心管数次，放置片刻后于 4℃、8000r/min 下离心 10min；f. 重复步骤 e 两次；g. 在上清液中加入 2/3 体积、−20℃ 预冷的异丙醇，混匀，−20℃ 下放置 2h，4℃、12000r/min 下离心 30min，倾去上清液，将离心管倒置于吸水纸上，控干上清液；h. 用 80% 乙醇洗涤沉淀 2～3 次，吹干 10～15min。

② 基因组 DNA 的纯化：采用专用的玻璃珠 DNA 胶回收试剂盒，按照操作说明对 DNA 粗提液进行纯化。

③ 基因组 DNA 浓度检测：DNA 浓度测定用 1‰琼脂糖凝胶进行电泳检测，UVP-GDS8000 凝胶成像系统记录结果。

④ 基因组 DNA 的 PCR 扩增：16S rRNA 基因 V3 区引物 GM5F-GC 和 518R 进行扩增，反应参数为 94℃预变性 5min，前 20 个循环 94℃ 1min，65~55℃ 1min 和 72℃延伸 3min（其中每个循环后复性温度下降 0.5℃），后 10 个循环为 94℃ 1min，55℃ 1min 和 72℃ 3min，最后在 72℃下延伸 7min。PCR 反应的产物用 1‰琼脂糖凝胶电泳检测。

⑤ PCR 反应产物的变性梯度凝胶电泳（DGGE）分析：a. 使用梯度胶制备装置，制备变性剂浓度从 30‰到 70‰的 8‰的聚丙烯酰胺凝胶；b. 待胶完全凝固后，将胶板放入装有电泳缓冲液（0.5×TAE）的装置中，每个加样孔加入含有 10‰加样缓冲液的 PCR 样品 50μL；c. 在 75V 下电泳 16h，温度为 60℃；d. 电泳结束后采用银染色方法进行染色。

⑥ 变性梯度凝胶电泳（DGGE）分离后的 PCR 产物的电泳条带分析。

⑦ 序列分析：将分离后的条带测序并进行序列分析。

2.1.9.3 微生物群落解析高通量测序方法

454-PCR 高通量测序技术是一种新的依靠生物发光进行 DNA 序列分析的技术，在 DNA 聚合酶、ATP 硫酸化酶、荧光素酶和双磷酸酶的协同作用下，将引物上每一个脱氧核糖核苷三磷酸（dNTP）聚合与一次荧光信号释放偶联起来，通过检测荧光的释放和强度，达到实时测定 DNA 序列的目的，此技术不需要荧光标记的引物或核酸探针，也不需要进行电泳，具有分析结果快速、准确、灵敏度高和自动化的特点，在遗传多态性分析、重要微生物的鉴定与分型研究、克隆检测和等位基因频率分析等方面具有广泛的应用。

2.2 含油污泥处理标准

2.2.1 国外含油污泥处理标准

在国际上，各地由于在地质和地理条件上的差异，土壤对油类有机物的耐受程度不同，因此对于污泥中的 TPH 或者含油量，世界上没有统一的标准，但是很多国家和地区都根据本地区的实际情况以法规或指导准则的形式提出了相应的现场专用指标，对土壤或污泥中的含油量以及有机物和重金属含量提出了相应的限制。大部分含油污泥处理指标要求都与污泥的最终处置方式有直接的关系。

(1) 加拿大对含油污泥处理处置的要求

在加拿大，不同的州和省对填埋场制定了可以接受的 TPH 标准。例如，加拿大 Sask 土地填埋指导准则中对于石油工业土地填埋主要提出了以下几点：a. 在合理的情况下，尽量减少废弃物；b. 当没有其他选项时，可以选择安全填埋废物或者合适的垃圾填埋法；c. 原油污染的土壤分类为 IA，在被送入工业垃圾填埋场前 TPH 通常≤3‰。下列情况下 TPH 可能大于 3‰：a. 固体中的烃含有高的碳数，以至于其不能被除去，或者实践中很难除去（碳数越高，越难和水相溶）；b. 固体包含细微颗粒，<0.08mm，或者除不去，或者实践中很难去除。

加拿大 Alberta 能源利用委员会则提出关于用原油污染的砂土来筑路的原则性政策，其中要求原油 TPH 必须小于 5‰。另外，1999 年该委员会提出要求，石油工业应该符合最新的能够接受的标准的规定，使油田废物能够用不同类型的垃圾填埋场处理。其具体的规定如下：对工程黏土或合成防护层，有渗滤液收集系统的填埋场，对 TPH 没有限制；工程黏土或合成防护层，没有渗滤液收集和去除系统，TPH<3%；自然黏土防护层，TPH<2%。加拿大 Alberta Directive 058《关于上游石油工业油田废物管理要求》中，在 29.3 章第二条中提到了用于铺路的标准是含油小于 5%；废物排到土壤时，烃类的最大含量不超过 2%。

（2）美国对含油污泥处理处置的要求

在美国，除美国环保局（EPA）对危险和固体废物的处理以及土地处置提出了一般的要求外，美国的各个州也根据自己的实际情况制定了相应的法规或指导原则。由于石油开采工业直接面对原油，其 TPH 标准比起石油炼厂或其他商业用油宽松很多，因为原油处理中没有添加剂，当石油炼制时，过程中会产生各种危险物质。例如来自石油炼厂、运输公司或加油站的含油污泥，有非常严格的 TPH 准则（TPH 要求可能低至 0.005%），并且应该按照危险废弃物法案进行处理，而对于原油工业实际上很少要求。在垃圾填埋处理方面对 TPH 要求的决定因素是垃圾填埋场的土建，其他要考虑的重要因素是渗漏的潜在性、距离地层水的深度、距离地表水的深度、公众可接近性和对人类健康危险的程度。通常而言，TPH<2%是自然黏土填埋能够接受的标准，产油区有时允许更高 TPH 的原油废物进入填埋场。例如，美国加利福尼亚州允许 TPH 高达 5%的固体废物用来铺路。

（3）法国对含油污泥处理处置的要求

法国对于降水量较高、属于湿地的地区要求土壤中含油<5000×10^{-6}（0.5%）；对于旱地，宽松一些，<2.0%即可。

2.2.2　国内含油污泥处理标准

2.2.2.1　我国含油污泥处理标准

含油污泥是油田开发、生产过程中产生的主要污染物之一，主要包括油田井下作业施工等过程中产生的油水与地面土壤混合形成的污泥以及从地层中携带出的含油污泥。含油污泥被列为国家危险废弃物（HW08），难以降解，倘若处置不善，将对周边的水、土壤及空气等环境，乃至人类的身体健康造成危害，必须进行无害化处理或资源化利用。而统一、明确的处置标准及监测项目的检测方法，既是各大油田企业统一认识、明确管理目标的需要，是致力于含油污泥治理环保工作者统一思想、有效开展科研工作的需要，又是规避技术差异性，评价技术优劣，推广优势技术的需要，更是规范技术、规范管理、规范治理市场的需要。

目前，国内针对含油污泥处理没有统一的污染控制标准和指导性文件，虽然中国石油天然气集团有限公司、部分省和自治区出台了相关规范或要求，但其适用范围、标准限制及采用的检测方法存在较大的差异，尤其是处置后均用于同一用途的油泥石油类指标限制的规定及检测方法的选用。为了加快促进油气田含油污泥处理无害化、资源化技术的发展，国家层面制定统一的油气田含油污泥处置污染控制标准是十分必要的。

2.2.2.2　黑龙江省含油污泥处理地方标准

在国内油田含油污泥处理方面，2010 年黑龙江省环境保护厅和大庆油田环境监测评价中心编制了黑龙江省地方标准——《油田含油污泥综合利用污染控制标准》（DB23/T 1413—2010），规定了相应的污染控制指标：要求处理后污泥中含油的指标≤2%，用于铺路或垫井场；经处理后的油田含油污泥用于农用时，其石油类指标需≤3000mg/kg 干污泥。依据黑龙江省地方标准《油田含油污泥综合利用污染控制标准》(DB23/T 1413—2010),处理后的油田含油污泥综合利用污染控制指标如表 2-2 所列。

表 2-2　油田含油污泥综合利用污染控制指标

序号	项目	污染控制指标/(mg/kg 干污泥)		
		垫井场	通井路	农用
		土壤 pH<6.5		土壤 pH≥6.5
1	石油类	≤20000	≤3000	≤3000
2	As	—	≤75	≤75
3	Hg	0.8	≤5	≤15
4	Cr	—	≤600	≤1000
5	Cu	150	≤250	≤500
6	Zn	600	≤500	≤1000
7	Ni	150	≤100	≤200
8	Pb	≤375	≤300	≤1000
9	Cd	≤3	≤5	≤20
10	pH 值	≥6	—	—
11	含水率	≤40%	—	—

2.2.2.3　含油污泥处理相关标准

目前与油气田含油污泥处理相关的标准有《农用污泥污染物控制标准》(GB 4284—2018)、《土壤环境质量　建设用地土壤污染风险管控标准(试行)》(GB 36600—2018)、《陆上石油天然气开采含油污泥资源化综合利用及污染控制技术要求》(SY/T 7301—2016)、《油田含油污泥综合利用污染控制标准》(DB23/T 1413—2010)、《含油污泥处置利用控制限值》(DB61/T 1025—2016)以及《油气田含油污泥综合利用污染控制要求》(DB65/T 3998—2017)。其中前两个属于国家标准,但与油气田含油污泥处置相关性较小;后四个属于行业和地方标准,与油气田含油污泥处置相关性较大。具体信息详见表 2-3。

表 2-3　与含油污泥处理相关标准信息一览表

编号	标准名称及标准号	标准类型	标准适用范围	相关性
①	《农用污泥污染物控制标准》(GB 4284—2018)	国家标准	适用于城镇污水处理厂污泥在耕地、园地和牧草地应用时的污染控制	小
②	《土壤环境质量　建设用地土壤污染风险管控标准(试行)》(GB 36600—2018)	国家标准	适用于建设用地土壤污染风险筛查和风险管制	小
③	《陆上石油天然气开采含油污泥资源化综合利用及污染控制技术要求》(SY/T 7301—2016)	石油天然气行业标准	适用于陆上石油天然气开采含油污泥资源化综合利用过程及污染控制和环境监管	大
④	《油田含油污泥综合利用污染控制标准》(DB23/T 1413—2010)	黑龙江省地方标准	适用于油田井下作业施工等过程中产生的油水与地面土壤混合形成的以及从地层中携带出的含油污泥,经处理后,用于农用、铺设油田井场和通井路	大
⑤	《含油污泥处置利用控制限值》(DB61/T 1025—2016)	陕西省地方标准	适用于陕西省油气田生产及炼化生产过程中所产生的含油污泥(其经过处理后,用于铺设油田井场、等级公路或用作工业生产原料)	大
⑥	《油气田含油污泥综合利用污染控制要求》(DB65/T 3998—2017)	新疆维吾尔自治区地方标准	适用于经处理后的油气田含油污泥在油田作业区内综合利用过程中的污染控制、环境影响评价和环境监管	大

由表 2-3 可知：专门针对油气田含油污泥处置领域出台的标准是③～⑥号标准，其中除了④号标准仅适用于油田开采及生产过程中产生的含油污泥外，其他还适用于气田开采及生产过程中产生的含油污泥，⑤号标准还适用于炼化生产过程中产生的污泥。①号标准适用对象是"城镇污水处理厂产生的污泥"，非油气田产生的含油污泥，而当下许多研究及管理人员用①号标准中石油类≤0.3%的限值，作为油气田含油污泥深度处置的界定，需要纠正的一种误区是，这种界定只代表了含油污泥无害化处置的深度及彻底性，并不代表达到此限值的污泥可农用。同样，②号标准规定了用于建设用地的土壤质量限值，除规定了石油类限值外，还规定了其他监测项目的限值。

《农用污泥污染物控制标准》（GB 4284—2018），代替 GB 4284—1984，修改了标准的适用范围和污泥产物的污染物浓度限值，规定了城镇污水处理厂污泥农用时的污染物（如镉、汞、铅、铬、砷、镍、锌、铜、矿物油、苯并［a］芘、多环芳烃）的控制指标，适用于城镇污水处理厂污泥在耕地、园地和牧草地应用时的污染物控制。如污泥产物农用时，根据其污染物的浓度将其分为 A 级和 B 级污泥产物，其污染物浓度限值应满足表 2-4 的要求。其中，矿物油在 A 级污泥产物中的限值为 500mg/kg（以干污泥计）；B 级污泥产物的矿物油限值为 3000mg/kg（以干污泥计）。标准同时要求了污泥产物农用时每年用量不超过 7.5t/hm^2（以干基计）及使用年限不超过 5 年，并增加了检测分析方法和监测与取样方法的要求。

表 2-4　农用污泥污染物浓度限值

控制项目	污染物限值/(mg/kg)	
	A 级污泥产物	B 级污泥产物
总镉(以干基计)	<3	<15
总汞(以干基计)	<3	<15
总铅(以干基计)	<300	<1000
总铬(以干基计)	<500	<1000
总砷(以干基计)	<30	<75
总镍(以干基计)	<100	<200
总锌(以干基计)	<1200	<3000
总铜(以干基计)	<500	<1500
矿物油(以干基计)	<500	<3000
苯并[a]芘(以干基计)	<2	<3
多环芳烃(PAHs)(以干基计)	<5	<6

此外，针对固体废物，我国出台了《中华人民共和国固体废物污染环境防治法》，在此基础上制定了《国家危险废物名录》和《危险废物鉴别标准》，并且对危险废物的处置给出规定，制定了《危险废物填埋污染控制标准》（GB 18598—2019）和《危险废物焚烧污染控制标准》（GB 18484—2001）等，在这些标准和法规中，将含油污泥归类为危险固体废物，但是并没有对含油污泥中的含油量提出量化指标。

2.2.2.4　含油污泥中含油量检测存在的问题

(1) 含油量的定义不明晰

含油污水和含油污泥的状态复杂多样，给含油量的检测带来很大的难度，虽然已出台了许多标准，但是在各标准中对污染物的定义不统一，目前我国存在着对含油量、石油类、矿物油和石油烃类等概念的混淆。

在《地表水环境质量标准》（GB 3838—2002）中石油类是地表水质量判定的标准之一，但未给出具体定义。《建设用地土壤污染风险筛选指导值（三次征求意见稿）》中石油烃类是判断土壤是否存在污染的指标之一，包括 $C_6 \sim C_9$ 芳香烃和 $C_{10} \sim C_{36}$ 芳香烃。在《油田采出水中含油量测定方法分光光度法》（SY/T 0530—2011）中对含油量的定义为：在规定条件下每单位体积的油田采出水中所含烃类物质的质量。在《水质 石油类和动植物油类的测定 红外分光光度法》（HJ 637—2018）中对总油的定义为能够被四氯化碳萃取且在波数为 $2930cm^{-1}$、$2960cm^{-1}$、$3030cm^{-1}$ 全部或部分谱带处有特征吸收的物质，主要包括石油类和动植物油类。矿物油是为了与动植物油区分开来的一种通俗说法，第一版的《水和废水监测分析方法》中的石油类在再版时改为矿物油，但由于这个定义存在局限性，该书在第四版时又将矿物油改回为石油类。在《水质 可萃取性石油烃（$C_{10} \sim C_{40}$）的测定 气相色谱法》（HJ 894—2017）中有关于石油烃的测定方法，但目前还未有国家层面给出的定义。

（2）含油量的检测方法不统一

《地表水环境质量标准》（GB 3838—2002）基本项目标准中对于石油类的检测方法是红外分光光度法；《建设用地土壤污染风险筛选指导值（三次征求意见稿）》中将石油烃类（$C_6 \sim C_9$ 芳香烃和 $C_{10} \sim C_{36}$ 芳香烃）划为污染物，但是对石油烃类污染项目的检测却没有给出明确的分析方法，多参照于《水质 石油类和动植物油类的测定红外分光光度法》（GB/T 16488—1996）；《水质 石油类和动植物油类的测定红外分光光度法》（HJ 637—2018）中对石油类和动植物油类的测定方法为红外分光光度法；《水质 可萃取性石油烃（$C_{10} \sim C_{40}$）的测定 气相色谱法》（HJ 894—2017）对石油烃的检测方法是气相色谱法。虽然各领域都有提出关于油类污染物的检测方法，但是未明确说明各方法的适用情况，对含油量检测的精准性和不同检测结果的可比较性有很大的影响。

目前测定含油量的常规方法有很多种，一般常用的方法有重量法、红外分光光度法、紫外分光光度法和气相色谱法。重量法是用萃取剂将污染物中的油萃取出来，再将萃取剂去除，最后即可以测得含油量。虽然这种方法操作简单、成本低，但是也有缺点，如灵敏度低（含油量检测范围通常在 $5 \sim 10mg/L$），当温度过高或加热时间过长时，溶剂和油的组分会蒸发，对最终结果的精准性会有影响。红外分光光度法是依据石油中不同 C—H 键伸缩振动形成的吸收峰的不同进行检测。该方法操作简单，测定含油量时不用制作相应的标准曲线，灵敏度较高，适用范围较广，但当石油烃含量较高时精准度将会有所下降，所以一般用于含油量较低的污染物的测定。紫外分光光度法测定含油量时需要制作相应的标准曲线，该方法灵敏度较低，比较适合用于水质变化相对稳定和含石油烃较高的水样的含油量测定。但由于所测得的结果中不包括饱和烃和环烃，所以该法所得结果可能与实际结果存在偏差。气相色谱法非常灵敏，可以定性分析检测石油烃各组分。但在实际操作的过程中，由于矿物油的成分比较复杂，所需的标样也很复杂，操作起来比较困难。而且气相色谱有沸点的适用范围，只能检测出在 $175 \sim 525℃$ 之间的物质，对于超出这个范围内的成分不能有效地检测，所得的结果可能会与真实值有偏差。气相色谱法测定含油量时数据分析的时间较长，仪器价格比较昂贵，也是限制气相色谱法推广应用的原因。

（3）萃取方法不统一

目前萃取的方法有索氏提取法、超声萃取法、超临界流体萃取法、快速溶剂萃取法、微波萃取法。

索氏提取法是较为常用的方法，相对于其他方法比较容易操作，但实验周期较长，一般需要 1～2d，萃取效率较低，很难大批量地对样品进行检测。超声萃取法是利用超声波在液体中产生的空化效应来进行萃取的方法，该方法操作简单，所需时间短，可用于难萃取的固体样品的萃取。超临界流体萃取法是利用超临界流体在临界点附近性质会改变来进行萃取的方法，在实际操作过程中，可以通过调节压力或温度使其溶解能力发生变化来实现萃取。快速溶剂萃取法是一种新兴的萃取方法，萃取较为快速、萃取率高、溶剂比较容易去除，目前已广泛地应用于食品、农业和环境等领域。微波萃取法是以微波为能量使样品的不同组分分开，且不会对有机物造成破坏，该法操作简单，所需药剂少，对实验环境和工作人员健康影响较小，适用于萃取固体样品中的有机物。

（4）名称及规定限值不统一

① 油气田含油污泥处置相关标准中，泥中油的量值是一项尤为重要的参数，③～⑥号标准中，对泥中油的量值的规定不尽相同，其中③号标准规定的是石油烃总量，而其他标准规定的是石油类含量。

依据③号标准所依据的 GB 5085.6 中检测方法的规定：石油烃总量是指"可回收石油烃总量"，由超临界色谱法可提取的石油烃（TRPHs）的测定具体是指废物中涕灭威、涕灭威亚砜、胺甲萘（西维因）、虫螨威（呋喃丹）、二氧威、3-羟基呋喃、灭虫威（美苏洛尔）、灭多威（鞣酸盐）、猛杀威、残杀威 10 种 N-甲基氨基甲酸酯的红外光谱测定。由此可见，并非我们所理解的通常意义上的石油烃总量（含有烃类的混合物）。

依据相关标准，石油类是指在标准规定的条件下，能够被四氯化碳萃取且不被硅酸镁吸附的物质，具体是废物中总油含量减去动植物油含量即为石油类。由此可见，④～⑥号标准中规定的泥中油含量的测定值要高于③号标准规定的。同样是≤2%的规定值，④～⑥号标准要严于③号标准。

② ③～⑥号标准关注的主要监测项目不尽相同，仅③号标准及④号标准作农用途时没有规定含水率限值，其他标准均同时规定了泥中油及含水率限值。同一标准不同用途以及不同标准同一用途的限值规定也不同，其中④号标准（黑龙江省地方标准）农用途泥中石油类（≤0.3%）限值的规定最严格，用于铺通井路、垫。

（5）萃取剂不统一

目前较常用的萃取剂为石油醚、正己烷、混合庚烷、三氯甲烷、四氯化碳等。石油醚毒性低、环境污染小，但对于一些石油烃类无法萃取，使得测定结果的准确性较差。在紫外分光光度法测定水中含油量时，萃取剂需经纯化后才能使用，正己烷的操作步骤较为简便。三氯甲烷虽然有很好的萃取能力，但有中等毒性，可经皮肤、呼吸道进入人体，对人的神经系统和肾脏有极大的损害。四氯化碳不稳定，极容易挥发，有剧毒，吸入体内会对人的身体健康产生危害。

（6）标准油的选择不统一

除重量法不需要标准油外，其他测定含油量的方法都需要标准油。目前使用较多的标准油有：正十六烷、异辛烷和苯按比例配制的标准油；用石油醚萃取含油污水中的油，再经过脱水过滤并去除石油醚所得的标准油；还有采用正十六烷和异丙烷等混合配制而成的标准油。在标准油的制备过程中，需将油样萃取后，将蒸馏瓶置于（75±5）℃下蒸馏至恒重，该过程必然将油中的部分低碳馏分（主要是烃类组分）去除，最终的测定结果也是用去除了部分低碳组分的这个基准油为基础，测定采出水中的含油量，测定的结果与真实值存在偏差。

（7）计算基础不统一

针对石油类的计算，不同标准采用的测试方法中给出的计算公式也不一致，主要体现在规定的计算基础存在差异性。

① 对于标准中采用《城市污水处理厂污泥检验方法》（CJ/T 221—2005）测定石油类的，规定的公式计算出的数值是红外分光光度计测定的浓度数值与除去水分后（干基）物料的比值，即单位质量干基物料中所含石油类的质量，而④号标准中规定方法是红外分光光度计测定的浓度数值与湿基物料的比值，没有去除水含量。

② 以湿基物料为基础得出的石油类数值是个暂时值，是变化的、不确定的，数值会随着泥中含水率的减小而变化（通常会升高），使用时必须注明是在多少含水率下得出的。而以干基物料为基础得出的数值，相对稳定，具有可比性。

③ 以干基为基础计算出的石油类数值高于以湿基为基础的，对于同样≤2%的标准规定值，采用干基为基础的标准要严于采用湿基的标准。

（8）含油污泥的含油量检测方法未出台国家标准

目前还未有国家层面的油田污泥含油量的检测标准出台，只有新疆、陕西和黑龙江等地发布了关于油田污泥含油量的检测标准。新疆维吾尔自治区地方标准《油气田含油污泥综合利用污染控制要求》（DB65/T 3998—2017）中对污泥含油率的检测方法参照《城市污水处理厂污泥检验方法》（CJ/T 221—2005）中的"城市污泥 矿物油的测定 红外分光光度法"测定总油含量；陕西省地方标准《含油污泥处置利用控制限值》（DB61/T 1025—2016）中对石油类含油量的测定参照 CJ/T 221—2005 中第 11 章的规定进行；黑龙江省地方标准《油田含油污泥综合利用污染控制标准》（DB23/T 1413—2010）中对油田含油污泥石油类的测定采用分光光度法。行业标准有石油天然气行业标准《陆上石油天然气开采石油污泥资源化综合利用及污染控制技术要求》（SY/YT 7301—2016），其中对含油污泥处理后剩余固相中石油烃总量的检测方法要求符合 GB 5085.6 中附录要求，即采用红外光谱法进行检测。

（9）建议

鉴于目前已出台的与油气田含油污泥处理相关的标准，存在着适用范围不统一、监测项名称及限值不统一、检测方法不统一以及计算基础不统一等诸多问题，需要国家环保部门尽快制定有针对性、普适性强、统一的油气田含油污泥污染控制标准。

① 针对限值不统一的问题。限值规定得过松有可能对环境产生危害，过严又会因处理成本高而造成不必要的浪费。需要开展大量的研究工作，根据含油污泥的危险性及资源化、无害化处理的程度，制定切实可行的含油污泥处理污染控制标准限值，确保对含油污泥的处理既科学合理，又经济可行。

② 针对检测项目及检测方法不统一的问题。开展相关的研究工作，确定处理后含油污泥中的危险成分及其危险限值，制定有针对性的油气田含油污泥污染物检测方法，做到测试方法统一、计算公式一致，使得结果真实可靠，具有可比性。

③ 目前各领域标准中对含油污染物的定义存在不明晰的现状，虽然国际上大多采用石油烃这一概念，但是国内并未给出石油烃的具体定义，建议制定统一的污染物的名称和定义，将有利于环境领域含油污染物处理工作的开展。

④ 各含油量检测方法的适用范围不同，但目前除重量法有具体的适用范围可参考外，其他方法中大多都用"高"和"低"来划定含油量检测方法的适用范围，不具有科学性和准

确性，不能给研究人员提供有效的参考价值，所以给各个含油量的检测方法确定具体的适用范围是非常必要的。

⑤ 现在我国所使用的萃取剂大多有毒，对研究人员和实验环境都有很大的危害，选择绿色、安全、高效的萃取剂将有利于研究开展和环境保护。

⑥ 目前虽有地方性的油田污泥含油量检测标准出台，但大多还参照于含油污水含油量的检测方法，一个专门针对含油污泥的含油量检测标准的制定是保证含油污泥含油量检测准确性的前提。

2.3　含油污泥热解产物的测定分析和材料学表征

2.3.1　含油污泥热解油、气、残渣的分析

2.3.1.1　热解油的分析

(1) 测试方法和仪器设备

热解油的烃类成分采用高效液相色谱仪和气相色谱-质谱联用仪（GC-MS）分析。

气相色谱-质谱联用仪（GC-MS）的工作原理是：多组分混合样品经色谱柱分离后，各组分按其不同的保留时间混同载气流出色谱柱，经过中间装置进入质谱仪的离子源，再经质谱仪快速扫描后，就可得到各单一组分相应的质谱图，根据各质谱图就可对这些单一组分进行定性鉴定。

气相色谱-质谱联用仪的特点之一就是适合做多组分混合物中未知组分的定性鉴定，可以判断化合物的分子结构和准确地测定未知组分的分子量。因此，非常适用于对热解油这种未知组分的复杂的烃类混合物进行分析。

利用气相色谱与质谱联用仪（Agilent 6890N/HP 5975）对热解油的组分进行定性测量。色谱条件：DB5-MS 弹性石英毛细管柱（30m×0.132m×0.125μm），柱始温 353K，升温速率 4K/min，柱终温为 573K，保持 10min。载气为 He，流量为 60mL/min，采用不分流进样方式。进样口温度为 553K，进样量为 1μL。质谱条件为：质谱检测器（MSD）为 EI 电离源（70eV），离子源温度为 503K，接口温度为 523K，质量扫描范围为 50～550。

热解油采用傅里叶红外变换光谱仪（日本岛津 IRPrestige-21）进行红外表征，测定波数范围为 400～4000cm^{-1}。方法与萃取油方法一致。

热解油热值分析采用 XRY-1A 型等温室微机自动氧弹量热仪测定。

凝胶渗透色谱（GPC）：采用凝胶渗透色谱（型号：viscotekTDA302）对含油污泥制取的油品进行分子量测定。

(2) 液相回收油品组分的分析

按照《原油馏程的测定》（GB/T 26984—2011）标准对热解后回收的燃料油进行分析，模拟蒸馏采用 AC 双通道高温模拟蒸馏色谱仪（AC Agilent-6890，美国），主要的测定指标包括：闪点（PMCC）、灰分、密度（20℃）、馏程和回收率等。再根据国家标准《岩石中可溶有机物及原油族组分分析》（SY/T 5119—2016）对分离出来的油相进行石油重油四组分（SARA）表征。

(3) 热解油种类和比例的确定

对热解油进行加氢精制，确定加氢产物中不同油类的馏分和比例。常压下初沸点

(IBP)～200℃的馏分为汽油馏分，200～350℃的馏分为柴油馏分，140～240℃的馏分为煤油馏分，350～500℃的馏分为蜡油馏分，＞500℃的馏分为重油馏分。减压蒸馏真空度为—0.09MPa时，0～90℃的馏分为水及汽油，90～150℃之间的馏分为柴油，150℃以上的馏分为蜡油及渣油。

2.3.1.2 热解气的分析

(1) 热解蒸气含量的测定与分析

热解过程产生的气体分为可凝气体和不凝气体两部分。其中，可凝气体包括易挥发的烃类，如异戊烷、正戊烷等；而不凝气体包括低碳烃类，如甲烷、乙烷、丙烷、异丁烷、正丁烷等，以及无机化合物，如一氧化碳、氢气、二氧化碳、二氧化硫、硫化氢、氨等。一般采用气相色谱仪（天美 GC-7890Ⅱ）对热解气进行分析。以高纯 He 为载气，采用热导检测器，色谱柱为 TDX-01（2m×4mm）、5A 分子筛（2m×4mm）和 GDX-102（2m×4mm）。检测参数设定为：柱温度为 343K，气化室温度为 373K，检测器温度为 393K。主要检测的气体为 CH_4、C_2H_4、C_2H_6、C_3H_6、C_3H_8、H_2、CO、CO_2 和 N_2 等。

(2) 热解烟气污染物成分及排放限值

热解烟气来源于两方面：一是热解炉内产生的热解蒸气中的不凝气，包括可回炉燃烧的气体，如不凝烃类气体、CO 和 H_2 等，以及不可回收利用的污染成分，如 SO_2、H_2S、硫酸雾等；二是给热解炉提供热源的回收不凝气、燃料油的燃烧产生的烟气，如烟尘、重金属、氮氧化物等。

因此，需对热解实验过程和热解工艺的热解烟气进行常规污染物的监测。含油污泥热解烟气的控制标准应符合《危险废物焚烧污染控制标准》（GB 18484—2001）要求。危险废物焚烧炉大气污染物排放限值如表 2-5 所列。

表 2-5　危险废物焚烧炉大气污染物排放限值

序号	污染物	不同焚烧容量时的最高允许排放浓度限值/（mg/m³）		
		≤300kg/h	300～2500kg/h	≥2500kg/h
1	烟气黑度	林格曼Ⅰ级		
2	烟尘	100	80	65
3	一氧化碳(CO)	100	80	80
4	二氧化硫(SO₂)	400	300	200
5	氟化氢(HF)	9.0	7.0	5.0
6	氯化物(HCl)	100	70	60
7	氮氧化物(以 NO₂ 计)	500		
8	汞及其化合物(以 Hg 计)	0.1		
9	镉及其化合物(以 Cd 计)	0.1		
10	砷、镍及其化合物(以 As+Ni 计)	1.0		
11	铅及其化合物(以 Pb 计)	1.0		
12	铬、锡、锑、铜、猛及其化合物 (以 Cr+Sn+Sb+Cu+Mn 计)	4.0		
13	二噁英类	0.5ngTEQ/m³		

(3) 热解不凝气中硫化物含量分析

由于热解工艺是在绝氧的条件下进行的，热解不凝气中的污染物气体以硫化物为主，硫化物包括二氧化硫、硫化氢、硫酸雾等含硫化合物，此类气体易腐蚀锅炉，在回收利用不凝气前需要对该指标含量做定量的分析，并有针对性地进行净化处理。可用硫分析仪（测硫范围 0.01%～20%）测定不凝气中的含硫物质。

不凝气中二氧化硫的测定可参照环保部标准《固定污染源废气二氧化硫的测定　非分散红外吸收法》（HJ 629—2011）。二氧化硫气体在 6.82～9μm 波长处红外光谱具有选择性吸收，一束恒定波长为 7.3μm 的红外光通过二氧化硫气体时，其光通量的衰减与二氧化硫的浓度符合朗伯-比尔定律。

不凝气体中的硫化氢、甲硫醇、甲硫醚和二钾二硫可用火焰光度检测器（FPD）的气相色谱法同时测定，参照国家标准《空气质量　硫化氢、甲硫醇、甲硫醚和二钾二硫的测定　气相色谱法》（GB/T 14678—1993）。

硫酸雾的测定采用离子色谱仪，将气体采集到 NaOH 吸收液中，用离子色谱仪对硫酸根进行分离测定，根据保留时间定性确定污染物，再通过峰面积和峰高定量测定其含量。此方法参照环保部标准《固定污染源废气　硫酸雾的测定　离子色谱法》（HJ 544—2016）。

（4）热解烟气中其他污染物的监测分析

热解烟气中其他污染物的监测分析应依据《危险废物焚烧污染控制标准》（GB 18484—2020）规定的方法进行监测分析。

2.3.1.3　热解残渣的分析

在含油污泥热解产物中，热解残渣占很大一部分，并含有未完全回收的油资源以及残留的重金属元素等，已被列入《国家危险废物名录》，若处理不当则会造成二次污染。含油污泥热解残渣特性是其处置和再利用过程中需要参考的关键参数，了解残渣中元素种类、油含量、污染物含量和形貌结构等特征，可为残渣的资源化利用提供必要的基础。

（1）热解残渣的成分分析

污泥的来源、是否进行活化、热解条件的改变等都会影响残渣中元素的种类和含量。利用 X 射线荧光光谱仪（岛津 XRF-1800）对热解残渣进行全元素分析。

为进一步加深对含油污泥重质成分裂解过程的理解，对热解残渣的成分组成可进行 FT-IR 红外分析。若需了解热解残渣中的无机成分及晶相变化，可进行含油污泥热解残渣的 XRD 分析。

（2）热解残渣的热值分析

热解残渣的热值分析采用等温室微机自动氧弹量热仪（宏泰 ZDHW-6）。

（3）热解残渣中矿物油含量分析

热解残渣中矿物油含量应用红外分光光度法测定，取 10g 残渣和 10g 于 300℃下加热 2h 的无水硫酸钠混匀后置于 100mL 具塞比色管中，加入 20mL 环保专用四氯化碳于水浴中超声萃取 15min，过滤，用 50mL 容量瓶收集滤液，重复萃取一次，合并两次萃取滤液，定容到 50mL，采用 OIL480 红外分光测油仪测定矿物油含量。

（4）热解残渣中炭黑含量测定和灰化分析

1）热解残渣灰分的去除

① 物理浮选。首先将热解残渣装入浮选柱中，利用炭与灰分颗粒表面疏水性与亲水性的差别，在捕收剂的作用下，借助于浮选设备产生的气泡，将炭与灰分颗粒分离开来以进行炭与矿物质的初步浮选，经浮选处理后的热解残渣可去除部分灰分。

② 化学分离法。一级酸溶处理：取经物理浮选后的热解残渣，按一定固液比加入复合酸液，加热反应一定时间，洗涤去除酸溶性灰分，洗涤过滤至滤液呈中性，滤渣烘干备用；二级碱溶处理：取经一级酸溶处理后烘干的滤渣，按一定比例加入复合碱液，加热反应一定

时间，洗涤去除碱溶性灰分，洗涤过滤至滤液呈中性，滤渣烘干备用。

2）回收炭分析方法

灰分的测定依据《煤质颗粒活性炭试验方法 灰分的测定》（GB/T 7702.15—2008）；回收炭纯度采用重量法计算（回收炭质量与产物质量比值）；收率采用重量法计算（产物质量与热解残渣质量比值）。另外，采用 Quantax200XFlash5000-10X 射线能谱仪、Quanta 250 钨灯丝环境扫描电子显微镜对产物的灰分、元素组成进行测定分析。

（5）热解残渣形貌分析及孔隙结构特征

为了更直观地了解热解残渣的表面结构，可对热解残渣进行扫描电镜表征。通过扫描电镜表征，可观察残渣的孔径大小、孔隙分布均匀程度等特性。残渣比表面积和孔容积主要受热解终温、污泥含水率、停留时间、升温速率等因素的影响。而热解残渣的孔结构特征将直接影响它的资源化应用。

（6）热解残渣渗滤液污染物浓度分析

由于含油污泥的成分复杂，且经过不同程度的热裂解化学反应，热解产物需按照国家危险废物鉴别方法中规定的相应检测项目和方法进行危险废弃物鉴定，以保证残渣的后续处理对环境不会造成二次污染。按照《固体废物浸出毒性浸出方法 水平振荡法》（HJ 557—2010）称取热解后剩余残渣 100g 制备渗滤液，按照中国环境科学出版社《水和废水监测分析方法（第四版）》刊载的方法测定渗滤液的 pH 值和石油类、六价铬、总铬、砷、汞、铅、镉等污染物浓度。具体的检测指标及检测方法见表 2-6。

表 2-6 热解残渣废弃物鉴定的检测指标及方法

检测项目	检测方法	检测项目	检测方法
腐蚀性	GB/T 5085.1—2007； GB/T 15555.12—1995	易燃性	GB/T 5085.4—2007
急性毒性	GB/T 5085.2—2007	反应性	GB/T 5085.5—2007
残渣浸出毒性分析			
无机元素及化合物（Cu、Pb、Hg、氰化物等16种）		GB/T 5085.3—2007；GB/T 15555.4—1995； GB/T 14204—1993；GB/T 15555.1—1995	
有机农药类（滴滴涕、六氯苯以及灭蚁灵等10种）		GB 5085.3—2007	
非挥发性有机化合物（硝基苯、苯并[a]芘以及多氯联苯等12种）		GB 5085.3—2007	
挥发性有机化合物（苯、丙烯腈以及三氯甲烷等12种）		GB 5085.3—2007	

2.3.2 总石油类化合物转化率、油品回收率、热解气转化率的分析

含油污泥热解后得到的热解油残渣、热解油和热解气进行质量平衡计算后，参照热解前含油污泥中有机物的含量，计算热解过程中总石油类化合物转化率、油品回收率以及气态石油类化合物转化率。

（1）总石油类化合物转化率

热解过程中总石油类化合物转化率计算公式如下：

$$w_{total} = \frac{产物中石油类化合物含量}{含油污泥中石油类化合物含量} \times 100\% = \frac{热解油质量+热解气质量}{含油污泥提取油质量} \times 100\%$$

(2-11)

式中，w_{total} 为含油污泥热解过程中总石油类化合物转化率。

（2）油品回收率

热解过程中油品回收率的计算公式如下：

$$w_{oil} = \frac{\text{产物中液态石油类化合物含量}}{\text{含油污泥中石油类化合物含量}} \times 100\% = \frac{\text{热解油质量}}{\text{含油污泥提取油质量}} \times 100\% \quad (2\text{-}12)$$

式中，w_{oil} 为含油污泥热解过程中油品回收率。

（3）气态石油类化合物转化率

热解过程中气态石油类化合物的转化率计算公式如下：

$$w_{gas} = \frac{\text{产物中气态石油类化合物含量}}{\text{含油污泥中石油类化合物含量}} \times 100\% = \frac{\text{热解气质量}}{\text{含油污泥提取油质量}} \times 100\% \quad (2\text{-}13)$$

式中，w_{gas} 为含油污泥热解过程中气态石油类化合物转化率。

2.3.3　热解产物的飞灰分析

飞灰是含油污泥热解过程中产生的烟气灰分中的细微固体颗粒物。其粒径一般在 1～100μm 之间，又称烟灰。粒径小的飞灰随尾气排出，粒径大的飞灰沉降于底部随残渣排出。飞灰是污泥进入高温炉膛后，在悬浮燃烧条件下经受热面吸热后冷却形成的。由于表面张力作用，飞灰大部分呈球状，表面光滑，微孔较小。一部分因在熔融状态下互相碰撞而粘连，成为表面粗糙、棱角较多的蜂窝状组合粒子。飞灰的化学组成与污泥成分、污泥颗粒粒度、锅炉类型、燃烧情况及收集方式等有关。飞灰的排放量与燃煤中的灰分有直接关系。

（1）飞灰的正常检测

关于飞灰的监测与鉴定，国内仅出台了煤飞灰的相关标准——《大气　试验粉尘标准样品　煤飞灰》（GB/T 13269—1991）。而含油污泥热解飞灰属于危险废弃物，需根据危险废物检测标准对其相关指标进行含量检测。

（2）飞灰的全碳分析和元素含量分析

飞灰是经高温热解后的烟灰，主要以残炭和无机物粉尘为主，可通过全碳分析、CHONS 元素分析仪以及 XRD、XRF 和 XPS 等仪器的分析确定飞灰的物质组成。

（3）飞灰的危险废弃物鉴定

飞灰的物化性质与热解残渣相似，热解产物的飞灰也需进行危险废弃物鉴定，其鉴定方法同表 2-5。

2.3.4　焙烧物的微观形貌特征和组成元素分析

采用 SEM 扫描电镜、能量色散 X 射线光谱仪（EDX）、Vario MICRO 型元素分析仪以及 ICP-MS 对含油污泥热解前后的表面形貌特征、总体元素组成进行观察与综合检测分析。其中，扫描电子显微镜（SEM）能够直接观察样品表面的结构，是观察和研究污泥微观形貌的重要工具。

2.4　含油污泥热解过程模拟和热解动力学分析

2.4.1　含油污泥热解的热重分析方法

2.4.1.1　热重分析（TG）

热重分析（TG）是指在程序温度（升/降/恒温及其组合）过程中，观察样品的质量随温度或时间的变化过程。在测试进行中样品支架下部连接的高精密天平随时感知样品当前的质量，并由计算机自动作出质量随时间/温度变化的图，得到热重曲线（TG 曲线）。当样品因分解、氧化、还原、吸附与解吸等原因而发生质量变化时，会在 TG 曲线上体现为失重/增重台阶，由此可以得知该失重/增重过程所发生的温度区域，并定量计算失重/增重比例。若对 TG 曲线进行一次微分计算，得到热重微分曲线（DTG 曲线），可以进一步得到质量变化速率等更多信息。DTG 曲线上的峰代替 TG 曲线上的阶梯，DTG 曲线的峰值对应于 TG 曲线上的拐点，即质量变化速率最大的温度/时间点，峰的面积正比于试样质量。DTG 曲线提高了 TG 曲线的分辨率。另外，根据 TG 曲线还能直接得到测量结束时样品所残余的质量。

2.4.1.2　差示扫描量热分析（DSC）

差示扫描量热分析（DSC）是在程序温度（升/降/恒温及其组合）过程中，测量样品和参考物的热流差，进而描述所有与热效应有关的样品的变化。同步热分析仪测定的 DSC 有热流型的。热流型 DSC 的结构如图 2-3 所示。

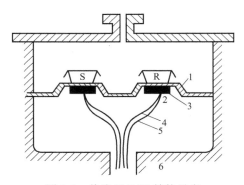

图 2-3　热流型 DSC 结构示意

1—康铜盘；2—热电偶结点；3—镍铬板；4—镍铝丝；5—镍铬丝；6—加热块；S—样品；R—参比

热流型 DSC 是外加热式，采取外加热的方式使均温块受热，然后通过空气和康铜做的热垫片把热传递给试样和参比物，试样的温度由镍铬丝和镍铝丝组成的高灵敏度热电偶检测，参比物的温度由镍铬丝和康铜组成的热电偶加以检测。由此可知，检测的是温差 ΔT，温差 ΔT 与热流差成正比，通过测量温度的变化，转化为热焓的变化。热电偶将数据传递至计算机，计算机自动作出数据随时间/温度变化的图形，即得到 DSC 曲线。DSC 曲线上峰向上表示吸热反应，峰向下表示放热反应，DSC 曲线的面积实际上仅代表样品传导到温度传感器装置的那部分热量变化，此外，样品还有部分热量传到传感器以外的地方。样品真实热量变化与 DSC 峰面积表示的热量变化存在一个关系为：

$$m \Delta H = KA \tag{2-14}$$

式中　m——样品质量；

ΔH——单位质量样品的焓变；

A——与 ΔH 相应的曲线峰面积；

K——校正系数，又称仪器常数。

2.4.2　Py-GC/MS 分析

分析裂解是一种有效表征高聚合物由热分解引起的化学反应和研究高聚物的结构和组成

的手段。裂解气相色谱/质谱（pyrolysis-gas chromatograghy/massspectrometry，Py-GC/MS）可以分析热解过程中析出产物的成分及结构特性，对于不能直接进入色谱分析的高分子量化合物成分的结构分析有其特殊优势。Py-GC/MS 是将微量样品在惰性气氛下迅速加热到裂解点，使样品裂解为许多碎片产物，这些产物将导入气相色谱系统中，经过色谱分离后采用质谱鉴定具有特征性的裂解碎片。质谱得到的各种裂解产物的质谱图通过质谱数据库进行指纹级别的比对，可以定性地分析出各个特征峰所对应的化合物结构式。采用归一化法来计算气相色谱分离出来的各个峰的峰面积，可以半定量地分析出不同裂解产物的相对含量。

2.4.3　Fluent 软件传热模拟

2.4.3.1　Fluent 软件介绍

计算流体力学的软件简称 CFD（computational fluid dynamics），它可以进行分析、计算、预测流场。

Fluent 软件是由 Fluent Inc. 发行的，专业模拟和分析复杂几何区域内流体流动和传热现象的 CFD 软件，在 2006 年 2 月被 ANSYS Inc. 公司收购。到目前为止，Fluent 软件独占了世界市场 40% 以上的市场份额，是世界上市场占有率最高的 CFD 软件。Fluent 可以用来模拟不可压缩到高度可压缩范围内的复杂流动。由于采用了多种求解方法和多重网格加速收敛技术，Fluent 能达到最佳的收敛速度和求解精度。灵活的非结构化网格、基于计算的自适应网格技术及成熟的物理模型，使 Fluent 在层流、湍流、传热、化学反应、多相流、多孔介质等方面有广泛应用。

完整的 CFD 软件结构包括：前处理器、求解器和后处理器三个部分。从本质上讲，Fluent 只是一个求解器和后处理器。它能实现的功能包括导入网格模型、提供物理模型、设定边界条件、设定材料性质、求解和后处理。因此 Fluent 软件可以借助简单函数来近似求得变量，然后代入连续型控制方程形成方程组，解出代数方程组，并能根据需要显示和分析计算结果。而前处理器需要向 Fluent 输入所求问题的相关数据。Fluent 支持很多网格生成软件，如 GAMBIT、TGrid、PRePDF、GeoMesh 及其他 CAD/CAE 软件包。

其中 GAMBIT 可生成供直接使用的网格模型。其操作步骤依次为：a. 构造几何模型；b. 划分网格；c. 指定边界类型和区域类型。通过以上 3 个步骤可以输出专门的网格文件，即 msh. 文件。该文件可以直接导入 Fluent 进行读取和计算模拟。

GAMBIT 是专用的 CFD 前置处理器，Fluent 系列产品皆采用 Fluent 公司自行研发的 GAMBIT 前处理软件来建立几何形状及生成网格。图 2-4 是 GAMBIT 的操作界面。

Fluent 能求解二维和三维问题，并选择单精度或双精度进行处理。Fluent 软件的应用范围非常广泛，主要包括以下范围：

① 可压缩与不可压缩流动问题。

② 稳态和瞬态流动问题。

③ 无黏流、层流及湍流问题。

④ 牛顿流体及非牛顿流体。

⑤ 对流换热问题，包括自然对流和混合对流。

⑥ 导热与对流换热耦合问题。

⑦ 辐射换热。

⑧ 惯性坐标系和非惯性坐标系下的流动问题模拟。

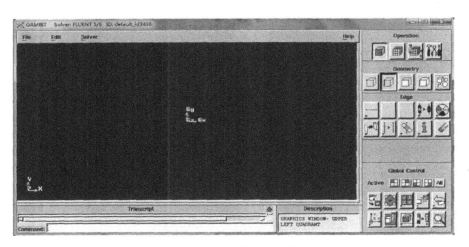

图 2-4　GAMBIT 操作界面

⑨ 用 Lagrangian 轨道模型模拟稀疏相（颗粒、水滴、气泡等）。

⑩ 一维风扇、热交换器性能计算。

⑪ 两相流问题。

⑫ 复杂表面形状下的自由面流动问题。

2.4.3.2　模拟操作步骤

利用 Fluent 软件进行求解的步骤如下：

① 确定几何形状，生成计算网格（用 GAMBIT，也可以读入其他指定程序生成的网格）。

② 输入并检查网格。

③ 选择求解器（2D 或 3D 等）。

④ 选择求解的方程：层流或湍流（或无黏流）、化学组分或化学反应、传热模型等。

⑤ 确定流体的材料物性。

⑥ 确定边界类型及其边界条件。

⑦ 条件计算控制参数。

⑧ 流场初始化。

⑨ 求解计算。

⑩ 保存结果，进行后处理等。

将上述过程简单地用图 2-5 表示。

热解反应器是油泥热解反应的场所，通过电加热、热解反应器壁辐射传热使油泥升温。

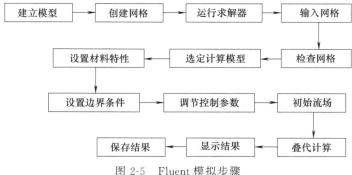

图 2-5　Fluent 模拟步骤

在热解反应器内无法设置多个温度传感器，因此不能有效分析内部温度的分布。通过软件模拟热解反应器，获得内部温度的分布，就可以分析获得热解反应器加热效果的影响因素。

2.4.4　含油污泥热解动力学模型

目前，热分析技术广泛应用于物料的热解动力学研究。热解过程的动力学研究对于热化学机理的推理以及热化学转化过程演变有重要的意义。由于热解过程复杂，中间产物繁多，多种化学反应参与，动力学分析是一种研究热解特性的有力工具。热解动力学研究在反应机理、反应速率、反应参数以及反应产物等方面有非常重要的作用。这些参数对热解反应器选取和设计以及实际热解条件控制等方面具有很大的帮助。热分析技术应用于计算含油污泥热解过程中固态反应的动力学参数。一般来说，等温和非等温方法适用于均相和非均相反应的反应参数。对于含油污泥这种非均相物质反应，非等温方法相比于等温方法更加合适。根据动力学分析过程是否需要机理函数，热解动力学分为模型非等温拟合与无模型非等温拟合。一般无模型拟合更多地关注活化能方面，往往忽略其他方面的变化。模型拟合法通过线性拟合相关性来判断动力学模型的合适性，对于复杂多步的热解过程，模型模拟工作量较大，而且机理函数的选取对反应过程的模拟结果有很大的影响，且现有的模型不能保证对所有反应类型都适用。针对模型拟合法进行非等温拟合过程中对确定动力学三因子的值产生不准确性，无模型拟合在模拟过程中不涉及机理函数的选取，对于多步复杂的动力学研究，无模型拟合更能准确地描述多步复杂动力学的活化能 E 与转化率 α 之间的关系。

对于含油污泥这种组成复杂的混合物，热解机理繁杂，可采用多种不同的模型和分布活化能方法两种方法分别来研究含油污泥的热解动力学。

2.4.4.1　多种不同的热解动力学方程模型

在非等温热分析过程中，假设反应过程是单一的反应机理。常用的基本固相动力学机理方程有 20 种（见表 2-7），采用 Coats-Redfern 方法来分析含油污泥热解的 TG/DTG 数据。采用最小二乘拟合方法确定方程的线性度、相关系数以及机理方程的吻合程度。固相物质的热降解速率方程为，

$$g(\alpha)=kt \tag{2-15}$$

式中　$g(\alpha)$——热解机理方程；

　　　k——速率常数；

　　　t——反应时间；

　　　α——转化率。

$$\alpha=\frac{m_0-m_t}{m_0-m_\alpha} \tag{2-16}$$

式中　m_0——物料初始质量，mg；

　　　m_t——物料在温度为 T 时的质量，mg；

　　　m_α——物料最终质量，mg。

根据 Arrhenius 公式：

$$k=k_0\mathrm{e}^{-\frac{E}{RT}} \tag{2-17}$$

式中　k_0——指前因子，min^{-1}；

　　　E——反应表观活化能，J/mol；

T——反应温度，K；

R——气体常数，8.314J/(mol·K)。

将式（2-16）代入式（2-14），经过积分变形后可以得到最终的 Coats-Redfern 积分形式：

$$\ln[g(\alpha)/T^2]=\ln[k_0R/(\beta E)]-E/(RT) \tag{2-18}$$

式中　β——升温速率，$\beta=\mathrm{d}T/\mathrm{d}t$，在动力学分析过程中，$\beta$ 为恒定数值。

上述关系描述的是动力学三个重要参数的方程：Arrhenius 公式的指前因子（k_0）、表观活化能（E）和反应机理相关的方程 $g(\alpha)$。

根据式（2-17），选取合理对应的机理函数 $g(\alpha)$，采用 $\ln[g(\alpha)/T^2]$ 对 $1/T$ 作图，图形的线性度体现出所选模型的优劣性。对于线性好的图形，所得直线的斜率为 $-E/R$，求解出反应的表观活化能 E，直线的截距为 $\ln[k_0R/\beta E]$，从而求解出指前因子 k_0。

表 2-7　固体热分解不同的动力学反应机理方程

序号	机理函数 $g(\alpha)$	反应速率确定
F_1	α^2	一维扩散
F_2	$1-(1-\alpha)=\alpha$	一维相边界反应，R_1，$n=1$
F_3	$(1-\alpha)^{-1}-1$	化学反应
F_4	$(1-\alpha)\ln(1-\alpha)+\alpha$	二维扩散，圆柱对称
F_5	$(1-\alpha)^{-1}$	化学反应，减速型 α-t 曲线，二级
F_6	$(1-\alpha)^{-0.5}$	化学反应
F_7	$(1-\alpha)^{-2}$	化学反应，减速型 α-t 曲线，二级
F_8	$1-(1-\alpha)^{-0.5}$	相边界条件，圆柱形对称，R_2，减速型 α-t 曲线，$n=0.5$
F_9	$1-(1-\alpha)^2$	$n=2$
F_{10}	$1-(1-\alpha)^3$	$n=3$
F_{11}	$\alpha^{1/3}$	$n=1/3$
F_{12}	$\alpha^{0.25}$	$n=0.25$
F_{13}	$(3/2)[1-(1-\alpha)^{2/3}]$	三维扩散，圆形对称，Jender 方程
F_{14}	$(3/2)[1-(2/3)\alpha-(1-\alpha)^{2/3}]$	三维扩散，球形对称，Ginstling-Brounstein 方程
F_{15}	$-\ln(1-\alpha)$	每个分子上一个原子核，随机成核
F_{16}	$-\ln(1-\alpha)^{1/2}$	随机成核，Avrami 方程Ⅰ
F_{17}	$-\ln(1-\alpha)^{1/3}$	随机成核，Avrami 方程Ⅱ
F_{18}	$-\ln(1-\alpha)^{1/4}$	随机成核，Avrami 方程Ⅲ
F_{19}	$2[1-(1-\alpha)^{1/2}]$	相边界反应，圆柱对称
F_{20}	$3[1-(1-\alpha)^{1/3}]$	相边界反应，球形对称

2.4.4.2　分布活化能模型计算

含油污泥热解过程中，基于含油污泥复杂的体系以及热解过程中各种化合键的断裂，热解过程中活化能往往呈现连续变化。所以单一活化能的动力学模型不能完全准确地反映出热解过程的活化能变化。不同的热解机理函数所表现出来的含油污泥热解动力学参数变化较大。因此，对于含油污泥这种复杂化合物，通过模型机理函数方法来计算热解动力学参数存在很大的局限性，主要原因是目前对于含油污泥热解过程的详细机理反应的了解仍然存在很大的缺陷。对含油污泥热解过程中产物分布以及能量转化等信息并没有完全深入的研究，只能采用相关近似的模型来进行计算，这样计算得到的结果与实际过程存在较大差异，并不能客观地反映出含油污泥热解过程中的动力学参数。

针对上述含油污泥热解动力学模型分析中存在的一些误差和缺陷，采用分布活化能模型（DAEM）对其进行动力学分析，客观地反映出含油污泥热解过程中活化能连续变化的情况，较全面地了解含油污泥热解过程的动力学参数，从而克服了在模型模拟计算过程中由机理函数选取差异而产生的热解动力学参数偏差。

分布活化能模型是一种适合复杂反应体系热力学分析的动力学模型。分布活化能主要有两点假设：一是无限平行独立反应假设，假设反应体系由无数平行独立的一级不可逆反应组成，反应的活化能不相同；二是每个反应的活化能分布呈现某种连续函数形式。计算分布活化能的方法有积分法和微分法，两者在本质上相同。采用积分法来求解含油污泥的热解动力学分布活化能，其动力学失重的数学表达式为：

$$1 - \frac{V}{V^*} = \int_0^\infty \exp\left[-k_0 \int_0^t e^{-E/(RT)} dt\right] f(E) dE \qquad (2\text{-}19)$$

其中：

$$\phi(E,T) = \exp\left[-k_0 \int_0^t e^{-E/(RT)} dt\right] \approx \exp\left[-\frac{k_0}{\beta} \int_0^T e^{-E/(RT)} dT\right] \qquad (2\text{-}20)$$

式中　V——t 时刻样品的失重率；

　　　V^*——样品总失重率；

　　　k_0——指前因子，min^{-1}；

　　　E——活化能，J/mol；

　　　R——气体常数，$8.341 J/(mol \cdot K)$；

　　$f(E)$——活化能正态分布函数；

$\phi(E,T)$——E 随 T 变化的函数；

　　　β——升温速率，K/min。

在某一温度 T 下，升温速率 β 为恒定值，通过一个阶跃函数 $E = E_s$，公式（2-19）和公式（2-20）可以分别简化为：

$$\frac{V}{V^*} \approx 1 - \int_{E_s}^\infty \phi(E,T) f(E) dE = \int_\infty^{E_s} \phi(E,T) f(E) dE \qquad (2\text{-}21)$$

$$\phi(E,T) \approx \exp\left(-\frac{k_0 R T^2}{\beta E} e^{-\frac{E}{RT}}\right) \qquad (2\text{-}22)$$

假设实际反应体系由 N 个反应组成，整体的失重速率可以近似由在某一温度下只发生的第 j 个反应的反应速率表达。其数学表达式为：

$$\frac{dV}{dt} \approx \frac{d\Delta V}{dt} = k_0 e^{-\frac{E}{RT}} (\Delta V^* - \Delta V) \qquad (2\text{-}23)$$

式中　dV/dt——样品反应过程中整体的失重速率；

　　　ΔV^*——第 j 个反应过程中有效挥发物的量；

　　　ΔV——第 j 个反应过程中实际挥发量。

对于第 j 个反应过程中 k_0 和 E 为常量，在升温速率为常数的情况下式（2-23）积分可以得到：

$$1-\frac{\Delta V}{\Delta V^*}=\exp\left(-k_0\int_0^t e^{-\frac{E}{RT}}dt\right)\approx\exp\left(-\frac{k_0RT^2}{\beta E}e^{-\frac{E}{RT}}\right) \tag{2-24}$$

式两边取自然对数，得到：

$$\ln\frac{\beta}{T^2}=\ln\frac{k_0R}{E}-\ln\left[-\ln\left(1-\frac{\Delta V}{\Delta V^*}\right)\right]-\frac{E}{RT} \tag{2-25}$$

其中，$1-\dfrac{\Delta V}{\Delta V^*}=E_s\approx0.58$，代入式（2-15）和式（2-16）中，得到最终方程为：

$$\ln\frac{\beta}{T^2}=\ln\frac{k_0R}{E}+0.6075-\frac{E}{RT} \tag{2-26}$$

含油污泥热解过程中的分布活化能通过式（2-26）求解，利用一组不同升温速率的 TG 曲线，选取相同失重率 V/V^* 下的一组温度数据点。利用 $\ln(\beta/T^2)$ 对 $1/T$ 作图，然后采用最小二乘法拟合，所得直线的斜率为 $-E/R$，可以求取该失重率 V/V^* 下的活化能 E。进而，可以得到 E 随失重率 V/V^* 的变化曲线。

2.4.5　含油污泥热解过程能量平衡分析

2.4.5.1　物料得失能量平衡分析

将整个热解炉作为一个系统，根据能量守恒定律，其在任意某时间段内有以下能量平衡关系：导入系统的总热流量＋系统内热源的生成热＝导出系统的总热流量＋系统热力学能量的增量。可用下面数学表达式表示：

$$Q_{导入}+Q_{生成}=Q_{导出}+Q_{增加} \tag{2-27}$$

由于含油污泥本身的成分比较复杂，热解过程涉及的反应繁多，很难精确计算其热解所需的能量，其内能增加只能通过数值模拟的方法进行计算。

2.4.5.2　热解反应整体能量平衡分析

加热源提供的能量为 Q_1，热解反应回收油气资源所能提供的能量为 Q_2，热解炉的能耗损失为 Q_s，热解炉外壁与物料内能的增加为 Q_w，则可建立如下能量平衡方程：

$$Q_1+Q_2=Q_s+Q_w \tag{2-28}$$

在给定热解炉热效率、物料内能的增加以及回收油气所能提供的能量的情况下，依据上式可计算出加热源提供的能量。

2.4.5.3　处理含油污泥所需热量计算

由于含油污泥本身的成分比较复杂，热解过程涉及的反应繁多，很难精确计算其热解所需的能量。为此将含油污泥简化为水、油和土砂，分别计算水、油以及土砂达到最终温度所需要的热量，热量计算如下式：

$$q=\alpha_1\int_{T_1}^{T_{12}}\rho_1c_1dT+\alpha_2\int_{T_1}^{T_{22}}\rho_2c_2dT+\alpha_3\int_{T_1}^{T_{32}}\rho_3c_3dT \tag{2-29}$$

式中　　　　q——处理单位体积的油泥所需热量，kJ；

α_1，α_2，α_3——水、油及土砂的体积分数，$\alpha_1+\alpha_2+\alpha_3=1$；

ρ_1，ρ_2，ρ_3——水、油及土砂的密度，kg/m^3；

c_1，c_2，c_3——水、油及土砂的当量比热容，$kJ/(kg\cdot K)$；

T_1——处理起始温度，K；

T_{12}，T_{22}，T_{32}——水、油及土砂的处理终温，K。

第**3**章

国内外油田热解技术介绍

　　油泥是在采油、输送、精炼过程中产生的，含油量为 10％～50％，含水率为 40％～90％。油泥的组成极其复杂，含有大量的老化原油、蜡、沥青质、胶体、悬浮物、细菌、盐、酸性气体和腐蚀产物。此外，还含有大量的混凝剂、缓蚀剂、阻垢剂、杀菌剂等水处理剂。它不仅占用了大量的耕地，而且污染了周围的土壤、水和空气。因此，油泥的去除是首要问题。油泥处理设备是目前处理油泥最先进的方法。

　　国外的主要处理工艺方法有热解法、洗涤法、固化法和生物化学法。一般采用的工艺流程为：含油污泥—搅拌液化—加温均化—离心分离。美国塔尔萨的萨廉姆斯公司的工艺流程是：含油污泥—进料—加入石灰和硅藻土—压滤机—滤饼送至垃圾场堆放。目前，国外主要参考焦油的砂矿工艺，通过加入碱、注入热水或者离心分离等方法实现含油污泥中油砂的分离，应用此法的企业有加拿大油砂公司、原油合成公司和阿尔伯特油砂财团等企业，并有很好的收益。

　　国外的污泥热解技术研究起源较早，发展到现在已经有了不少成熟的工艺和工业化示范装置。污泥热解制油技术最先开始于德国，20 世纪 90 年代初，污泥热解技术在欧洲迅速发展，德国等一些欧洲国家在这方面的研究处于领先地位，在整个欧洲，大概有几百个研究机构和商业公司从事油泥的生物修复工程研究。1999 年，澳大利亚成功运行了第一套污泥低温热解制油的工业化装置，之后国外炼油厂又相继开发了多种热解工艺。其中，丹麦 RUG-SGO 公司开发的工艺最为突出；美国 ECO 公司、德国 VEBAOEL 技术中心、日本 JCA 公司和日本油脂公司已开发出不同类型的固定床热解装置；NIS 公司开发的熔浴热解工艺、美国固特异公司开发的微波热解工艺；新加坡 Singaport Cleanseas 公司开发了"机械脱水＋热解析"组合技术；美国的 Navajo 公司将污泥的悬浮渣作为骤冷油浆送入催化裂化（FCC）装置中，使浮渣反应转化为燃料用油；美特索电力公司开发了一个与鼓泡流化床蒸发器的炉子直接连接的热解器并申请了专利，蒸发器炉和热解器具有一个共同的壁，固体物质横向进入热解器，并在热解器和蒸发器炉内循环，避免了管道运输，保证了停留时间。

　　目前国外仍有不少学者在研究新的热解工艺。美国科罗拉多州 R. Steven 等成功开发同时去油和水的桨式套管加热装置，并已申请了专利。德国汉堡大学 H. Schmidt 等从 20 世纪 70 年代开启循环流化床反应器的热解研究，取得显著的成果。A. Suzuki 等在多伦多和悉尼各建造了一座 4t/d 和 45t/d 的示范装置。C. Roy 等长期从事固体废弃物真空热解方面的研究，在 Saint-Amable 建立了一个处理量为 200kg/h 的小型处理厂。R. Cypres 等开发出两段移动床，分别由链条式热解一次反应器和挥发相二次反应器两个反应器组成。Heuer 等开发了低温-中温含油污泥热解-冷凝处理工艺，Richard Jayen 等也开发了"低温热处理"工艺。Krebs 和 Geory 开发了利用锅炉废热干燥含油泥饼的专利技术和 Term Tech 热解工艺。A. P. Kuira-kose 等通过温度调节和改变催化剂 $AlCl_3$ 的添加量，生产了不同等级的沥青。此外，加拿大 Laval 大学和比利时 ULB 大学开发了具有代表性的移动床热解工艺、真空移动床工艺和两段移动床工艺；英国 Leeds 大学 P. T. Williams 等开发的固体床热解系统实现了吨级的批量生产。

3.1 含油污泥热解预处理技术

含油污泥中主要含有大量水分，含水率一般为 40%～90%，含油污泥中的油和水一般形成水包油（O/W）、油包水（W/O）的稳定形态，存在油-泥、油-水、水-泥等多个界面，体积十分庞大，可通过减少含水率来减小污泥的体积。而热解技术是将含油污泥加热到一定温度，将含油污泥转化成气、液、固三相产物进行回收再利用。为节省热解技术的能耗，且更好地实现含油污泥的资源化以及无害化处理，得到较高品质的热解产物，采用机械、化学等预处理方式，实现含油污泥的减量脱水，从而使脱水后的含油污泥水分含量更低，更有利于进一步热解处理，减少热解处理过程中的能耗，有助于提高热解效果。

由于含油污泥性质特殊，不同于一般生活废水处理后产生的活性污泥，不能直接进行机械脱水操作，而必须在机械脱水前增加一道工序，那就是含油污泥的调质。污泥脱水过程实际上是污泥的悬浮粒子群和水的相对运动，而污泥的调质则是通过一定手段调整固体粒子群的性状和排列状态，使之适合不同脱水条件的预处理操作。污泥调质能显著改善脱水效果，提高机械脱水性能。所以在调质过程中，需要首先加入一定量的调节剂，进一步改善含油污泥的结构特性，以利于脱水。

含油污泥调质、机械脱水处理工艺的技术关键在于对调质中所用的絮凝剂、破乳剂、调节剂种类与用量的选定，脱水机械类型的选择，以及脱水机械运行参数的确定。机械脱水工艺是将经过各种预处理工艺（调质、筛分、分选、倾析等技术）处理后的均质液态含油污泥送入高速离心机进行油、水、泥的三相分离，分离出的油回收进入脱水站或炼油厂，水则进入污水处理厂或循环使用，分离出的固体污泥还要做进一步的处理，满足不同地区（企业）的需要。

荷兰 G-force CE bv 公司和德国 HILLER 公司的调质-机械脱水技术、加拿大 MG 公司的 APEX（aqueous petroleum effluent extraction，水溶性石油提取）技术、新加坡 CLEANSEAS 公司的机械脱水＋热解吸技术以及西班牙 Tradebe 集团的 HSPU（homogenization and high solidcontent processor unit，匀化及高含固处理装置）＋离心技术等都属于这种工艺，区别在于污泥预处理工艺和高速分离后分离出的固体污泥的后续处理工艺不同。其核心技术都是高速离心三相分离工艺。其中应用较广、技术比较成熟的是荷兰 G-force CE bv 公司的调质-机械脱水技术和加拿大 MG 公司的 APEX 技术。

3.1.1 荷兰 G-force CE bv 公司的调质-机械脱水技术

该工艺处理污泥的总体思路是先进行污泥流化和预处理，再经过调质后进行离心分离。具体的工艺过程可分为六步：第一步分选调质（加热、加药、搅拌等）；第二步用筛子去除较大的杂质和浮渣；第三步用两相倾析器去除 90% 的细小固体；第四步用三相净油离心机进行油、水和固体的分离；第五步用三相水浓缩离心机分离出可以达标排放的水；第六步对分离出的固体进行微生物修复处理，使含油量满足要求。其工艺流程如图 3-1 所示。

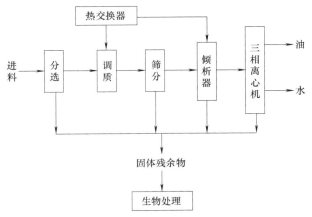

图 3-1　调质-机械脱水工艺流程

该工艺、设备按照欧洲安全环保标准设计制造，达到 1 级防爆标准。设备撬装化，占地面积小，便于现场安装，操作简单，自动化程度高。

3.1.2　加拿大 MG 公司的 APEX 技术

APEX 是一种利用专用化学配方从含油污泥中将烃类物质分离出来的技术。该工艺处理含油污泥通常分两个阶段：第一阶段包括混合过程和用来撇除大部分油分的自由沉降过程，通过专用药剂、水和含油污泥的混合，使油、水、固在分离罐中完成主要的三相分离；第二阶段采用加热和机械高速离心的方法进一步将水、油、细微固体颗粒更好地分离，以满足要求。处理后的污泥含油率可低于 1%，符合美国环保局的排放标准。其工艺流程如图 3-2 所示。

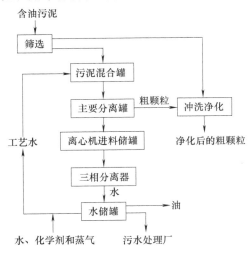

图 3-2　APEX 工艺流程

该技术设备紧凑，占地面积小，处理效率高，可移动，进料范围宽，无污染物排放。其技术优势主要有两个：一是专用的化学药剂，能够使油从固体表面脱附，同时不再沉降和乳化，安全无毒并可以降解；二是专用的 APEX 设备，组件较小但处理能力大，效率高。处理后的污泥含油量可满足低于 1% 的要求。缺点是前置预处理工艺适应性较差。该工艺已经成功应用到美国、罗马尼亚、巴拿马、墨西哥、加拿大等多个国家的含油污泥处理项目中。

3.1.3　西班牙的 HSPU+ 离心技术

此外，西班牙的 HSPU＋离心技术也属于这类工艺，主要在英国和土耳其等国应用过。主要工艺流程如图 3-3 所示。

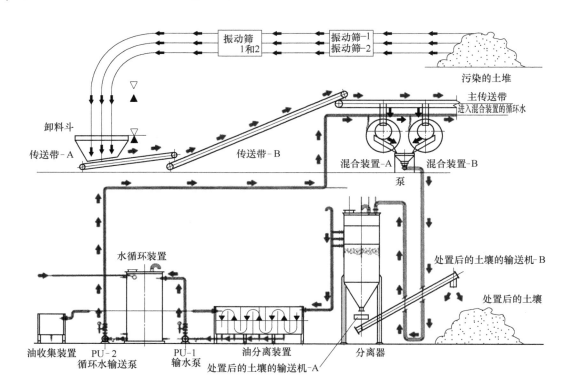

图 3-3　HSPU＋离心技术工艺流程
（注：釜式反应器包括 2 组混合装置、1 组提升泵、1 组分离器、1 组油分离器）

3.2　国外含油污泥热解技术

3.2.1　美国

美国注重微生物学和热化学两条技术路线的研究，在热化学领域：a. 以产生热、蒸气、电力为目的的燃烧技术；b. 以制造中低热值燃料气、燃料油和炭黑的热解技术；c. 以制造中低热值燃料气或 NH_3 等化学物质为目的的气化热解技术；d. 以制造重油、煤油、汽油为目的的液化热解技术；e. 以回收贮存能源（燃料气、燃料油和炭黑）为目的的技术；f. 成分复杂，需要配套前处理＋低熔点物质＋有害物质的混入。

很多公司和研究机构在生物能热化学领域做了相关的技术研究工作，见表 3-1。

（1）等离子体热解技术

美国 Westinghouse 公司开发了等离子体热解装置用于处理废水。Retech 公司开发等离子体离心反应器用于处理污泥。该装置有一个低速旋转的炉膛，温度在 1127℃。二次反应器的温度在 977℃。Mason Hanger 国际公司使用一个静态的主反应室来处理医用垃圾。到目前为止还没有发现处理废轮胎的等离子体反应装置。希望在以后的发展中能看到等离子体热解技术在油泥处理方面的应用。

（2）电加热快速热解流化床反应器

采用电加热快速热解流化床反应器热解污水污泥。污泥在热解前需在 105℃ 下烘干 24h，并用 1mm 筛的磨粉机研磨污泥。快速热解用的是由德国萨斯 A&M 大学的贝塔实验室研发

表 3-1　关于生物能热化学转换系统的研究与开发

分类	公司/研究机构	摘　要
直接燃烧	Aerospace Research Corporation	木屑作为大型火力发电厂燃料的利用
气化	Wheelabrator Cleanfuel Corporation	生物质作为能源利用的开发研究
	University of Arkanses	回转窑式生物质转换设备的开发
	Battelle，Columbus Laboratories	利用林业废物制造富甲烷气体的研究
	Battelle，Pacific Northwest Laboratories	生物质的催化气化研究
	Garrett Energy Research & Development	生物质的热解气化研究
	University of Missouri，Rolla	利用热化学分解技术用生物质制造大型试验工厂用合成燃料的研究
	Texas Tech University	利用其他原料的 SGFM 法研究
	Wright-Malta Corporation	利用蒸汽接触法的生物质气化技术研究
系统研究	Catalytica Associates，Inc.	利用生物质制造燃料和化学品的催化剂开发
	Gilbert/Commonwealth，Inc.	生物质研究及资源再生利用系统评价
	Gorham International，Inc.	利用煤炭技术由木屑制造燃料的技术经济评价
液化	The Rust Engineering Company	Albany 液化装置的运行
	University of Arizona	向高压系统投加纤维素水浆用喷射式加料器
	Bettelle，Pacific Northwest Laboratories	试验室规模的液化装置的开发研究
	Lawrence Berkeley Laboratory	液化热解系统的相关研究

的一种台式鼓泡流化床反应器。流化床的传热填料是 $250\sim450\mu m$ 的硅砂。从反应器到冷凝器的输送过程采用的是绝缘管道，以确保不会发生额外的冷凝作用。

运行之前，炉子和炭箱预热到指定的温度，反应器和料斗通过氮气吹扫 15min。300g 的污泥输送到 20L 的料斗中，通过螺旋钻传送到电加热流化床反应器中。污泥在反应器中反应 10min 后用 1L 的袋子收集气体样品。

回收系统由四个串联的 2L 平底锥形瓶组成，冰浴使产物油冷凝。为了提高油回收率，第 2、3 个收集瓶装了 1.2L 的无水丙醇。相关文献报道，无水丙醇可作为淬火剂使用。最终混合产物通过 60℃、0.0556MPa 的旋转蒸发仪蒸馏提取。热解残渣在炭箱中冷却。热解气体用隔膜式气体流量计测定，标称 $7.1m^3/h$。实验装置如图 3-4 所示。

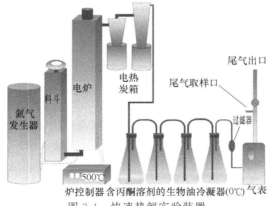

图 3-4　快速热解实验装置

在最佳实验条件下，一种高氯乙烯生物油被回收，其性能几乎是木质纤维素类生物油的两倍，可与重油媲美。与一般酸性生物油相反，从污泥中提取的生物油 pH 几乎为中性，可最大限度地减少管道和发动机的腐蚀。

(3) 连续灼烧床热解反应器

连续灼烧床热解反应器的灼烧热解原理是通过生物质与加热表面在高相对运动和施加压力的条件下接触反应。此反应器的设计来源于谷物磨机原理。热解床由固定上床体和旋转下床体组成，反应器材质都是金属铜，且上、下床两部分都与加热器接触。下床以大于 80r/min 的速度旋转，压力通过弹簧控制。反应室加热到 $300\sim400℃$ 以防止热解蒸气在反应器内凝结。固体颗粒通过上床体进入反应器内，蒸气从板隙中逸出，然后进入四个液体罐。炭和飞灰在反应器中积累。第一反应器和第二反应器的平均热量分别是 $6.8W/cm^2$ 和 $5.08W/cm^2$。热解反应器如图 3-5 所示。

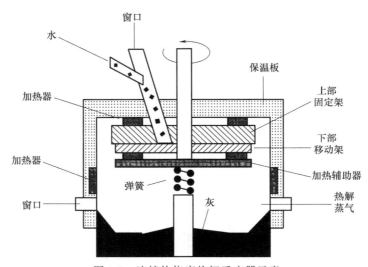

图 3-5 连续灼烧床热解反应器示意

目前连续灼烧床热解反应器有 50kg/h 中试规模的反应器以及 $10\sim25kg/h$ 实验室规模的反应器，两种规模的反应器都验证了高效的传热传质效率。采用灼烧床热解有机废物，热解油产量可以达到 54% （质量分数），且热解油中轻质油组分很少，说明接触传热提高物料传热传质的效果明显。

(4) RLC 公司的回转窑热解炉工程案例

美国 RLC 公司生产的热解炉主要应用于含油污泥、钻井岩屑、有机有害废弃物处理和污染土壤的修复。该热解炉由以下几个系统组成：a. 进料系统；b. 间接加热回转窑；c. 经过处理的固体冷却装置；d. 蒸气回收装置；e. API——油、水、泥三相分离器；f. 中控系统。工艺流程及设备三维图如图 3-6、图 3-7 所示。

1) 进料系统

典型的进料系统的主要组成部分包括用于废料储存的单料料斗或双料料斗。料斗底部装有变速螺杆系统，用于排出难以输送的物料。这种排出机制也被称为活底设计。每个料斗的顶部都有一个行走平台，用于清洁和维护料斗上方的筛分灰筛。灰筛用于筛除进入料斗/热解炉的大颗粒。进料料斗可采用前端装载机或吊车操作的抓斗进行装料。料斗可加装盖板，以控制装载间挥发性有机化合物的排放。当物料从料斗中卸出时，它通过单或双密封的传送带运输，然后到达热解炉的入口。在运输途中，物料通过皮带秤传送到热解炉的进料率被实时监控，并根据需要进行调整。当所有其他输送元件均在恒速运行时，通过调节料斗底部螺旋钻系统的旋转速度来控制热解炉的进给速度。在某些项目中，可能需要进行材料准备和预处理，以确保良好的材料输送和热处理。对于游离液（油和水）水平高的含油废物，建议在

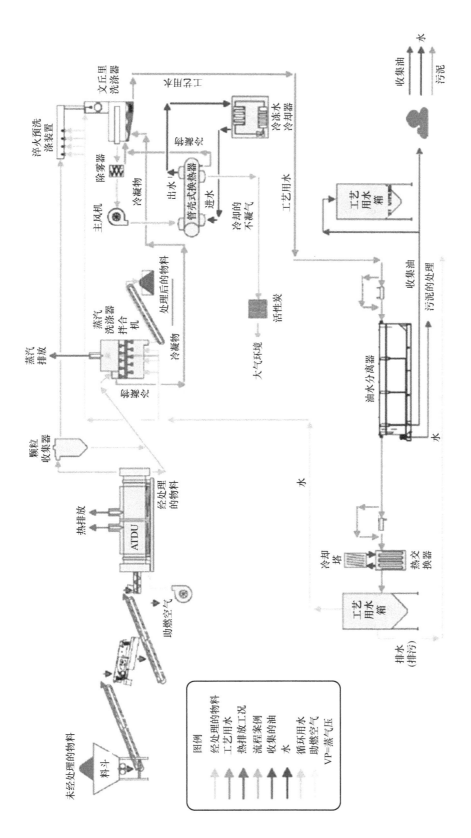

图 3-6　RLC 公司热解炉工艺流程（见书后彩图）

进行热处理之前进行某种类型的物理液体分离。浓度高的钻井液可能需要进行预处理，以确保在进行热处理之前有足够的稠度。材料预处理是热处理作业成功与否的重要因素之一，也是经常被忽视的一个方面。

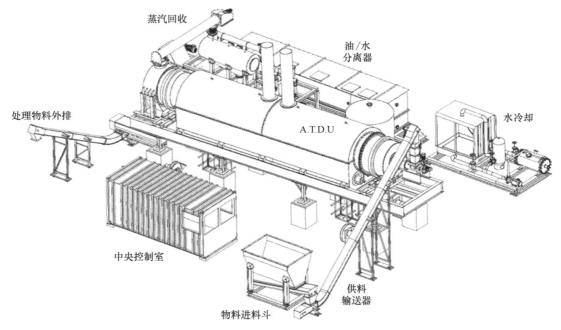

图 3-7　RLC 公司热解设备三维图

2）间接加热回转窑

间接加热回转窑的主要作用是使进入的废物或固体中的烃类污染物和水分蒸发。间接加热滚筒是系统的核心。它是采用耐高温、耐腐蚀的低镍合金设计制造的，服务温度范围在800～1200℃。从外部加热的转鼓，在固定炉内有几个燃烧器提供必要的过程热量。当转鼓壳体受热时，能量通过传导传递到转鼓内的污染进料中。内部的材料也接受来自转鼓内部壳体表面的辐射加热。设计的转鼓壳体材料和炉膛燃烧器容量可使物料的温度升高到500～600℃，尽管这些更高的工况温度范围在正常的物料处理情况下几乎是不需要的。由于燃烧器位于炉内，因此转鼓内的污染物质不会与燃烧器燃烧产生的产物接触。滚筒的进料和出料通过两个气闸来控制，最大限度地减少空气（氧气）泄漏到滚筒内。转鼓的进口和出口端装有特制的密封装置，防止漏气。污染物料通过转鼓的时间由机组的坡度、内部升降机的数量和位置以及转鼓的转速来控制。一般情况下，滚筒的倾斜度及升降机的位置和数量是固定的。转鼓转速是控制污染物料在转鼓内停留时间的关键参数。为了达到任何给定的清理目标，在转鼓内所需要的停留时间高度依赖于废弃物料中自由水和间隙水的含水率，固体的物理特性如粒度分布、废物中有机及无机化合物的种类和烃类的蒸气压。在处理过程中，当含油污泥或钻屑通过转鼓时，烃类和水经过蒸发（解吸）过程，同时产生非常干燥和无污染的固体流。经过处理的固体在这个时候会非常热，它们被输送到一个冷却装置中，在那里它们与水混合以冷却，然后被排放。在转鼓的进口和出口处设置了热电偶，对物料的温度进行连续监测。转鼓壳体沿长度设置了几个点进行温度监控，以防止壳体过热。对炉体烟气排放温度进行了密切监测。烟囱排气出口温度、热解炉的出口物料温度和壳体温度的组合通常用于在工况运行期间实现最佳的燃料消耗率。转鼓内的气氛在工况排风机（ID）下持续保持负压。热解的蒸气从转鼓输送到系统的蒸气回收单元（VRU）。热解炉配有检修门，便于检查、清洗和维护转鼓内的升降机。

3）经过处理的固体冷却装置

从转鼓排出的经过热解处理的固体被输送到双轴冷却装置进行冷却。每根轴都装有搅拌桨。在冷却装置内部，进入的热解固体在从冷却装置排出之前，不断地与水混合进行冷却和粉尘控制。当热材料与冷却水接触时，就会产生蒸汽。所产生的蒸汽与尘埃颗粒夹带在一起。一个蒸汽洗涤器被放置在冷却装置顶部，它使蒸汽凝结，将灰尘洗净，并回到冷却室。冷却装置配置了检修门，便于检查、清洗、维护和更换/调整桨头。冷却装置在出口处可以有效地用于非烃类材料与各种添加剂（如石灰或波特兰水泥）的选择性混合，以稳定处置前的残余金属（如果需要）。这些添加剂可以储存在冷却装置旁边的就地储存筒仓中。

4）蒸气回收装置

蒸气回收装置（VRU）的主要功能是浓缩和回收转鼓气流中的热解烃类、水蒸气和固体颗粒。VRU 的标准施工材料是耐高温、耐腐蚀的 304 不锈钢。VRU 主要由干式除尘器、急冷段、文丘里洗涤器、分离器、除雾段、引风机、冷凝器等组成。干式除尘器（旋风除尘器）从气流中去除粗颗粒，尽量减少系统中 VRU 和水处理单元的固体负荷。一旦气体离开旋风分离器，它们就进入急冷区，在那里气流通过多个喷嘴与雾化良好的水滴直接接触而冷却。这种喷水系统还有助于清除气流中额外的固体。当气体温度开始下降时，大部分烃类在气体离开急冷段时开始凝结。VRU 配备了一个集成的文丘里洗涤器，用于去除气流进入VRU 系统中的细小固体颗粒。充满灰尘的气流和过程中的水发生碰撞，将液体分散成液滴，这些液滴受到颗粒的撞击，并被困在其中。这些含有细小固体颗粒的液滴在文丘里管下游的水平旋风分离器中从气流中被除去。这种文丘里设计了一个可调节的管道，以保证通过管道所需的压降随气体体积而变化。该特性保证了在系统运行参数变化时，仍能保持相同的颗粒去除效率。从旋风分离器排出的气体经过两个除雾器，在到达系统 ID 风机之前去除夹带的水滴。除雾器为线形，串联放置。它们在进行定期的维护清洁时很容易被移动。过程中的 ID 风扇配备了变速控制的驱动器，以满足整个系统风向的牵伸作用，不断地使蒸气通过转鼓、旋风分离器、分离器和文丘里洗涤器，然后将这些蒸气通过冷凝器、阻火器和活性炭床。一旦气体到达冷凝器（间接热交换器），它的温度降至不到 10℃，有助于从气流中除去残留的烃类蒸气（较轻的烃类）。热交换器的冷却介质是水和乙二醇的混合物，通过氟利昂制冷系统进行连续冷却，以达到最佳的冷却效果和最小的空间要求。一旦气体离开冷凝器，它们通过一个阻火器，然后被排放到活性炭床上，在大气排放之前进行最后的处理。这种热交换器的设计便于维护和定期清理。在 VRU 阀体内配置了几个检修门，便于检查、定期维护、维修和偶尔进行清理以清除积聚物。

5）API——油、水、泥三相分离器

VRU 内部收集的冷凝物、剩余的细粒/沉淀物和水，在地面 API——油、水、泥三相分离器中进行处理。根据热解炉处理的材料不同，分离器产生的水中沉积物和油的浓度约为 $50\sim200\mathrm{mg/L}$。API 分离器是一种根据斯托克斯定律设计的重力分离装置，斯托克斯定律根据油粒子的密度和大小来定义油粒子的上升速度。油滴浮在分离罐的顶部，沉淀物沉淀在分离罐的底部。回收的油是用固定的撇油器收集的。收集的油被不断地泵入地面上的储油罐。油在用作燃料之前，可以过滤或离心以除去沉淀物和水分。可重复使用，可用于钻泥配浆，也可通过精制工艺进行回用，无需大量预处理。回收的沉淀物/污泥通过气动泵从分离器中抽出，再循环回到热解炉的流程中。一旦石油和悬浮固体从 API 分离器的进水中除去，中间阶段的水就被泵出到现场的储罐中进行循环利用。回收的部分水被泵入板式和框架式热交换器，在那里进行冷却，并作为 VRU 机组的冷却水重新使用。板框式换热器的冷却介质为水。水在冷却塔内不断冷却。冷却塔可配置进气过滤系统，减少进入机组的固体和颗粒，因此，降低水循环系统的设备故障率和减少补水措施。冷却塔出口可加装除雾器，进一步减少失水。该 API 分离器包括一个固定器，用于控制挥发性有机化合物的排放。为了尽量减少与油乳化液有关的问题，进行适当的相分离，在某些项目中，添加剂和进行化学处理可能是必要的。

6）中控系统

整个热解炉系统使用传统的基于微处理器的组件进行集中控制，或使用可编程逻辑控制器（PLC）或分布式控制系统（DCS）自定义设计基于 PC windows 的过程控制软件。公司通过集成人机界面软件（HMI）和图形屏幕提供 PLC 或 DCS 控制，通过标准的键盘和鼠标进行有效的系统控制、监控、联锁和数据存储。基于计算机的过程控制提供了对所有关键工况参数的实时访问。该功能的设计是为了使操作员能够提高系统容量，优化燃油消耗，并保护热解炉设备免受意外故障的影响。由工厂培训的技术人员进行现场培训，使工厂操作员熟悉系统的所有操作和维护方面。每个系统都配有电气开关设备、电机控制中心或电源面板，全部布线并在工厂中进行测试。过程控制、仪表和电气开关设备必须放置在配有空调系统的洁净室内，以保证使用寿命和正常运行。

关键系统组件及其尺寸和占地如表 3-2 所列。

表 3-2 关键系统组件及其尺寸和占地

系统名称	主要组件	尺寸	质量/kg	示意图
ATDU 热解炉	ATDU 转鼓，加热炉，主传动，进给料输送和卸料罩	长 18.0m×宽 3.3m×高 3.5m	40400	
蒸气回收装置	拦截器，工艺鼓风机，管壳加热交换器，冷水机和隔膜泵	长 11.0m×宽 2.3m×高 2.7m	8150	
冷却塔	二级冷却塔，冷却水泵和板框式换热器	长 11.0m×宽 2.3m×高 2.7m	8150	
油水分离器	—	长 8.1m×宽 2.3m×高 2.3m	5670	

续表

系统名称	主要组件	尺寸	质量/kg	示意图
物料进料斗	给料斗,格筛,排气螺丝,传动装置和减速器	长 5.8m×宽 2.3m×高 3.2 m	4500	
控制室	主控制面板,PLC,电机控制中心,操作电脑	长 6.1m×宽 2.6m×高 2.6 m	5200	

3.2.2　日本

　　日本为减少焚烧造成的二次污染和需要填埋处置的废物量,以无公害型处理系统的开发为目的。与此相对,将热解作为焚烧处理的辅助手段,利用热解产物进一步燃烧废物,在改善废物燃烧特性、减少尾气对大气环境造成二次污染等方面,日本的热解技术已在许多工业发达国家取得成功经验。日本公司和研发机构开发的部分固体废物热解技术见表 3-3。

表 3-3　日本公司和研发机构开发的部分固体废物热解技术

序号	系统	公司机构	反应器形式	处理能力	目标/产物
1	双塔循环流化床系统	AIST& 荏原制作所	双塔循环流化床	100t/d	热解/气体
2	流化床系统	AIST& 日立	单塔流化床	5t/d	热解/气体
3	Pyrox 系统	月岛机械	双塔循环流化床	150t/d	热解/气体、油
4	热解熔融系统	IHI Co. Ltd	单塔流化床	30t/d	燃烧/蒸汽
5	废物熔融系统	新日铁	移动床竖式炉	150t/d	热解/气体
6	熔融床系统	新明和工业	固定床电炉	实验室规模	热解/气体
7	竖窑热解系统	日立造船	移动床竖式炉	20t/d	热解/气体
8	热解气化系统	日立成套设备建设	移动床竖式炉	中试规模	热解/气体
9	Purox 系统	昭和电工	移动床竖式炉	75t/d	热解/气体
10	Torrax 系统	田熊	移动床竖式炉	30t/d	热解/气体
11	Landgard 系统	川崎重工	回转窑	实验室规模	热解/气体、蒸汽
12	Occidental 系统	三菱重工	Flash Pymlysis 反应器	23t/d	热解/油
13	破碎轮胎热解系统	神户制钢	外部加热式回转窑	40t/d	热解/气体、油
14	城市污泥热解系统	NGK	多段炉		热解及燃烧

(1) 自烧不锈钢搅拌槽式反应器

　　自烧不锈钢搅拌槽式反应系统主要由立式搅拌槽热解器(嵌入温度调节电炉中)、冷凝液回收系统和气体产物收集装置组成(见图 3-8)。热解反应器内径 80mm,高 375mm。反应温度由闭环反馈系统控制,加上一个轴向插入油样的 K 型热电偶。在热解实验前,氮气以 100mL/min 的流速吹扫反应器 1h。反应器从室温加热到 100℃,搅拌桨以 5r/min 的速率旋转。投加 200g 含油污泥、300g 催化剂和添加物到反应器中。当全部供料注入后,热解以

20℃/min 的速率升温至 450℃，保温 1h。热解气进入冷凝液回收系统，液相产物冷凝进入液体收集器，不凝气被分离并由气袋收集。

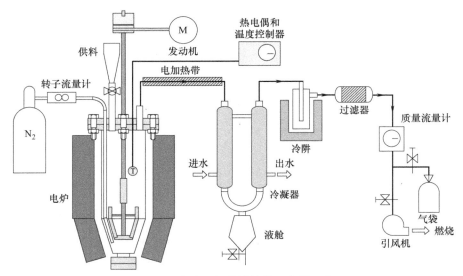

图 3-8　实验室规模搅拌槽反应器示意

　　探究含油污泥热解过程中添加含油污泥灰分、Al_2O_3、Fe_2O_3、CaO、SiO_2 等的催化热解对产油品质的影响。添加含油污泥灰分、Al_2O_3、Fe_2O_3、CaO、SiO_2，残炭量减少，油泥中 S、N、O 转移到油品中的含量减少，油品饱和度适度提高。Al_2O_3 的酸催化提高了油品的饱和分数。Fe_2O_3 表面存在的质子酸和路易斯酸性位点可以降低 S、N、O 的迁移率和残炭值。一般情况下，油泥灰分在热解过程中表现出 Fe_2O_3 的特点和优点。CaO 的效果不明显，可能是油泥灰分含量低所致。各种催化剂促进热解的反应机理如图 3-9 所示。

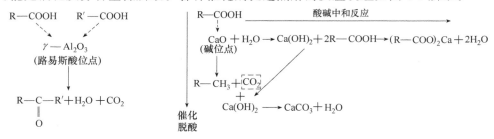

(a) Al_2O_3催化热解过程中羧酸转化为酮的反应路径　　　　(b) CaO催化热解过程的反应路径

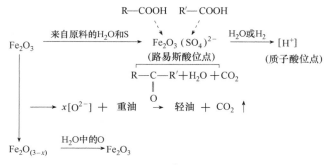

(c)Fe_2O_3催化热解过程中$Fe_2O_3(SO_4)^{2-}$体系与晶格氧的氧化反应网络

图 3-9　催化剂在热解过程中的反应机理

(2) 内循环流化床热解反应器

其独立的反应器单元即可完成气化、炭燃烧、床体温度控制三大功能。

流化床由带有多孔底盘的圆柱形或方形容器构成，以加热的惰性固体颗粒为床料，流化气体通过布风装置从床体下部进入床内，使床层发生流化。当气体通过一个颗粒床层时，该床层随着气流速度的变化会呈现出不同的流动状态。在流速较低时，气流仅是在静止的缝隙中流过，称为固定床。当气流速度增大到一定值时，所有的颗粒被上升的气流悬浮起来，床层达到起始流态化；当气流速度超过最小流化速度时，床层会出现气体的鼓泡现象，床层有相当明显的床表面，这样的床层被称为鼓泡流化床。气泡在上升过程中发生合并和长大，甚至会充满床层的整个截面。当小颗粒床层的速度超过颗粒的终端速度流化时，床层的上表面消失，夹带变得相当明显，会出现颗粒团和气流团的紊乱运动，这是湍流流化床。当气体速度进一步增大时，颗粒就由气体带出床层，这种状态为颗粒气体输送流化床。

悬浮流化床中固体颗粒以悬浮状态与流体接触，流体向上流过颗粒床层。流速较低时，颗粒静止不动，流体只在颗粒间的缝隙中通过，当流速增加到某一速度之后，颗粒不再由床内布风板支撑，对于单个颗粒来讲，它不再依靠与其他临近颗粒的接触来维持它的空间位置，而全部由流体的摩擦力所承托。每个颗粒可在床层中自由运动，就整个床层而言，具备一些类似流体的性质。

内循环流化床热解反应装置如图 3-10 所示。

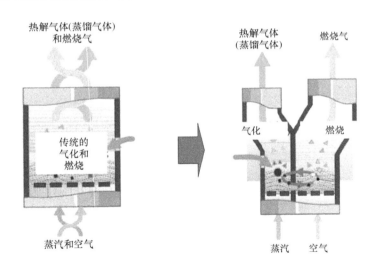

图 3-10　内循环流化床热解反应器

在传统内循环流化床反应器中，物料的气化和燃烧是在一个密封容器中进行的，该反应装置热量散失严重，也为后续的冷凝带来较大的负荷，且产物杂质较多，需分离处理。改良后的内循环流化床反应器是由双循环流化床化学循环结构而设计的，两个腔室之间由简单的端口所取代。两个反应器、两个旋风器和两个环形密封件的功能被合并成一个单元，可以在一个压力外壳中设计和操作。它的运行方式与传统的内循环流化床反应堆配置相似，气体燃料和气体以不同的速度被送入反应器内。快腔内的高速气体将固体输送到燃烧室。燃烧室内减速的固体（由于较大的燃烧室面积）落入流道，以低速循环到第二燃烧室（慢速燃烧室）。在这个容器中固体颗粒的积累导致了静压的增加，迫使固体颗粒通过底部的孔循环回到快速容器中。

(3) 卧式热解炭化炉

日本东武污水厂的污泥炭化热解炉，处理能力 100t/d，炭黑产量可占污泥湿重量的 8.8%（质量分数）。大体的处理工艺流程如下（见图 3-11）：污泥在热解前需经过脱水干燥工艺再进入热解炭化炉床，热解产生的可燃气经过滤干燥后回送到燃烧室再利用；燃烧室的热量可用于加热管道气体，并输送到污泥干燥预处理间用于干燥含水污泥，或输送到热解炉助燃；热解后的炭化污泥收集后可外售给燃煤电厂作为燃煤辅助燃料使用；热解烟气经处理后达标排放。

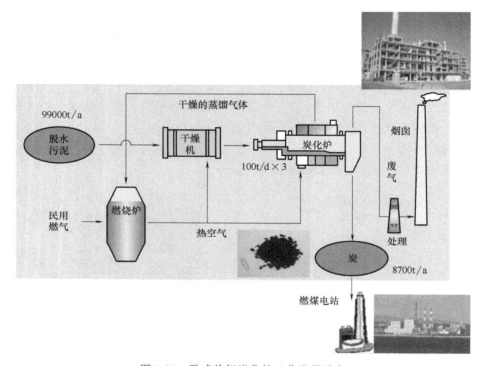

图 3-11 卧式热解炭化炉工艺流程示意

3.2.3 韩国

(1) 废料再生能源回收热解系统

1）蒸汽加热连续热解综合系统

在废料再生能源回收热解系统中，废料通过热解工艺分离出汽油、柴油等有用的油成分和燃气成分，利用附加的蒸汽机，由蒸汽涡轮机驱动发电系统，可产生电力，进而使连续热解工程中产生的废气及水分能有效地再利用。

废料再生能源回收热解系统的大体工艺流程（见图 3-12）如下：热解装置（1）通过间接加热法热解废料以提取油和气体组分；从热解装置（1）中提取的气体用气-油-水分离器（7）分离抽取气体中所含的焦油和废油，使其变为液态并排出；油气冷凝和水油气分离器（8）通过气-油-水分离器（7）分离的第一净化油抽出气体，并分离和排出水分、污泥和油组分到下部，将气体组分排到上部。储油装置（9）用于分离和存储从油气冷凝和水油气分离器（8）中分离的油组分；燃气压缩储存室（11）用于压缩和存储从油气冷凝和水油气分

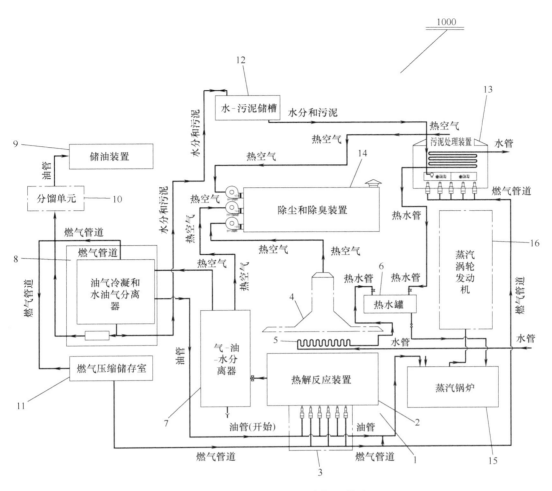

图 3-12　废料再生能源回收热解工艺流程

1—热解装置；2—热解反应器；3—多燃料燃烧器；4—疏水装置；5—热水管换热器；6—热水罐；
7—气-油-水分离器；8—油气冷凝和水油气分离器；9—储油装置；10—分馏单元；11—燃气压缩储存室；
12—水-污泥储槽；13—污泥处理装置；14—除尘和除臭装置；15—蒸汽锅炉；16—蒸汽涡轮发动机

离器（8）分离的气体组分；水-污泥储槽（12）储存从油气冷凝和水油气分离器（8）中分离和排出的水分和污泥组分；水-污泥储槽（12）中的污泥转移到污泥焚化炉（13）焚烧，并从储油装置（9）供应气体作为燃料；从热解装置（1）排出的高温蒸汽，包括从气-油-水分离器（7）排放的高温废气，以及污泥焚烧炉（13）产生的高温气体，由集尘除臭装置（14）收集和处理燃烧气体中所含的粉尘和臭味成分。储油装置（9）中的燃烧器油箱中的油，作为加热热解装置（1）的热解反应器（2）外部的加热燃料，以及能够选择性地使用燃气压缩储存室（11）中多燃料燃烧器的气体。疏水单元（4）将要蒸发的蒸汽收集起来，送至上部的除尘除臭装置（14），蒸汽疏水阀（4）和热解反应器（2）在高温下进行蒸汽热交换，污泥焚烧炉（13）设有热水管换热器，用于焚烧时产生的热水蒸气进行热交换，热水管换热器（5）和污泥焚烧炉装置中热水管换热器的热水储存在热水罐（6）中，然后引入蒸汽锅炉（15）。蒸汽锅炉（15）产生的蒸汽被供应给蒸汽涡轮发电机（16），使用废物资源进行系统的能源循环。油气冷凝和水油气分离器（8）与储油装置（9）之间有分馏单元（10）。

从热解装置（1）的热解反应器（2）中抽出的气体通过安装在两级串联结构中的气-油-水分离器（7），在初始工作状态下热解反应器（2）产生的排气温度较低，作为有害气体排放，并使含有大量有害气体的高温废气（H-气体）受潮，该高温废气（H-气体）不通过吸气阀供给油气冷凝和水油气分离器（8），并通过排气阀通向除尘和除臭装置（14）处理。油气冷凝和水油气分离器（8）包括冷却器和冷凝器，冷却器用于冷却制冷剂，冷凝器用于存储冷凝抽出的气体，并将水分、污泥和油组分分离排出下部，将气体组分排出上部。在冷凝器到水油气分离器的供给通道和水油气分离器下方的液组分排放通道中安装有确认液组分通过的侧玻璃。

2）热解能源回收及低压小型汽轮机系统

热解能源回收及低压小型汽轮机系统包括破碎机破碎废料、热解装置分解废料、气体收集塔收集热解装置产生的热解气体，以及旋转发电机旋转轴的汽轮机利用锅炉产生的蒸汽。通过稳定和连续地热解废料，可回收再生油和可燃气作为再生能源，替代煤和石油等矿物燃料，且以热解废料的热量作为能量。本系统为了利用余热，研制了一种结构坚固、易于维护、制造成本不超过现有汽轮机 1/10 的低压小型汽轮机，作为利用废弃物热解产生的能量的发电汽轮机。

系统中的破碎机用于破碎废料；热解装置用于热解破碎的废料；气体收集塔收集从热解装置产生的干气体；冷却和乳化装置用于冷却和乳化碳化气体产生再生油；锅炉利用热解装置的废热和冷却/乳化装置中未经处理的一氧化碳作为燃料来源；汽轮机利用锅炉产生的蒸汽带动发电机转轴产生动力，作为废弃物热解处理系统运行的动能。

系统的大体工艺流程（见图 3-13）如下：废弃物经洗涤、烘干等预处理后，可收集并储存在废料罐中。储存在废料罐中的废料可以通过第一传送带进入破碎机。破碎机将废物粉碎或切割，使其易于分解。破碎机粉碎后的废弃物可由第二输送机直接进入热解装置。热解

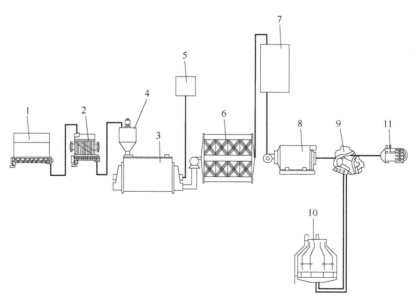

图 3-13　废弃物热解处理系统工艺流程

1—废料罐；2—破碎机；3—热解装置；4—料斗；5—气体收集塔；6—冷却/乳化装置；

7—油箱；8—锅炉；9—汽轮机；10—冷却塔；11—发电机

装置上部设有料斗，便于将废弃物注入。热解装置在 410～450℃ 的温度下对废弃物进行热解。以可燃气体和回收石油为原料，将产生的二氧化碳气体收集在气体收集塔中。冷却/乳化装置冷却和乳化碳化气体以产生再生油。产生的再生油可储存在油箱中。锅炉利用热解装置的余热和/或冷却/乳化装置中未经处理的一氧化碳作为燃料源，将水煮沸产生蒸汽。锅炉可以使用储存在油罐中的再生油以及未经处理的二氧化碳。在锅炉中产生的蒸汽流入汽轮机并连接到发电机的旋转轴。冷却塔的冷却水可以循环使用，以防止汽轮机过热。冷却塔的冷却水循环至冷却/乳化装置，使碳化气体冷却乳化。未在冷却/乳化装置中乳化的气体可以储存在单独的储气罐中，并供应给热解装置作燃料。

该汽轮机包括多个喷嘴，喷嘴安装在可旋转涡轮轴上的喷淋壳体中，喷淋壳体在喷淋沿圆周方向喷射时通过其反作用旋转。而冷却和乳化装置通过与冷却塔连接的冷却水循环冷却。利用热解过程中产生的余热运行锅炉，锅炉内产生的蒸汽进入低压小型汽轮机，并旋转与发电机连接的转轴发电。

（2）快速热解装置

半碳化原料的快速热解装置，其热解步骤包括：a. 在样品粉碎机中粉碎半碳化原料（半碳化温度在 200～300℃ 之间）；b. 在循环流化床反应器中对粉状半碳化原料进行快速热解（热解温度在 400～700℃ 之间）；c. 冷凝快速热解的气体，得到油产物。该工艺的最终产物油含水率低，热值高。其中，循环流化床快速热解装置由煤焦燃烧室、固体气体换热器和循环流化床快速热裂解反应器组成。

具体的工艺流程（见图 3-14）如下：物料从样品库（1）接收原料并进行半碳化（2）；试样破碎机（3），其中半碳化原料从水中分离，然后粉碎成细粉末状；半碳化样品粉末经加药注射器（4）注入循环流化床快速热解反应器，该注射器具有防止热解的冷却装置；循环

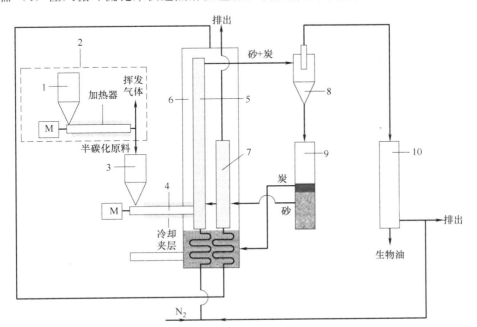

图 3-14 快速热解装置工艺流程

1—样品库；2—半碳化装置；3—试样破碎机；4—抽样定量投入设备；5—循环流化床快速热解反应器；
6—煤焦燃烧室；7—固体-气体热交换器；8—旋风分离器；9—颗粒分离器；10—产物油冷凝器

流化床快速热解反应器（5）位于煤焦燃烧室（6）内，从样品加药装置（4）中接到细粉半碳化原料，将半碳化原料转移到快速热解反应器中；循环流化床快速热解反应器（5）排出的气体、砂和煤焦用旋风分离器（8）分离；具有电除尘器的产物油冷凝器（10），用于收集从快速热解反应器排出的热解气体中的油雾，并冷凝所收集的气体以获得产物油，非冷凝气体可输送至循环流化床反应器（5）或半碳化器（2）中回收；从旋风分离器（8）出来的颗粒经颗粒分离器（9）后，向煤焦燃烧室（6）供应煤焦并向固体-气体热交换器（7）供应砂子；煤焦燃烧室（6）燃烧从颗粒分离装置中分离的煤焦；固体-气体热交换器（7）用于重新加热从颗粒分离装置中分离的砂子；循环流化床反应器（5）使用通过固体-气体换热器（7）间接加热的砂作为传热介质，蒸汽直接加热反应器内的煤焦，不含灰分，产物油质量优良，不进行煤焦二次热解反应，产物油收率高于直接加热法。

3.2.4 德国

（1）循环流化床热解技术

德国汉堡大学 Kaminsky 在处理量为 1～3kg/h 的循环流化床装置（Hamburg）工艺上进行了多工况实验研究。

流化床热解气化是借着惰性介质（如石英砂）的均匀传热与蓄热效果以达到垃圾热解的目的。由于流化床中的介质呈悬浮状态，气固间充分混合、接触，整个炉床温度非常均匀。城市垃圾加入炉后热分解在短时间内完成，生成气、油及半焦等产物，热量由部分燃烧热解产物来供给，旋风分离器用来分离床料及未完全反应的物料，被分离的床料及未完全反应的物料被送回炉内，流化气体及燃烧用气体由热解炉下部的供风装置供给。

该工艺具有以下优点：

① 可控制流化气体的体积以及调节相应垃圾供应量，该系统可以用于各种垃圾热解处理。通过干燥和脱水也可以用于低热值垃圾。

② 由于介质呈悬浮状态，极大地改善了传热条件和温度控制。

③ 由于油泥在流化床内热解反应速率比较快，设备的尺寸要比典型的固定床反应器小得多。

流化床型气化热解炉虽然是一种先进的垃圾处理设备，但也存在一些缺点：

① 生成的气体带走的显热较多。虽然热解气体的显热可以在余热锅炉内回收，但这部分热量的可利用性不如在固定式燃烧床热解炉中那么高。

② 为达到较好的流化状态需要将物料颗粒尺寸破碎到 1cm 以下，否则会破坏流化效果。如果操作过程控制不当会产生严重的二次污染。

（2）低温热解技术

Richard J Ayen 等 1992 年报道的"低温热处理"工艺，是通过密闭的温度为 250～450℃的旋转加热器把"K 废物"中的有机物和水蒸发出来，并用氮气作为载气送至蒸发物处理系统，残留物作燃料使用。其效果见表 3-4，流程如图 3-15 所示。该工艺能使"K 废物"处理后达到资源保护和修复法案最佳示范可用技术（BDAT）处理标准，已商业化应用。热处理工艺费用为每吨泥饼 500～800 美元。因该工艺显著减小了泥饼体积，故节约了大部分运输和填埋费用（后者为 183 美元/t）。

表 3-4　低温热处理的效果

项　目	进　料	处理后泥渣	项　目	进　料	处理后泥渣
热值/(kJ/g)	16.72	22.28	固含率/%	41	68.4
油类含量(质量分数)/%	34	30	水含量(质量分数)/%	25	1.6

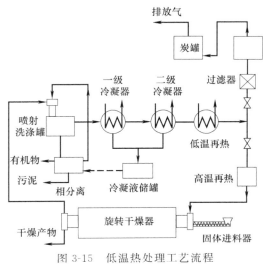

图 3-15　低温热处理工艺流程

据 Patricia Broussard-Welthe 报道,路易斯安那炼油厂 1993 年使用脱水—热解析—泥饼填埋工艺处理含油污泥的总费用为 1990 年前全部采用脱水—泥饼填埋法的 109.5%,但只有 1991 年使用脱水—泥饼掺混作燃料工艺总费用的 61.5%。

(3) 半连续进料电加热回转窑

半连续进料电加热回转窑恒定质量流的时间至少是平均固体停留时间的 10 倍。回转窑通过倾斜角和旋转来传质。残炭在回转窑尾部落入一个密封的容器内。挥发气体通过一个耐热微粒过滤器过滤并通过两步冷凝到 20℃。

有机产物,热解油在此条件下被液化,热解气以气体体积分数表示。在此过程中,液态水与热解油一起被抽离。气溶胶在玻璃棉填充过滤器中被捕获,此前应先确定气体体积流量。

冷凝物的表征和实验评估需将前分析和最终分析相结合。重要的气体包括 CO_2、CO、CH_4 和 H_2,通过气相色谱连续监测。这就得到了各元素的质量平衡、总质量,以及用总热值作为化学熵的能量平衡。此外,每个实验都确定了已识别物种和集总物质的形成。所有的量都是随时间和空间积分的。

最重要的是运行参数,热解温度范围在 450～800℃ 之间。选择倾斜角和转速来保证物料在加热区的平均固体停留时间处于合理的范围内,大概是 7～20min。采用彩色示踪剂对冷凝过程进行了测定。决定气相二次反应程度的一个重要量是一次挥发性热解产物的温度时程,这在实验上是无法确定的。因此,固体时空作为特征量,表示为:

$$t_R = V_R/V_{BM,0} \tag{3-1}$$

式中　t_R——固体时空;

　　　V_R——反应器的体积;

　　$V_{BM,0}$——生物量初始有机物的体积。

它可以通过改变生物量的质量流而变化。

在回转窑热解过程中，物料预处理也是关键。物料应风干后切成小于 10mm 的颗粒，若物料颗粒较薄需超过 1mm。具体工艺流程如图 3-16 所示。

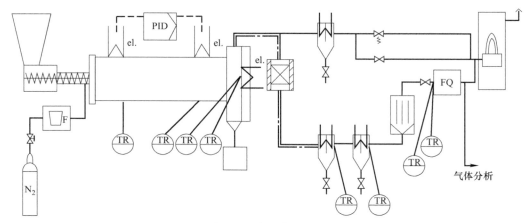

图 3-16　实验装置流程

热解温度为 823K，得到的热解气、热解油和残渣之比为 1：2：7。其中热解气热值为 11MJ/m³，主要成分为 CH_4、CO_2、C_2H_6 和 H_2；热解油热值为 43MJ/kg，主要是芳香族和杂环物质，性质和柴油相似；热解残渣以砂为主，含碳量较低，固定了大部分重金属物质，可以用作建筑等辅助材料。

（4）热解气化联用技术

德国工程技术公司设计了一套混合的系统以克服气化过程中经常出现的细小颗粒的磨损以及均匀物料的给料问题。由于热解中的给料通常达到 200mm 或以上，热解产物可以均匀地混合在一起。其系统结构如图 3-17 所示。

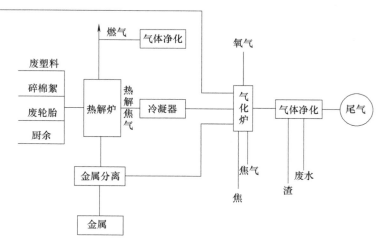

图 3-17　热解气化联用系统示意

（5）热解流化床反应器

目前，最著名的循环流化床反应器的研究者是德国汉堡的 Kaminsky 团队。该团队从 20 世纪 70 年代开始研究热解流化床反应器。

热解流化床反应器（见图 3-18）有实验型和工程应用型两种。

实验装置的反应器主要由两个不同直径的耐温不锈钢管部件组成。矮管内径 0.13m，

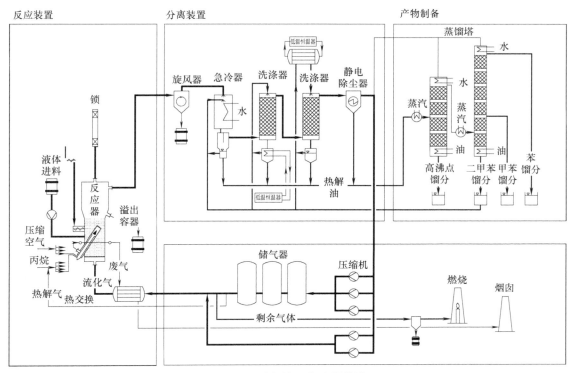

图 3-18　设备的工艺流程设计

高 0.4m，顶部延伸一根管子与溢流容器连通。高管内径 0.158m，高 0.53m。反应器用 10kW 的电加热丝加热。装置运行前需在反应腔内充满氮气，以保证内部气体环境。约 4～6kg 的原料储存在筒仓中。系统通过两个螺旋输送机以 1～3kg/h 的进料速度不断投料到流化床中。快速加热使含油污泥蒸发和分解。流化气体、产气和蒸发油从反应器顶部排出并进入分离系统。分离系统由一个旋风分离器、一个急冷器和一个静电除尘器组成。细粉尘伴随着高气流在旋风分离器中分离。在急冷器中，气体冷却至 10℃ 以便油浓缩并从冷凝器底部脱除，剩余的蒸气和烟雾通过静电除尘器分离。用于流化砂子的气体通过压缩机循环回反应器中。多余的气体则被点燃燃烧。反应器运行中，控制反应系统高于 0.02atm（1atm＝101325Pa），防止空气扩散到反应器内。

　　工程应用的热解设备是汉堡大学根据试验装置建成的装置。反应器由两个不同直径的管子组成，短管直径 0.45m，高管直径 0.6m。流化床高 0.65m，受溢流口的限制。整个反应器空间高 1.08m。反应器顶部有投料开关。流化床有四个喷烧管为反应器加热，它们燃烧丙烷或过程中剩余的气体。分离器包括一个旋风分离器、三个急冷器和一个静电除尘器。反应器设计的投料速率为 20kg/h。设备参数见表 3-5。流化床中热解产物的气体停留时间为 1.0～1.7s。这个停留时间是主要反应区内的停留时间，不包括供料的加热、熔化和蒸发。在实验室装置中，投料是连续的螺旋输送系统，而工程装置是不间断的开关系统。在第二次技术运行中，对溢流管进行了加高，使流化床变大，燃烧器管上方有更多的砂子。这样做是为了避免油泥袋可能躺在流化床外的燃烧器管上，在燃烧器表面被焦炭化。

　　流化床反应器一般在 973K 反应条件下通过直接接触传热方式以达到制取热解油等产物的目的，10～40kg/h 投料速率分别用于塑料和污泥热解的循环流化床已经成功研制并调试顺利。目前，该团队开始关注研究流化床的低温热解反应过程，以提高热解油的产量以及减少过程中能量的投入。此外，该团队也开展了含油污泥流化床热解的相关研究。

表 3-5　热解流化床反应器的相关参数

规模	实验			工程	
设备型号	S1	S2	S3	S4	S5
温度	508℃	460℃	560℃	500℃	650℃
进料					
进料量	5.8kg	4.1kg	4.4kg	136kg	407kg
投料速率	1.4kg/h	2.1kg/h	3.0kg/h	43kg/h	38kg/h
进料时间	4.0h	2.0h	1.5h	3.2h	10.6h
燃油	2.1kg	2.5kg	1.9kg	82kg	67kg
流化床填料	石英砂				
粒径	0.3~0.5mm			0.2~0.6mm	
质量	8.0kg	8.1kg	8.0kg	161kg	205kg
流化气体	热解气体				
气流[①]	4.0m³/h	4.0m³/h	4.0m³/h	48m³/h	50m³/h
气流[②]	11m³/h	9.8m³/h	11m³/h	125m³/h	159m³/h
气体停留时间	1.1s	1.1s	1.0s	1.7s	1.7s

① 标况条件。

② 反应条件。

产油率在 70%~84% 之间，油产物的分布取决于原料性质和热解条件，温度越高，越多的油分解成小分子成分。热解油会通过一个小型分离器分馏出水相、轻油、汽油和分离剩余物。含油污泥很黏稠，通过加热（50~60℃）分离出水、轻组分和固体组分。最大的颗粒直径小于 5mm。于 295℃ 下分馏含油污泥，产物中水占 22%（质量分数），油占 10%（质量分数），分馏油中，碳 84.5%（质量分数），氢 13.6%（质量分数），硫 1.1%（质量分数）。C/H 值为 0.52，表明石蜡组分较高，灰分占分离剩余物的 68%（质量分数），占原料的 45%（质量分数）。表明含油污泥含 45%（质量分数）固体，20%~25%（质量分数）水，30%~35%（质量分数）油，接近 60%~70% 的油沸点高于 295℃。而另一种含油污泥的灰分含量为 30%~47%（质量分数）。经 250℃ 分馏后，得 16%（质量分数）水、4%（质量分数）油和 80%（质量分数）剩余物，灰分占剩余物的 74%（质量分数），因此，约 20%（质量分数）的含油污泥油沸点高于 250℃。

此结果表明：不同性质的含油污泥热解产物有明显的差异。流化床适合分离含油污泥成分并获得油产物。产物的分布取决于热解条件和供料的性质。热解残渣可以通过合适的途径变为惰性废渣。

3.2.5 澳大利亚

澳大利亚在 1999 年 8 月就开发了第一套含油污泥低温热解制油工业化装置，至今已有 20 余年的开发历程。热解技术的理论探究不断深入，热解装置也在逐步更新换代。

实验型流化床热解装置，床体装满直径为 400~555μm 的石英砂，流化速率 42mm/s，温度 400℃。启动前，氮气以流化速率 5 倍的速度吹扫流化床内腔，使装置内的气体残留物和氧气被清除干净。冷凝器冷却水以 10L/min 的流速冷凝。热解温度设置在 300~600℃，污泥的自动进料速率为 3.3~4g/min。投加速率和流化速度是由电脑控制系统控制的。当系统达到稳定状态后，螺旋输送机（通过转速为 50～120r/min 的变速电机运行）自动接通，污泥均匀输送进入反应器。通过停止进料和控制冷却装置，该过程终止（见图 3-19）。

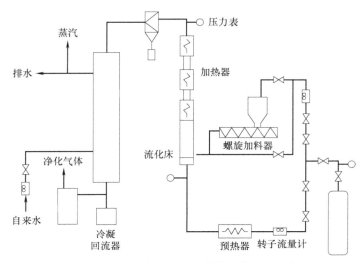

图 3-19　流化床热解反应器的工艺流程示意

　　将消耗的污泥和收集的所有产品进行物料平衡。发现物料平衡一般在 92%～95% 之间。用丙酮从装置中提取油样品。实验结束，旋流器、冷凝器和其他可能沉积油污的设备用丙酮清洗，以回收最大的挥发分释放量。在 525℃，气体停留时间 1.5s 的热解反应条件下，最大产油率达 30%（污泥湿重质量分数）。高温和延长停留时间促进不凝气的形成，表明二次裂解反应发生。实验发现，污泥油的结构由一组芳香族簇加上 1～3 个芳香族环组成，芳香族环由长直链烃与羟基连接而成。

3.2.6　西班牙

(1) 锥形喷动床快速热解反应器

　　锥形喷动床快速热解反应器已连续研究了 6 年，适用于处理纹理不规则的颗粒、细小颗粒、黏性固体颗粒和粒径分布广泛的颗粒。该装置由固体进料装置、气体进料装置、热解反应器、从挥发蒸气中收集细颗粒的装置和液体收集装置以及气体产物分析系统等部件组成。具体工艺流程如图 3-20 所示。

　　① 固体进料装置。供料系统，由一个装有竖井的容器组成，该竖井连接在物料床上方的活塞上，是气动驱动的，允许不断进料，进料量高达 200g/h。

　　② 气体进料装置。氮气的流动通过流量计控制，最高流速 30L/min，在进入反应器之前，气体通过预热器加热至反应温度。

　　③ 热解反应器。热解反应器是最主要的反应单元，是个锥形喷动床，由下圆锥和上圆柱组成。反应器总高 34cm，锥高 20.5cm，锥角 28°。圆柱直径 12.3cm，锥底直径 2cm，气体进口直径 1cm。反应器可以从喷动床运行转换成喷射床运行。

　　该反应器的主要特点之一是停留时间短，即：喷流区的喷流速率＜100m/s，环空区的数量级更高。流化床的喷动区域具有不同密度材料可分离的特性。密度小的固体（炭颗粒）有更高的运动轨迹，较重的颗粒（砂子和污泥）喷吹的高度更低。基于此，固体馏分（炭颗粒）可以从流化中分离出来，连续地通过一个位于流化床内壁且比床面更高的侧向出水管，

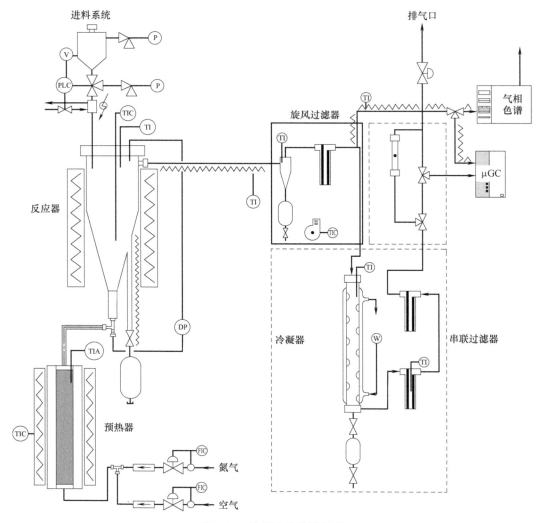

图 3-20　热解试验装置示意

从床体中吹出，从而避免了在热解过程中的堆积。

　　④ 从挥发蒸气中收集细颗粒的装置和液体收集装置。该收集装置放置在一个 290℃ 的热保温箱中，防止重质油的凝结。此系统的蒸气停留时间低于 1s，避免蒸气中的颗粒在冷凝前开裂。挥发性物质和惰性气体一同离开反应器，经过高效旋风分离器和烧结钢过滤器（25mm 的陶瓷滤膜），此收集系统可拦截蒸气中的固体细小颗粒，避免颗粒经后续冷凝系统被破坏开裂。经旋风分离和滤膜过滤后，放置在反应器出口。离开过滤器的气体通过一个由自来水冷却的双壳管冷凝器和两个聚结过滤器组成的挥发性冷凝循环系统。聚结过滤器确保气体流中残留的气溶胶全部凝结。因此，在冷凝器中收集的液体主要是生物油的水相，而形成有机相的较重的化合物保留在聚结过滤器中。

　　⑤ 气体产物分析系统。利用装有火焰电离检测器（FID）的气相色谱仪（Varian 3900）对反应器出口蒸气进行在线分析。为了避免重的含氧化合物的缩合，这条管线从反应器出口到色谱仪的温度加热到 280℃。此外，样品已经在惰性气体中稀释。为了获得 FID 装置对含氧化合物的响应系数，进行了设备校准。需要注意的是，与烃类不同，FID 对含氧化合物的测量

与它们的质量不成比例。此外，使用微型色谱仪（Varian 4900）对离开冷凝系统的不凝气体进行了监测。这种微型气相色谱法也被用于测定产水率，方法与标准气相色谱法相似。

热解反应连续运行，污泥进料量为 2g/min，流化床填充了 100g 的砂子填料（颗粒粒径范围为 0.3～0.63mm），保证了很好的传热性能，氮气气流量（标）为 10L/min，是最小喷吹速率的 1.2 倍，保证反应器内挥发物稳定喷吹，停留时间短。

利用此反应器热解污泥，在 500℃热解温度下，液相回收率最大可达 77%（质量分数），产物油中的主要有机成分包括酚类、酮类、醇类、酰胺类、腈类等，其含氧量比木质纤维素材料低，则生物油的烃类浓度高，热值低，与汽油相对应，其有潜力代替传统燃料，需提高热值和减少氮含量。为提供更高的反应热值，残炭渣可作为热解过程的能源，但是残炭渣经活化后可作为活性炭使用。实验表征，热解温度的提高，释放较多的挥发物质，促进残炭微孔的形成，炭的质量和表面特性都有很好的改善。

（2）其他的热解反应器

该热解装置的炉内反应器长度是 654mm。系统有一个双阀手动系统的供料区，但安全起见，选择了另一个替代方案，即在加热前，炉内首先要加入一定量的污泥（约 700g）。载气是通过两个圆柱形管之间的垂直循环进行预热的：外部是加热管，内部是反应器本身，装有固体燃料。氮气流速为 1.5L/min。反应器在垂直电炉内。温度通过放置在炉内反应器附近的 K 型热电偶控制。为了探究反应的吸热过程，电炉和反应器内部的测量温差最大值约 20℃。反应过程的平均升温速率为 15K/min。冷却和冷凝系统是由外套充满约 300g 的干冰（−78℃）组成的。系统内部温度低于 13℃，所以半挥发性物质很容易凝结。在不同的时间，气体样品直接从反应器的上部取出。气体样品在泰德拉®袋中收集 5min（约为 1L 的气体样本）。为了让固体完全反应，反应持续两个多小时，同时气流一直在供给，然后关闭电炉开关，冷却。通过打开相应的阀门来除去冷凝在冷凝区的产物。用丙酮清洗冷凝器。丙酮和剩余产物一起收集，随后丙酮通过 40℃的真空旋转器蒸发，产物组分进行分离分析。在低温条件下，未分解部分（炭）较多，随着热解温度的升高而减少，而液体部分增加。对产气量的分析表明，温度范围内甲烷、乙烷、乙烯、丙烷略有变化，丙烯是最重要的混合物。轻烃产量随温度的升高而增加，而芳香族化合物减少。固体馏分的分解是通过焦炭的热解和残渣的燃烧进行的。此外，尽管生成条件不同，碳对氧的反应性非常高。反应系统示意如图 3-21 所示。

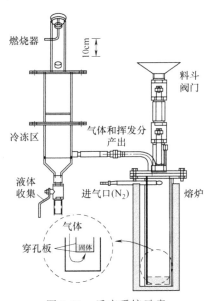

图 3-21　反应系统示意

3.2.7　加拿大

加拿大的 C. Roy 团队开发了实验室规模、半连续以及中试规模的真空移动床热解反应器（见图 3-22），其热解温度范围一般控制在 480～520℃之间，总压力低于 10kPa。反应器为长 3m、直径 0.6m 的圆柱筒。粉碎的物料在真空环境下进入反应器，通过机械系统传送到两个水平板上。该板内部由保持在不同温度下的熔融盐混合物加热。熔盐作载热体一般的工况温度在 400~500℃ 范围内。熔盐加热是将混合的无机盐加热到熔点以上，使其在熔融状态下向物料供热。常用的熔盐是一种三元低共熔混合物：53% KNO_3、40% $NaNO_2$、7% $NaNO_3$。该共熔混合物的主要特性是不燃烧、无爆炸危险、泄漏蒸气无毒。在此熔盐载热体加热的温度下，物料通过热解反应分解生成烃类。熔盐的温度一般比原料床测得的温度高 30℃ 左右。产生的烃类蒸气很快被真空泵抽离反应区。重质、轻质热解油通过两个连续的冷凝器冷凝。不凝气被用作加热熔融盐的燃烧器的燃料。热解固体残渣包括未反应物料和炭黑填料，通过分离后做进一步的处理。炭黑填料中的大部分无机物可以通过热解预处理而被去除。

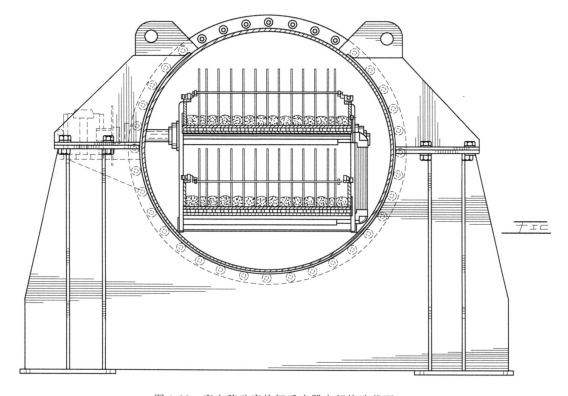

图 3-22 真空移动床热解反应器内部构造截面

反应器填满物料后，以 10℃/min 的升温速率升至指定温度，在此温度下保持一段时间直至没有热解气体产物生成为止。物料通过连续供给模式投入反应器中。工艺流程如图 3-23 所示。

真空移动床热解反应器最大的优势是整个系统连续运行，可以最大限度地将热解过程中产生的挥发物排出反应器，中间产物二次反应少，这样可以有效地避免发生二次热裂解、挥发物气态状态下发生聚合变化以及冷凝下反应器中产生焦油堵塞现象，并且热解炉对物料的粒径要求不高。可以有效地提高热解油产量。但该工艺传热效率低、操作负荷小。

3.2.8 其他欧洲国家

在欧洲，主要根据处理对象的种类、反应器的类型和运行条件对热解处理系统进行分类，研究不同条件下反应产物的性质和组成，尤其重视各种系统在运行上的特点和问题。

Heuer 等开发了包含低温（107~204℃）-高温（357~510℃）加热蒸发步骤的含油污泥处理工艺（已在欧洲多个国家申请了专利），Krebs 和 Geory 等开发了利用锅炉排放废气

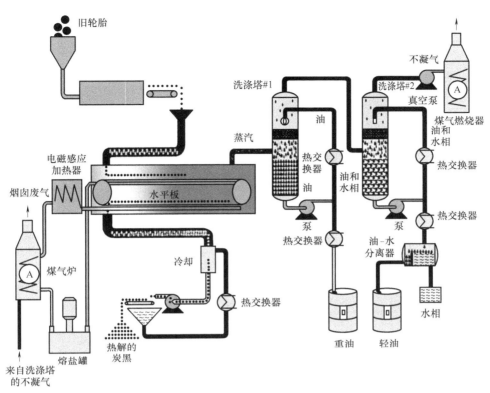

图 3-23　热解工艺流程

干燥含油泥饼的专利技术以及 Term Tech 热解吸工艺。在路易斯安炼油厂投运的热解吸装置，把含水 50% 的 "K 废物" 用钢带输送到密闭的温度分布为 121～954℃ 的干燥装置内，年处理泥饼 1400t，可回收 300t 油和 120t 可燃气。欧洲各国开发的城市垃圾和工业废物热解处理系统见表 3-6 和表 3-7。

表 3-6　欧洲各国开发的城市垃圾热解处理系统

系统	城市	规模	最高温度	炭渣	油	气	蒸汽	摘要
Andco-Torrax		200t/d	1500℃	—	—	—	○	间歇式气化
	格拉斯	170t/d						
	法兰克福	200t/d						
	克雷代伊	400t/d						
Pyrogas	伊斯拉韦德	50t/d	1500℃	—	○	○		对流式竖式炉,利用空气和蒸汽对废物/煤混合物气化
Saarberg-Fernwarme	费尔森	24t/d	1000℃	—	○	○		对流式竖式炉,利用纯氧对废物气化,低温气体分离
Destrugas		5t/d		○	—	○		对流式竖式炉,间接加热
Warren-Spring	凯隆堡·斯蒂夫尼奇	1t/d	800℃	○	○	○		错流式竖式炉,利用热解气体循环直接加热
T. U. Berlin	柏林	0.5t/d	950℃	○	○	○	—	竖式炉,间接加热
Sodeteg	格林·凯尔克维尔	12t/d		○	—	—		竖式炉,间接加热
Krauss-Maffel	慕尼黑	12t/d		○	—	○		回转窑,间接加热,利用热解装置分解重质烃类

续表

系统	城市	规模	最高温度	炭渣	油	气	蒸汽	摘要
Kiener	戈德霍费尔	6t/d	500℃	○	—	○	—	回转窑,间接加热,热解气驱动燃气发电机
University Eindboven	埃因霍温	0.5t/d	900℃	○	○	○	—	流化床反应器,间接加热
D. Anlagen Leasing								回转窑,间接加热

注:○表示利用;—表示未利用。

表 3-7 欧洲各国开发的工业废物热解处理系统

系统	城市	规模	最高温度	炭渣	油	气	蒸汽	摘要
Kerko	戈德霍费尔	6t/d	500℃	○	○	○	○	同 Kiener,无后助燃器,处理轮胎
Batchelor-Robinson	斯蒂夫尼奇	6t/d	800℃	○	○	○	—	用于轮胎的 Warren-Spring 系统
Foster-Wheeler	哈特尔普尔	1t/d	800℃	○	○	○	○	错流式竖式炉,利用热解气体循环直接加热
Herbold		5t/d	500℃	○	○	○	○	螺旋输送,间接加热,处理轮胎
GMU	波鸿	0.5t/d	700℃	○	○	○	—	间接加热回转窑,处理轮胎、电线、塑料
University Hamburg	汉堡	0.2t/d	800℃	○	○	○	○	间接加热流化床,处理轮胎
University Brussels	布鲁塞尔	1t/d	850℃	○	○	○	○	间接加热流化床,处理塑料、轮胎、废木材
Ruhrchemie	奥伯豪森		450℃	—	○	—	○	间接加热搅拌式干馏釜,处理聚乙烯废物
PPT	汉诺威市		430℃					间接加热固定床,处理电线
Barnms	埃森市							间接加热固定床,处理电线
Guilin	德意志联邦共和国						—	竖式炉气化装置,处理轮胎

注:○表示利用;—表示未利用。

3.2.8.1 比利时

半连续热固载体热解反应器为直径 88mm,高 360mm,用不锈钢材质(AISI 304)制备的实验室装置。在反应器内胆填充了约 700g 的白砂作为热传递介质。白砂在使用之前先在 110℃下烘干,以去除白沙中的水分,并于 600℃下预处理去除杂质。白砂在反应器内全程通过螺旋泵搅拌,以确保反应床中的运行温度。螺旋泵同时也是进气系统。反应器和砂子通过定制的加热套加热。

进料系统[见图 3-24 中 b]的材质也是 AISI 304 不锈钢。它由 600mL 容量的储罐和进料器组成。进料器是一根连接储罐(内含污泥)和热解反应器的中空管。污泥以 1~120r/min 的恒定投料速率通过第二个螺旋泵,经管道传送到反应器中。第二进气系统设置在污泥储罐和进料系统之间。

收集系统(见图 3-24 中 c)是 580mL 的 AISI 304 不锈钢收集器,室温下放置。一根小的水冷管连接在反应器和收集器之间,使产气冷却。收集器顶端有一个铜质的冷阱(用液氮保持－5℃），用来收集全部的冷凝气体。不凝气通过烟囱进入通风柜。

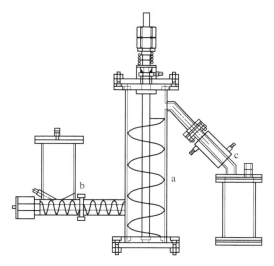

图 3-24　热解装置

a—反应器；b—进料系统（含污泥储罐）；c—水冷和气体收集系统

结果表明，热固载体这种闪速热解过程有助于提高热解油的产率以及降低热解油中水分的含量，热解油产率增加了 28%（质量分数），水分含量下降了 37%（质量分数），能量的回收率提高了 27%。

3.2.8.2　意大利

回转窑热解处理废物最大的特点是对废物有很好的混合效果，可以得到更均匀的热解产物。并且对于连续的热解器来说，回转窑中物料的停留时间更容易控制。回转窑热解反应器适合于不同形状、大小以及热值的物料的热解处理。典型的回转窑热解器有意大利 ENEA 中试规模回转窑。

中试规模回转窑热解反应系统由以下 9 个分系统部件组成：a. 物料供给系统；b. 热解回转窑；c. 洗涤器，用于去除焦油；d. 低温冷凝器，用于去除轻质油；e. 除雾过滤器；f. 烟气净化塔；g. 废气监测分析装置；h. GPL 燃烧装置，用于燃烧排放的废气；i. 储存罐，用于储存氮气、二甲苯、NaOH 溶液，收集热解残渣、冷凝水等。

其中，热解反应器是一个外加热回转窑（设备型号：PLEQ HT 11 S），由外部金属外壳、耐火层、加热元件、转鼓、电动推进器和电动活动盖组成（见图 3-25）。设备参数见表 3-8。

表 3-8　热解反应器设备参数

序号	名称	设备参数	序号	名称	设备参数
1	长度	4000mm	7	工作压力	最大值 30mbar[①]
2	宽度	2500mm	8	温度	1050℃
3	高度	3100mm	9	加热功率	22.6kW
4	回转窑容积	110L	10	工作条件	380V/50Hz/25kW
5	回转窑直径	400mm	11	旋转速率(可调)	0.5～18r/min
6	最大容量	15L			

① 1bar＝10^5Pa。

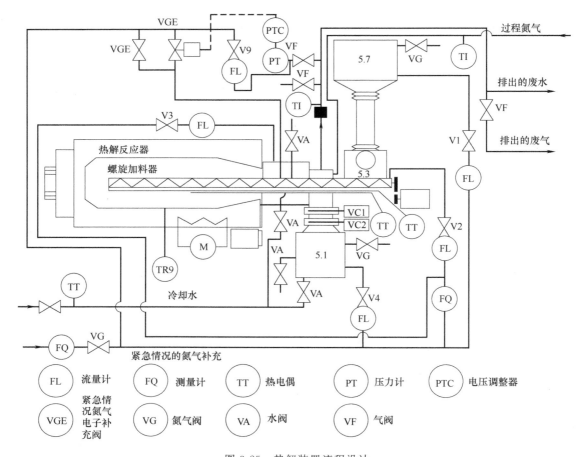

图 3-25 热解装置流程设计

(图中数字代表设备；字母加圆圈表示零部件；字母后的数字表示第×个)

回转窑窑盖由非旋转外盖和旋转内盖组成。反应器被密封在旋转鼓和内盖之间。旋转鼓通过四个可调的弹簧压着内盖。由 0.8kW 的三相异步电动机驱动窑盖的升降和窑体的倾斜。倾斜度可通过开关调整。回转窑由功率 0.55kW、转速 1420r/min、传动比 1/40 的齿轮电动机提供旋转推动力。

通过晶闸管控制的微处理器控制反应器周围的电子元件，实现电加热。目标温度可通过一个步长为 100℃ 的特殊键调整设定，也可以通过简单地操作开关来设置所需的加热周期，该开关将在自动模式下预先设置调节器。

在加载区安装双密封滑环。在推进器滚动轴承与回转窑支承之间会发生密封面的滑动。密封的压力可以通过弹簧的张力变化来调整。将惰性气体注入两个密封圈之间的空隙内。

在炉腔和滑动密封圈之间放置两个密封的集电极环，用于测量内部温度。温度、电源等其他参数将分别在 TR-9 和 JR 的纸上连续记录。颗粒物料的输送可通过倾斜窑体旋转轴来辅助。

3.2.8.3　法国

Spirajoule® 热解炉（见图 3-26）技术是唯一的热处理工艺。采用低压电流加热蜗杆螺旋输送机。由于焦耳效应，螺杆的温度保持不变。处理后的产品温度通过调节螺杆温度设定来精确控制，处理后的物料停留时间由螺杆转速的设定来调节。Spirajoule® 技术是一种简单、经济的工艺，可在 800℃以下的大范围温度下对大量进料进行准确、高效的热处理。

图 3-26　法国 Spirajoule® 热解炉

　　热解炉装置如图 3-27 所示，其内部零件如图 3-28 所示。大体的工艺流程是：经过处理的物料进入热解室后，沿反应器进行高效的输送，并在热解室中随温度变化进行转化。处理条件连续监测且完全可由操作员调整。在稳定的电力供应条件下，整个热解室的工艺条件可以精确维持，以确保物料的均匀转化。设备操作参数易调整，可根据物料性能设置最佳的处理条件。

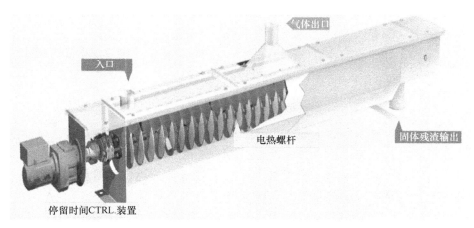

图 3-27　Spirajoule® 热解装置示意

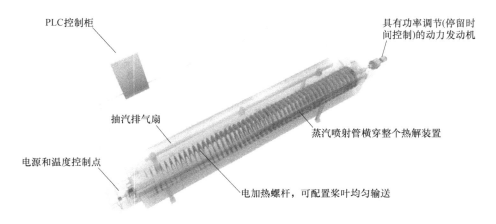

图 3-28　Spirajoule® 热解炉内部零件示意

该设备的技术参数见表 3-9。

表 3-9 Spirajoule® 热解炉技术参数

序号	名称	技术参数	序号	名称	技术参数
1	设备型号	SPJ HT 130L2	5	循环时间	5～50min
2	进料量	6～60L/h	6	运行模式	连续处理
3	能耗功率	20kW	7	运行时间	24h
4	最高温度	800℃			

3.3 国内含油污泥热解设备

我国在含油污泥热解方面也做了大量的技术研究,含油污泥热解设备以河南省为主,且大部分设备都外销到国外其他国家。在实验型热解装置的研究中,中国台湾学者利用小型管式炉进行了细致的研究;吴家强探究小型循环流化床对新疆克拉玛依油田采油污泥的热解过程;王君采用石英管式固定床热解反应器探究升温速率对罐底油泥和清罐油泥的热解影响;胡志勇探究 SG-GL1200 真空管式炉对塔河油田含油污泥的热解工艺;谢水祥开发了一套含油污泥微波热解实验装置。

3.3.1 实验型装置

(1) 流化床热解装置

1) 循环流化床

循环流化床装置(见图 3-29)由流化床、气体预热器、气体供给系统、气体压缩机四大系统组成。其中,流化床主体内径底部直径为 51mm,高 220mm。预热了的气体通过一个 200 个孔 25.4mm 长的多孔板式分配器注入。通过电加热燃烧室墙体达到反应温度。燃烧室外壁用陶瓷棉包覆以减少热量流失。流化床填料是直径为 0.55mm 的石英砂,最低流

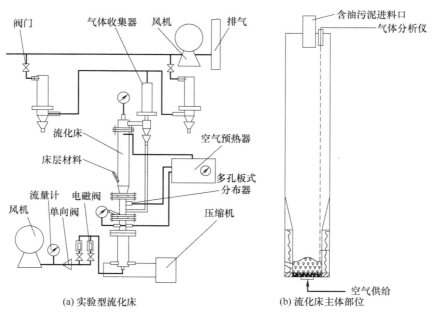

(a) 实验型流化床 (b) 流化床主体部位

图 3-29 实验系统原理

化速率为 0.18m/s，密度 2650kg/m³。产气用烟气分析仪测定。当燃烧室温度达到预设温度后，含油污泥通过反应器顶部的燃油喷射口注入，控制系统运行。

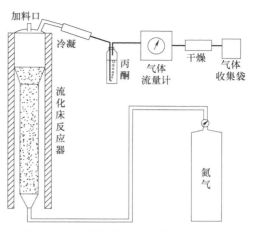

图 3-30　小型循环流化床热解实验装置

　　小型循环流化床（见图 3-30），该流化床装置直径为 60mm、高 500mm，内腔填充粒径小于 1mm 的石英砂作填料，氮气作为载气，流量为 3.8L/min。热解产生的油通过冷凝用丙酮吸收，然后将其在旋转蒸发仪中蒸发分离，得到沸点高于丙酮的油分。实验通过探究油泥与煤的混合比例，破坏油泥的乳化状态，有利于降低热解前物料的含水率和提高干燥颗粒物的流化特性，促进流化热解反应，最佳热解温度为 600℃，产油率可达 14.19%，产气率也达到最高。

　　2）鼓泡流化床（BFB）

　　实验型鼓泡流化床（BFB）：该系统由电空气加热器、流化床和两级分离器（旋风分离器和袋式过滤器）组成。流化床炉由高温奥氏体不锈钢制成，包含密集相区（直径 50mm，高 200mm）和贫相区（直径 80mm，高 600mm）。流化床加热炉采用绕流化床加热炉的电阻加热。采用装有多个 K 型热电偶的温度控制器对流化床炉的温度进行测量和控制。烟道气流携带的细小颗粒可由两级分离器（旋风分离器和袋式过滤器）捕获，并聚集在灰渣容器中。床层材料采用平均粒径为 1.62mm 的石英砂颗粒。在密集区流化床温度从 600℃ 到 800℃ 的热解过程中，床上颗粒的最小流化速率范围介于 1.19～1.31m/s 之间。采用德国 Vario ＋排放监测系统对加热过程中产生的气态产物进行了分析，工艺流程如图 3-31 所示。

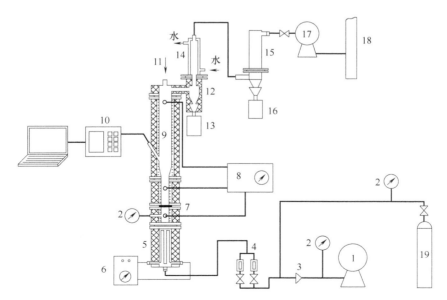

图 3-31　实验型鼓泡流化床装置的工艺流程

1—压缩机；2—压力表；3—调压器；4—转子流量计；5—电加热器；6—稳压器；7—分配器；
8—热电偶和温度控制器；9—流化床加热炉；10—污染物排放监测系统；11—进样；12—旋风分离器；
13—空气罐；14—热转换器；15—布袋过滤器；16—空气罐；17—真空泵；18—烟囱；19—氮气瓶

含油污泥在进入鼓泡流化床反应器之前需做一定的预处理，即在105℃的氮气气氛下，气体流速200mL/min，干燥9h，制成5～15mm的小球。经分析含油污泥成分，发现其具有挥发分产量高、固定碳含量低的特点，因此热解工艺需注意挥发分的释放和热解。用氯仿提取油泥中的有机物，油泥含有26.07%（质量分数）的氯仿萃取物，包括沥青（3.32%）、饱和烃类（11.80%）、芳烃（5.44%）和非烃类（5.51%）。

实验表明，在热解过程中，含油污泥颗粒粒径与脱挥发分时间呈线性增长关系，且床层表面流化速率对挥发时间无显著影响。由于油泥灰颗粒结构脆弱，整个床层的颗粒灰分会被夹带出BFB炉外。

（2）固定床热解装置

1）石英管式固定床

石英管式固定床热解反应器（见图3-32），通过提高升温速率使表观反应活化能增大，有助于C—H键断裂和环化反应的发生。在罐底油泥和清罐油泥的热解产物中，油品回收率高于65%。

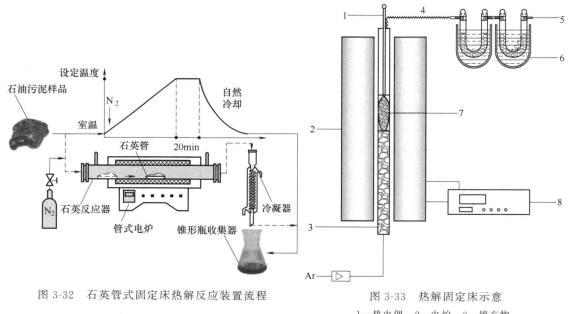

图 3-32　石英管式固定床热解反应装置流程

图 3-33　热解固定床示意

1—热电偶；2—电炉；3—填充物；
4—电热圈；5—气袋；6—冰冷水槽；
7—生物质样品；8—温控系统

2）缓慢加热和气体吹扫固定床

一个缓慢加热和气体吹扫固定床反应器（见图3-33）：热解装置主要由一个垂直的不锈钢管、一条加热的天然气管道、两套冰冷/水冷系统组成。反应器管道长620mm，内径23mm，外部由电炉加热并控温。将反应器与冷却捕集器连接的脱气管线加热至260℃，以防止焦油蒸气的凝结。冷凝捕集器是装满石英棉的U形玻璃管，在实验前已充分冷却。

每次热解运行，将2.0g包裹在钢丝网中的污泥样品置于反应器中心的恒温区，温度由与样品床直接接触的热电偶控制。陶瓷小球堆放于反应器底部作样品的支撑。反应器以10℃/min的升温速率从室温升温至设定的温度，恒温5min后通过关闭电源和打开炉子使样品冷却至室温。氮气以300mL/min的速率从反应器底部吹扫，焦油蒸气通过反应温区的平均停留时间约为 2.7s。

每一次热解实验结束后，反应器都进行空气燃烧，以消除可能卡在反应器壁上的重物，避免残渣对下一次实验的影响。热解释放的不凝气通过气体收集袋收集。水相和油相的液体在冰冷/水冷冷凝器中浓缩，收集罐用丙酮清洗并用超声搅拌 15min。此装置通过缓慢加热和气体吹扫，可使二次反应降到最低，因此，热解产物的化学结构接近原污泥中的有效成分。

此外，丰富的钾质似乎对产气量有催化效应。在 700℃ 的热解温度下，反应器产液量达 40%（质量分数），包括大量的含氧化合物、含氮化合物、类固醇，以及少量的单芳烃和脂肪族化合物，比其他固定床反应器的比例少。相反的，当前的热解反应可降低二次反应。产气量、产液量与污泥中的挥发物含量呈正相关。含氧化合物是主要的液相产物，在 300℃ 的低温热解中产生，而含氮化合物和其他化合物在 700℃ 热解时形成。

3）陶瓷膜固定床

陶瓷膜固定床反应器（见图 3-34），装置由供氮系统、实验规模的固定流化床反应器、冷凝器和容器系统、气体分析系统组成。固定流化床反应器的材质是不锈钢（直径 70mm×长 300mm），陶瓷膜固定在反应器中。陶瓷膜外径 40mm/内径 30mm×长 300mm，孔径 5～10μm。

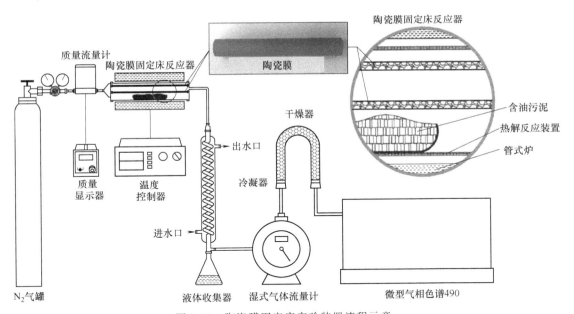

图 3-34　陶瓷膜固定床实验装置流程示意

热解反应前，氮气吹扫反应器 10min，以保证反应器内部为惰性气氛。管式炉（1.2kW，220V）预热到指定温度。K 型热电偶控制器安装在管式炉中央，接近反应器的外壁，用于测量温度。50g 的含油污泥放置在石英舟中，在设定温度 10min 后直接送入反应器中心。

热解气通过陶瓷膜，而细小颗粒被陶瓷膜截留在反应器中。产物从热解反应器中流出，经过冰/水冷凝器。冷凝液（热解油和水）由冷凝器下部的液体容器收集。不凝气经湿式气体流量计测量后通过硅胶干燥剂干燥。氮气流速 200mL/min（20℃，$1.01325×10^5$ Pa），反应持续时间 120min。

油泥热解过程中会产生固体微粒，对下游设备和连接造成污染和堵塞。陶瓷膜可以捕集不同范围的颗粒。对于粒径小于 38mm 和 38～75mm 的陶瓷膜，存在陶瓷膜时得到的质量分数高于不存在陶瓷膜时得到的质量分数（1.62%～3.07%，20.84%～22.85%）。最大产油率10.47%，油回收比52.95%，热解产物油主要由长链的脂肪族化合物组成，碳含量范围在C_{10}～C_{27}。400℃时，氢是主要的产物，而到700℃，轻烃为主要气体成分，CH_4 29.7%，C_2～C_4烃类40.69%。

4）真空管式炉

SG-GL1200真空管式炉（图3-35）热解塔河油田含油污泥，氮气流量控制在120mL/min，以直型冷凝管回收凝析油，热解终温500℃，残渣含油率最低1764.89mg/kg，满足《农用污泥污染物控制标准》(GB 4284—2018)，油回收率达62.3%。

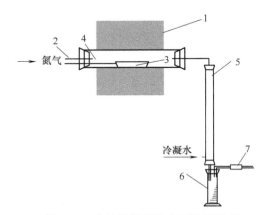

图3-35　含油污泥低温热解装置示意

1—管式电炉；2—氮气源；3—石英舟；4—反应管；5—直型冷凝管；6—具塞量筒；7—干燥管

（3）微波热解装置

1）微波热解实验装置

含油污泥微波热解实验装置（见图3-36），主要分为微波加热单元、冷凝单元、液体计量单元、不凝气净化计量单元及控制单元5个处理单元。热电偶监测温度通过PLC控制器

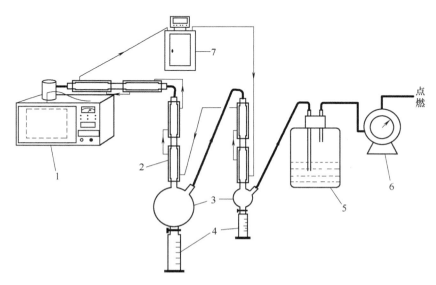

图3-36　微波实验工艺流程

1—微波加热单元；2—冷凝单元；3—冷凝收集单元；4—液体计量单元；
5—不凝气处理单元；6—不凝气计量单元；7—冷却单元

进行微波控制，实现程序性升温。实验用的微波热解炉的功率可调，最高温度可以达到 800℃，热电偶探测器精度±3℃，微波泄漏符合国家标准。

经实验测试，该微波热解装置产生的不凝气以 $C_1 \sim C_5$ 小分子气体和氢气为主，可达 90％以上。采用蒸馏法分离回收油，馏分中可回收的汽油含量约 23.95％，柴油组分占 64.44％，重油含量 10.61％，油品品质较好。产物油外观如图 3-37 所示。

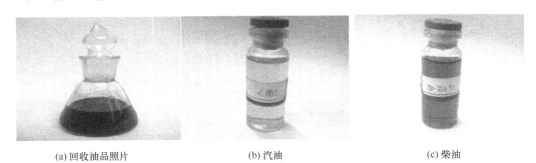

(a) 回收油品照片　　　　(b) 汽油　　　　(c) 柴油

图 3-37　油品中分离出汽油、柴油的外观特征（见书后彩图）

2）微波热解设备

微波加热/电加热设备（见图 3-38）热解油基钻屑：微波反应器由湖南昌艺微波科技有限公司（中国长沙）制造。微波炉的微波发生器为 0~1.4kW，2.45GHz。高温 K 型热电偶（ϕ3mm）测量热解温度。石英玻璃反应器尾部有个孔，用于放置承载样品的石英舟。厚管尺寸为 ϕ40mm×ϕ34mm×363mm；薄管尺寸为 ϕ14mm×ϕ10mm×220mm。要确保热电偶伸入样品中。

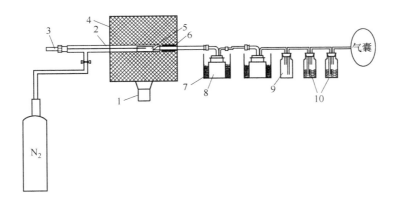

图 3-38　微波热解装置实验原理

1—微波发生器；2—石英管；3—热电偶；4—隔热砖；5—石英舟；6—电加热线圈；
7—冰水槽；8—热解油收集器；9—安全瓶；10—尾气处理（含 NaOH 溶液）

一次热解反应约投加 20g 油基钻屑。氮气以 200mL/min 的流速不断供给，以确保反应器的内部惰性环境以及将挥发蒸气卷出反应器外。微波能量为 700W，处理时间 20min。微波反应器配有自动温度/功率控制，以保持所需的反应温度。

热解反应前，系统以 150mL/min 的流速泵入氮气，吹扫 15min，保持无氧环境。反应器产生的蒸气经过两个冰水浴（0℃）冷凝系统收集冷却油和冷却水。不凝气由气体收集袋收集。电加热热解反应器与微波反应器相似，除了微波炉换成电热炉，加热速率为 5℃/min。电加热反应器功率为 1000W，由安徽百思特设备技术有限公司（合肥）生产。

微波热解在传热和传质方面都显著优于电加热。低温热解条件下，微波热解得到 CH_4 和 H_2，表明微波促进油基钻屑的热裂解。液相产物组分主要取决于热解温度。300℃主要产生大量<C_{12} 的组分，400℃为 $C_{12} \sim C_{20}$，500℃为 $C_{21} \sim C_{24}$。

此外，温度对易发生裂化反应的油组分也有很大影响。微波加热促进石油烃类的热解，优于电加热。另外，它的最适温度是 500℃，产生脂肪族烃类和毒性较低的石油。

然而，随着温度的升高，具有较高经济价值的杂原子化合物的含量增加。在 500℃ 条件下，微波热解使 $C_{12} \sim C_{20}$ 组分热解的同时，大量 $C_{21} \sim C_{24}$ 组分挥发。温度高于 500℃，>C_{25} 的组分发生热裂解反应，得到了液体产物中石蜡的最大含量。在实际应用中，可以根据具体需要优化特定的热解温度。

为了避免颗粒粒径对实验产生的误差影响，将样品用小型粉碎机粉碎至粒径约 14.18μm。样品为陆上钻井的岩屑，初始含油量 3.34%，含有 85% 的灰分，大大限制了 OBDC 固体残渣的资源化利用，4.59% 的水分，13.02% 的挥发物，1.57% 的固定碳。研究结果对实现危险废物的无害化、资源化利用具有重要意义。微波技术可以降低含油量，在一定程度上减少 OBDC 对环境的不利影响。同时，它也能适应更严格的环境要求。

3）连续快速微波热解工艺

连续快速微波热解（图 3-39）工艺：系统可以通过控制系统设定目标热解温度，调节微波能量、供料速度和搅拌速度。当球形的碳化硅在微波反应室内升温到目标温度时，原料将通过螺旋加料器连续地投加到微波反应室内。在搅拌的作用下，反应产生的残渣通过挡板排入集渣器中。热解蒸气通过冷凝器浓缩成生物油收集在液体收集器中。不凝气通过气体收集器收集。设备的优点在于可以连续运行，适用于工业生产。热解前，微波设备启动开始预热，当温度达到设定值时，供料系统以设定的投料速度投加 100g 样品。当没有液体流出冷凝系统时，热解反应结束。

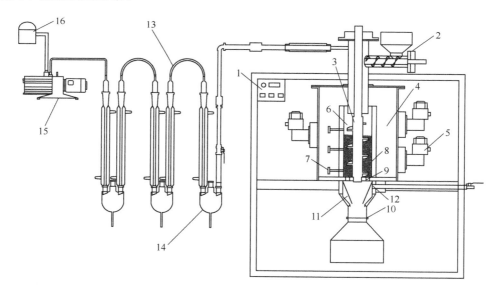

图 3-39　连续快速微波热解装置

1—控制系统；2—螺旋给料机；3—搅拌器；4—隔热层；5—微波磁控管；6—微波反应室；
7—热电偶；8—球形碳化硅；9—网；10—炭收集器；11—灰斗；12—排气口；13—冷凝器；
14—液体收集器；15—真空泵；16—气体收集器

微波热解稻秆的生物油产量达 31.86%（质量分数），气体产量 54.49%（质量分数），而山茶花壳的生物油产量为 27.45%（质量分数），生物炭产量为 35.47%（质量分数）。不过山茶花壳生物油中的酚、醛、醇类化合物含量比稻秆多。加快进料速度可以提高稻秆热解生物燃油中的醛、酮、醇类物质含量；而山茶花壳中，当生物燃油的有机酸含量下降时，酚类、醇类和醛类物质含量有所提高，升温至 500℃时，酚、酮、醛、醇类物质含量达到最大，热解产生的油品更好，热解气更多。

（4）U 形催化热解反应器

1）连续 U 形催化热解反应器

连续 U 形催化热解反应器：污泥经过热分解再进行催化分解。热解温度 500℃时，产液率最大可达 67.7%，在热解过程中，链烃首先被裂解并进一步聚合成芳烃。800℃的高温促进芳香族化合物聚合。

该反应器由污泥注射系统、一根插入电炉的 U 形石英管（电炉内装有温度程序装置和热电偶）、冷凝系统和气体收集系统组成。U 形管高 450mm，内径 35mm，宽 180mm。氮气以 150mL/min 的流动速度清吹反应器内腔气氛。含油污泥通过注射泵以 12mL/h 的投料速度注入，传输管道预热到 50℃以降低污泥黏度。未添加催化剂的系统，反应器填充 10g 砂子作为空白对照。反应前，需用氮气吹扫系统 30min，以去除反应器内的空气。然后，反应器加热到设定的温度。当系统稳定后，投入 10mL 的含油污泥。热解挥发物在冷凝系统（恒定在 4℃的冷凝器）中被收集。不凝气先经过装了 4%Zn（Ac）$_2$ 溶液的瓶子吸收 H$_2$S，再通过气体收集袋收集做进一步的分析。具体工艺流程如图 3-40 所示。

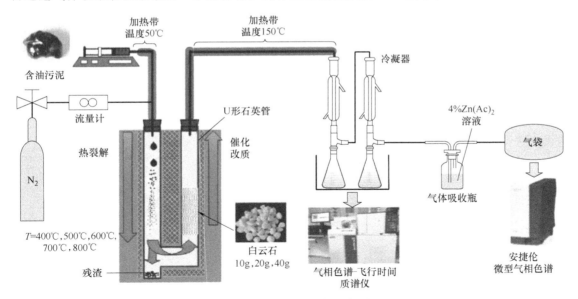

图 3-40 　连续 U 形催化热解反应器原理

催化剂催化热解含油污泥的化学反应机理如图 3-41 所示。

2）U 形固定床管式炉

U 形固定床管式炉：电加热炉装配有一个程序升温装置和一个热电偶来控制温度。热解气氛为高纯氮气（N$_2$），气体流量设置为 150mL/min。含油污泥通过微量注射泵进行连续给料，注射泵用电加热带预热至 50℃以提高原料的流动性，给料速度设置为 24mL/h。8g

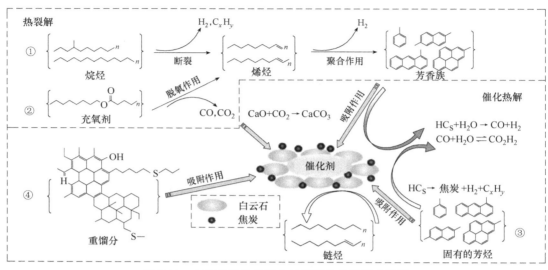

图 3-41　白云岩催化热解含油污泥的化学反应机理

球形 ZSM-5 分子筛装载在 U 形管的另一侧。实验开始前，首先通氮气吹扫 30min 以维持 U 形管惰性气氛，然后将电加热炉升温至设定的热解温度，待温度稳定后，启动注射泵开始油泥给料。热解产物经过水冷凝管时冷凝，液体产物在锥形瓶中收集，未冷凝的热解气体经过装有去离子水的洗气瓶后收集，进行检测。该装置的工艺流程如图 3-42 所示。

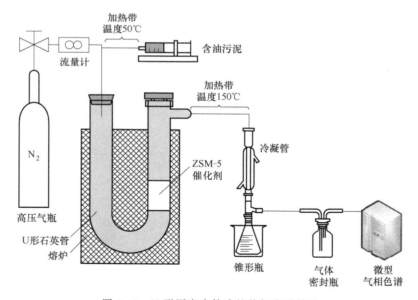

图 3-42　U 形固定床管式炉热解实验装置

（5）回转窑热解反应器

1）小试规模回转窑热解反应器

小试规模回转窑热解反应器（见图 3-43）由螺旋输送机、进料斗、可移动溢流堰的管式炉、电热器、油冷凝器和储油器、气体取样装置和残渣接收装置组成。选取回转窑转速作为操纵变量，为油田污泥在回转窑中停留时间的控制提供了一个平均值。回转窑反应器为不锈钢圆柱形管（长 855mm，直径 90mm）。回转窑外部有一个电炉（3.3kW，220V，15A），用于热解反应供热。4 个直径为 10mm 的 K 型热电偶安装在反应器墙上，测试反应器中心线的温度。

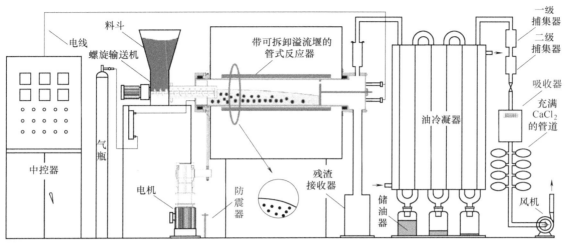

图 3-43　固体热载体回转窑系统示意

为了净化气体并将其从可凝馏分中分离出来，设置了两级捕集器。首先，离开回转窑的产气与逆流式冰冷换热器直接接触，将产气冷凝后的热解油收集到贮油器中。其次，产气通过一个充满 $CaCl_2$ 的管道，以去除蒸气和纯化气体。氮气以 $0.3m^3/h$ 的流速清扫反应器内的空气。

回转窑填充粒径为 1～2mm 的石英砂作为固体热载体。回转窑以 5r/min 的速率旋转，使石英砂加热到适合的温度。开启螺旋输送机，污泥输送至回转窑中。回转窑连续运转，直到不再产生挥发性物质为止。温度变化曲线表明，带固体热载体的窑炉升温速度极快。通过测量混合气体产物的体积和摩尔质量计算出产气量。

550℃下，含油污泥（胜利油田）和固体热载体混合比例为 1：2，产油率达 28.98%，油回收率达 87.9%，获得 72.5% 高比例的饱和烃含量，最低沥青质含量 9.8%。升温和固体热载体促进热解气的产生。热解油主要含长链烃类，含碳量在 C_{13}～C_{25} 范围内。适当的固体热载体负荷可以促进污泥中油脂的回收。经分析，裂解油与萃取油具有相似的红外特征。含油污泥萃取油与热解油对比，热解过程有利于长链正构烷烃和 1-烯烃的形成。

2）回转式连续反应器

清华大学陈超等在一台处理量为 1～2kg/h 的回转式连续反应器上进行了含油污泥热解的实验研究，其实验装置如图 3-44 所示。它是以一台连续回转式反应器为核心，电动机上嵌有特殊形状的叶片，带动转轴转动时，使物料在反应器内实现回转式前后往复运动。Sasse 等在相关综述中曾指出，此类回转式反应器是对实际工业中整体回转式回转窑的很好模拟。固体物料进口和残渣出口均由两级气动阀门组成，可减少间歇进料和出料时空气漏入系统的量，反应器内的工作温度一般为 450～650℃，系统所有高温区均为电加热。反应器内的工作温度一般在 450～650℃，系统所有高温区均为电加热。直径为 2～4cm 的固体物料进入反应器后，停留 45～60min。热解生成的气体首先经陶瓷体过滤器除尘，然后进入逆流管式冷凝塔，在塔底回收冷凝液，未冷凝气体则从塔顶排出，经过滤棉、引风机（Elektror SD22）、氧量指示计、气体体积流量计后在系统出口处点燃。

经对进出系统能量的重复性实验测算，结果表明：实验的质量平衡误差在 10% 以内，

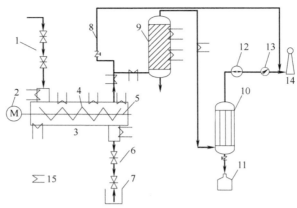

图 3-44　回转式热解装置系统示意

1—输入阀；2—发动机；3—熔炉；4—轴；5—搅拌器；6—输出阀；7—固定容器；8—支路；
9—过滤器；10—冷凝塔；11—冷凝液回收器；12—引风机；13—流量计；14—火焰；15—热电偶

能量平衡误差在 15% 以内，提供了可靠的工程应用依据。

3.3.2　工程应用设备

(1) Kingtiger 油泥回收热解装置

Kingtiger 集团提供成套的废油污泥处理及回收解决方案。Kingtiger 公司是中国香港的油泥加工厂，公司研发了专业的油泥处理厂。它可以将油泥和油砂转化为燃油，将废物作为能源回收利用。整个过程中没有任何污染物，非常环保。为满足客户不同的投资成本，Kingtiger 提供了 3 种不同型号的产品，油泥处理系统分为：间歇式油泥处理系统、半连续式油泥处理系统和全连续式油泥处理系统。由于该装置采用最先进的热解技术，故又称油泥回收热解装置。3 种型号的油泥回收热解装置技术参数见表 3-10，设备外形如图 3-45 所示。

表 3-10　Kingtiger 油泥回收热解装置技术参数

名　称	参　数			
设备型号	BLJ-6	BLJ-10	BLJ-16	BLJ-20
日处理量	6t	8～10t	15～20t	20～24t
运行方式	间歇式		半连续式	全连续式
原料类型	废塑料、轮胎、橡胶、含油污泥			
设备尺寸	D 2.2m×L 6.0m	D 2.6m×L 6.6m	D 2.8m×L 7.1m	D 1.4m×L 11m
模式	水平式和翻转式			
燃料	木炭、木材、燃料油、天然气、液化石油气等			
总功率	24kW·h	30kW·h	54kW·h	71.4kW·h
占地面积	30m×10m	30m×10m	40m×10m	45m×25m
工作压力	常压		恒压	
冷却方式	水冷			
使用期限	5～8 年			

图 3-45　Kingtiger 油泥回收热解装置外形

该设备的处理工艺流程为（如图 3-46 所示）：

① 油泥经专业系统脱水后，由加料系统送入热解反应器；

② 将热解反应器加热，达到一定温度后产生油蒸汽；

③ 油气经冷凝器后分为两部分，可液化油气变为混合油，非液化油气经净化系统净化后作为燃烧系统的燃料；

④ 废气可用于发电，既节省了燃料能源，又防止了环境污染；

⑤ 烟气进入喷淋塔与碱液混合，以去除烟气中的酸性气体。利用吸附塔去除烟气中残留的碱液。

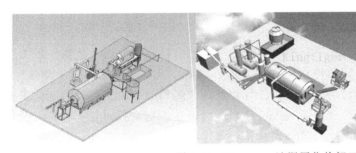

图 3-46　Kingtiger 油泥回收热解工艺流程

该油泥处理装置的优点包括：

① 热解炉在整个加热过程中不接触明火，大大延长了设备的使用寿命。

② 先进的热解装置可使原油收率提高 10%。与其他产品相比，该设备生产的燃料油能长期保持理化性能稳定。

③ 成品杂质少，易精炼降解。

④ 设备是连续的，废气可以回收作为燃料加热热解反应器。

⑤ 主要成品为裂解油，可销往炼油厂、炼铁厂等。

⑥ 可以通过专业的蒸馏设备对热解油进行精炼，得到汽油和柴油。

(2) Beston 污泥油回收热解装置

Beston 污泥油回收热解装置由热解反应器、水封、凝油器、油罐和脱渣系统组成。包括给料系统、热解反应器、油气过滤器、油气回收系统、排放系统、喷雾冷却系统、强喷雾除尘系统、压力温度多点监测系统、中央电气控制系统等主要部件。油泥处理包括自动上料系统——采用直接冷凝技术将气体冷却成液体——所有废水和废气均由专用机器处理，以避免污染环境，使设备对环境非常友好。设备外观如图 3-47 所示。

图 3-47　Beston 污泥油回收热解设备用途及外观

大体工艺流程（见图 3-48、图 3-49）为：用密闭螺旋输送机把油泥输入反应釜；在燃烧室点燃燃料，可作为燃料的有柴油、天然气、液化石油气，热空气流进反应釜对其加热；当反应釜内部达到一定温度时，油气产生；然后油气首先进入汽包，在汽包里面油气里的重物质被液化成渣油，流入渣油罐；轻质油气上升，经管道传输，阻尼罐减缓油气流动速度，使其均匀地进入冷凝器，在卧室列管冷凝器里，油气被液化成燃料油，大量油气被液化成燃料油进入油罐；在水封系统里，可燃气体被脱硫净化，然后再在燃烧室被回收利用，提供热量，节约大量燃料；热烟经热交换系统内层管道从反应釜里排出，空气（氧气）通过热交换系统外层管道进入，在此过程中，空气被热烟加热，然后被输送至燃料室提供氧气，此为热交换系统的功能；在烟道冷凝器里，热烟被冷却降温，然后进入除尘系统，在雾化塔里，烟气被水洗、喷淋、波尔瓷环吸附、活性炭吸附，经过四层过滤后净化的烟气可达到欧盟环保与排放标准；炉渣通过自动出渣机排出至料仓。

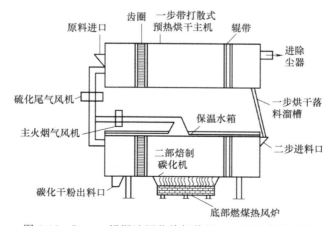

图 3-48　Beston 污泥油回收热解装置——两步热解工艺

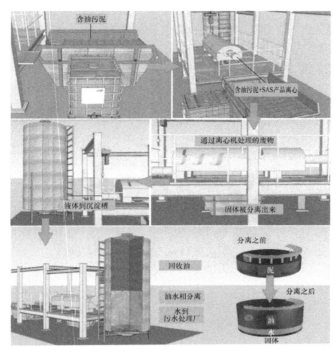

图 3-49　Beston 装置流程

该设备的安全性设计包括：

① 主要装置的安全，不能液化的废气的主要成分是烷烃类（$C_1 \sim C_4$），直接燃烧是危险的。因此，在作为燃料燃烧前，首先要使其通过第一安全装置的水封，再通过第二安全装置的燃气燃烧器。

② 该水封在去除硫杂质的同时，能有效地阻止火灾的再次燃烧，并保持脱硫气体的清洁。

③ 设备机身配有自动焊接机，既能大大提高工作效率，又能保证焊接质量。

④ 特定的操作技术来处理生产过程中的所有问题。

⑤ 专业精确的温度计和压力表，随时检测温度和压力。

⑥ 第三代加热方式，结合了直接加热和间接加热的优点，技术是安全的。

⑦ 100％避免烧伤技术。

⑧ 100％防爆技术。

⑨ 在日常操作中，废气室是封闭的。当压力过大时，可以打开排气室，将燃气直接燃烧，它可以迅速降低反应堆的温度和气压。油泥回收装置配有压力表、自动报警装置，确保使用安全。

⑩ 防止出口阀门堵塞技术。

（3）Henan Doing 连续油泥热解装置

Henan Doing 连续油泥热解装置（见图 3-50），其大体工艺流程如下：

① 将废料送入连续油泥热解装置的反应釜内，约为 1h，另根据污泥含水量情况，分为两种进料方式：a. 干污泥，可以直接进料，装满后直接关门加热；b. 湿污泥，需要边进料边加热，先除去污泥中水分，直至装满后再封门开始加热。

② 加热。需要 4～5h 左右，一般加热到 1h 就会有油气产生。

③ 冷却。油气经过冷却系统冷凝成油。

④ 尾气回收利用。在含油污泥加热裂解的过程中，除了油气，也会有部分可燃但不可冷凝的气体产生，我们称之为"尾气"。该气体可以直接回收用于加热热解反应釜，以节省燃料的使用。

⑤ 炭黑排渣。等热解流程结束，油气排出完毕，需要把反应釜内部残留物质排出来，进行新的热解流程，这些残留物质主要是炭黑。

图 3-50　Henan Doing 连续油泥热解装置

该设备的设计特点为：

① 新型连续油泥热解装置采用旋转反应器，可 360° 均匀加热。旋转反应器避免了很长时间只加热反应堆的一个部分，从而使反应堆更耐用。

② 反应器内部有翻转装置。从进料到结渣，进料翻转 4000 次以上。反应器内物料被连续翻转，高度分散，加热均匀，大大提高了热解速度。

③ 为适应内外分流器旋转加热方式，原料直接接触连续污泥热解装置的传热反应器表面，对反应器壁进行热解。快速受热，确保热交换速度快。

④ 污泥连续热解装置的容量可以调节。多个反应器可以并联，实现大规模生产。该反应器可以根据生产需求增减，从而调整生产规模。此外，体积较小的单体反应器更便于集装箱运输和工厂组装，每个反应堆也可以单独工作，以合并大容量。

设备技术参数见表 3-11。

表 3-11　连续油泥热解装置技术参数

名　　称	参　　数
运行方式	完全连续式工艺,中途不停机
设备结构	卧式,外旋电抗器,输入物料通过导向装置进入电抗器内部
设备尺寸	根据容量设计
能耗	50kW·h
加热方式	间接加热,非直接燃烧反应釜
热源	任何燃油或天然气,包括循环的尾气
冷却方式	循环水
密封性	硬密封和软密封。主要采用软密封
控制方式	智能化、变频自动控制＋手动操作。也可根据客户要求制作全 PLC 系统,无需任何手动控制
占地面积	约 1000m²
应用范围	固体废物处理
反应器材料	Q245R 锅炉板(可选配不锈钢)
使用期限	5～15 年(根据实际操作)

（4） YONGLE GROUP 油泥热解设备

YONGLE GROUP 油泥热解设备（见图 3-51），其热解工艺流程如图 3-52 所示，设计的特点包括：

① 高质量和专业设计的安全元件，如压力表和自动报警装置。

② 自动操作的进料系统，有助于减少额外的手工操作和提高工厂的生产力。

③ 有效的废气和废水处理及排放系统。这确保了所有使用过的气体和废水都以理想的状态排放，因此它不会危害大气。

④ 热解油装置配有有效的直接冷凝机。这确保了在必要时，油可以很容易地冷却到液态。

设备技术参数见表 3-12。

图 3-51　YONGLE GROUP 油泥热解设备

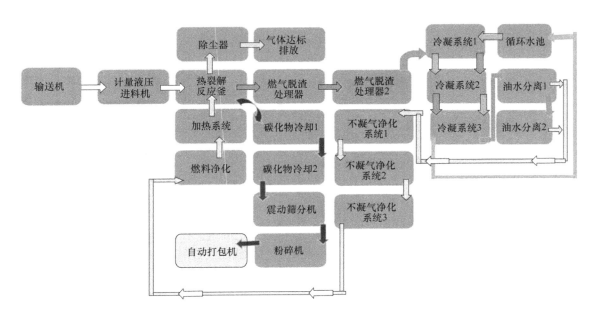

图 3-52　YONGLE GROUP 油泥热解设备工艺流程

表 3-12　YONGLE GROUP 油泥热解设备技术参数

名　称	参　数
设备型号	YLPP-8800
设备尺寸	$D2600mm \times 8800mm$
处理规模	30t/d
能耗	40kW·h
占地面积	30m×15m
处理的含油污泥特性	含油量 30%，含水量 50%，颗粒尺寸≤30cm，泥沙量无限制

（5）MKW 微波油泥热解设备

MKW 微波应用技术有限公司开发了中试规模微波加热装置。该设备（如图 3-53 所示）包括：微波加热炉（直径 300mm，高 350mm）、微波发生器和控制系统、温度传感器、压力传感器、搅拌器、气体流量计、蒸气冷凝系统。12 台微波发生器按微波加热釜的四个方向分三排布置。微波由每个磁控管产生，频率为 2.45GHz，功率为 800W，通过水循环冷却。污泥通过搅拌器搅拌，以实现均匀加热。石英水壶内壁装有热电偶，尽量远离微波发生器。热电偶探头位于进料污泥中下部。热电偶提供反馈信息给过程控制系统，控制磁控管的功率。该装置提供两种微波加热方式：自动模式和手动模式。氮气由氮气瓶提供，以保持微波加热釜内的惰性气体。挥发性热解产物在蒸气冷凝系统中冷凝。冷凝系统由 1 个冷凝器和 2 个吸收瓶组成。冷凝器中的冷凝物由收集器收集。第一个吸收瓶充满了二氯甲烷，而最后一个充满了水。冷凝器和两个吸收瓶由温度为 0～5℃ 的冷水冷却。3.5kg 的干污泥投到微波热解反应器中，热解在 5～20L/min 的氮气流速气氛下进行。所有实验数据和参数，包括温度、压力和气体流量，都由数据采集系统记录。

热解结束后，将冷凝器和两个收集瓶中的液体混合，再加入一定量的二氯甲烷，借助分离漏斗实现有机馏分和水馏分的分离。有机馏分通过无水硫酸钠过滤去除剩余的水，然后二氯甲烷用 40℃ 的旋转蒸发仪从热解油中蒸馏去除。通过干污泥有机物含量和生物油质量计算产油率。

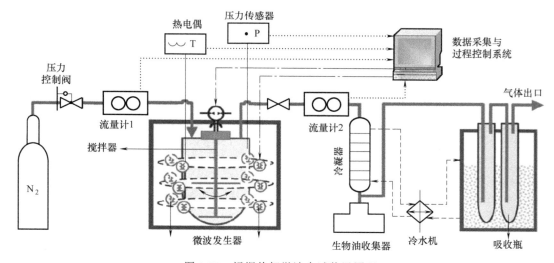

图 3-53　污泥热解微波中试装置原理

生物油主要在 200～400℃ 的热解温度范围内形成，不同反应条件的生物油产率见表 3-13，可知快速热解不仅能提高产油率，而且从元素比例和热值可以看出，快速热解还能提高生物油的油品。微波热解速率和热解终温对产油率和生物油产品性能至关重要。在微波能量 8.8kW 和热解终温 500℃ 的条件下，有机污泥的最大生物油产率达 30.4%。微波催化热解污水污泥试验发现，五种简单添加剂（KOH、H_2SO_4、H_3BO_3、$ZnCl_2$、$FeSO_4$）均降低了生物油产率，但生物油的组成和性质随添加剂类型的不同而有很大的差异。通过生物油的热值、密度、黏度和碳含量分析，KOH、H_2SO_4、H_3BO_3 和 $FeSO_4$ 显著提高生物油的质量，而 $ZnCl_2$ 处理恰恰相反。KOH 碱处理显著提高生物油中烷烃和单芳烃的相对含量，而 H_2SO_4、H_3BO_3 酸处理则有利于杂环、酮类、醇类和腈类的形成，但抑制酰胺类和酯类的形成。通过与硫酸铁、硫酸酯的比较，氯化盐 $ZnCl_2$ 在微波热解中是污泥选择性催化热解的良好催化剂。$ZnCl_2$ 的加入只显著促进了几种腈和酮的生成反应。通过优化污泥热解条件，选择合适的添加剂，以微波热解法生产生物油在工艺上是可行的。为了探究化学添加剂对热解油率及油品的影响，风干的污泥用 KOH、H_2SO_4、H_3BO_3、$ZnCl_2$、$FeSO_4$ 溶液浸泡烘干。

表 3-13　不同反应条件下微波热解污泥生物油的产率及性能

制备条件		油 1	油 2	油 3	油 4	油 5	油 6	油 7	油 8	油 9	油 10	油 11	油 12
升温阶段的微波功率/kW		7.2	7.2	6.4	7.2	8.0	8.0	8.8	8.0	8.0	8.0	8.0	8.0
最终的热解温度/℃		300±4	350±4	400±5	400±4	400±5	450±5	500±5	400±4	400±4	400±5	400±5	400±4
终温下的停留时间/min		69	62	45	50	59	54	58	61	65	54	57	60
总辐射时间/min		120	120	120	120	120	120	120	120	120	120	120	120
催化剂		对照							KOH	H_2SO_4	H_3BO_3	$ZnCl_2$	$FeSO_4$
能耗/(kW/kg)		2.40	2.93	2.82	3.00	3.03	3.21	3.40	2.97	2.87	3.16	3.08	3.05
产率(质量分数)/%		17.6	23.2	25.5	27.3	29.2	29.9	30.4	24.1	19.3	25.7	23.7	27.6
发热值/(MJ/kg)		33.2	33.7	33.8	34.3	34.9	35.1	35.2	37.8	36.6	36.2	33.3	36.7
密度/(g/mL)		0.92	0.92	0.93	0.93	0.95	0.92	0.93	0.86	0.86	0.87	0.88	0.86
黏度/(mPa·s)		38.2	39.4	41.4	43.0	43.7	43.2	42.8	36.1	35.2	37.3	38.2	35.0
元素组成(质量分数)/%	C	67.1	68.2	68.2	69.4	69.8	70.2	70.6	72.5	71.3	70.7	68.7	71.0
	H	7.9	8.2	8.1	8.6	8.8	8.9	9.0	9.4	9.1	9.0	8.8	9.1
	O	20.7	19.4	19.6	17.6	16.7	16.0	15.2	13.9	13.4	14.2	16.5	14.3
	N	3.3	3.5	3.4	3.7	3.9	4.1	4.3	3.5	5.6	5.6	5.7	4.2
	S	0.9	0.7	0.7	0.7	0.8	0.8	0.9	0.7	0.6	0.5	0.3	1.4

(6) 神雾蓄热式旋转床热解设备

神雾公司自主研发的无热载体蓄热式旋转床热解处理工艺，成功解决了含有机固体废物利用和处置过程中的二次污染和运行费用双高的难题。采用神雾的无热载体蓄热式辐射管旋转床热解装置和流化床气化装置，可彻底实现含有机固体废弃物的减量化、无害化、资源化终端处置。采用蓄热式辐射管加热技术和旋转床热解技术，不需要加氢、加氧即可实现含有机固体废物的部分气化和液化，清洁生产出高纯度、高热值的燃气、燃油及固体含碳物。

实验用干馏炉的炉膛分上下两层设计，炉膛中部的活动底板将炉膛分为上下两部分；在上炉膛顶部和下炉膛底部均布置电发热元件，炉顶和炉底的发热元件分别控制；炉顶、炉膛侧壁均设置油气出口；炉膛在竖直方向设置 10 个测温点，通过顶部竖直插入的多点热电偶实现，用于测量炉膛温度分布、料层内温度分布。干馏炉主要技术指标见表 3-14。

表 3-14 干馏炉主要技术指标

名称	技术指标	名称	技术指标
炉膛尺寸	深 450mm×宽 400mm×高 300mm	最大功率	18kW
最高温度	900℃	控制方式	程序控制(可编 30 段曲线)
升温速率	≤40℃/min	炉膛工作压力	0～－50Pa
工作电源	380V,50Hz(三相五线制)		

　　热解炉采用间歇式进出料方式，在立方形的炉膛上部设置有多根水平排列的电加热辐射管，炉膛下部有不锈钢制成的可盛放物料的托盘，分别在炉膛顶部和侧壁上设有多个出气管，用于热解油气的导出。热解炉的一端与氮气瓶连接，用于通氮置换炉内气氛，在充氮管上装有控制阀和压力表，控制氮气进气量。在热解炉顶部、侧壁和底部设置有三根热电偶，分别用于测量炉顶、侧壁、炉底和物料的温度。整个炉膛外壁由耐高温浇注料和耐火砖制成。炉膛下部为控制面板和显示仪表，可在控制面板设定升温程序，对应的仪表可显示各测温点的温度和炉膛压力。热解炉的另一端与油气冷凝装置相连，冷凝装置采用多个间冷和直冷冷却器相串联而成，可使热解油被充分冷凝下来。集液槽分别与每个冷却器连接，收集冷凝得到的冷凝液。经冷却后的不凝气分别经过洗气瓶、流量计、气泵后进入气柜中。热解气通过排水法收集在气柜中。分别在热解炉热解气出口、洗气瓶入口和气柜顶部设有压力表，用来测量各点对应的压力，用于对实验过程的监控。含油污泥热解过程在微负压的条件下进行。工艺流程和说明如图 3-54 和图 3-55 所示。

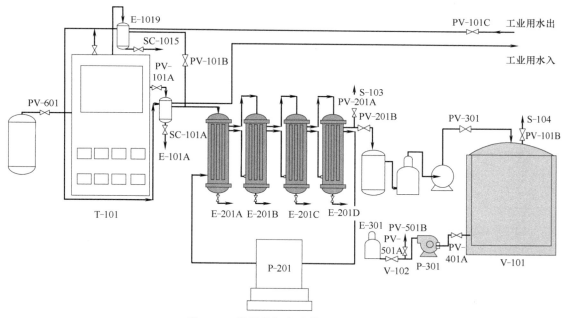

图 3-54 低温热解实验装置工艺流程

(7) HUAYIN 含油污泥资源化处理设备

　　HUAYIN 的废轮胎油裂解装置、塑料油机、蒸馏设备和除臭装置已出口并安装在多个国家和地区。

　　① 亚洲：印度、巴基斯坦、泰国、马来西亚、菲律宾、韩国、中国、哈萨克斯坦、越南、印度尼西亚、孟加拉国、约旦、阿联酋、黎巴嫩、科威特、伊拉克、伊朗、土耳其。

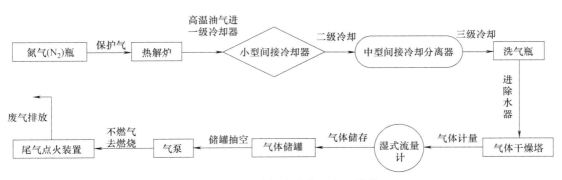

图 3-55　低温热解实验装置流程说明

② 欧洲：罗马尼亚、匈牙利、俄罗斯、斯洛伐克、西班牙、波兰、捷克、芬兰、保加利亚、波斯尼亚-黑塞哥维那、希腊。

③ 拉丁美洲：厄瓜多尔、危地马拉、海地、墨西哥、秘鲁、巴西、阿根廷。

④ 非洲：尼日利亚、埃塞俄比亚、肯尼亚、赞比亚。

⑤ 北美洲：加拿大和美国。

⑥ 大洋洲：澳大利亚等地区。

设备参数见表 3-15，设备见图 3-56，工艺流程如图 3-57 所示。

表 3-15　含油污泥资源化处理设备参数

序号	名称	单位	技术参数
1	进料	—	油基泥浆、含油污泥、原油、废机油、沥青等
2	产物	—	75%页岩砂，15%可燃气，10%燃油
3	运行模式	—	间歇式
4	实际尺寸	m	$L38 \times H7 \times W8$
5	设备容积	m^3	43
6	设备质量	t	约 45
7	设备厚度	mm	14/16/18
8	转速	r/min	0.2
9	处理能力	t	12~30
10	运行功率	kW	20
11	占地面积	m^2	800
12	冷凝系统	—	循环水冷
13	工作压力	—	常压/负压
14	劳动力	人	2~3
15	设备材质	—	Q345R 锅炉钢板/SS310/310S＋Q345R
16	钢板	—	Q345/R
17	减速装置	—	400
18	制动系统	—	制动
19	安全设施	—	压力表,报警装置,自动减压器

（续）

序号	名称	单位	技术参数
20	催化系统	—	双室陶瓷环
21	加热系统	—	煤、木材、燃料油、废气、天然气（其中之一）
22	驱动系统	—	齿轮传动
23	设备颜色	—	任意颜色
24	钢板层	—	自动热补保护层
25	供给系统	—	液压推料机或螺旋推料机
26	除尘系统	—	欧洲标准
27	冷却系统	—	综合冷凝系统

其热解最终产品有 3 种，包括：

① 75％的页岩砂，可直接外售给耐火砖厂；

② 15％的易燃气体和循环水，可燃气体可作为加热燃料储存，水再成为循环冷却水；

③ 10％的燃料油可用于加热材料。

图 3-56　HUAYIN 含油污泥资源化处理设备

（8）JINPENG 连续热解回转窑

JINPENG 连续热解装置，其外观如图 3-58 所示，工艺流程如图 3-59 所示。该装置的优点是：

① 日处理能力大，30t 原料，可连续 24h 不间断工作 20d；

② 自动上料、下料、出油同时进行；

③ 开始只需要供 3～4h 的燃料，然后同步产生的气体本身可满足支持加热，节省燃料成本；

④ 对原材料要求低，不需要细小颗粒，10cm 片即可顺利运行；

⑤ 高效冷凝器，出油量大，优质油，易清洗；

⑥ 同步燃气回收系统，充分燃烧后回收利用，防止污染，节约燃料成本；

⑦ 国家专利烟气净化器，能有效去除烟气中的酸性气体和粉尘，环保符合国家相关标准；

⑧ 操作简单，所需人力少。

设备技术参数见表 3-16。

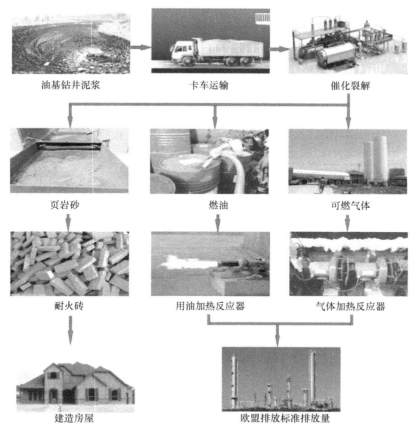

油基钻井泥浆　　　卡车运输　　　催化裂解

页岩砂　　　燃油　　　可燃气体

耐火砖　　　用油加热反应器　　　气体加热反应器

建造房屋　　　欧盟排放标准排放量

图 3-57　HUAYIN 含油污泥资源化处理工艺流程

图 3-58　JINPENG 连续热解回转窑

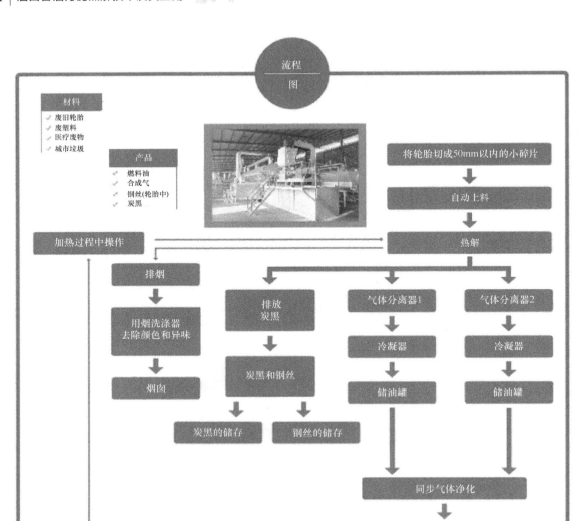

图 3-59　JINPENG 连续热解回转窑工艺流程

表 3-16　连续热解装置技术参数

序号	名称	技术参数	序号	名称	技术参数
1	适用原料范围	含油污泥	11	驱动系统	链轮
2	运行模式	全程连续运行	12	加热方式	热空气
3	结构	卧式旋转	13	噪声(A)/dB	≤85
4	进料、出料	全自动高温下进料、出料	14	主要反应器质量/t	约 20
5	处理能力(24h)	20～30t	15	总质量/t	约 45
6	工作压力	微负压	16	占地面积	60m×20m
7	反应器转速	1r/min	17	劳动力	2 人/轮岗
8	安装功率	80～110kW	18	装货	5×40HC
9	燃料选择	油、气	19	交货期	≤70d
10	冷却方式	循环水			

（9）台湾省 RESEM 热解装置

基于最新的技术和几十年的生产经验，台湾省 RESEM 设计了 HA-PT 系列热解装置。HA-PT 系列完全克服了立式平底裂化加工机加热不均、易断裂、成品率低等问题。其独特的油箱和工艺、喷雾冷却系统使 HA-PT 系列产品在热解工业中得到广泛应用。热解装置广泛应用于各种废弃物的能源处理。原料可以是废轮胎、废塑料、废橡胶、油页岩、油石等。在热解后，废物会转化为燃料能量。设备技术参数见表 3-17。

表 3-17　HA-PT 热解装置技术参数

序号	名称	技术参数	序号	名称	技术参数
1	设备型号	2HA-35-SQ	9	含油率	45%～50%
2	设备材质	Q245 R 锅炉钢	10	冷却方式	水冷
3	设备尺寸	2600mm×6600mm	11	噪声/dB(A)	<85
4	设备厚度	16mm	12	运行压力	常压
5	原料	废塑料、废轮胎、含油污泥	13	最终产物	原油、炭黑、天然气
6	处理能力	20t/d	14	燃料	煤、木材、废气、油
7	功率	35kW	15	保质期	12 个月
8	设备质量	35t			

设备（见图 3-60）的安全性设计：

① 使用自动焊接机制造的反应器，使用寿命约为 5 年；

② 专业的焊缝热处理及 X 射线探伤室；

③ 配有专业温度计、专业压力表和安全阀；

④ 设计有水封罐，以阻止火势回到油罐；

⑤ 反应堆门上有 3 台温度表和 3 台安全阀，包括分油柜、水封柜、中央控制柜，当温度或压力有问题时发出警报；

⑥ 如果报警后很长时间没有人放气，安全阀会自动放气，确保安全。

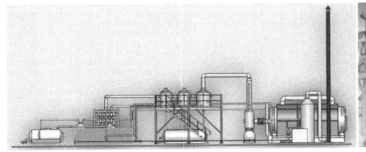

图 3-60　RESEM 热解装置

其工艺流程大体如图 3-61 所示。其中，自动给料机是连续给料的，无漏气现象。热解反应产生的二氧化硫气体使用排放控制器处理，然后将其排放。1t 燃油可以产生 70kg 的易燃不凝气体。在生产过程中产生的少量废水，通常加入一些碱性溶液，但为了更好的效果，本技术添加碳酸钙，生成石膏，可作为建筑材料出售。或加入氢氧化钠，得到亚硫酸钠。

以废旧轮胎为热解原料，产物产量见表 3-18。

表 3-18　产物产量

原料	燃油	钢铁	炭黑	气体
废旧轮胎	45%～50%	15%～20%	30%～35%	4%～10%

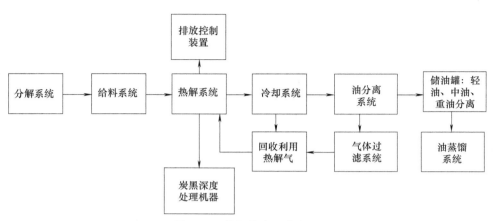

图 3-61 热解技术工艺流程

① 燃油（45%～50%）：回收利用的主要油产品是广泛用于工业和商业用途的燃料油。燃料油从废轮胎中可回收 45%～50%，这些废轮胎是由有执照的油罐车运输的。

② 炭黑（30%～35%）：炭黑是热解技术回收的主要产品。回收的炭黑占系统回收的废轮胎总数的 30%～35%（视轮胎类型而定）。炭黑在许多工业中被用作原料或主要成分，炭黑可作为材料化学结构的增强剂，延长材料的耐久性，改善材料的着色特性。

③ 钢铁（15%～20%）：轮胎中含有钢丝，其数量占轮胎总损耗的 10%～15%。在热解回收过程完成后，轮胎中所有的钢都可以被分离出来。贵重的钢丝被压制并卖给钢铁和废品经销商。

④ 气体（4%～10%）：热解过程中产生不凝气体。有一些优点，如：a. 它比天然气具有更高的热值；b. 它可以储存起来，代替天然气和丙烷；c. 高能量气体可作为热解过程的能源；d. 系统产生的气体占回收轮胎总量的 12%～15%，考虑到 10t/d 的废轮胎回收能力，该设施产生的气体为 1200～1500m³/d，经评估具有巨大的能源潜力。

第**4**章

微波热解技术及应用

4.1 污泥微波热解机理及其研究现状

4.1.1 微波技术基础

广义上讲，微波是一种频率为 $300MHz\sim300GHz$ 的电磁波，波长为 $1mm\sim1m$，常分为米波、厘米波、毫米波和亚毫米波四个波段。介于红外与无线电波之间，由于其频率很高，在某些场合也叫超高频电磁波。目前只有 $915MHz$ 和 $2450MHz$ 被广泛使用，对应波长分别为 $0.326557m$ 和 $0.121959m$，在较高的两个频段还没有合适的大功率工业设备。微波加热作用的特点是可在不同深度同时产生热，即"体加热作用"，这不仅使加热更快速，而且加热更均匀，节省能源，有利环保。鉴于微波的这种优势，目前微波已被广泛应用于纸张、木材、皮革、烟草甚至草药的干燥等。此外，微波可以杀虫灭菌的特点，使其在医学和食品工业中得到了广泛应用。在食品加工中，如食品加热、灭酶、焙烤、解冻、膨化和杀菌消毒等方面都有应用。微波在生物医学上可以用于诊断和治疗某些疾病、组织固定、免疫组织化学和免疫细胞化学研究等。微波在许多领域的应用越来越广泛，具有良好的发展前景。

4.1.2 微波加热原理

微波加热物料主要有三种机制：其一，极性分子在外加微波电磁场的作用下，原来杂乱无章的分子随之快速改变方向，分子或原子的电子云发生偏移导致偶极子发生运动，呈现正负极性，由于电磁场的变化速度高达 24.5 亿次，如此高速的轮摆运动，使分子间摩擦产生热能；其二，磁性物质在微波场作用下，磁性组分会发生变化，这种变化的迟滞作用产生热能；其三，具有导电性的材料在微波场作用下会产生电流，电流的流动产生热能。微波辐射引起物质温度上升的速率主要与微波频率及其相应波长、材料介质内电场的尺度、被加热材料的特性（介质常数、介质损失或介质耗散能量的能力）等因子有关。微波并非从物质材料的表面开始加热，而是从各方向均衡地穿透材料后均匀加热，但微波穿透介质的深度有限。

4.1.3 物质在微波场中的热效应

当微波在传输过程中遇到不同材料时会产生反射、吸收和穿透现象，据此可将相关材料分为导体（反射）、绝热体（穿透）和吸收体（吸收）3 类。导体反射微波，常用于微波能量的传导，例如微波装置中的波导管；绝热体可透过微波，它吸收微波的功率很小，常被用作反应器的原料；吸收体也称电介体，是吸收微波的材料，因此微波加热又称电介加热。微波对物质的加热作用及其程度、效果取决于物料本身的几个主要的固有特性，如相对介电常数（ε_r）、介质损耗角正切（$\tan\delta$，简称介质损耗）、比热容、形状、含水量的大小等。

4.1.4　微波加热特点

与传统的加热技术相比，微波加热具有如下优点：a. 高效快速；b. 节能省电；c. 热源与加热材料不直接接触；d. 能进行选择性加热；e. 便于控制；f. 设备体积小且无废物生成。

4.2　微波在污泥处理技术方面的研究进展

污泥含有大量易挥发性有机物质，因此污泥的热解技术引起了人们的关注和重视。污泥的热解技术，就是在无氧环境下，对干燥的污泥进行加热，至一定温度，在干馏和热分解的作用下，使污泥转化为油、水、不凝性气体和炭 4 种物质。现在对于污泥热解转化的机理还未完全明了，一般认为：200～450℃时脂肪族化合物蒸发，300℃以上蛋白质转化，390℃以上糖类化合物开始转化，主要转化反应是肽键断裂、基团的转化变性及其支链断裂。目前国内的污泥热解转化还停留在试验阶段，而且多数研究为低温热解阶段。有学者对污泥低温热解过程的能量平衡进行了分析，表明即使是有机质含量较低的污泥，其热解过程也是能量净输出。同时在 170～300℃范围内进行了炼油厂废水污泥热解制油的试验研究，取得较高的有机质转化率。施庆燕等研究认为不同污泥中，活性污泥的产油率最高，涂料污泥和消化污泥次之。韩晓强等确定了污泥热解过程不同化学反应区域的动力学参数，即频率因子 A 和活化能 E，并深入分析相关反应机理。相比国内污泥热解主要集中在低温范围内，国外研究的温度区间更广，而且对热解产物分析、热解过程描述及对环境的污染控制等方面十分关注。Steger 对炼油厂污泥进行中低温（400℃左右）热解试验，分析了热解产物，并考察了产物中 PAH 和有害重金属的分布情况。Liu 等的进一步研究表明：热解能够把除汞以外的重金属离子固定在固体残留物中，在自然界环境条件下不易溶出，比焚烧处理产生的含重金属的粉末污染要少许多。Ishikawa 等设计了一个两步热解的装置，对两个温度段（290～500℃，700℃）的 12 种热解产物进行了详细分析，同时还考察了热解代替焚烧的经济可行性。Kim 等的研究表明：污泥高温（900℃）分解过程中产生的油和其他气体物质，主要成分为烃类，热值为 13000～14000kJ/m³，与人工合成煤气的热值相当，可以作为燃料加以利用。对于热解的固态产物人们也进行了深入的分析。Lu 等的研究表明：污水污泥在 750℃和 850℃下的热解，烧焦残留物中含碳 23%～30%，其余为灰分，表面积为 1.05m²/g，可以作为吸附剂回用。而且，众多学者的研究也证明：除了热解终温外，热解气氛、热解升温速率、保温时间也对污泥热解和热解产物的特征有重要控制作用。当然，热解法也存在缺点：其固体体积的减少不如焚烧减少的多；裂解产生的液态产品的燃烧，会产生一定量的有害物质；热解大多处于实验室研究阶段，工业化应用很少，而且技术发展没有焚烧法完善。但是热解所能够产生的能源效应是其他方法所不能比拟的，也正为现代社会所急切需要。因此，该项技术研究的关键在于要找到更适宜的能量来源以降低能量的消耗，并通过控制反应条件，产生更多有用物质、更少的危害产物。

微波热解技术与传统热解相比，具有独特的传热传质规律。微波能整体穿透物料，使能量迅速传至反应物的中心，达到均匀加热的目的，其传热传质方向相同，挥发分穿过低温区，可以减少不期望的二次反应。该技术具有设备简单、操作可靠、能量回收率高、无二次污染等特点，在取得环境效益的同时还有较好的经济效益，具有环境治理和资源利用的双重意义。在国外已有微波热解技术用于处理城市污泥的工程应用实例，因此为油田含油污泥无害化和资源化利用提供了一条新的思路，具有十分广阔的应用前景。

4.3　实验材料与方法

4.3.1　实验方法

① 实验设备：主要实验设备为 WY50002-1C 程控微波源操作控制系统。使用频率 2450MHz 的微波。

② 分析测定方法：污泥含水率测定采用蒸馏法；污泥含油率测定采用石油醚萃取法；污泥固相含量由减差法得到。含水率、含油率、固相含量均以质量分数表示。

4.3.2　试验用的含油污泥特性

以胜利油田某联合站的含油污泥为试验原料，其基本物性数据分析见表 4-1。

表 4-1　油泥基本物性数据

项目名称	含水率 /%	含油率 /%	含固率 /%	Al /(μg/g)	Fe /(μg/g)	Na /(μg/g)	K /(μg/g)	Ca/ (μg/g)	Mg /(μg/g)
某联合站	57.95	14.75	27.30	1100	7205	6120	4527	245	813

由表 4-1 可知，该联合站含油污泥含油量较高，具有较高的回收价值。另外，污泥中铁的含量较高，铁的化合物和固体焦炭是极优的微波吸收材料，能够促进微波加热速度，因此后续试验将考虑把热解之后的残渣加入含油污泥中，考察其对含油污泥热解转化过程的影响。

4.4　室内试验

通过自制微波实验装置，研究了含油污泥在热解过程中的温度变化情况、热解残渣质量对热转化过程的影响及热解产物组成，结果如图 4-1、图 4-2 和表 4-2 所示。

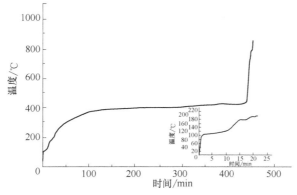

图 4-1　含油污泥微波加热过程中温度随时间的变化关系

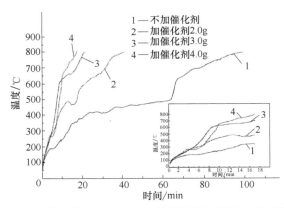

图 4-2   加入不同质量热解残渣对含油污泥微波热解转化过程的影响

表 4-2   热解产物组成及收率

项目	气体	固体	液体	
			水	油品
原含量/%	—	27.30	57.95	14.75
含量/%	6.59	28.47	53.14	11.8
回收率/%	—	91.7	91.7	80.0

如图 4-1 所示，含油污泥的微波热处理过程温度变化可以分为 3 个阶段：水分蒸发区，室温 0~120℃；轻质烃类挥发和热解区，温度 120~470℃；重质烃炭化区，温度 470~850℃。其中，含油污泥的微波干化区温度达到 120~150℃，最高热解温度为 450~470℃。

如图 4-2 所示，加入热解残渣的量越大，微波热解的升温速率越快，热解时间越短。

由表 4-2 可知，孤岛油田的含油污泥具有较高的资源回收价值，每吨含油污泥可以回收近 118kg 油品。含油污泥的微波热处理过程温度变化可以分为 3 个阶段，其中第 3 个阶段重质烃碳化区是不希望发生的阶段，后续试验将通过温度自动控制系统抑制第 3 阶段的发生。同时还发现整个实验装置的密闭性越好，保温效果就越好，系统升温就越快。热解残渣的加入能够缩短热解时间。

4.5   现场试验工艺条件优化

根据室内试验，设计了现场试验装置及工艺流程，如图 4-3、图 4-4 所示，通过 PLC 温度自动控制系统，将物料升温过程设置为二段式，第一段将物料控制在水分蒸发区，第二段控制在轻质烃类挥发和热解区。为了提高系统的密闭性，在微波加热腔内放置了特制的磨口石英玻璃封闭保温内腔，上端加盖微波抑制型端盖，并配合石墨密封盘根，不仅大大提高了系统的保温效果，而且防止了热解过程产生的油气粘到微波发生源的内壁上阻碍微波的透射，提高了系统的加热效率，节省了系统电能损耗。

图 4-3   现场试验装置

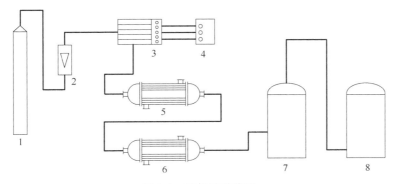

图 4-4　现场试验流程

1—氮气钢瓶；2—转子流量计；3—微波热解炉；4—温控仪；5—换热器 1；
6—换热器 2；7—储罐；8—尾气处理装置

4.5.1　热解终温对热解处理效果的影响

热解终温是指热解过程中所达到的最高温度，其对油泥热解残渣含油率的影响结果如图 4-5 所示。

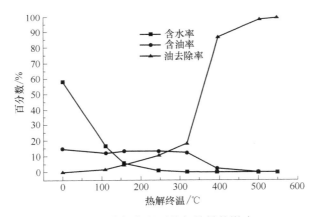

图 4-5　热解终温对热解效果的影响

如图 4-5 所示，微波热解终温对热解处理效果的影响显著，随着热解温度的升高，热解残渣含油率逐渐减小，即随着终温的升高，热解处理效果逐渐提高。终温 110℃时，处理物料和原泥比较可知：该处理过程主要是脱水过程，该物料的含水率为 16.3%，远低于原泥的含水率 57.95%。而其含油率 12.18% 稍低于原泥的含油率 14.745%，说明该过程油分的挥发较少。在 110℃之后，原泥中油质组分开始挥发、热解转化为气态（冷凝后大部分为液态），并随着温度的升高，油分的热解速度和热解深度增加，热解残渣中有机物含量急剧降低。当微波热解终温达到 500℃时，热解残渣含油率已降为 0.2%，此时污泥已满足安全排放标准《农用污泥中污染物控制标准》（GB 4284—2018），石油类含量低于 0.3%。因此，最佳热解终温为 500℃。

4.5.2　微波热解残渣的加入对不同产物的影响

由室内研究得出热解残渣的加入能够缩短热解时间，因此现场试验中为了确定热解残渣的加入量，比较了不同微波热解残渣加入量下的不同产物的总产量，其中液体产物采用的是主要回收物油类产物的质量作为比较对象，同时每次热解油泥的量恒定为 20kg，得到的结果如图 4-6 所示。

如图 4-6 所示，微波热解含油污泥的产物总量大致相当，当气体与液体产物多时，固体产物就少，反之亦然。当微波热解残渣加入量为热解油泥质量的 5％时，可以得到最高的油类产物产量和气体产量。因此，微波热解残渣加入量为热解油泥质量的 5％。

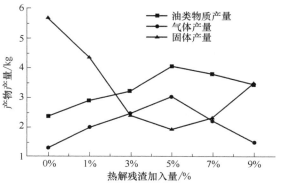

图 4-6　微波热解残渣的加入对热解产物产量的影响

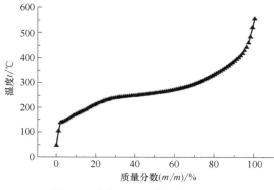

图 4-7　热解油品的模拟蒸馏曲线

4.5.3　含油污泥微波热解的液体产物中油类分析

原样污泥在热解终温 500℃、热解残渣加入量为 5％的条件下，冷凝回收的油组分经模拟蒸馏分析得到图 4-7。

如图 4-7 所示，可凝性气体主要为油品和水蒸气，经模拟蒸馏分析，油经细分为汽油（16.98％，200℃以下）、柴油（64.29％，200～340℃）、重质油（18.73％，340℃以上）。热解收集油品总含量可达原泥含油量的 80％，水分收集量则达 90％以上。

4.5.4　热解残渣溶出重金属组分分析

按照有关标准首先对微波热解后形成残渣进行溶出，然后利用原子吸收技术对溶出液中的重金属离子进行测定，结果见表 4-3。

表 4-3　微波焚烧残渣中重金属离子的溶出浓度

停留时间/min	溶出金属(浸出液浓度)/(mg/L)		停留时间/min	溶出金属(浸出液浓度)/(mg/L)	
	总铅	总铬		总铅	总铬
10	0.23	0.18	0	0.05	0.08
5	0.09	0.09	0	0.16	0.16

由表 4-3 可知，各种金属离子的浸出浓度完全符合标准。也就是说，用微波处理后的含油污泥的残渣完全符合排放标准，不会造成二次污染。

4.5.5　微波热解处理过程经济性核算

在含油污泥的微波热解处理过程中会产生一定质量的油质组分（可当作燃料油），该过程的耗能主要是电能，微波热解处理后的残渣有 18.6％可做成活性炭吸附剂（按 6 元/kg），剩余的 81.4％可做填料或建材（按 0.25 元/kg）。收集的液态油分按燃料油价格 4.65 元/kg

核算（4650 元/t），耗电量按价格 0.55 元/(kW·h) 计算。这样过程所用总耗电费减去所得产出效益总值就是该次实验的处理成本或效益（见表 4-4）。

表 4-4 实验热解过程处理成本

原泥量/kg	热解残渣质量/kg	热解残渣含油率/%	耗电量/(kW·h)	耗电费/(元/t)	产油总值/(元/t)	热解残渣总值/(元/t)	处理成本/(元/t)
24.75	6.87	0.20	53.60	1191.08	548.60	266.48	376

4.5.6 实验结论

① 室内研究得出，含油污泥的微波热处理过程温度变化可以分为 3 个阶段：水分蒸发区、轻质烃类挥发和热解区以及重质烃碳化区，其中第 3 个阶段重质烃碳化区是不希望发生的阶段。整个实验装置的密闭性越好，保温效果就越好，系统升温就越快。热解残渣的加入能够缩短热解时间。胜利油田的含油污泥具有较高的资源回收价值，每吨含油污泥可以回收近 118kg 油品。

② 通过现场试验得出：含油污泥微波热解最佳工艺条件为热解终温 500℃、热解残渣的加入量 5%。此时含油污泥经过微波热解处理，热解生成的油相主要为轻质燃料油，占到 81.27%，产品价值高于原油，所含原油的回收率大于 80%，热裂解作用明显；残渣含油率为 0.2%＜0.3%，满足《农用污泥中污染物控制标准》（GB 4284—2018）的要求，各种金属离子的浸出浓度完全符合排放标准，不会造成二次污染，处理成本为 376 元/t。

第 5 章

大庆油田含油固体废物热解工艺

5.1 背景概述

油田在进行油水井维修、油水井大修、油层改造以及试油等井下作业过程中，为了保护作业现场及周边的环境，采取铺设防渗布的方式对产生的油泥、泥浆等含油固体废物进行临时的收集，这样每年油田会产生大量裹有油泥的防渗布。由于没有合适的处理技术，目前只能堆放在暂存池内。据统计，大庆油田目前暂存井下作业防护物及包裹油泥废物 5.66×10^4 m^3，每年新增 50000m^3 左右，详见表 5-1。油田井下作业防护物及包括油泥废物见图 5-1。

表 5-1　大庆油田井下作业防护物及包裹油泥废物的储存量（2015～2020 年）　　单位：m^3

序号	单位	作业产生裹有油泥的防护物					
		2015 年	2016 年	2017 年	2018 年	2019 年	2020 年
1	采油一厂	7400	10179	11399	10237	9835	10251
2	采油二厂	6800	6400	7489	7825	8246	8381
3	采油三厂	4500	4549	5137	4360	4598	4931
4	采油四厂	12000	9536	9801	9756	9868	9638
5	采油五厂	1800	4090	4910	4463	4329	4241
6	采油六厂	15000	3939	3536	3328	3565	3472
7	采油七厂	1838	2459	2450	2542	2779	2684
8	采油八厂	1200	2629	2738	2937	2972	3394
9	采油九厂	3000	1509	1412	1349	1438	1427
10	采油十厂	800	2017	1921	2061	2036	1987
11	榆树林	650	624	603	587	621	637
12	头台	520	425	454	349	343	364
13	方兴	460	261	318	283	286	351
14	庆新	500	1517	1502	1500	1511	1514
15	储运	75	40	50	50	60	60
16	天然气	100	100	100	100	100	100
	合　计	56643	50274	53820	51727	52587	53432

图 5-1　油田产生井下作业防护物及包裹油泥废弃物

从环境保护要求的角度，这些裹有油泥的防渗布被国家列为危险固体废弃物（属HW49），难以降解，倘若处理不善，会对水环境、土壤环境及空气环境造成危害，导致水中 COD、BOD 和石油类严重超标，尤其是其中含有硫化物、苯系物、酚类、蒽、芘等有恶臭的有毒有害物质，具有致癌、致畸、致突变作用，危害人类的身心健康。

这些井下作业防护物及包裹油泥废弃物如果得不到及时处理，油田将面临巨大的经济损失：一是根据《排污费征收标准管理办法》，油田产生含油固体废弃物若不进行处理排放或者存储设施不能满足国家要求，每吨将征收 1000 元的排污费，而且还有可能面临着 1～3 倍罚款的处置，按照每年产生 5.0 万立方米左右产量计算，公司每年将蒙受上亿元的经济损失；二是倘若油田没有适宜的处置技术，需要拉运至指定危废处置中心进行处理，根据国家发改委、原国家环保总局、建设部等《关于实行危险废物处置收费制度促进危险废物处置产业化的通知》（发改价格〔2003〕1874 号）规定，对于"井下作业防护物及包裹油泥废弃物"黑龙江省的处理费用在 3000～3500 元/t（市场价），按照每年产生 5.0 万立方米左右产量计算，则公司每年将花费至少 1.5 亿元的处置费用。

2015 年，由于油田一直没有对暂存井下作业防护物及包裹油泥废弃物进行达标处理，地方环保部门暂停了许多井下作业及钻井施工任务，制约了钻井、采油等单位的生产进度，严重地影响了油田的生产及产能指标的完成。

据此，油田亟需开发 1 套适用于大庆油田井下作业废弃防护物及包裹油泥的无害化处理技术，使得处理后产生的气、水、渣等达到相应国家环保指标的要求。不仅能够解决阻碍油田生产的实际问题，而且能大大缓解油田面临的与日俱增的环保压力。

5.2　热解技术介绍

井下作业防护物及包裹油泥废弃物的综合利用及无害化处理技术首要考虑的是使其彻底无害化。目前，国际上含油固体废弃物的无害化处理主要以焚烧和热解析技术为主。焚烧技术是待处理物料与辅助燃料（天然气或者燃料油）在空气中一并进行燃烧处理的一项技术；热解析技术又叫干馏、热分解，是在隔氧的环境中通过间接加热的方式，对待处理物料进行蒸馏和热分解处理的一项技术。两者技术特点及优缺点比较见表 5-2。

虽然焚烧技术仍是目前处理固体废物的主流工艺，但其缺点十分明显，即通过热量利用进行能源回收的效率不高，同时为满足日益严格的大气环保标准，需配套复杂的烟气净化措施，增加了工艺成本。与焚烧技术相比，在隔绝氧气的情况下，通过热解的方式将含油固体废物中重质组分转化为轻质组分，可以将其中挥发性有机化合物（VOCs）和半挥发性有机化合物（SVOCs）进行回收，不仅具有较高的能量回收效率，而且其低温还原性气氛可使大多数金属元素固定在固体产物中，同时遏制了二噁英的生成，减少了大气污染。

表 5-2 含油固体物焚烧及热解析处理技术的对比

项目	焚烧技术	热解析技术
工艺特点	①有氧的环境中，明火燃烧； ②除焚烧炉主体工艺外，还包括烟气处理工艺及飞灰、烟尘处理工艺； ③要实现含油固体物无害化的达标处理，燃烧温度要求在850℃以上，且工艺上需在焚烧炉后设置二燃室，温度要求达到1100℃以上，来控制烟气中二噁英的含量； ④因明火燃烧含油固体物，会生成一定量的二噁英，二噁英产生的必要条件是有机物和含氯的物质在空气中进行300～500℃的燃烧； ⑤因明火燃烧含油固体物，产生烟气量较大，烟气成分复杂，需配套较复杂的烟气处理系统； ⑥因明火燃烧含油固体物，产生烟尘量较大，需配套烟尘处理工艺	①无氧的环境中，间接加热； ②除热解炉主体工艺外，还包括热解蒸气冷凝回收处理工艺及回炉燃烧不凝气处理工艺； ③要实现含油固体物无害化的达标处理，最高热解温度一般不超过650℃； ④因在无氧的环境下间接加热，大大降低了二噁英生成的可能性； ⑤工艺中烟气的产生来自天然气（掺混了少量回收的不凝气）的燃烧，产生烟气量较少（不足焚烧技术的1/3），成分较简单，后续处理工艺较简单； ⑥含油固体物在绝氧的条件下，发生蒸馏、热解、缩合等反应，产生的热解蒸气（由凝结气、不凝气组成）中含有大量的有机物，可进行冷凝回收其中的凝结气（以燃料油成分为主），不凝气经处理后回热解炉作为燃料再利用
优点	①因焚烧后产生的烟气温度较高（1100℃左右），可以进行热量回收利用； ②对原料适应能力强	①含油固体物完全无机化，烃类可回收利用； ②整个工艺的处理流程较简单； ③含油固体物无害化程度彻底
缺点	①整套工艺处理流程较复杂； ②待处理物料中油等有价值的物质没有得到有效回收利用	①因完全依靠燃料燃烧释放的热能实现待处理物料的热解析，较耗能； ②相对焚烧技术，热解持续时间较长

5.2.1 热解反应机理

烃类裂解过程中的主要中间产物及其变化可以用图 5-2 概括说明。

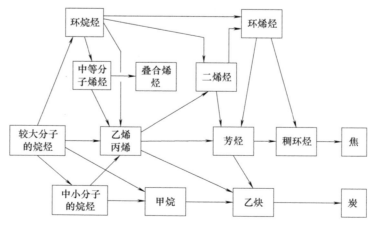

图 5-2 烃类裂解过程中一些主要产物变化示意

按反应进行的先后顺序，可以将图 5-2 所示的反应划分为一次反应和二次反应。一次反应即由原料烃类热裂解生成乙烯和丙烯等低级烯烃的反应；二次反应主要是指由一次反应生成的低级烯烃进一步反应生成多种产物，直至最后生成焦或炭的反应。二次反应不仅降低了低级烯烃的收率，而且还会因生成的焦或炭堵塞管路及设备，破坏裂解操作的正常进行，因此二次反应在烃类热裂解中应设法加以控制。

(1) 烷烃的热裂解

烷烃热裂解的一次反应包括脱氢反应和断链反应。不同烷烃脱氢和断链的难易，可以根据分子结构中键能数值的大小来判断。一般规律是同碳原子数的烷烃，C—H 键能大于 C—C 键能，故断链比脱氢容易。烷烃的相对稳定性随碳链的增长而降低，因此分子量大的烷烃比分子量小的容易裂解，所需的裂解温度也就比较低。脱氢难易与烷烃的分子结构有关，叔氢最易脱去，仲氢次之，伯氢最难。带支链的 C—C 键或 C—H 键，较直链的键能小，因此支链烃容易断链或脱氢；裂解是一个吸热反应，脱氢比断链需供给更多的热量。脱氢为一可逆反应，为使脱氢反应达到较高的平衡转化率，必须采用较高的温度。低分子烷烃的 C—C 键在分子两端断裂比在分子链中央断裂容易，较大分子量的烷烃则在中央断裂的可能性比两端断裂的可能性大。

(2) 环烷烃的热裂解

环烷烃热裂解时，发生断链和脱氢反应，生成乙烯、丁烯、丁二烯和芳烃等烃类。带有侧链的环烷烃，首先进行脱烷基反应，长侧链先在侧链中央的 C—C 链断裂一直进行到侧链全部与环断裂为止，然后残存的环再进一步裂解，裂解产物可以是烷烃，也可以是烯烃。五碳环比六碳环稳定，较难断裂。由于伴有脱氢反应，有些碳环部分转化为芳烃，因此，当裂解原料中环烷烃含量增加时，乙烯收率会下降，丁二烯、芳烃的收率则会有所增加。

(3) 芳烃热裂解

芳烃的热稳定性很高，在一般的裂解温度下不易发生芳烃开环反应，但能进行芳烃脱氢缩合、脱氢烷基化和脱氢反应。

5.2.2　热解工艺及主要设备

(1) 热解工艺

热解工艺由于供热方式、热解温度等方面的不同，可进行不同的分类。按供热方式的不同，热解可分为直接加热和间接加热。按热解温度的不同，热解可分为高温热解、中温热解和低温热解。

① 按供热方式进行分类。直接加热法是指供给被热解物的热量是被热解物部分燃烧或者向热解反应器提供补充燃料时所产生的热。由于燃烧需提供氧气，因而会产生惰性气体，混在热解可燃气中，稀释了可燃气，结果降低了热解产气的热值。

间接加热法是将被热解的物料和直接供热介质在热解反应器中分开的一种方法。可利用干墙式导热或一种中间介质来传热。墙式导热方式由于热阻大，熔渣可能会出现包覆传热壁等问题，以及不能采用更高的热解温度等而受限。

直接加热法的设备简单，可采用高温，其处理量和产气率也较高，但所产气的热值不高。由于采用高温热解，在 NO_x 产生的控制上，还需认真考虑。间接加热法的主要优点在于其产品的品位较高，可当成燃气直接燃烧利用。但间接加热法产气率大大低于直接法，由于间接加热法不可能采用高温加热方式，这可减少 NO_x 的产生。

② 按热解温度分类。高温热解的热解温度一般都在 1000℃ 以上，高温热解方案采用的加热方式几乎都是直接加热法。中温热解的热解温度一般在 600～700℃ 之间，主要用在比较单一的物料作能源和资源回收的工艺中。低温热解的热解温度一般在 600℃ 以下。

（2）影响热解的主要因素

影响热解的主要因素有温度、加热速率、反应时间等。另外，物料的成分、反应器的类型等都会对热解反应过程产生影响。

① 温度。温度变化对产品产量、成分比例有较大的影响。在较低温度下，有机废物大分子裂解成较多的中小分子，油类含量相对较多。随着温度升高，除大分子裂解外，许多中间产物也发生二次裂解，气体产量成正比增长，而焦油、炭渣相对减少。随着温度升高，脱氢反应加剧，使得 H_2 含量增加。

② 加热速率。加热速率对生成产品成分比例的影响较大。一般来说，在较低和较高的加热速率下，热解产品气体含量高。而随着加热速率的增加，产品中水分及有机物液体的含量逐渐减少。

③ 反应时间。反应时间是指反应物完成反应在炉内的停留时间。它与物料尺寸、物料分子结构特性、反应器内的温度水平、热解方式等因素有关，并且它又会影响热解产物的成分和总量。一般而言，物料尺寸越小，反应时间越短。物料分子结构越复杂，反应时间越长。反应温度越高，反应时间越短。热解方式对反应时间的影响更加明显，直接热解与间接热解相比热解时间要短得多。如果采用中间介质的间接热解方式，热解反应时间直接与处理量有关，处理量大小与反应器的热平衡直接相关，与设备的尺寸相关。

反应时间与热解产物的关系，本质上与热解温度和物料的分子结构特性相关。若其他条件相同，只考虑反应时间因素，则反应时间越长，热解的气态和液态产物越多。为了充分利用原料中的有机质，尽量脱出其中的挥发分，应使物料在反应器内停留一定的时间。

（3）热解设备

一个完整的热解工艺包括进料系统、反应器、回收净化系统、控制系统几个部分。其中反应器部分是整个工艺的核心，热解过程就在反应器中发生。不同的热解器类型决定了整个热解反应的方式以及热解产物的成分。反应器种类很多，主要根据燃烧床条件及内部物流方向进行分类。

① 固定床反应器。经选择和破碎的物料从反应器顶部加入，通过燃烧床向下移动，在反应器的底部引入预热的气体。这种反应器的产物包括从底部排出的熔渣和从顶部排出的气体。在固定燃烧床反应器中，维持反应进行的热量是由废物部分燃烧提供的。物料在反应器中滞留时间长，保证了废物最大限度地转换成燃料。但固定床反应器也存在一些技术难题，如黏性燃料需要进行预处理才能直接加入反应器。

② 流化床反应器。在流化床中，气体与物料同流向相接触，由于反应器中气体流速高到可以使颗粒悬浮，反应性能好，速度快。在流化床工艺控制中，要求物料颗粒本身可燃性好。另外，温度应控制在避免灰渣熔化的范围内。流化床适用于含水量高或波动大的物质，且设备尺寸比固定床小，但流化床反应器热损失大，气体中带走大量的热量和较多未反应的固体物质粉末。所以在物料本身热值不高的情况下，尚须提供辅助燃料以保持设备正常运转。

③ 回转炉。回转炉是一种间接加热的高温分解反应器，主要设备为一个稍微倾斜的圆筒，因此可以使物料移动通过蒸馏容器到卸料口。分解反应所产生的气体一部分在蒸馏容器

外壁与燃烧室内壁之间的空间燃烧，这部分热量用来加热物料。在这类装置中要求物料必须破碎较细，以保证反应进行完全。此类反应器生产的可燃气热值较高，可燃性好。

④ 双塔循环式热解反应器。双塔循环式热解反应器包括固体废物热分解塔和固形炭燃烧塔。二者的共同点是都是将热分解及燃烧反应分开在两个塔中进行。热解所需的热量，由热解生成的固体炭或燃料气在燃烧塔内燃烧供给。惰性的热媒体在燃烧炉内吸收热量并被流化气鼓动成流态化，经连络管返回燃烧炉内，再被加热返回热解炉。受热的废物在热解炉内分解，生成的气体一部分作为热分解炉的流动化气体循环使用，另一部分为产品，而生成的炭及油品，在燃烧炉内作为燃料使用，加热热媒体。双塔的优点是燃烧的废气不进入产品气体中，因此可得热值较高的燃料气；在燃烧炉内热媒体向上流动，可防止热媒体结块；因炭燃烧所需的空气量少，向外排出废气少；在流化床内温度均一，可以避免局部过热和防止结块。

大庆油田的含油污泥热解工艺选用了"回转式热解反应器"，是一种低温、慢热型间接加热方式的反应器，具有较好的物料适应性、灵活的操作调节性等优点，尤其适合高灰分、宽筛分的物料。

5.3　油田含油废弃物的组分分析

根据目前油田用防渗膜蓝旗布和五彩布在使用过程中性质的差别以及含油污泥和油基钻屑组分复杂等问题，对油田用不同阶段蓝旗布和五彩布的结构和组分进行分析，对含油污泥和油基钻屑的组分进行检测，目的是分析两种防渗膜结构和组分的差别以及含油污泥和油基钻屑的组分。

5.3.1　含油污泥及油基钻屑的组分分离

5.3.1.1　样品分析

2016 年 8 月接收裹有油泥的五彩布样品及油基钻屑（塑料袋装），如图 5-3 所示，标为"裹有油泥的五彩布"样品及"油基钻屑"样品。"裹有油泥的五彩布"样品表面油泥色泽为黑色，黏稠状，呈油泥的状态；"油基钻屑"样品色泽为褐色，颗粒较大，表面粗糙，可以看出明显颗粒。为防止样品中水分和轻质有机组分的挥发，将接收到的样品用塑料薄膜包裹，密封保存。

 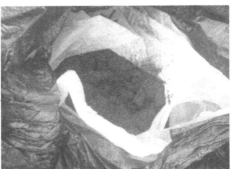

(a) 裹有油泥的五彩布样品　　　　　　　　　　(b) 裹有油泥的油基钻屑

图 5-3　裹有油泥的五彩布样品及油基钻屑实拍照片（见书后彩图）

5.3.1.2　组分分离

(1) 焙烧法

①首先将样品搅匀，选择成分均匀、没有明显颗粒的部分放入陶瓷材质的坩埚中（5个），称重并且在坩埚底部标号；

②将装有样品的坩埚放入马弗炉进行加热焙烧，设定焙烧温度分别为200℃、300℃、400℃、500℃、600℃，共计5个；

③在500℃下，每隔20min（100min为止，共计5个），从马弗炉中取出一个坩埚，记下标号、拍照、冷却后用分析天平称重；

④将焙烧物从坩埚中用钢勺刮下，装入样品袋中储存备用。

(2) 萃取法

①首先将样品搅匀，选择成分均匀、没有明显颗粒的部分；

②依次称取12份0.2g样品放入烧杯中并标号；

③将装有样品的烧杯在不同温度（25℃、35℃、45℃）、搅拌不同时间（20min、40min、60min、80min）下使用石油醚进行萃取，收集萃取油。

5.3.1.3　分离结果

(1) 焙烧分离结果

①含油污泥样品。含油污泥样品含油率较高，焙烧过程中产生大量的黑烟，中途打开马弗炉门时有明显的燃烧火焰。图5-4为含油污泥样品在不同温度下焙烧20min后的实拍照片，从照片中可以看出当焙烧温度较低（200℃、300℃、400℃）时，样品仍然是黑色的，说明焙烧不完全，含油组分没有充分燃烧。当焙烧温度提高到500℃时，样品呈现黄色，说明此时焙烧比较完全。当温度提高到600℃时，样品即呈现黄色，说明提高焙烧温度可以加快有机物的分解速率，即当焙烧温度为600℃时含油污泥中的有机物基本除去，残留物为难以燃烧的无机组分。

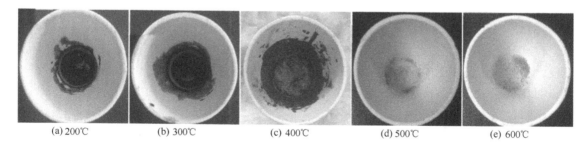

|(a) 200℃|(b) 300℃|(c) 400℃|(d) 500℃|(e) 600℃|

图5-4　含油污泥样品在不同焙烧温度下焙烧的实拍照片（见书后彩图）

图5-5为含油污泥样品在400℃下焙烧20min、40min、60min、80min、100min的实拍照片。从照片中可以看出当焙烧时间较短时，样品仍然是黑色的，说明焙烧不完全，含油组分没有充分燃烧。当焙烧时间逐渐延长时，坩埚内黑色组分变少，说明样品中含油成分逐渐减少。综上所述，提高焙烧温度和延长焙烧时间均能促进含油组分充分燃烧。

②油基钻屑样品。油基钻屑样品在焙烧过程中有少量的烟放出，中途取出样品时没有明显的燃烧火焰。图5-6为含油污泥样品在不同焙烧温度下焙烧20min的实拍照片。从照片中可以看出当焙烧温度较低（200℃、300℃、400℃）时，样品仍然是黑色的，说明焙烧不完全，含油组分没有充分燃烧。当焙烧温度提高到500℃时，样品呈现黄色，说明此时焙烧

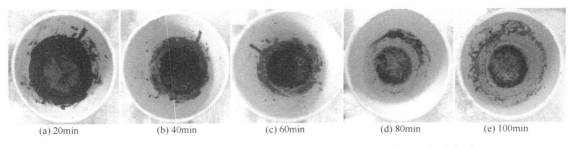

(a) 20min　　(b) 40min　　(c) 60min　　(d) 80min　　(e) 100min

图 5-5　含油污泥样品在 400℃下焙烧不同时间的实拍照片（见书后彩图）

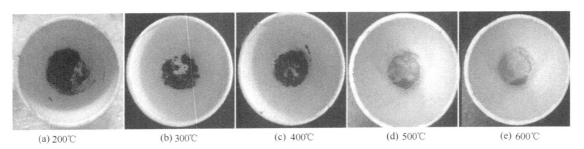

(a) 200℃　　(b) 300℃　　(c) 400℃　　(d) 500℃　　(e) 600℃

图 5-6　油基钻屑样品在不同焙烧温度下焙烧的实拍照片（见书后彩图）

比较完全。当温度提高到 600℃，焙烧 10min 时样品即呈现黄色，说明提高焙烧温度可以加快有机物的分解速率。这一现象与含油污泥类似，唯一不同的是油基钻屑残留的无机组分较多。

图 5-7 为油基钻屑样品在 400℃下焙烧 20min、40min、60min、80min、100min 的实拍照片。从照片中可以看出当焙烧时间较短时，样品仍然是黑色的，说明焙烧不完全，含油组分没有充分燃烧。当焙烧时间逐渐延长时，样品表面出现白点，说明此时含油组分减少。综上所述，提高焙烧温度和延长焙烧时间均能促进有机组分充分燃烧。该图与图 5-5 比较可以看出，油基钻屑无机组分含量较高，且有机组分相对较少。

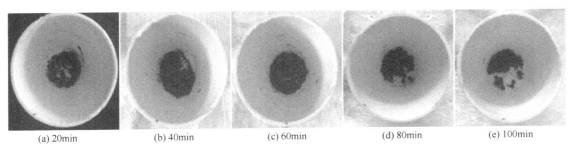

(a) 20min　　(b) 40min　　(c) 60min　　(d) 80min　　(e) 100min

图 5-7　油基钻屑样品在 400℃下焙烧不同时间的实拍照片（见书后彩图）

(2) 萃取分离结果

① 含油污泥样品。图 5-8 为相同质量（约 0.5g）含油污泥样品在不同萃取温度（25℃、35℃、45℃）下分别搅拌 20min、40min、60min、80min 的实拍照片（50mL 沸程为 60～90℃的石油醚为萃取剂）。

从图 5-8 中可以看出，当萃取剂温度较低时萃取油的颜色较浅，说明萃取不完全，含油组分没有完全被萃取出来。当萃取温度提高到 45℃时，萃取油呈现近乎黑色，说明此时萃

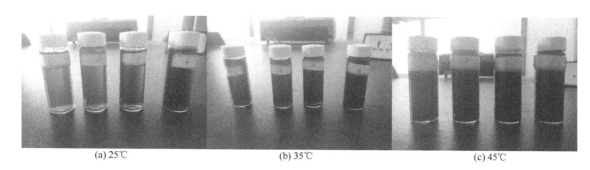

(a) 25℃   (b) 35℃   (c) 45℃

图 5-8 含油污泥萃取情况实拍图（见书后彩图）

取较充分。当萃取时间较短时，萃取油颜色也比较浅；随着萃取时间延长，萃取油颜色逐渐加深。由图 5-8 可知，萃取剂的温度越高，萃取时间越长，含油污泥的含油组分被萃取得越完全。

② 油基钻屑样品。图 5-9 为相同质量（约 0.5g）油基钻屑样品在不同萃取温度（25℃、35℃、45℃）下分别搅拌 20min、40min、60min、80min 的实拍照片（50mL 的 60～90 石油醚为萃取剂）。

从图 5-9 中可以看出，当萃取剂温度较低时，萃取油的颜色较浅，说明萃取不完全，含油组分没有被完全萃取出来。当萃取温度提高到 45℃时，萃取油呈现深黄色，说明此时萃取较充分。当萃取时间较短时，萃取油颜色较浅；随着萃取时间延长，萃取油颜色逐渐加深。由图 5-9 可知，萃取剂的温度越高，萃取时间越长，油基钻屑的含油组分被萃取得越完全。

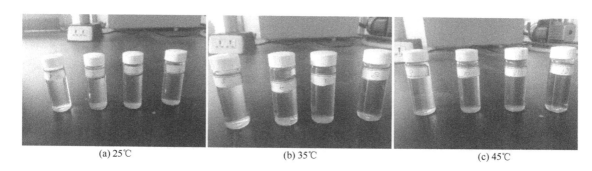

(a) 25℃   (b) 35℃   (c) 45℃

图 5-9 油基钻屑萃取情况实拍图（见书后彩图）

5.3.2 含油污泥及油基钻屑的理化特性分析

含油污泥由于产生条件不同，其物理和化学特性方面会产生很大的差别。了解含油污泥及油基钻屑本身的特点，也可以辅助分析焙烧温度对其成分的影响，因此有必要对现场的含油污泥及油基钻屑进行理化分析。在本次研究中含油污泥及油基钻屑理化特性的分析项目包括含油率、含水率、含泥率、无机物成分分析、元素分析、族组分分析、有机官能团分析、热解分析及焙烧物的微观形貌分析。

5.3.2.1 分析方法

(1) 含水率的测定［《原油水含量的测定 蒸馏法》（GB/T 8929—2006）］

① 实验仪器（图 5-10）：鼓风干燥箱、烧杯、干燥器和分析天平。

| (a) 天平 | (b) 烧瓶及电加热套 | (c) 接受器 | (d) 装置图 |

图 5-10　含水量测定所用仪器

② 实验步骤：a. 在预先干燥并已称量的烧杯内称取一定质量 m g 的样品（大约 2g），加入 200mL 二甲苯溶解样品，而后转移至烧瓶内；b. 将烧瓶放入电加热套缓慢加热（0.5～1h）以防止暴沸和系统水分损失；c. 馏出物应以每秒 2～5 滴速度滴进接受器，蒸馏至接受器外任何部位都无可见水，且接受器内水体积在 5min 内保持不变，体积为 V_1（精确到 0.025mL）；d. 将 200mL 二甲苯溶剂倒入蒸馏烧瓶中，重复上述步骤进行空白实验，记录接受器中水体积为 V_0（精确到 0.025mL）。

③ 结果计算：按公式（5-1）计算含油污泥及油基钻屑的含水率 w_1。

$$w_1 = \frac{V_1 - V_0}{m} \times 100\% \qquad (5\text{-}1)$$

式中　w_1——样品的含水率，%；

　　　m——样品的质量，g；

　　　V_1——接受器中水体积，mL；

　　　V_0——空白实验时接受器中水体积，mL。

(2) 含油率的测定（紫外检测法）

① 实验仪器：分析天平、烧杯、紫外-可见分光光度计。

② 实验步骤：a. 使用 30～60 石油醚从待测样品中萃取油品，经无水硫酸钠脱水后过滤，将滤液置于 65℃±5℃ 水浴上蒸出石油醚，然后置于 65℃±5℃ 恒温箱内去除残留的石油醚，即得标准油品；b. 准确称取标准油品 0.100g 溶于石油醚中，转移入 1000mL 容量瓶中并定容，制得标准油样溶液，此溶液中每毫升含 0.1mg 油；c. 向 6 个 50mL 容量瓶中，分别加入 0、2mL、4mL、6mL、8mL、10mL 标准油样溶液，用石油醚稀释至标线处，测定吸光度并绘制标准曲线；d. 对 m g 样品进行石油醚萃取，将萃取后的油样以石油醚为参比进行吸光度测定，在标准曲线上查出相应的油含量。

③ 结果计算：按公式（5-2）计算含油污泥及油基钻屑试样的含油率。

$$w_2 = \frac{m_1 \times 1000}{m} \times 100\% \qquad (5\text{-}2)$$

式中　w_2——样品的含油率，%；

m_1——从标准曲线上查得的油含量，mg；

m——样品的质量，g。

(3) 含泥率测定（萃取法和焙烧法）

一般认为含油污泥及油基钻屑中的主要成分为水、油和泥沙，所以含油污泥及油基钻屑中的含泥率可以按照公式（5-3）计算。

$$w_3 = 100\% - w_1 - w_2 \tag{5-3}$$

式中　w_3——样品的含泥率，%；

w_1——样品的含水率，%；

w_2——样品的含油率，%。

但在此处，我们仍采用萃取法和焙烧法对含油污泥及油基钻屑中的含泥率进行测定。

① 实验仪器：分析天平、烧杯、坩埚、真空干燥箱等。

② 实验步骤：a. 称取一定质量 m g 的样品于烧杯中，加入 30~60 石油醚在 45℃下搅拌溶解 30min 后进行过滤；b. 所得固体用蒸馏水冲洗 3~5 次，在 45℃真空干燥箱中恒重至两次称量的差值小于 0.0002g，记录质量为 m_1 g。

③ 结果计算：按公式（5-4）计算含油污泥试样的含沙率。

$$w_3 = \frac{m_1}{m} \times 100\% \tag{5-4}$$

式中　w_3——样品的含沙率，%；

m_1——样品中的泥沙质量，g；

m——样品的质量，g。

(4) 无机物成分测定（ICP 检测）

① 实验仪器：Shimadzu ICP 7510 型电感耦合等离子体原子发射光谱仪。

② 实验步骤：a. 将待测样品用 60~90 石油醚进行萃取，过滤后得到的固体残渣在 600℃下焙烧 3h，得到固体即为无机物；b. 将无机物固体用硝酸溶解后，在 ICP 上进行金属元素的定性分析。

(5) 油品元素分析（元素分析仪检测）

称取 0.10mg 样品，采用燃烧法测定油品有机组分中 C、H、N 和 O 轻组分的含量，分析含油污泥有机组分的组成。

(6) 油品族组分分析（气相色谱或质谱联用法检测）

采用气相色谱或质谱联用分析油品中族组分（轻组分）的组成以及含量。

(7) 油品热解分析（热重分析）

① 实验仪器：美国 Perkin Elmer 公司 Diamond TG/DTA 热重/差热分析仪。

② 实验步骤：a. 将待测样品放入热重分析仪；b. 设定升温范围为 50~600℃，升温速率为 10℃/min。

(8) 有机官能团测定（FT-IR 检测）

傅里叶变换红外光谱仪是利用特征吸收谱带的频率推断分子中存在某一基团或键，分析所测样品的官能团的结构信息。本实验样品的傅里叶变换红外光谱在 Bruker 公司 Tensor 27 型红外光谱仪上进行测定（图 5-11），测量范围为 500~4000cm^{-1}。

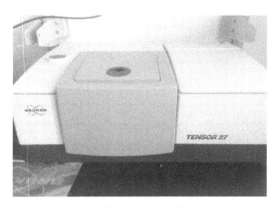

图 5-11 傅里叶变换红外光谱仪

(9) 焙烧物微观形貌分析 (扫描电镜分析)

扫描电子显微镜是研究物质微观形貌的重要手段。SEM 能产生被测样品表面的高分辨率三维图像，用来鉴定样品的表面结构，获得材料的尺寸等有用信息。扫描电子显微镜除了观察表面形貌外还能进行成分和元素的分析。本实验样品的形貌在 ZEISS 公司生产的 Sigma 型场发射扫描电子显微镜上进行分析，加速电压为 20kV。实验仪器：场发射扫描电镜（图 5-12）。

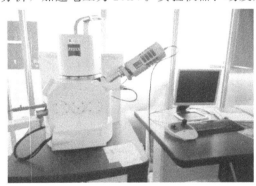

图 5-12 场发射扫描电镜

5.3.2.2 分析结果

(1) 含水率分析

含油污泥及油基钻屑属于危险废弃物，需要无害化处理。同时二者中含有较高浓度的烃类，可以通过一定的技术手段回收其中的原油，达到资源化利用的目的。在其资源化和无害化的过程中，确定油泥及钻屑中的含水率是评价其是否具有回收价值的重要因素，同时回收所得原油中的含水率也是影响其品质的重要因素。因此有必要对所送样品进行含水率的测定。测定数据见表 5-3。

表 5-3 含油污泥及油基钻屑样品中含水率的测定数据

样品	测试样次	样品的质量/g	接受器中水体积数值 V_1/mL	空白实验时接受器中水体积数值 V_0/mL	含水率/%	平均值/%
含油污泥	1	2.0471	0.125	0.025	4.88	4.84
	2	2.0956	0.125	0.025	4.77	
	3	2.5672	0.150	0.025	4.86	

续表

样品	测试样次	样品的质量/g	接受器中水体积数值 V_1/mL	空白实验时接受器中水体积数值 V_0/mL	含水率/%	平均值/%
油基钻屑	1	2.1857	0.150	0.025	5.72	
	2	1.6867	0.125	0.025	5.93	5.76
	3	2.2231	0.150	0.025	5.62	

　　表 5-3 为含油污泥及油基钻屑样品中水分的测定数据，为了保证测量的准确性，本次实验每个样品均测定了 3 次，最后取其平均值。从表 5-3 中可以看出含油污泥 3 次含水率的测定分别为 4.88%、4.77%、4.86%，平均值为 4.84%；油基钻屑 3 次含水率的测定分别为 5.72%、5.93%、5.62%，平均值为 5.76%。图 5-13 为含油污泥样品及油基钻屑含水率曲线，从图中曲线的变化规律可以看出，样品多次测量，数据比较稳定。油基钻屑含水率比含油污泥含水率高了约 1%，这可能与油基钻屑中有部分钻井液残留有关。

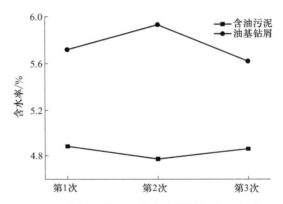

图 5-13　含油污泥样品和油基钻屑样品含水率对比图

(2) 含油率分析

　　石油及其产品在紫外光区有特征吸收，其中：带有苯环的芳香族化合物的主要吸收波长之一为 250~260nm；带有共轭双键的化合物的主要吸收波长为 215~230nm。一般原油的两个主要吸收波长为 225nm 及 254nm。本项目采用紫外-可见分光光度计对样品中油含量进行检测，具体数据列于表 5-4。从表中可看见，含油污泥样品的含油率分别为 84.06%、87.65%、83.64%，平均值为 85.12%。

表 5-4　含油污泥及油基钻屑样品中含油率的测定数据

样品	测试样次	样品的质量 m/g	从标准曲线上查得的油含量 m_1/g	样品的含油率 w_2/%	平均值/%
含油污泥	1	2.0587	1.7306	84.06	
	2	2.1206	1.8587	87.65	85.12
	3	2.3145	1.9358	83.64	
油基钻屑	1	2.2473	0.4218	18.77	
	2	2.0438	0.3728	18.24	18.09
	3	1.8547	0.3201	17.26	

图 5-14 为含油污泥样品和油基钻屑样品含油率对比图。从图中曲线的变化规律可以看出，样品多次测量，数据比较稳定。含油污泥的含油率比油基钻屑高了约 67%，这是因为油基钻屑的主要成分为固体钻屑，油含量较低。

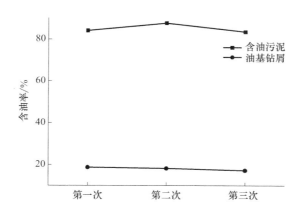

图 5-14　含油污泥样品和油基钻屑样品含油率对比图

（3）含泥率分析

含油污泥中的含泥率可以根据公式（5-4）计算。含油污泥样品的含泥率为 8.99%，油基钻屑样品中含泥率为 74.87%。一般认为含油污泥和油基钻屑的主要成分为水、油和泥沙，样品的含泥率可以按照公式（5-3）计算，得到样品的含泥率分别为 10.04%、76.15%，与实验所测 8.99%、74.87%（表 5-5）相差较小。由此可知，实验数据基本准确，误差较小。

表 5-5　含油污泥及油基钻屑样品中含泥率的测定数据

样品	测试样次	样品的质量 m/g	泥沙质量 m_1/g	样品的含泥率 w_3/%	平均值 /%
含油污泥	1	2.3328	0.2124	9.10	8.99
	2	2.3105	0.1988	8.60	
	3	1.947	0.1802	9.26	
油基钻屑	1	1.5272	1.1620	76.09	74.87
	74.872	2.0571	1.5404	74.88	
	3	2.4073	1.7730	73.65	

图 5-15 为含油污泥样品和油基钻屑样品含泥率对比图。由图 5-15 可以看出，含油污泥样品多次测量，数据波动较小，可靠性较高，且油基钻屑中固体泥沙的含量远高于含油污泥中。

（4）无机物成分分析

油泥中的固体颗粒由于其来源不同，成分也会有相应的变化。含油污泥及油基钻屑中的固体颗粒多为原油采出液带到地面的固体颗粒或钻屑颗粒，以及成油层与储油层的伴生物，包括砂岩、石灰岩等构成的细小岩屑或枯土。对样品分离后的残渣理化特性进行分析测试，可为分离后残渣无害化或资源化提供基础数据。

本实验根据 ICP 确定无机物中所含的金属种类及含量，结果如表 5-6 所列。

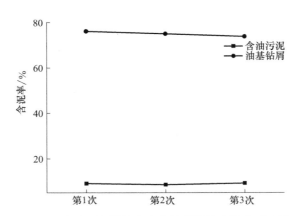

图 5-15 含油污泥样品和油基钻屑样品含泥率对比图

表 5-6 含油污泥及油基钻屑中金属元素含量的测定数据

种类	元素含量/%															
	Al	Ba	Ca	Fe	Mg	Na	S	Si	Ti	P	Li	Pb	Mn	K	Cu	Zn
含油污泥	0.180	0.007	0.123	0.102	0.041	0.132	0.537	0.078	0.006					0.172		
油基钻屑	0.122	0.004	0.132	0.516	0.024	0.192	0.211	0.132	0.004	0.018	0.002	0.006	0.028	0.096	0.001	0.006

　　由表 5-6 可以看出，含油污泥和油基钻屑中均含有一定量的 Al、Ba、Ca、Fe、Mg、Na、S、Si、Ti 等元素，但含油污泥中 S 元素含量明显高于油基钻屑，这是因为含油污泥中油含量较高。而油基钻屑中金属 Fe、Cu 等元素含量较高。

　　图 5-16 和图 5-17 分别为含油污泥和油基钻屑分离出的残渣采用 X 射线衍射分析法进行组分分析的谱图。X 射线衍射是基于晶体对 X 射线的衍射特征，即衍射线的位置、数量及强度来鉴定结晶物质物相的方法。通过特征峰与 PDF 标准卡片进行对比，并且参考表 5-6 所含金属的种类，最后确定含油污泥样品中的无机组分为 $CaSO_3 \cdot 0.5H_2O$、SiO_2、$BaSO_4$、

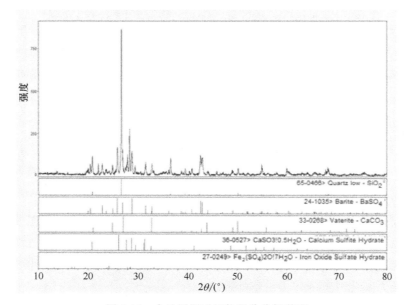

图 5-16 含油污泥无机物组分分析谱图

$Fe_2(SO_4)_2O \cdot 7H_2O$、$CaCO_3$；油基钻屑中的无机组分为 Al_2SiO_5、$Na(Si_3Al)O_8$、SiO_2、Fe_2O_3、$BaSO_4$、$CaSO_3$。

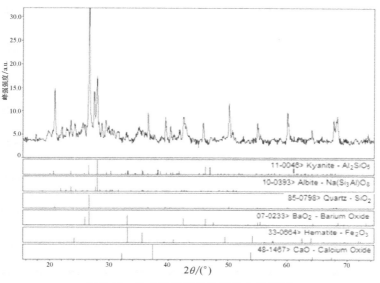

图 5-17 油基钻屑无机物组分分析谱图

(5) 油品元素分析（元素分析仪检测）

采用燃烧法测定油品有机组分中 C、H 和 N 轻元素的含量，分析含油污泥和油基钻屑中油有机组分的可能组成，结果见表 5-7。

表 5-7 含油污泥及油基钻屑中轻元素含量的测定结果（燃烧法）

样 品	轻元素含量/%		
	C	H	N
含油污泥	45.78	6.32	0.67
油基钻屑	39.54	5.49	1.16

由表 5-7 可以看出，含油污泥中有机组分含量较高，其中含油污泥中 C 与 H 摩尔比为 1∶2.5，这表明原油轻组分中不仅含有饱和烷烃，而且还含有不饱和烯烃、环烷烃或芳烃，其中 N 元素含量较低。油基钻屑中 C 与 H 摩尔比为 1∶1.8，这表明油基钻屑中饱和烷烃含量较低。

(6) 油品族组分分析（气相色谱-质谱联用法检测）

将含油污泥和油基钻屑萃取得到的有机相采用气相色谱-质谱联用法对其进行了测定，结果见图 5-18 和图 5-19。

由图 5-18 可以看出，含油污泥萃取油中的族组分主要为 C_{22} 以下的低碳烷烃，C_{22} 以上的高碳烷烃含量较低。

由图 5-19 可以看出，油基钻屑萃取油中的族组分主要为 C_{22} 以上的高碳烷烃，C_{22} 以下的低碳烷烃含量较低。

(7) 有机官能团测定（FT-IR 检测）

红外光谱与分子的结构密切相关，是研究表征分子结构的一种有效手段。与其他方法相比较，红外光谱由于对样品没有任何限制，许多有机官能团在红外光谱中都有特征吸收，所

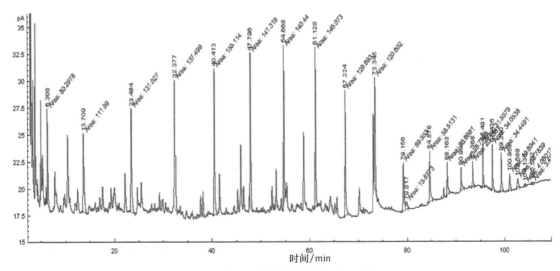

图 5-18　含油污泥萃取油中族组分分析

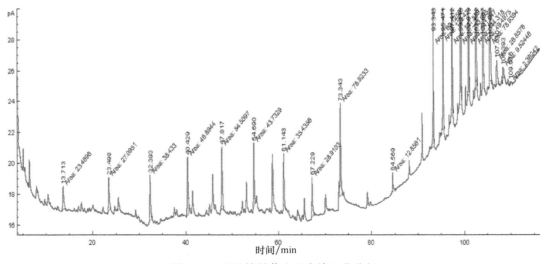

图 5-19　油基钻屑萃取油中族组分分析

以通过红外光谱测试，人们就可以判定未知样品中存在哪些有机官能团，这为最终确定未知物的化学结构奠定了基础。由于分子内和分子间相互作用，有机官能团的特征频率会发生细微变化，这为研究表征分子内、分子间相互作用创造了条件。

图 5-20 为含油污泥及油基钻屑萃取有机相的 FT-IR 谱图。可以看出含油污泥及油基钻屑萃取油的红外吸收峰的位置很相似。波数 2930cm^{-1} 和 2850cm^{-1} 为亚甲基的特征伸缩振动；1460cm^{-1} 为亚甲基对称弯曲振动，说明萃取油中以亚甲基为主；1370cm^{-1} 为甲基的对称弯曲振动，说明萃取油中存在甲基支链。在 720cm^{-1} 处也有一个比较强的吸收峰，一般认为是由—CH$_2$ 的平面摇摆振动引起的，表明萃取油中具有 4 个或 4 个以上的 "—CH$_2$—" 直线相连。在 800~1300cm^{-1} 存在若干个小的峰，主要为一些杂原子如 N、S 等引起的伸缩振动。吸收频率在 3000~4000cm^{-1} 范围内有一系列不太强的吸收峰，可能为炔烃氢、芳烃或烯烃氢的共轭伸缩振动，说明含油污泥的萃取油中还存在一定量的不饱和烃类组分。在

$1606cm^{-1}$ 形成的峰为碳碳双键伸缩振动骨架的特征峰，进一步说明萃取油中含有烯烃。在 $2720cm^{-1}$ 处的小吸收峰，为醛类"—CHO"上的"C—H"伸缩振动所致，说明萃取油中含有少量的醛类组分。

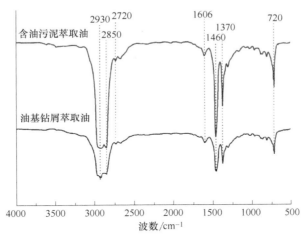

图 5-20　含油污泥样品和油基钻屑样品红外光谱对比图

(8) 油品热解分析（热重分析）

图 5-21 和图 5-22 为含油污泥及油基钻屑萃取油的 TG-DTA 分析。

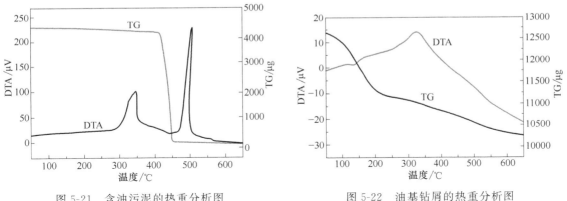

图 5-21　含油污泥的热重分析图　　　　图 5-22　油基钻屑的热重分析图

从图 5-21 中可以看出，含油污泥有两个失重阶段：第一阶段为 105～401℃，热失重约为 2%，且该部分出现了较宽的放热峰，这可能是含油污泥中少量饱和烷烃挥发导致的；第二阶段为 401～450℃，含油污泥的热失重约为 97%，剩余总量约为 1%，且该部分也出现了放热峰，这可能是含油污泥中所有的有机组分在该温度范围内全部挥发或热氧分解导致的。这一实验结果与含油污泥的焙烧结果完全一致。

从图 5-22 中可以看出，油基钻屑在整个测定温度范围内均发生总量损失。在温度为 25～200℃ 范围内，热失重速率较快；温度大于 200℃ 时，随温度的升高，热失重速率减慢，这可能是由于油基钻屑中的有机组分多为分子量较大、沸点较高的有机化合物，且有机物的分布较宽，导致随温度变化时，重量的变化比较缓慢，且当温度达到 650℃ 时，残余物质量占总质量的 80.4% 左右，且随温度升高质量仍呈降低的趋势。这表明油基钻屑中分子量较高的组分的含量较高，且含有部分有机盐。

(9) 焙烧物微观形貌分析（扫描电镜分析）

图 5-23 和图 5-24 为含油污泥及油基钻屑经高温焙烧后焙烧物在不同放大倍数下的 SEM 图。

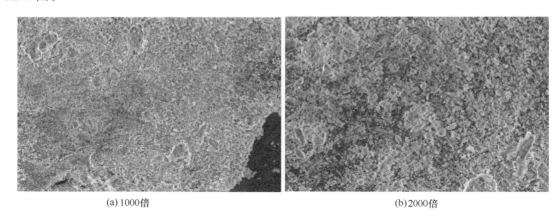

(a) 1000倍　　　　　　　　　　　　　　(b) 2000倍

图 5-23　含油污泥焙烧物电镜图

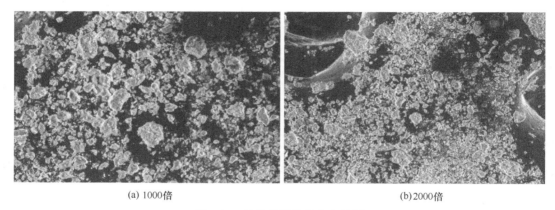

(a) 1000倍　　　　　　　　　　　　　　(b) 2000倍

图 5-24　油基钻屑焙烧物电镜图

由图 5-23 可以看出，含油污泥的焙烧物分布较为均匀，仅有少量的片晶，这主要还是因为含油污泥焙烧后剩余成分主要为泥沙，粒径较小，分布均匀。

由图 5-24 可以看出，油基钻屑的焙烧物 SEM 图中存在一定的晶体，且晶体的尺寸较大，这可能是由于油基钻屑中不仅含有泥沙，而且含有部分劣质土等，如硅酸钙、硅酸钠等的分解产物。

5.3.2.3　结论

通过对含油污泥及油基钻屑的理化特性分析，得出以下结论。

① 对含油污泥样品和油基钻屑的含水率、含油率和含泥率进行测定，结果表明：含油污泥的含水量率为 4.84%，油基钻屑的含水率为 5.76%；含油污泥的含油率为 85.12%，油基钻屑的含油率为 18.09%；含油污泥的含泥率为 8.99%，油基钻屑的含泥率为 74.87%。

② 对含油污泥和油基钻屑进行无机物组分分析，结果表明：含油污泥中的无机组分为 $CaSO_3 \cdot 0.5H_2O$、SiO_2、$BaSO_4$、$Fe_2(SO_4)_2O \cdot 7H_2O$、$CaCO_3$；油基钻屑的无机组分为 Al_2SiO_5、$Na(Si_3Al)O_8$、SiO_2、$BaSO_4$、Fe_2O_3、$CaSO_3$。且含油污泥焙烧后主要是均匀的、粒径较小的泥沙，而油基钻屑焙烧后不仅含有泥沙，而且含有不同晶型的硅酸盐。

③ 对含油污泥和油基钻屑的含油组分进行有机官能团分析，结果表明，两种被测物质所含有机物种类基本相同。萃取油中以亚甲基为主，并存在少量甲基支链。含油组分中存在一定量的饱和烃和不饱和烃组分，还有少量的醛类组分以及含氮化合物。

④ 对含油污泥和油基钻屑进行热稳定性分析，结果表明，含油污泥在温度为450℃时有机组分全部挥发或分解，而油基钻屑在温度为650℃时仍存在分子量较高、稳定性较好的有机组分。

5.3.3　不同种类五彩布和蓝旗布的组分分离

由于不同种类的五彩布和蓝旗布，尤其是裹油的五彩布和蓝旗布，表面物理吸附部分污油或其他有机无机物质，这些表面吸附的物质给五彩布和蓝旗布组成的检测带来了一定的难度或误差。本章主要是采用三种方法对不同种类五彩布和蓝旗布进行了处理，找到合适的处理方法和试剂，分离出易溶解的有机化合物和无机物，为5.3.4部分和5.3.5部分的检测做准备。

5.3.3.1　样品分析

2016年8月接收甲方送来新旧五彩布和蓝旗布、裹有油泥的五彩布和泥沙蓝旗布样品（塑料袋装），如图5-25所示（由于没有单独老化蓝旗布样品，因此我们选择经过脱泥处理的油泥蓝旗布作为老化蓝旗布进行检测分析）。为防止样品中水分和轻质有机组分的挥发，

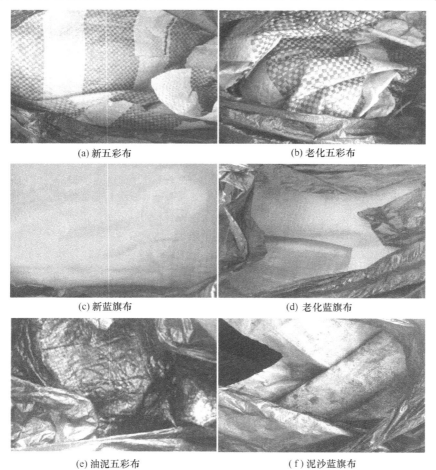

(a) 新五彩布　　(b) 老化五彩布　　(c) 新蓝旗布　　(d) 老化蓝旗布　　(e) 油泥五彩布　　(f) 泥沙蓝旗布

图5-25　样品实拍照片

将接收到的样品用塑料薄膜包裹，密封保存。

5.3.3.2 组分分离

(1) 萃取法

① 首先将样品布剪碎，选择成分均匀、没有明显瑕疵的部分；

② 将样品依次放入烧杯中并标号；

③ 将装有样品的烧杯在50℃下使用石油醚进行萃取，收集有机相。

(2) 酸化法

① 首先将样品布剪碎，选择成分均匀、没有明显瑕疵的部分；

② 将样品依次放入烧杯中并标号；

③ 向装有样品的烧杯中加入1mol/L的硫酸（或王水），收集样品。

(3) 焙烧法

① 首先将样品布剪碎，选择成分均匀、没有明显瑕疵的部分；

② 将样品依次放入坩埚中并标号；

③ 将装有样品的坩埚在500℃下焙烧1h后收集剩余灰分。

5.3.3.3 分离结果

(1) 萃取法

石油醚作为一种有机溶剂，能够有效萃取出五彩布及蓝旗布中的膜助剂，并能去除油泥五彩布及泥沙蓝旗布中的含油组分。

图5-26为油泥五彩布萃取前后的对比图。由图可以看出，油泥五彩布萃取前表面被油泥包裹，呈现黑色。萃取后五彩布显露出原本颜色，油泥基本被萃取干净。萃取剂也由原本透明澄清状变为黑色浑浊状。

(a) 萃取前油泥五彩布   (b) 萃取后油泥五彩布   (c) 萃取前萃取剂颜色   (d) 萃取后萃取剂颜色

图5-26　油泥五彩布萃取前后对比图（见书后彩图）

图5-27为泥沙蓝旗布萃取前后的对比图。由图可以看出，萃取前泥沙蓝旗布表面被泥沙覆盖，部分区域呈现泥沙的黑色。萃取后蓝旗布显露出原本颜色，泥沙基本被萃取干净。萃取剂也由原本透明澄清状变为棕色浑浊状。萃取液将溶剂蒸出后，根据5.3.1部分的方法测量油的组成，过滤得到的无机组分按照5.3.1部分的测量方法进行分析。

(2) 酸化法

该方法主要是用于分离出不同种类五彩布和蓝旗布中无机组分，便于后面采用ICP测定不同五彩布和蓝旗布中的金属元素含量。将6种防渗膜在浓硫酸和王水中沸腾条件下浸泡一段时间，观察液相和固相的变化，结果见表5-8。

(a) 萃取前泥沙蓝旗布

(b) 萃取后泥沙蓝旗布

(c) 萃取前萃取剂颜色

(d) 萃取后萃取剂颜色

图 5-27　泥沙蓝旗布萃取前后对比图（见书后彩图）

表 5-8　五彩布和蓝旗布酸化处理的结果

样品	液相		固相	
	浓硫酸	王水	浓硫酸	王水
新五彩布	基本不变色	颜色变深	溶胀	溶胀
新蓝旗布	基本不变色	颜色变深	溶胀	溶胀
老化五彩布	基本不变色	颜色变深	溶胀	溶胀
老化蓝旗布	基本不变色	颜色变深	溶胀	溶胀
裹油五彩布	颜色变深	颜色变深	溶胀	溶胀
裹油蓝旗布	颜色变深	颜色变深	溶胀	溶胀

由表 5-8 可以看出，采用浓硫酸和王水均不能将五彩布和蓝旗布溶解，仅仅是将其溶胀，这说明五彩布和蓝旗布均为非极性的有机高分子化合物。结合目前防渗膜的相关资料，可能是高分子量的聚乙烯、聚丙烯或者二者与聚对苯二甲酸乙二醇酯等的混合物。

表 5-9 为酸化前后样品的质量变化情况。如表中数据所示，油泥五彩布的酸化失重约为 3.26%，泥沙蓝旗布的酸化失重约为 4.05%。

表 5-9　酸化前后样品质量对比表

样品	酸化前样品的质量/g	酸化后样品的质量/g	差值/g	百分比/%
油泥五彩布	0.153	0.148	0.005	3.26
泥沙蓝旗布	0.321	0.308	0.013	4.05

（3）焙烧法

图 5-28 为油泥五彩布及泥沙蓝旗布焙烧物的实拍照片。由图 5-28 可以看出，油泥五彩布焙烧物呈现白色，主要为焙烧后灰分，而泥沙蓝旗布焙烧物呈现黄色。这可能是由于泥沙蓝旗布的焙烧物中有部分泥沙残余，致使灰分颜色发黄。

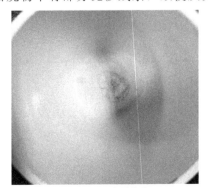
(a) 油泥五彩布焙烧物

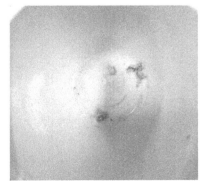
(b) 泥沙蓝旗布焙烧物

图 5-28　油泥五彩布及泥沙蓝旗布焙烧物实拍照片（见书后彩图）

5.3.4 五彩布和蓝旗布老化前后成分检测

五彩布和蓝旗布老化前后的分析包括：有机官能团分析、元素种类分析、热稳定性分析、膜分子量测定、有机物结构分析、炭黑含量测试、灰化分析及微观形貌分析等。

5.3.4.1 分析方法

(1) 有机官能团测定（FT-IR 检测）

傅里叶变换红外光谱仪是利用特征吸收谱带的频率推断分子中存在某一基团或键，分析所测样品的官能团的结构信息。本实验样品的傅里叶变换红外光谱在 Bruker 公司 Tensor 27 型红外光谱仪上进行测定（图 5-29），测量范围为 $500\sim4000cm^{-1}$。

(2) 元素种类分析（元素分析仪检测）

称取一定质量的防渗膜，在氧气环境下采用燃烧法测定五彩布和蓝旗布老化前后以

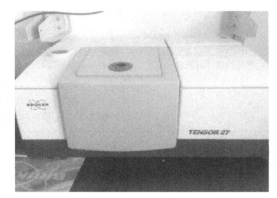

图 5-29 傅里叶变换红外光谱仪

及裹油五彩布和蓝旗布中 C、H、N 等轻元素的含量。采用 ICP 测定王水硝化后各种防渗膜中离子含量。

(3) 热稳定性分析（热重分析）

① 实验仪器：美国 Perkin Elmer 公司 Diamond TG/DTA 热重/差热分析仪。

② 实验步骤：a. 将待测样品放入热重分析仪；b. 设定升温范围为 $50\sim700℃$，升温速率为 $10℃/min$。

(4) 膜分子量测定

老化前后的五彩布和蓝旗布以及裹油五彩布和蓝旗布的分子量和分布采用美国 Varian 公司的 Waters GPC2000 型凝胶渗透色谱仪测定，分离柱型号为 PLgel，平均孔径为 $10\mu m$，以苯乙烯为标样（30kg/mol 和 200kg/mol），在 33℃下操作，检测角为 45°、90° 及 135°，激光波长为 687nm，流动相为 HPLC（高效液相色谱）级 THF（四氢呋喃），流动速率为 1.0mL/min，聚合物的注入浓度为 $5\sim15mg/mL$，加入量为 $200\mu L$。

(5) 有机物结构分析

由于五彩布和蓝旗布的溶解性极差，五彩布和蓝旗布在不同温度下，在常用的氘代试剂中的溶解性见表 5-10。

表 5-10 五彩布和蓝旗布在氘代试剂中的溶解性

试样	氘代甲醇	氘代水	氘代氯仿	氘代二甲基亚砜	氘代氯苯	氘代二氯苯
新五彩布	不溶	不溶	溶胀	溶胀	溶胀	溶胀
旧五彩布	不溶	不溶	溶胀	溶胀	溶胀	溶胀
新蓝旗布	不溶	不溶	溶胀	溶胀	溶胀	溶胀
旧蓝旗布	不溶	不溶	溶胀	溶胀	溶胀	溶胀

根据表 5-10 的实验结果，最后选用氘代邻二氯苯为溶剂，且温度升高至 1200℃。具体测试为：^{1}H-NMR 及 ^{13}C-NMR 分析所采用的仪器为美国 varian 公司的 NOVA-400MHz 型核

磁分析仪。^{1}H-NMR 的测试条件为：以氘代邻二氯苯为溶剂，测试温度 1200℃，扫描次数 4000 次，延迟时间 4s。^{13}C-NMR 的测试条件为：以氘代邻二氯苯为溶剂，测试温度 1200℃，扫描次数 4000 次，延迟时间 5s。采用上述条件测试老化前后五彩布和蓝旗布以及裹油五彩布和蓝旗布的 HNMR 和 CNMR 谱图，根据谱图的峰和化学位移分析其可能的化学结构。

(6) 炭黑含量测试

① 实验仪器：马弗炉。

② 实验步骤：a. 准确称取一定质量 m_0g 样品于坩埚中，并标号；b. 将坩埚置于 500℃ 马弗炉中在氮气氛围下热解 50min，冷却后称量质量记为 m_1g；c. 而后再在 900℃ 环境下煅烧 30min，冷却后称量质量记为 m_2g。

③ 结果计算：按公式（5-5）计算样品的炭黑含量 w_1。

$$w_1 = \frac{m_1 - m_2}{m_0} \times 100\% \qquad (5\text{-}5)$$

(7) 灰化分析

① 实验仪器：马弗炉。

② 实验步骤：a. 准确称取一定质量 m_0g 样品于坩埚中，并标号；b. 将坩埚置于 600℃ 马弗炉中在氮气氛围下煅烧 4h，冷却后称量质量记为 m_1g。

③ 结果计算：按公式（5-6）计算样品的灰分含量 w_2。

$$w_2 = \frac{m_1}{m_0} \times 100\% \qquad (5\text{-}6)$$

(8) 微观形貌分析（扫描电镜分析）

扫描电子显微镜是研究物质微观形貌的重要手段。SEM 能产生被测样品表面的高分辨率三维图像，用来鉴定样品的表面结构，获得材料的尺寸等有用信息。扫描电子显微镜除了观察表面形貌外还能进行成分和元素的分析。本实验样品的形貌在 ZEISS 公司生产的 Sigma 型场发射扫描电子显微镜上进行分析，加速电压为 20kV。实验仪器：场发射扫描电镜（图 5-30）。

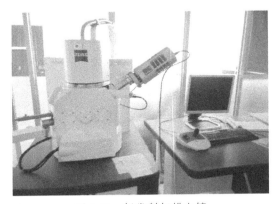

图 5-30　场发射扫描电镜

5.3.4.2　分析结果

(1) 有机官能团测定

红外光谱与分子的结构密切相关是研究表征分子结构的一种有效手段。与其他方法相比较，红外光谱由于对样品没有任何限制，许多有机官能团在红外光谱中都有特征吸收，所以通过红外光谱测试，人们就可以判定未知样品中存在哪些有机官能团，这为最终确定未知物的化学结构奠定了基础。由于分子内和分子间相互作用，有机官能团的特征频率会发生细微变化，这为研究表征分子内、分子间相互作用创造了条件。

① 五彩布的有机官能团测定。由于五彩布的透光性较差，特征官能团的吸收峰强度较弱，因此采用衰减全反射红外光谱测得红外光谱图（图 5-31）。

由图 5-31 （a） 可以看出，新五彩布在波数 2865～2980cm^{-1} 处出现了—CH$_2$—的伸缩振动特征峰，波数 1750cm^{-1} 处为 C＝O 的特征吸收峰，波数 1475cm^{-1} 处为—CH$_2$—的弯曲振动特征吸收峰，波数 1630cm^{-1} 处为—CONH—的特征吸收峰，波数 1180cm^{-1} 处的强吸收峰为 Si—O—Si 的特征吸收峰，波数 1000cm^{-1} 左右处的强吸收峰为 C—F 特征吸收峰，波数 800cm^{-1} 左右处为 Si—CH$_3$ 的特征吸收峰。720～735cm^{-1} 左右处为—CH$_2$—的非对称伸缩振动峰。

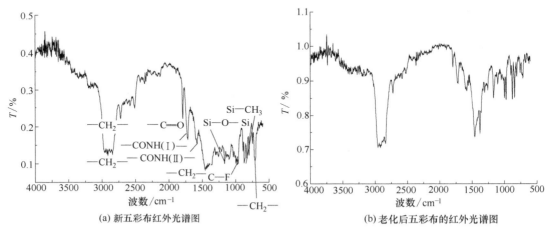

(a) 新五彩布红外光谱图　　　　(b) 老化后五彩布的红外光谱图

图 5-31　五彩布红外光谱图

图 5-31 （b） 为老化后五彩布的红外光谱图。由图 5-31 （b） 可以看出，在波数 2860～2980cm^{-1} 处出现了—CH$_2$—的伸缩振动特征峰，波数 1750cm^{-1} 处为 C＝O 的特征吸收峰，波数 1470cm^{-1} 处为—CH$_2$—的弯曲振动特征吸收峰，波数 1630cm^{-1} 处为—CONH—的特征吸收峰，波数 1180cm^{-1} 处的强吸收峰为 Si—O—Si 的特征吸收峰，波数 1000cm^{-1} 左右处的强吸收峰为 C—F 特征吸收峰，波数 800cm^{-1} 左右处为 Si—CH$_3$ 特征吸收峰，720～730cm^{-1} 左右处为—CH$_2$—的非对称伸缩振动峰。

由图 5-31 （a） 和 （b） 对比可以看出，两个谱图中出现特征峰的个数和对应的波数相同，表明老化后，波数 1750cm^{-1} 处和 1630cm^{-1} 处的吸收峰强度降低，这说明五彩布在老化过程中，极性物质（助剂）向表面或环境发生了迁移。从图 5-31 特征官能团对应的特征吸收峰可以看出，五彩布的主要成分为线性低密度聚乙烯，且其中添加了内润滑剂长链脂肪酰胺类化合物、外润滑剂有机硅类化合物和抗氧剂（防老剂）。

② 蓝旗布的有机官能团测定。由于蓝旗布与五彩布有相同的缺点，因此采用衰减全反射红外光谱测得红外光谱图 （图 5-32）。

由图 5-32 （a） 可以看出，在波数 3560cm^{-1} 处出现了较强的特征吸收峰，为添加的抗氧剂分子中酚羟基的特征吸收峰（抗氧剂受阻酚基团中—OH），在波数 2850～2980cm^{-1} 处出现了—CH$_2$—的伸缩振动特征峰，波数 2460cm^{-1} 和 2100cm^{-1} 处为—CN 或 P—H 的特征吸收峰（为增韧剂丁腈橡胶中—CN），波数 1730cm^{-1} 处弱的吸收峰为 C＝O 的特征吸收峰，波数 1470cm^{-1} 处宽而强的峰为—CH$_2$—的弯曲振动特征吸收峰，波数 1180cm^{-1} 处的强吸收峰为 Si—O—Si 的特征吸收峰，也为 C—O（酚）的特征吸收峰，波数 1000cm^{-1} 左右处的强吸收峰为 C—F 特征吸收峰或 C—O（醇）的特征吸收峰（抗氧剂受阻酚基团中

C—O），波数 800cm^{-1} 左右处为 Si—CH$_3$ 的特征吸收峰，750cm^{-1} 左右处为—CH$_2$—的非对称伸缩振动峰。这些特征官能团的出现表明蓝旗布的主要成分为聚乙烯，与五彩布不同的是，蓝旗布中可能含有受阻酚类抗氧剂和少量的丁腈橡胶增韧剂。

图 5-32（b）为老化后蓝旗布的红外光谱图。由图 5-32（b）可以看出，在波数 3560cm^{-1} 处出现了较强的特征吸收峰，可能为添加的抗氧剂分子中的羟基或氨基的特征吸收峰或氧化产生的羟基，且该处峰的强度高于新蓝旗布。波数 2850～2980cm^{-1} 处出现了—CH$_2$—的伸缩振动特征峰，该处的峰变强变宽。波数 2460cm^{-1} 和 2100cm^{-1} 处为—CN 或 P—H 的特征吸收峰，吸收峰强度变强，说明其含量增加。波数 1730cm^{-1} 处为 C═O 的特征吸收峰，且该吸收峰变强。波数 1470cm^{-1} 处为—CH$_2$—的弯曲振动特征吸收峰。波数 1180cm^{-1} 处的强吸收峰为 Si—O—Si 的特征吸收峰，也为 C—O（酚）的特征吸收峰。波数 1000cm^{-1} 左右处的强吸收峰为 C—F 特征吸收峰或 C—O（醇）的特征吸收峰。波数 800cm^{-1} 左右处为 Si—CH$_3$ 的特征吸收峰。750cm^{-1} 左右处为—CH$_2$—的非对称伸缩振动峰，吸收峰变强。

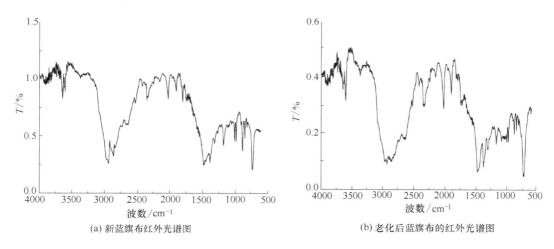

(a) 新蓝旗布红外光谱图　　　　　　　(b) 老化后蓝旗布的红外光谱图

图 5-32　蓝旗布红外光谱图

由图 5-32（a）和（b）对比可以看出，两个谱图中出现特征峰的个数和对应的波数相同，且吸收峰强度变化较小，这说明蓝旗布稳定性较好，在使用过程中几乎没有发生物理作用或化学反应。这进一步说明蓝旗布被丁腈橡胶增韧后，稳定性增强，同时添加的受阻酚类抗氧剂起到良好的热氧稳定作用。

由图 5-31（a）和图 5-32（a）对比可以看出，蓝旗布在波数 3560cm^{-1} 处出现了较强的特征吸收峰，而五彩布中没有，这表明蓝旗布中含有酚羟基；蓝旗布在波数 2460cm^{-1} 和 2100cm^{-1} 处出现了—CN 较强的特征吸收峰，而五彩布中没有，这表明蓝旗布中含有增韧剂丁腈橡胶。五彩布在波数 1400～1630cm^{-1} 处出现了酰胺键较强的特征吸收峰，而蓝旗布没有，这表明五彩布中添加了酰胺类润滑剂。五彩布和蓝旗布的其他特征吸收峰出现的位置比较接近，这表明二者的组成比较接近。

（2）元素种类分析（元素分析仪检测）

采用燃烧法测定老化前后的五彩布和蓝旗布中 C、H、N 轻元素的组成，结果见表 5-11。采用 ICP 测得 4 种防渗膜中各种离子含量，结果见表 5-12。

表 5-11 老化前后五彩布和蓝旗布的轻元素测定结果

样品	C/%	H/%	N/%
新五彩布	78.98	6.87	0.012
老化五彩布	76.71	5.98	0.018
新蓝旗布	74.54	5.12	0.94
老化蓝旗布	73.92	5.06	0.88

由表 5-11 可以看出，新五彩布和老化五彩布中 C 和 H 元素含量较高，且新五彩布中 C 与 H 元素的摩尔比约为 1∶2，而老化五彩布中 C 与 H 元素的摩尔比降低，两种五彩布中 N 元素含量很低，这进一步表明，五彩布的主要成分可能是聚乙烯。在五彩布使用过程中，由于受到热、氧、光作用，五彩布发生氧化作用，其 C 和 H 比例下降。蓝旗布中 C 与 H 元素摩尔比接近 1∶1.5，但是 C 和 H 含量较低，且 N 元素含量较高，这表明蓝旗布的主要成分除了非极性的聚烯烃外，还有其他聚合物。

表 5-12 老化前后五彩布和蓝旗布的 ICP 测试结果

种类	元素含量/%												
	Al	Ba	Br	Ca	Fe	Mg	Na	S	Si	Ti	P	W	Zn
新五彩布	0.226	0.013	3.570	2.856	0.111	0.058	0.274	0.155	0.131	0.012	0.001	0.030	0.014
旧五彩布	1.512	0.055	2.268	2.646	0.125	0.039	0.277	0.066	0.265	0.028	0.001	0.189	0.019
新蓝旗布	0.066	0.020	0.972	0.543	0.259	0.011	1.620	0.502	0.089	0.007	0.097	0.009	0.010
旧蓝旗布	0.015	0.003	1.824	1.672	0.071	0.014	0.334	0.152	0.021	0.005	0.011	0.005	0.008

由表 5-12 可以看出，五彩布中含有一定量的 Al、Br、Ca、Na、S、Si、Fe 元素，这表明五彩布中含有阻燃剂 Al_2O_3 和溴类、热稳定剂和 Si 类润滑剂，且老化五彩布中 Al、Si 元素含量增加，其他几种元素含量降低。蓝旗布中含有 Br、Ca、Na、S、Si、Fe、P 元素，但含量均较低；老化蓝旗布中 Br、Ca 增加，而其他元素含量降低。

(3) 热稳定性分析（热重分析）

① 五彩布的热稳定性分析。由图 5-33（a）可以看出，新五彩布出现三段失重，初始热分解温度为 215.5℃，215.5～354.3℃发生部分分解，热失重为 84.7%，完全失重的温度为 577.69℃。这说明五彩布的耐热温度在 210℃以下，高于该温度，五彩布会发生热分解，丧失其使用性能。由图 5-33（b）可以看出，老化五彩布也出现三段失重，初始热分解温度为 209.7℃，209.7～387.43℃发生分解，热失重为 95.38%，完全失重的温度为 399.45℃。这说明老化五彩布的耐热温度在 209℃以下，老化五彩布的完全失重温度远低于新五彩布的失

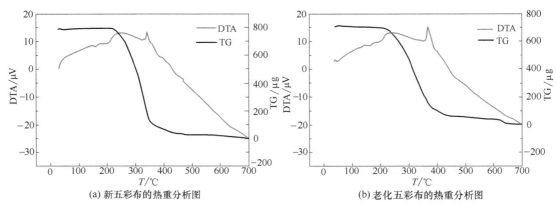

(a) 新五彩布的热重分析图   (b) 老化五彩布的热重分析图

图 5-33 五彩布热重分析图

重温度。这说明五彩布在老化过程中发生了链的降解，导致其热稳定性下降。

② 蓝旗布的热稳定性分析。由图 5-34（a）可以看出，新蓝旗布出现二段失重。初始热分解温度为 230.2℃，230.2～472.8℃ 发生部分分解，热失重为 92.63%，472.8～699.3℃ 发生第二段热分解，当热分解温度为 699.34℃ 时，质量不发生变化，剩余质量占总质量的 2.66%。这说明蓝旗布的耐热温度在 230℃ 以下，高于该温度，蓝旗布会发生热分解，丧失使用性能，但最终仍存在少量的不分解物质，分析可能为添加的无机助剂，如阻燃剂或润滑剂等。由图 5-34（b）可以看出，老化蓝旗布初始热分解温度为 230.1℃，完全失重的温度为 486.3℃（之后仍有残余，但为不燃物杂质、泥沙等）。这说明老化蓝旗布的耐热温度在 230℃ 以下。老化蓝旗布的完全失重温度远低于新蓝旗布的失重温度，这说明蓝旗布在老化过程中发生了链的降解，导致其热稳定性下降。

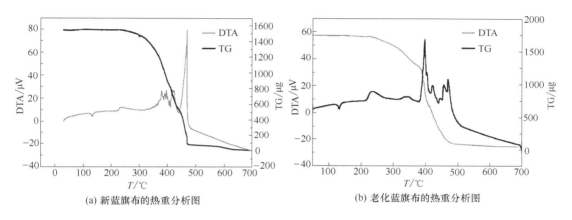

(a) 新蓝旗布的热重分析图　　　　　　(b) 老化蓝旗布的热重分析图

图 5-34　蓝旗布热重分析图

（4）膜分子量测定

采用 GPC 测得新五彩布和老化五彩布的分子量和分子量分布见图 5-35。由图 5-35 可以看出，五彩布的分子量较大，且为单峰，分子量分布较宽，分子量最大时可达 316600g/mol。老化五彩布的分子量较小，这说明在老化过程中，部分分子链发生断裂，导致分子量降低。

采用 GPC 测得新蓝旗布和老化蓝旗布的分子量和分子量分布见图 5-36。由图 5-36 可以看出，蓝旗布的分子量较大，且为双峰，分子量分布较宽。

（5）有机物结构分析

由于前面的表征结果表明，五彩布和蓝旗布的主要成分均为聚乙烯，但由于二者性质上存在差异，为了进一步研究二者结构的差别（即支化度和支链长度），采用核磁共振碳谱对新五彩布和老化五彩布进行表征，并与纯聚乙烯膜（高支化聚乙烯）进行了对比，结果见图 5-37。其中（b）为聚乙烯的 ^{13}C NMR 图，（a）为新五彩布的 ^{13}C NMR 图，（c）为老化五彩布的 ^{13}C NMR 图。其中图 5-37（b）中的 1～17 表示聚乙烯膜中支化碳的化学位移，包括甲基（$1B_1$）、乙基（$1B_2$）、丙基（$1B_3$）、丁基（$2B_4$）2-甲基-烷基支链（$2B_n$）基团。由图 5-37 可以看出，五彩布主要是支化聚乙烯，支链主要为甲基和乙基等短支链，但由于溶解性不好，测得谱图的峰强较弱。

采用同样的方法对蓝旗布进行了测定，并与支化聚乙烯进行了对比，结果见图 5-38。聚乙烯膜支化链碳化学位移数据见表 5-13。图 5-38（b）为支化聚乙烯的 ^{13}C NMR 图，（a）

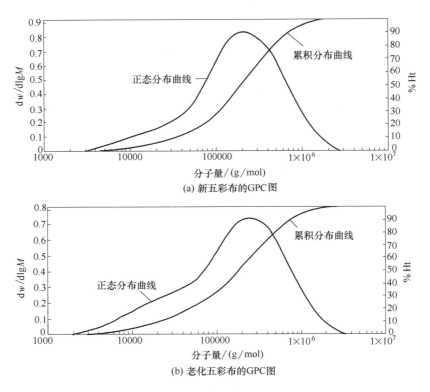

(a) 新五彩布的GPC图

(b) 老化五彩布的GPC图

图 5-35　五彩布的 GPC 图

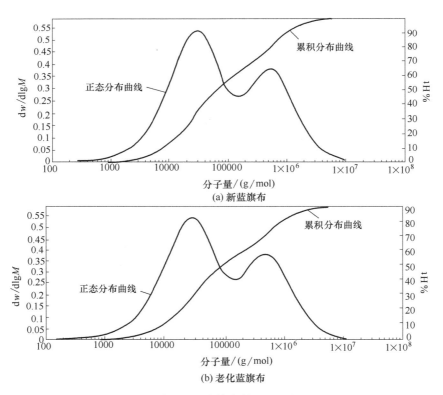

(a) 新蓝旗布

(b) 老化蓝旗布

图 5-36　蓝旗布的 GPC 图

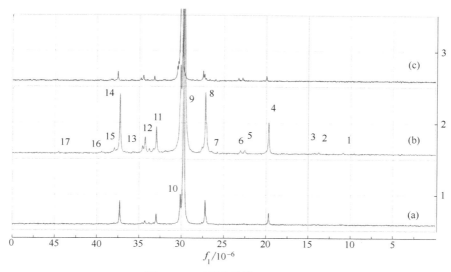

图 5-37　五彩布的^{13}C NMR 图

为新蓝旗布的^{13}C NMR 图，（c）为老化蓝旗布的^{13}C NMR 图。由图 5-38 可以看出，蓝旗布的^{13}C NMR 图与五彩布的^{13}C NMR 图稍有差别，除了含有支化聚乙烯外，由于溶解性较差，其他 C 的化学位移较弱，未能体现出，有待进一步研究。

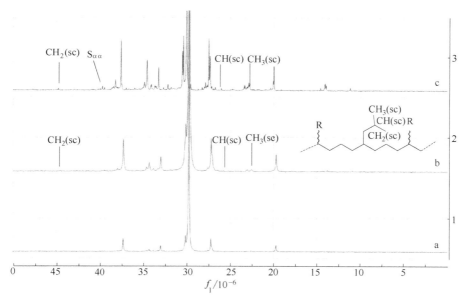

图 5-38　蓝旗布的^{13}C NMR 图

表 5-13　聚乙烯膜支化链碳化学位移

序列	碳原子	化学位移
1	$1B_2$	10.88
2	$1B_4$，$1B_5$，$1B_n$	13.77
3	$1B_3$	14.01
4	$1B_1$，$1,4-B_1$	19.69
5	$2B_5$，$2B_n$	22.51
6	CH_3(sc)	23.01

序列	碳原子	化学位移
7	CH(sc)	25.76
8	βB_1，$4B_5$	27.17
9	$S_{\delta\delta}$	29.71
10	γB_1	30.01
11	brB_1	32.98
12	$1,4\text{-}brB_1$	34.30
13	$T_{\delta\delta}$	35.74
14	αB_1，$1,4\text{-}\alpha B_1$	37.27
15	brB_4，brB_5	37.94
16	$S_{\alpha\alpha}$	39.45
17	$CH_2(sc)$	44.53

(6) 炭黑含量测试

① 五彩布的炭黑及灰分含量分析。炭黑是含碳物质在空气不足的条件下经不完全燃烧或受热分解而得的产物，而灰分代表物质中无机物。由表 5-14 可以看出，新五彩布的炭黑含量相比老化五彩布更高，这表明新五彩布不完全燃烧产物含量最高。由表5-14 还可以看出，新五彩布的灰分含量高于老化五彩布。这表明新五彩布中无机物含量较高，随着五彩布在使用过程或老化过程中受环境的影响，无机物发生迁移或析出，导致其灰分含量降低。

表 5-14　五彩布的炭黑和灰分含量

样品名称	炭黑含量/%	灰分含量/%
新五彩布	4.06	10.22
老化五彩布	3.13	9.94

② 蓝旗布的炭黑及灰分含量分析。由表 5-15 可以看出，老化蓝旗布的炭黑含量和灰分含量高于新蓝旗布。这表明蓝旗布在使用过程中表面吸附了部分污泥，导致其无机物含量和不完全燃烧产物含量增加。

表 5-15　蓝旗布的炭黑和灰分含量

样品名称	炭黑含量/%	灰分含量/%
新蓝旗布	1.53	2.33
老化蓝旗布	2.00	4.01

(7) 微观形貌分析（扫描电镜分析）

① 五彩布的表观形貌分析。由图 5-39 (a) 可以看出，新五彩布的表面相对平整，只有极少地方出现斑点；由图 5-39 (b) 扫描倍数放大后的图片也可以看出，新五彩布表面比较平整，但仍然存在少量斑点，分析原因可能为：新五彩布在加工成形过程中，极少量添加剂发生迁移或析出导致的。

由图 5-40 (a) 可以看出，老化五彩布的表面极其不平整，且大部分地方出现裂纹和斑痕；由图 5-40 (b) 扫描倍数放大后的图片也可以看出，老化五彩布表面出现大量破损和卷曲，这主要是由于五彩布在老化过程中受热、氧、光的综合作用，发生热氧化降解，分子链发生断裂，生成过氧自由基，加速了五彩布的热氧化降解。同时，在五彩布的老化过程中，可能存在部分防老剂（如光稳定剂、热稳定剂、抗氧剂等）迁移或析出，导致防老剂在五彩布的老化过程中防老效果下降。因此，五彩布表面的老化情况最为严重。

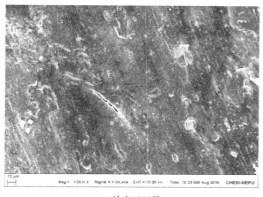

(a) 放大1000倍

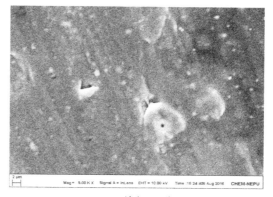

(b) 放大5000倍

图 5-39　新五彩布微观形貌图

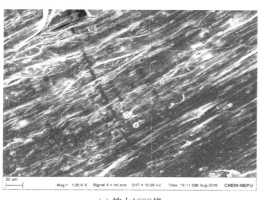

(a) 放大1000倍

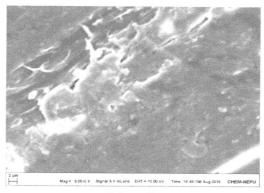

(b) 放大5000倍

图 5-40　老化五彩布微观形貌图

　　由图 5-39 与图 5-40 对比可以发现，老化五彩布表面不平整，发生了一定程度的老化降解，表面出现了大量的裂纹或斑点。这说明五彩布在使用过程中会发生氧化降解，降低其使用寿命。

　　② 蓝旗布的表观形貌分析。由图 5-41 （a）可以看出，新蓝旗布的表面相对平整，只有

(a) 放大1000倍

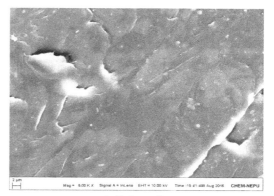

(b) 放大5000倍

图 5-41　新蓝旗布微观形貌图

极少地方出现斑点和裂纹；由图 5-41（b）扫描尺寸放大后的图也可以看出，新蓝旗布表面比较平整，但仍然存在少量斑点，分析原因可能为，新蓝旗布在加工成形过程中，极少量添加剂发生迁移或析出导致的。

由图 5-42（a）可以看出，老化蓝旗布的表面极其不平整，表观形貌与老化五彩布比较相似；由图 5-42（b）扫描尺寸放大后的图也可以看出，老化蓝旗布表面同样出现裂纹和斑点，表观形貌稍有差别。这进一步说明蓝旗布在使用过程中，同样受热、氧、光作用，发生热氧化降解，分子链发生断裂，生成过氧自由基，加速了蓝旗布的热氧化降解。同时，在蓝旗布的老化过程中，可能部分防老剂（如光稳定剂、热稳定剂、抗氧剂等）迁移或析出，导致防老剂在蓝旗布的老化过程中防老效果下降，尤其是蓝旗布的表面老化较严重。但与五彩布相比较，老化程度很弱。

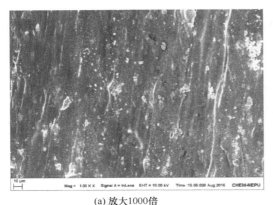
(a) 放大1000倍

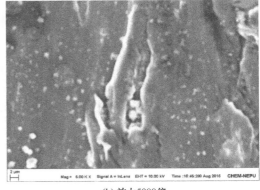
(b) 放大5000倍

图 5-42　老化蓝旗布微观形貌图

由图 5-41 与图 5-42 对比可以看出，老化蓝旗布表面均不平整，发生了不同程度的老化降解，表面出现了大量的裂纹或斑点。这说明蓝旗布在使用过程中会发生氧化降解，降低其使用寿命。

5.3.4.3　结论

通过对五彩布和蓝旗布老化前后成分的检测分析，得出以下结论。

① 红外光谱表征的结果表明，五彩布的主要成分可能为聚乙烯，且含有少量的内润滑剂和硅类外润滑剂，而蓝旗布的主要成分可能为聚乙烯和聚对苯二甲酸乙二醇酯，且蓝旗布中可能含有酚类抗氧剂以及硬脂酸钙热稳定剂。

② 元素分析以及核磁分析的结果表明，五彩布和蓝旗布存在较大的差别。五彩布可能为含有短支链的支化聚乙烯，且添加的助剂可能有 Al_2O_3 和溴类阻燃剂、热稳定剂；而蓝旗布可能为支化聚乙烯和聚对苯二甲酸乙二醇酯，且添加的助剂可能为溴类阻燃剂。

③ GPC 测定的结果表明，五彩布的分子量为 30 万左右，单峰，分子量分布较宽，且随着老化程度的增加，低分子量部分增加；蓝旗布的分子量也在 30 万左右，双峰，分子量分布较宽，且随着老化程度的增加，分子量分布几乎没有变化。

④ SEM 分析结果表明，老化五彩布的表面很粗糙，表明氧化降解程度较大，而蓝旗布表面较为粗糙，老化程度较低。

5.3.5　裹有油泥的五彩布和泥沙蓝旗布成分检测

裹有油泥的五彩布和泥沙蓝旗布中含油部分与含油污泥相同，具体分析方法与上相同，在本章没有进行详细分析，主要是对除去污泥后的五彩布和蓝旗布进行了分析，主要包括有机官能团测定、元素种类分析、热稳定性分析、膜分子量测定、炭黑含量测试及微观形貌分析。

5.3.5.1　分析方法

（1）有机官能团测定（FT-IR 检测）

傅里叶变换红外光谱仪是利用特征吸收谱带的频率推断分子中存在某一基团或键，分析所测样品的官能团的结构信息。本实验样品的傅里叶变换红外光谱在 Bruker 公司 Tensor 27 型红外光谱仪（图 5-43）上进行测定，测量范围为 $500 \sim 4000 \text{cm}^{-1}$。

图 5-43　傅里叶变换红外光谱仪

（2）元素种类分析（元素分析仪检测）

称取一定质量的防渗膜，在氧气环境下采用燃烧法测定油泥五彩布和泥沙蓝旗布中 C、H、N 等轻元素的含量。

（3）热稳定性分析（热重分析）

① 实验仪器：美国 Perkin Elmer 公司 Diamond TG/DTA 热重/差热分析仪。

② 实验步骤：a. 将待测样品放入热重分析仪；b. 设定升温范围为 $50 \sim 700℃$，升温速率为 $10℃/\text{min}$。

（4）膜分子量测定

老化前后的五彩布和蓝旗布以及裹油五彩布和蓝旗布的分子量及其分布采用美国 Varian 公司的 Waters GPC2000 型凝胶渗透色谱仪测定，分离柱型号为 PLgel，平均孔径为 $10\mu\text{m}$，以苯乙烯为标样（30kg/mol 和 200kg/mol），33℃ 下操作，检测角为 45°、90° 及 135°，激光波长为 687nm，流动相为 HPLC 级 THF，流动速率为 1.0mL/min，聚合物的注入浓度为 $5 \sim 15\text{mg/mL}$，加入量为 $200\mu\text{L}$。

（5）炭黑含量测试

① 实验仪器：马弗炉。

② 实验步骤：a. 准确称取一定质量 m_0g 样品于坩埚中，并标号；b. 将坩埚置于 500℃ 马弗炉中在氮气氛围下热解 50min，冷却后称量质量记为 m_1；c. 900℃ 氛围下再煅烧 30min，冷却后称量质量记为 m_2。

③ 结果计算：按公式（5-7）计算样品的炭黑含量 w_1。

$$w_1 = \frac{m_1 - m_2}{m_0} \times 100\% \tag{5-7}$$

（6）微观形貌分析（扫描电镜分析）

扫描电子显微镜是研究物质微观形貌的重要手段。SEM 能产生被测样品表面的高分辨率三维图像，用来鉴定样品的表面结构，获得材料的尺寸等有用信息。扫描电子显微镜除了观察表面形貌外还能进行成分和元素的分析。本实验样品的形貌在 ZEISS 公司生产的 Sigma 型场发射扫描电子显微镜上进行分析，加速电压为20kV。实验仪器：场发射扫描电镜（图5-44）。

5.3.5.2 分析结果

(1) 有机官能团测定

红外光谱与分子的结构密切相关，是研究表征分子结构的一种有效手段。与其他方法相比较，红外光谱由于对样品没有任何限制，许多有机官能团在红外光谱中都有特征吸收，所以通过红外光谱测试，人们就可以判定未知样品中存在哪些有机官能团，这为最终确定未知物的化学结构奠定了基础。由于分子内和分子间相互作用，有机官能团的特征频率会发生细微变化，这为研究表征分子内、分子间相互作用创造了条件。

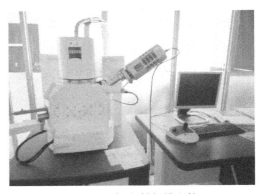

图 5-44　场发射扫描电镜

① 油泥五彩布的有机官能团测定。由于五彩布的透光性较差，特征官能团的吸收峰强度较弱，因此采用衰减全反射红外光谱测得红外光谱图（图5-45）。

由图 5-45 可以看出，在波数 $2860 \sim 2980 cm^{-1}$ 处出现了—CH_2—的伸缩振动特征峰；波数 $1750 cm^{-1}$ 处可能为 C—O 的特征吸收峰；波数 $1470 cm^{-1}$ 处为—CH_2—的弯曲振动特征吸收峰；波数 $1630 cm^{-1}$ 处可能为—CONH—的特征吸收峰；波数 $1180 cm^{-1}$ 处的强吸收峰可能为 Si—O—Si 的特征吸收峰，也可能为 C—O（酚）的特征吸收峰；波数 $1000 cm^{-1}$ 左右处的强吸收峰为 C—F 特征吸收峰或 C—O（醇）的特征吸收峰；波数 $800 cm^{-1}$ 左右处可能为 Si—CH_3 的特征吸收峰；$720 \sim 730 cm^{-1}$ 左右处为—CH_2—的非对称伸缩振动峰。图 5-45 中杂峰较多且峰高较大，原因可能是五彩布中有部分油泥存在，对红外测试结果有一定影响。

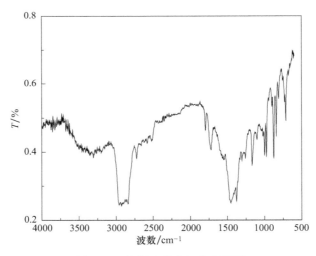

图 5-45　油泥五彩布红外光谱图

② 蓝旗布的有机官能团测定。由于蓝旗布与五彩布有相同的缺点，因此采用衰减全反射红外光谱测得红外光谱图（图5-46）。

图 5-46 为泥沙蓝旗布的红外光谱图。由图 5-46 可以看出，在波数 $3560 cm^{-1}$ 处出现了

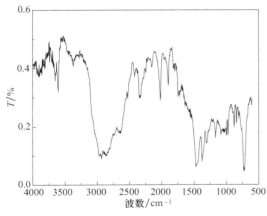

图 5-46　泥沙蓝旗布红外光谱图

较强的特征吸收峰，可能为添加的抗氧剂分子中的羟基或氨基的特征吸收峰，或氧化产生的羟基的特征吸收峰，且该处峰的强度高于新蓝旗布。在波数 $2850 \sim 2980 cm^{-1}$ 处出现了—CH_2—的伸缩振动特征峰，该处的峰变强变宽。波数 $2460 cm^{-1}$ 和 $2100 cm^{-1}$ 处为—CN 或 P—H 的特征吸收峰，吸收峰强度变强，说明其含量增加。波数 $1730 cm^{-1}$ 处可能为 C=O 的特征吸收峰，且该吸收峰变强。波数 $1470 cm^{-1}$ 处为—CH_2—的弯曲振动特征吸收峰。波数 $1180 cm^{-1}$ 处的强吸收峰可能为 Si—O—Si 的特征吸收峰，也可能为 C—O（酚）的特征吸收峰。波数 $1000 cm^{-1}$ 左右处的强吸收峰为 C—F 特征吸收峰或 C—O（醇）的特征吸收峰。波数 $800 cm^{-1}$ 左右处可能为 Si—CH_3 的特征吸收峰。$750 cm^{-1}$ 左右处为—CH_2—的非对称伸缩振动峰，吸收峰变强。

（2）元素种类分析（元素分析仪检测）

采用燃烧法测定油泥五彩布和泥沙蓝旗布中 C、H、N 轻元素的组成，结果见表 5-16。

表 5-16　油泥五彩布和泥沙蓝旗布的轻元素测定结果

样品	C/%	H/%	N/%
油泥五彩布	79.32	6.93	0.013
泥沙蓝旗布	74.81	5.33	0.96

由表 5-16 可以看出，油泥五彩布和泥沙蓝旗布中 C 和 H 元素含量较高，且油泥五彩布中 C 与 H 元素的摩尔比约为 1:2，两种五彩布中 N 元素含量很低，这进一步表明，五彩布的主要成分可能是聚乙烯。泥沙蓝旗布中 C 与 H 元素的摩尔比接近 1:1.5，但是 C 和 H 含量较低，且 N 元素含量较高，这表明蓝旗布的主要成分除了非极性的聚烯烃外，还有其他聚合物。

（3）热稳定性分析（热重分析）

① 五彩布的热稳定性分析。由图 5-47（a）可以看出，除油后的油泥五彩布出现多段失重，初始热分解温度为 193.3℃，完全失重温度为 660.1℃，热失重为 89.8%。这说明除油后的油泥五彩布耐热温度在 193℃ 以下，主要原因是油泥五彩布在老化过程中发生了链的降解，导致其热稳定性下降。油泥五彩布的完全失重温度高于其他两种五彩布，主要原因是其含有多种杂质，热稳定性变化情况复杂。

由图 5-47（b）可以看出，裹有油泥的五彩布出现三段失重。初始热分解温度为 85.4℃，85.4 ～ 357.3℃ 发生部分分解，热失重为 65.8%，完全失重的温度为 509.9℃。这说明裹有油泥的五彩布耐热温度在 85℃ 以下，原因是五彩布上裹有的油泥热稳定性较差，以及油泥五彩布在老化过程中发生了链的降解，导致其热稳定性下降。裹有油泥的五彩布完全失重时仍有部分物质残余，主要原因是其中含有多种杂质，导致热稳定性变化情况复杂。

② 蓝旗布的热稳定性分析。由图 5-48（a）可以看出，除油后的裹油蓝旗布初始热分解温度为 230.1℃，完全失重的温度为 486.3℃。但之后仍有物质残余，推测为不燃物杂质及泥沙等。这说明含泥（旧）蓝旗布的耐热温度在 230℃ 以下，含泥（旧）蓝旗布的完全失重

温度远低于新蓝旗布的失重温度。蓝旗布在老化过程中发生了链的降解，导致其热稳定性下降。

由图 5-48 （b） 可以看出，未除油的裹油蓝旗布出现三段失重。初始热分解温度为 108.3℃，108.3～338.1℃ 发生部分分解，热失重为 27.8%，完全失重的温度为 487.9℃。这说明裹有泥沙的蓝旗布耐热温度在 108℃ 以下，原因是蓝旗布上裹有的泥沙中的含油组分热稳定性较差，以及泥沙蓝旗布在老化过程中发生了链的降解，导致其热稳定性下降。裹有泥沙的蓝旗布完全失重时仍有很多物质残余，主要原因是其中含有泥沙等多种杂质，导致热稳定性变化情况复杂。

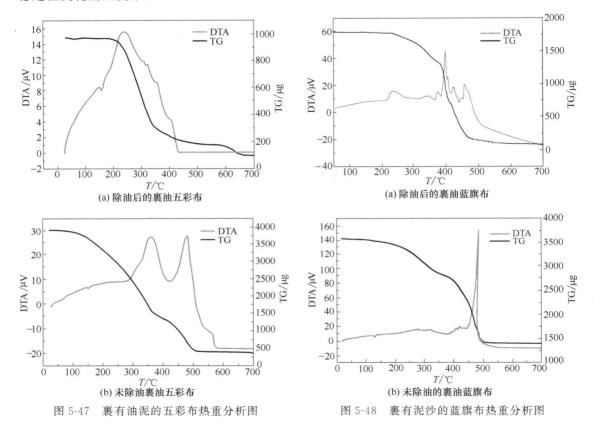

(a) 除油后的裹油五彩布

(a) 除油后的裹油蓝旗布

(b) 未除油裹油五彩布

(b) 未除油的裹油蓝旗布

图 5-47 裹有油泥的五彩布热重分析图　　　　图 5-48 裹有泥沙的蓝旗布热重分析图

（4） 膜分子量测定

由图 5-49 可以看出，含泥五彩布和蓝旗布的 GPC 图与老化的五彩布和蓝旗布相似，五彩布的分子量分布较宽，且低分子量物质含量较高；蓝旗布为双峰，低分子量部分稍有增加。

（5） 炭黑含量测试

炭黑是含碳物质在空气不足的条件下经不完全燃烧或受热分解而得的产物。由表 5-17 可以看出，油泥五彩布的炭黑含量相比新五彩布（4.06%）和老化五彩布（3.13%）较低，这表明油泥五彩布不完全燃烧产物含量较少，可能是由于五彩布在使用过程或老化过程中受环境的影响。泥沙蓝旗布的炭黑含量与老化蓝旗布比较接近。

表 5-17　油泥五彩布及泥沙蓝旗布炭黑含量

样品名称	炭黑含量/%	样品名称	炭黑含量/%
油泥五彩布	2.92	泥沙蓝旗布	2.02

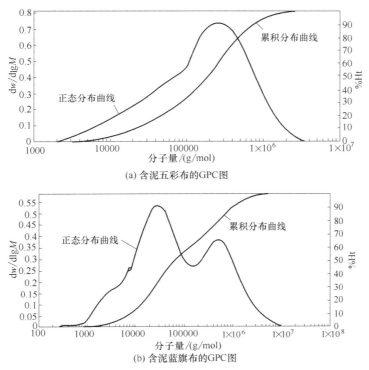

(a) 含泥五彩布的GPC图

(b) 含泥蓝旗布的GPC图

图 5-49　含泥五彩布和蓝旗布 GPC 图

(6)　微观形貌分析（扫描电镜分析）

① 五彩布的表观形貌分析。由图 5-50（a）可以看出，油泥五彩布的表面极其不平整，表观形貌与老化五彩布比较相似；由图 5-50（b）扫描倍率放大后的图也可以看出，油泥五彩布表面同样出现裂纹和斑点，现象同老化五彩布，只是表面被部分污油吸附覆盖，表观形貌稍有差别。这进一步说明五彩布在使用过程中同样受热、氧、光作用，发生热氧化降解，分子链断裂，生成过氧自由基，加速了五彩布的热氧化降解。同时，在五彩布的老化过程中，可能存在部分防老剂（如光稳定剂、热稳定剂、抗氧剂等）迁移或析出，导致防老剂在五彩布的老化过程中防老效果下降，尤其是五彩布的表面老化较严重。

② 蓝旗布的表观形貌分析。由图 5-51（a）可以看出，泥沙蓝旗布的表面也极其不平

(a) 放大1000倍

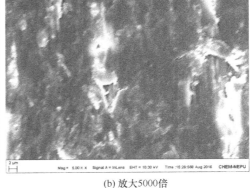

(b) 放大5000倍

图 5-50　油泥五彩布微观形貌图

整，表观形貌与老化五彩布、老化蓝旗布比较相似；由图5-51（b）扫描尺寸放大后的图也可以看出，泥沙蓝旗布表面同样出现裂纹和斑点，表观形貌稍有差别。这进一步说明蓝旗布在使用过程中同样受热、氧、光作用，发生热氧化降解，分子链断裂，生成过氧自由基，加速了蓝旗布的热氧化降解。同时，在蓝旗布的老化过程中，可能存在部分防老剂（如光稳定剂、热稳定剂、抗氧剂等）迁移或析出，导致防老剂在蓝旗布的老化过程中防老效果下降，尤其是蓝旗布的表面老化较严重。

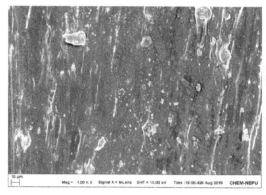 

(a) 放大1000倍　　　　　　　　　　　　　　(b) 放大5000倍

图5-51　泥沙蓝旗布微观形貌图

5.3.5.3　结论

通过对裹有油泥的五彩布和泥沙蓝旗布进行成分检测，得出以下结论。

① 含油的五彩布和蓝旗布的红外光谱与老化的五彩布和蓝旗布的红外光谱相同，这表明五彩布和蓝旗布在使用过程中主要是受到光、热、氧的作用，导致五彩布和蓝旗布分子链断裂，发生老化。

② 含油的五彩布和蓝旗布的热稳定性与老化的五彩布和蓝旗布的热稳定性相似，进一步说明了五彩布和蓝旗布是使用过程中发生了老化。

5.3.6　结论

经过对含油污泥和油基钻屑进行组分分离和理化性质分析，五彩布和蓝旗布的组分分离、老化前后组分分析及裹有含油污泥的五彩布和蓝旗布的成分检测分析，汇总出以下4点结论，为后续的含油污泥热解室内实验和工程试验提供指导。

① 含油污泥中含水量率为4.84%，油基钻屑的含水率为5.76%；含油污泥的含油率为85.12%，油基钻屑的含油率为18.09%；含油污泥中的无机组分为$CaSO_3 \cdot 0.5H_2O$、SiO_2、$BaSO_4$、$Fe_2(SO_4)_2O \cdot 7H_2O$、$CaCO_3$，油基钻屑的无机组分为$Al_2SiO_5$、$Na(Si_3Al)O_8$、$SiO_2$、$BaSO_4$、$Fe_2O_3$、$CaSO_3$。含油污泥在温度为450℃时，有机组分全部挥发或分解，而油基钻屑在温度为650℃时，仍存在分子量较高、稳定性较好的有机组分。

② 五彩布和蓝旗布存在较大的差别。五彩布可能为含有短支链的支化聚乙烯，且添加的助剂可能有Al_2O_3和溴类阻燃剂、热稳定剂，而蓝旗布可能为支化聚乙烯和聚对苯二甲酸乙二醇酯，且添加的助剂可能为溴类阻燃剂。五彩布的分子量为30万左右，单峰，分子量分布较宽，且随着老化程度的增加，低分子量部分增加；蓝旗布的分子量也在30万左右，双峰，分子量分布较宽，且随着老化程度的增加，分子量分布几乎没有变化。

③ 老化五彩布和蓝旗布由于受到光、热、氧作用，分子链发生断裂，导致其表面粗糙，低分子量部分含量较高，且老化过程中添加的助剂发生迁移，导致其复合组分发生变化。同样条件下五彩布的稳定性较差，蓝旗布的稳定性相对较好。

④ 裹油的五彩布和蓝旗布的性质和结构与老化五彩布和蓝旗布相似，表明五彩布和蓝旗布在使用过程中发生了热氧化降解，导致其性能下降。

5.4　室内试验研究

室内试验包括两部分：一是井下作业防护物及包裹油泥废物的来源、组成及成分分析；二是井下作业防护物及包裹油泥废弃物热解析工艺的室内试验研究。

5.4.1　组成成分分析

井下作业防护物及包裹油泥废物主要来源于井口修井压裂、酸洗、更换钻头、钻杆等作业任务，包括为了保护施工周边环境而铺垫的防护物。

由于待处理物料中的有机质含量及含水率等直接影响热解析技术处理参数，据此对"井下作业防护物及包裹油泥废弃物"开展了防护物所占比重、含油率、含水率以及含泥率的测试分析，见表 5-18。

表 5-18　井下作业防护物及包裹油泥废物质量组成分析结果

序号	防护物比重/%	含油率/%	含泥率/%	含水率/%	有机质比重 （防护物＋含油）/%
1	89.2	1.4	9.4	0.1	90.6
2	84.3	1.9	13.2	0.1	86.2
3	82.2	2.2	15.2	0.2	84.4
4	75.6	12.6	11.7	0.1	82.60
5	60.2	11.9	27.8	0.1	79.30
6	57.0	25.6	17.1	0.3	79.70
7	54.4	24.9	20.5	0.2	81.50
8	44.1	35.6	20.2	0.1	76.20
9	48.2	33.3	18.0	0.5	76.80
10	35.6	40.6	23.5	0.3	68.10
11	28.7	48.1	23.0	0.2	82.60
12	22.2	45.9	31.3	0.6	79.30
13	15.2	51.5	30.0	3.3	66.7
14	9.2	55.6	33.2	2.0	64.8
15	10.9	50.8	33.8	4.5	61.7
16	8.0	58.3	30.7	3.0	66.3
17	12.1	52.9	32.2	2.8	65.0
18	9.7	5.4	76.9	9.3	15.1
19	8.7	5.4	78.7	8.3	14.1
20	7.6	5.5	80.4	9.0	13.1

由 20 组测试样品分析结果可知：井下作业防护物及包裹油泥废弃物具有如下特点。

① 废弃物中防护物所占比重在 7.6%～89.2% 之间，含油率在 1.4%～58.3% 之间，含泥率在 9.4%～80.4% 之间，含水率在 0.1%～9.3% 之间，各组成分布范围较宽。其中防护物和油含量对热解有利，能够实现物料的有效热解，其含量越高，回收能源（热解油及不凝

气）越多；含泥量和含水量对热解不利，不仅不能回收到能源，而且还浪费能源。

②依据测试结果，油田产生的"井下作业防护物及包裹油泥废弃物"大体上可分为如表 5-19 所列的四类。

表 5-19　不同井下作业防护物及包裹油泥废弃物特征描述

类别	特征描述	实物照片
第一类：包裹低含油率油泥的防护物（含油率 1.4%～12.6%）	（1）防护物质量比较高（60.2%～89.2%），油泥所占比重较低（10.8%～32.7%），而且含油率较低（1.4%～12.6%）； （2）外观看主要以防护物为主，几乎全是防护物；防护物裹油泥较少，且含油率不高	
第二类：包裹中含油率油泥的防护物（含油率 25.6%～35.6%）	（1）防护物所占质量比（48.2%～57%）与油泥所占质量比（42.7%～55.8%）相当，含油率为25.6%～35.6%； （2）外观看防护物与油泥体积上相当，防护物上几乎全是油泥	
第三类：包裹高含油率油泥的防护物（含油率 40.6%～58.3%）	（1）防护物质量比较低（8%～35.6%），油泥所占比重较高（51%～89%），而且含油率较高（40.6%～58.3%）； （2）外观看防护物与油泥体积上相当，防护物上几乎全是油泥	
第四类：高含泥率防护物	（1）防护物质量比较低（7.6%～9.7%），油泥所占比率较高（82%～85.9%），但含油率较低（5.4%左右）； （2）外观看几乎全是油泥，少量防护物掺混在油泥中	

针对第四类物料（即掺混少量防护物的含油污泥），建议送入已建含油污泥处理站进行处理。本项目的研究对象以其他三种物料为主，即包裹低含油率油泥防护物、包裹中含油率油泥防护物以及包裹高含油率油泥防护物。

由于热解后残渣中的重金属含量绝大部分来源于井下作业防护物及包裹油泥废弃物中含油污泥，据此对防护物包裹的油泥进行了重金属等成分分析，见表 5-20。

表 5-20　井下作业防护物所包裹油泥的重金属含量等分析

检测项目	实测值 /（mg/kg）	《农用污泥污染物控制标准》（GB 4284—2018） 要求的最高容许含量/（mg/kg）
镉及其化合物（以 Cd 计）	0.054	15
汞及其化合物（以 Hg 计）	0.00065	15
铅及其化合物（以 Pb 计）	22.92	1000
铬及其化合物（以 Cr 计）	48.31	1000
砷及其化合物（以 As 计）	0.870	75
硼及其化合物（以水溶性 B 计）	0.752	—
矿物油	276000	3000
苯并[a]芘	0.0512	3
铜及其化合物（以 Cu 计）	8.883	1500
锌及其化合物（以 Zn 计）	64.10	3000
镍及其化合物（以 Ni 计）	24.07	200

由表 5-20 可知，井下作业防护物所包裹的油泥中只有矿物油远远超出排放标准的要求，其他指标均远远低于排放标准的要求。

5.4.2　真空旋转管式热解析试验装置

为了确保室内试验结果能够指导实际，室内试验装置的研发主要针对慢热型回转式热解反应器。回转式反应器作为典型的慢速反应器，具有较好的物料适应性、灵活的操作调节性等优点，尤其适合高灰分、宽筛分的物料，已逐渐成为固体废弃物处理的主要反应器。

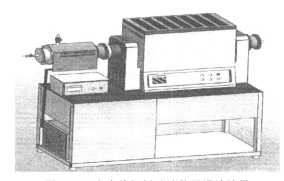

图 5-52　室内热解析试验装置设计效果

室内设计加工了 1 套真空旋转管式热解析试验装置。主要由电加热真空旋转管式炉、冷凝罐、温控系统、密封系统、真空系统以及配套的管路阀门等组成，整套装置设计效果见图 5-52，装置示意见图 5-53。

（1）基本操作过程

首先将试验用物料装入管式炉内，将管式炉、冷凝罐、真空泵等连接组装起来，确保系统的密闭性；关闭所有的阀门，只保留抽真空阀门开启，对系统进行抽真空，待系统真空度达到设定值后，关闭抽真空阀，观察真空表的变化，考察系统的密闭性；待系统密闭性达到要求后，设定升温程序，启动电加热系统，启动管式炉旋转系统，同时启动真空泵开启抽真空阀，装置进入既定的热解析试验过程。物料在真空旋转管式炉内按照设定的升温程序被逐步升温加热，产生的热解蒸气（凝结气和不凝气）在真空泵的抽力下经金属导管进入冷凝罐，在冷凝罐内凝结气变成油水混合物，不凝气经计量后排入吸收瓶，最后经吸收瓶后排放。

（2）单体设备功能及设计参数

① 电加热真空旋转管式炉。电加热真空旋转管式炉在高温状态下，工作炉管可实现 360°旋转，达到搅拌样品的作用，使实验样品充分挥发，受热均匀；温控系统使用人工智能 PID 算法，触发双向 K 型可控硅模块进行功率调节，控温稳定；采用双层壳体及高压高真

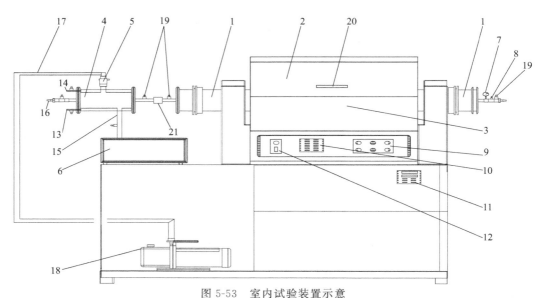

图 5-53　室内试验装置示意

1—炉管；2—上炉膛；3—下炉膛；4—冷凝罐；5—气体检测传感器；6—冷凝液暂存箱；7—真空表；
8—安全阀；9—控制面板；10—智能温控调节仪；11—气体流量显示面板；12—旋转调速器；
13—冷却水进口；14—冷却水出口；15—冷凝液导出管；16—出气口；17—真空泵吸
气管路；18—真空泵；19—阀；20—炉膛打开把手；21—回转接头

空一次成型氧化铝纤维炉膛设计，使得设备整体表面温度低于 60℃，确保操作人员使用安全；可抽真空，满足实验要求。安全方面具有超温报警、上下限温度控制、漏电保护、设备故障仪表显示代码功能，方便快速了解设备问题；仪器使用操作简单易学，可实现快速熟练操作使用。炉体可对半打开快速降温，并且无需取出样品即可观察实验情况。

主要设计参数见表 5-21。

表 5-21　实验室用电加热旋转管式炉主要参数

序号	项目	设备主要参数
1	材质	加热元件:高温掺钼合金元件
		炉膛:进口氧化铝陶瓷纤维炉膛
2	炉管	材质:石英玻璃管;尺寸:ϕ160mm×1000mm; 加热区 600mm,有效加热区 400～450mm
3	处理量	可处理物料:5～7L
4	温度	额定温度:≤900℃;最高温度:1000℃; 控温方式:单点热偶控温
5	控温	控温仪表:50 段 PID 人工智能可编程控制仪表; 控温精度:±3℃;恒温精度:±1℃; 温场均匀性:±1.5℃
6	温度 调节	升温速率:0～15℃/min; 降温速率:300℃以上降温速率为 0～160℃/min;300℃以下为 0～5℃/min
7	测温	测温元件:N 型铂铑热电偶
8	旋转机械系统	可调转速 0～10r/min
9	其他	电源:220V/50Hz　60Hz;设备功率:5.5kW;净重:120kg; 外形尺寸(长×宽×高):720mm×1100mm×920mm

② 冷凝罐。电加热旋转管式炉配套冷凝罐为夹套式，材质为不锈钢，与电加热旋转管式炉出气口以法兰连接。利用环境冷却介质水，通过实验电炉工作管一端金属夹层延伸段的夹层内循环，使高温蒸气冷却，冷却水供水可循环。

主要参数：a. 冷却量 600kcal/h（1kcal/h＝1.163W）；b. 净重 30kg；c. 进口气体温度 ≤900℃。

③ 真空泵。确保旋转管式炉内真空度，同时为产生的热解蒸气离开管式炉进入冷凝罐提供动力。机械真空泵：吸气量 3.6m³/h，真空度 0.1MPa。

④ 智能温控调节仪及气体检测传感器。智能温控调节仪可以根据试验需要设定升温程序，控制旋转管式炉内物料的加热状态以及热解反应进程。气体检测传感器一端与冷凝罐相连，一端接真空泵进口，记录热解过程中不凝气的瞬时流量以及累计流量。

5.4.3 室内试验结果分析

(1) 试验方法

根据试验装置示意图 5-53，本试验方法描述如下：

① 称量一定质量（500～1000g）的试验物料，装入置于炉膛中央的炉管 1 中，两端用机械密封法兰固定。

② 启动试验装置的电源，通过智能温控调节仪 10 设定试验的控温程序。

③ 启动控温程序前，检验装置的密闭性，以满足热解反应的负压条件。打开真空泵吸气管路 17、气体检测传感器 5、刚性回转接头 21 所在管路上的阀门 19，关闭其他管路上以及炉管 1 最右端进气口处阀门 19。启动真空泵 18，观察真空表 7，待真空度达到－0.1mPa后；关闭气体检测传感器 5 管路上的阀门，停运真空泵 18，观察真空表 7，真空度 2h 内维持－0.1mPa 不变，说明装置密闭性良好，达到热解析试验的条件。

④ 启动真空泵 18，打开气体检测传感器 5 管路上的阀门，通过旋转调速器 12 控制炉管 1 在炉膛以 1～4r/min 的转速旋转；通过控制面板 9 上的加热按钮，启动升温程序，开始试验。

⑤ 试验过程中，每隔 1h 记录气体流量显示面板上的气体累计量的数值；待试验结束后，将冷凝罐 4 中回收的冷凝液，通过冷凝液导出管 15，将回收的冷凝液放入冷凝液暂存箱 6 内；通过冷凝液暂存箱 6 上标定刻度线，记录下回收油及水的体积；通过试验装置倾斜控制器，使得炉膛倾斜 60°，收集炉管内热解后的残渣，计量并进行矿物油含量检测。

(2) 试验结果分析

选取三类物料按照上述方法开展最终加热温度、最佳加热时间以及最佳升温速率的试验研究：第一类是不含油泥的纯防护物，五彩布（PE 布）和蓝旗布（PE＋布）；第二类是包裹中含油量油泥的防护物；第三类是包裹高含油量油泥的防护物。具体参数见表 5-22。

表 5-22 三类试验物料的参数表

类别	试验用物料	防护物所占比重/%	含油率/%	备注
第一类物料：纯防护物	PE 布	0	0	1#
	PE＋布	0	0	2#
第二类物料：中含油量防护物		48～57	25～35	3#
第三类物料：高含油量防护物		8～36	40～60	4#

由于井下作业防护物及包裹油泥热解后产生的残渣中重金属含量绝大部分来自包裹油泥热解后的产物，由表 5-22 可知包裹油泥除了矿物油含量远远高于标准值外，其他指标（尤其是重金属含量）均远远低于标准值，据此室内试验结果主要以热解后产生残渣中矿物油含量的多少为依据确定相关的参数，暂且不考虑重金属含量等其他指标。

1）最终加热温度的确定 设定试验控温程序（图 5-54）：a. 室温 0.5h 内升温至 180℃，180℃ 保温 0.5h；b. 2h 内 180℃ 升温至 300℃，300℃ 保温 1h；c. 2h 内 300℃ 升温至 400℃，400℃ 保温 2h；d. 2h 内 400℃ 升温至 500℃，500℃ 保温 3h；e. 1h 内 500℃ 升温至 550℃，550℃ 保温 1h；f. 2h 内 550℃ 降温至 300℃，最后 300℃ 自然降温至室温。

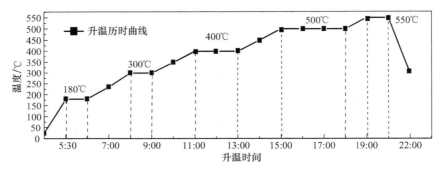

图 5-54 设定的试验控温程序

试验物料升温速率平均为 50℃/h，设定的最高加热温度为 550℃，累计升温及加热时间 15h（不计降温段）。

为了确定最终加热温度，以物料热解完全不再产生不凝气为依据。试验过程中记录下了 4 种物料开始产生和不再产生不凝气时的温度，具体见表 5-23。

表 5-23 4 种试验物料最终加热温度试验结果

试验物料	不凝气的生成温度/℃	不凝气的终止温度/℃	不凝气累计量/mL	热解后产生残渣矿物油含量/(mg/kg)	备注
1#	440	490	41	0.059%	PE 布
2#	400	450	35	0.025%	PE＋布
3#	400	500	271	0.108%	裹有 25%～35% 油的 PE 布
4#	400	500	305	0.189%	裹有 40%～60% 油的 PE 布

由表 5-23 可知：4 种试验物料经设定的程序热解处理后，产生残渣中的矿物油含量均达到了＜0.3% 的标准要求。其中 1# 物料（PE 布）不凝气的生成温度最高（440℃），其他 3 种物料不凝气的生成温度均为 400℃；不凝气的终止温度，即热解反应结束温度 1# 物料为 490℃，2# 物料为 450℃，3# 和 4# 物料为 500℃。

试验过程中发现：温度低于不凝气的生成温度时，炉管内有大量液态物及白烟产生，但此时没有检测到不凝气含量，说明在低于不凝气生成温度的条件下，试验物料主要发生了有机固体物的熔融、初级热解反应（大分子断链生成中分子）以及矿物油中轻组分的挥发等，中分子有机物常温下以液态存在；当温度升至不凝气的生成温度时，不凝气产量快速增长，直至温度达到终止温度，说明此间试验物料主要以深度热解反应为主，即大分子和中分子有机物断链生成小分子有机物，小分子有机物常温下以气态存在；当温度继续升高时，不凝气产量不再增加，说明热解反应已接近尾声，反应结束。

4 种试验物料升温及加热过程中，产生不凝气及不再产生不凝气（即发生深度热解反应）的时间段详见图 5-55。

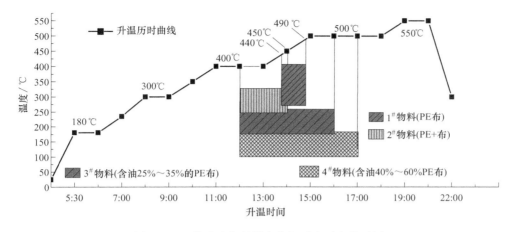

图 5-55　4 种试验物料深度热解反应对应的时间

① 由 1# 和 2# 物料试验数据可知，纯防护物中五彩布（PE 布）的深度热解所需温度高于蓝旗布（PE＋布），这是由于两种防护物化学组成不同，反应所需活化能不同。

② 由 1#、3# 和 4# 物料试验数据可知，由于 PE 布中裹有油泥，主要是含原油，致使 PE 布不凝气的生成温度降低、不凝气的终止温度升高，即发生深度热解反应的温度降低、热解反应结束温度升高。这主要是由于原油的加入，原油是一种多组分混合物，这些化学组分的加入拓宽了 PE 布深度热解的温度范围，由 440～490℃ 变成了 400～500℃。

③ 在达到深度热解反应的温度后，PE 布需要 1h 完成反应；PE＋布需要 2h 完成反应；裹有 25%～35% 油的 PE 布需要 4h 完成反应；裹有 40%～60% 油的 PE 布需要 5h 完成反应。可见需要完成热解反应的时间随着 PE 布中裹有原油量的增多而增加。

综上所述，针对井下作业防护物及包裹油泥废弃物，在平均升温速率为 50℃/h，升温及加热时间 15h 的条件下，确定最终热解温度为 500℃，发生深度热解反应的温度为 400℃。

2）最佳热解时间的确定　由以上试验结果可知，纯防护物在掺有原油后热解反应的温度及时间均升高或延长。另外，考虑到实际处理物料为井下作业防护物及包裹油泥废弃物，据此最佳热解时间的确定试验以 3# 和 4# 试验物料为主。

设定平均升温速率为 50℃/h，最高加热温度 500℃ 条件下，开展了升温加热时间分别为 9h、10h 以及 11h 的热解室内试验。具体升温历程见表 5-24 和图 5-56。

表 5-24　不同升温加热时间下的升温数据表

温度	室温	180℃	180℃	300℃	300℃	400℃	400℃	500℃	500℃
升温加热时间累计 9h	0	0.5h	1h	3h	4h	6h	7h	9h	—
升温加热时间累计 10h	0	0.5h	1h	3h	4h	6h	7h	9h	10h
升温加热时间累计 11h	0	0.5h	1h	3h	4h	6h	7h	9h	11h

收集不同升温时间条件下 3# 和 4# 试验物料热解后的残渣，进行矿物油含量的检测，检测结果见表 5-25。

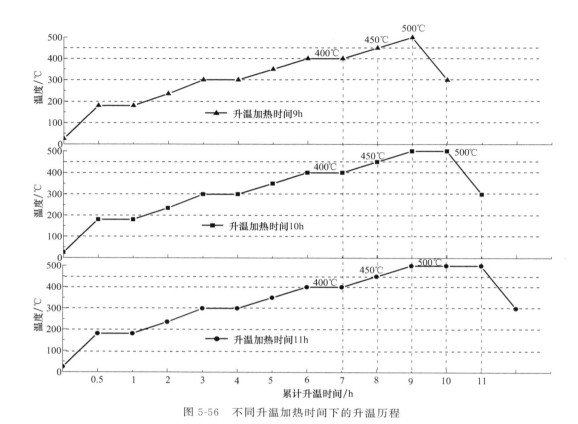

图 5-56　不同升温加热时间下的升温历程

表 5-25　不同升温时间 3# 和 4# 物料热解残渣矿物油含量

序号	升温加热时间	3# 物料 矿物油含量	4# 物料 矿物油含量	标准要求
1	9h	3.7%	5.1%	
2	10h	0.252%	0.315%	<0.3%
3	11h	0.205%	0.208%	

由表 5-25 可知：针对 3# 和 4# 试验物料（不同含油量的两种油泥废弃物），累计升温加热时间为 9h，热解后残渣中矿物油含量分别为 3.7% 和 5.1%，高于标准要求值；而累计升温加热时间分别达到 10h 和 11h 后，尤其是增加了 500℃ 保温段时间后，3# 和 4# 试验物料热解后残渣中矿物油含量分别为 0.205% 和 0.208%，达到了标准要求值（0.3% 以下）。随着试验物料中含油量的增加，实现达标处理需要增加加热及升温时间。

综上所述，在平均升温速率为 50℃/h，最高加热温度 500℃ 条件下，要实现"井下作业防护物及包裹油泥废弃物"达标处理，加热及升温时间至少 10h。

3）最佳升温速率的确定　在实现物料热解达标处理的最终加热温度和加热时间确定的条件下，改变升温速率会造成不同热解后产物（气、液以及固）产量分布的改变，根据我们所需目的产物来确定适宜的升温速率。因为油田"井下作业防护物及包裹油泥废弃物"中，含油量为 25%～35% 的油泥废弃物居多，所以以 3# 试验物料为试验对象进行试验。

设定升温及加热时间为 10h，最高加热温度 500℃ 条件下，分别开展了升温速率平均为 40℃/h、50℃/h 以及 60℃/h 的热解室内试验。具体升温历程见表 5-26 和图 5-57。

表 5-26　不同升温速率下的升温数据表

升温速率	室温	180℃	180℃	300℃	300℃	400℃	400℃	450℃	450℃	500℃
40℃/h	0	0.5h	1h	3h	3.5h	6h	7.5h	8.75h	—	10h
50℃/h	0	0.5h	1h	3h	4h	6h	8h	9h	—	10h
60℃/h	0	0.5h	1h	3h	4h	5.6h	7.6h	8.4h	9.2h	10h

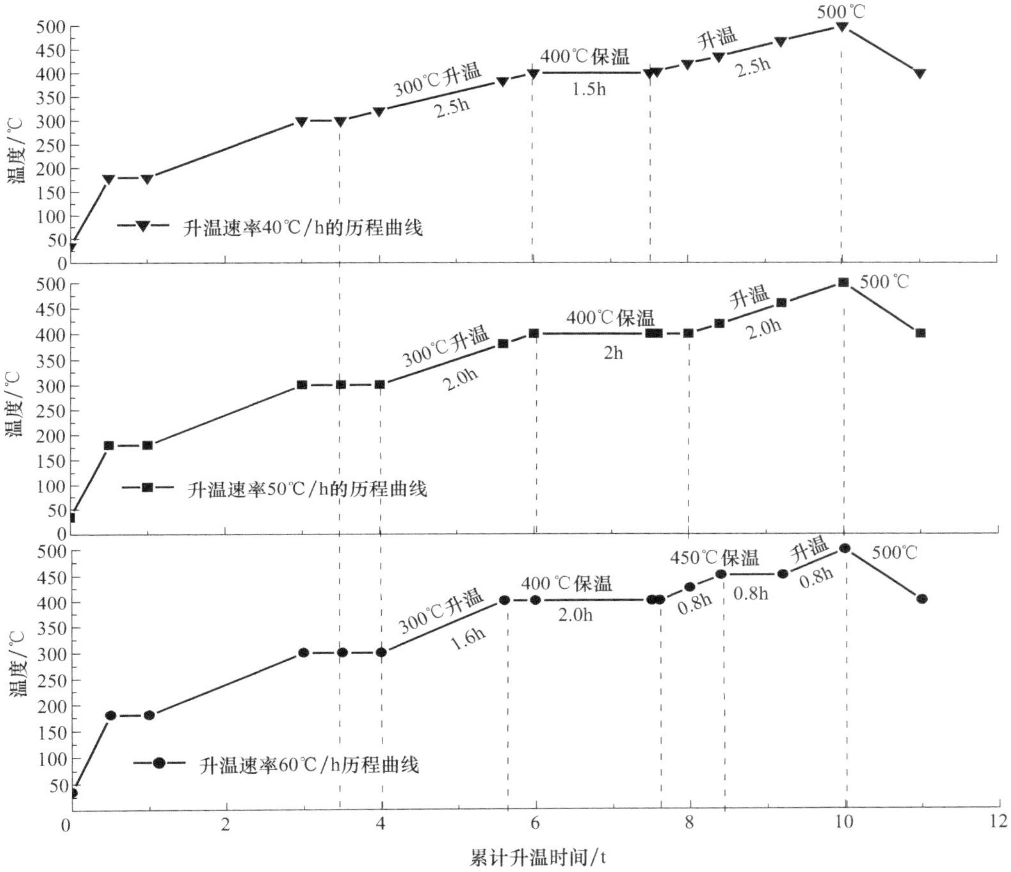

图 5-57　不同升温速率下的升温历程

收集不同升温速率条件下热解后残渣，并进行矿物油含量的检测，检测结果见表 5-27。

表 5-27　不同升温速率条件下热解残渣矿物油含量检测结果

升温速率	矿物油含量/%	标准要求
40℃/h	0.211	
50℃/h	0.252	<0.3%
60℃/h	0.192	

由表 5-27 可知：升温及加热时间为 10h，最高加热温度 500℃ 条件下，升温速率平均为 40℃/h、50℃/h 以及 60℃/h 的热解后残渣的矿物油含量均达到了小于 0.3% 标准的要求。

不同升温速率条件下各产物产率情况见表 5-28 及图 5-58。

由图 5-58 可以看出，不同升温速率下的产物差异较大：

① 产渣率随着升温速率的增加逐渐降低，这是因为不同的热解速率下，断键位置不同。一般情况下，热解速度越快，产生的热解油越多，热解炭越少。

表 5-28　不同升温速率条件下各热解产物产率

升温速率	产物		产量	产率
40℃/h	产物1	残渣	175g	35%
	产物2	回收油	270g	54%
	产物3	回收水	50g	10%
	产物4	不凝气	45mL	1%
50℃/h	产物1	残渣	155g	31%
	产物2	回收油	260g	52%
	产物3	回收水	55g	11%
	产物4	不凝气	271mL	6%
60℃/h	产物1	残渣	150g	30%
	产物2	回收油	250g	50%
	产物3	回收水	60g	12%
	产物4	不凝气	368mL	8%

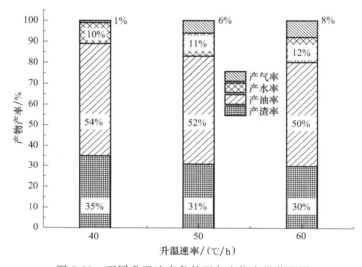

图 5-58　不同升温速率条件下各产物产量分配图

② 随着升温速率的增加，产油率逐渐降低，产气率逐渐升高。产油率由 40℃/h 升温速率下的 54% 逐渐降至 60℃/h 升温速率下的 50%；产气率由 40℃/h 升温速率下的 1% 逐渐升至 60℃/h 升温速率下的 8%。这是因为升温速率较高时有机物中的烃分子瞬间能获得较高的能量，使得烃分子断链时能跨越较大能量壁垒，生成较多的伯碳分子，气体产量较高；反之，升温速率较低时，能量只能使 C—C 键能较低的地方断裂，所形成的热解气分子量较高，一般常温下为液体。

③ 考虑到回收的热解油和不凝气具有再次利用的价值，二者合计产率由 40℃/h 升温速率下的 55% 升至 50℃/h 和 60℃/h 升温速率下的 58%，过高的升温速率会消耗更多的能源，据此确定 50℃/h 的升温速率较为适宜。

5.4.4　室内试验结论

① 井下作业防护物及包裹油泥废弃物来源复杂，种类繁多，质量组成中防护物所占比重在 7.6%～89.2% 之间，包裹的油含量所占比重在 1.4%～58.3% 之间，包裹的泥含量所占比重在 9.4%～80.4% 之间，含水率在 0.1%～9.0% 之间。按防护物中包裹油含量的多少

大体上可分为四类：第一类是低含油量防护物，包裹的油较少（1.4%~12.6%），防护物所占比重较高（60.2%~89.2%）；第二类是中含油量防护物，包裹的油适中（25.6%~35.6%），防护物与油泥所占比重相当（42%~57%）；第三类是高含油量防护物，包裹的油较多（40.6%~58.3%），防护物所占比重较少（8%~35.6%）；第四类掺混少量防护物的含油污泥，含油污泥所占比重较高（82%~85.9%），防护物所占比重较少（7.6%~9.7%）。

② 目前油田在用防护物主要化学成分以支化聚乙烯为主，内掺混了少量聚对苯二甲酸乙二醇酯及溴类等助剂，以增强其韧性及阻燃性。利用真空旋转管式热解析室内试验装置开展试验研究：纯防护物中，五彩布（490℃）热解所需最高温度高于蓝旗布（450℃）；由于裹有油泥，主要是含有原油，拓宽了 PE 布热解的温度范围，由 440~490℃ 变成了 400~500℃。含油固体废物中防护物和油含量越高，越有利于热解反应的发生，回收的能源越多。

③ 针对井下作业防护物及包裹油泥废弃物，室内确定的热解析处理工艺参数：最高加热温度 500℃，400℃时就发生深度热解并产生不凝气；升温加热时间至少 10h，且随着防护物中裹有油量的增多而增长；平均升温速率为 50℃/h。

5.5　现场试验研究

大庆油田为了解决井下作业产生的井下作业防护物及包裹油泥废弃物的出路问题，缓解环保压力，支持生产，2015 年 3 月油公司开发部组织了安全环保部、生产运行部、设计院等 19 家单位，对吉林油田长岭气田作业伴生品处理工程进行了现场实地考察，见图 5-59。

图 5-59　吉林油田现场实地考察照片

吉林油田于 2014 年 8 月建设了 1 座 5 万吨/年油田产生含油固体废物处理站，处理油泥、沾有油的塑料和防渗布等含油固体废物。经专家现场考察以及专家讨论会讨论，形成如下结论：

① 吉林油田长岭气田作业伴生品处理工程应用的热解析技术是解决油田作业产物环保处理的一种有效途径；

② 大庆油田作业产物可通过热解析技术进行处理，但要结合大庆油田的技术优势，完善相关配套技术，开展试验研究，并在研究成果的基础上确定适用于大庆油田的热解析工艺技术。

同时在安全、环保、设备以及工艺等方面提出了需改进及完善的意见及建议。

5.5.1 热解析现场试验及工艺技术

为了完成项目的研究内容，大庆油田基于吉林油田长岭气田作业伴生品处理工程的考察结果，结合国内热解析处理项目的优缺点，进行了技术上的优化组合，确定设计了适用于大庆油田井下作业防护物及包裹油泥废物处理的热解析处理工艺及设备，详见图5-60。

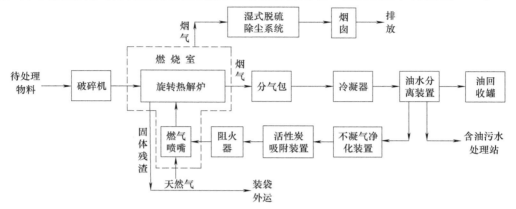

图 5-60 大庆油田热解析中试试验工艺流程简图

（1）设备及工艺上的完善

针对吉林油田长岭气田作业伴生品处理项目考察中发现的问题，大庆油田在设备、处理工艺、安全及环保上进行了如下改进及完善。

① 设备方面。增设了全封闭的进、出料系统；热解炉内设置了双螺旋刮刀防结焦结构，设置了全封闭的密封室；配套了防护设施；提高了密封等级，达到了完好设备的要求。现场试验设备（一）见图5-61。

(a) 吉林油田人工上料

(b) 吉林油田人工出料

(c) 大庆油田全自动密闭液压进料

(d) 大庆油田全自动密闭出料

图 5-61 现场试验设备（一）

② 处理工艺方面。增设了烟气处理及脱硫除尘系统；增设了自动化控制及 PLC 中央控制系统；增设了破碎计量输送系统；增设了不凝气处理装置；实现了自动上料和出料。现场试验设备（二）见图 5-62。

(a)大庆油田增设的破碎及自动上料机　　(b)大庆油田PLC控制系统　　(c)大庆油田不凝气处理

图 5-62　现场试验设备（二）

③ 安全方面。采用全自动控制的燃烧系统，配有熄火保护、压力异常保护等多项安保装置；采用密闭流程，避免油气外漏；关键设备配有安全防护设施，消除安全隐患。现场试验安全设备见图 5-63。

(a) 吉林油田固废处理人工点火　　　　　　(b) 吉林油田裸露机械部分

(c) 吉林油田不密闭的冷凝油回收　　　　　(d) 大庆油田全自动燃烧系统

(e) 大庆油田设备安全防护设施　　　　　　(f) 大庆油田密闭的冷凝油回收

图 5-63　现场试验安全设备

④ 环保方面。增设了烟气处理及脱硫除尘系统，确保不凝气回炉燃烧后烟气达标排放；设计密闭流程，关键部位选用石墨密封代替机械密封，确保密封等级。现场试验环保设备见图 5-64。

(a) 吉林油田生产现场泄漏严重

(b) 大庆油田设计的全密闭无泄漏流

(c) 吉林油田采用的国产机械密封

(d) 大庆油田选用的进口石墨密封圈

图 5-64　现场试验环保设备

（2）热解析处理中试试验工艺步骤

设计加工的处理量为 $5m^3/d$ 含油固体物热解析处理试验装置，整体处理工艺主要分为以下 3 步。

① 含油固体物的热解析处理。含油固体物的热解析处理部分主要由密闭进料系统和旋转热解炉组成，密闭进料系统包括破碎装置、刮板输送装置以及液压进料装置等。本工程采用的热解析处理技术是间歇式运行，即一次性进料、一次性出料。物料经密闭进料系统送至旋转热解炉内进行高温热解，为了确保热解过程中绝氧的条件，工艺上配备了制氮机，反应起始时间炉内充入氮气，赶走空气，确保热解处理的绝氧环境。物料在热解炉内经 $10\sim15h$ 的高温、厌氧热解反应后，产生的热解蒸气（包括凝结气、不凝气以及携带的灰尘）经分气包进入热解蒸气回收及处理系统；产生的残渣经降温后，由密闭出料系统间歇出料，打包外运。

② 热解蒸气的回收及处理。热解蒸气的回收及处理部分主要包括分气包、油气冷凝装置、油水分离装置、废气净化装置以及活性炭吸附装置等。为了回收热解产生蒸气（包括凝结气、不凝气以及携带的灰尘）中可冷凝下来的凝结气，工艺上设置了冷凝装置。经冷凝装置冷凝下来的油水混合物进入油水分离装置进行油水分离，回收大部分油，暂存在油回收罐；分离出来的含油污水暂存于含油污水暂存罐，最后送入附近含油污水处理站进一步处理。

经冷凝器未冷凝下来的不凝气，以 C_6 以下的有机气体为主，具有一定的热值，可作为燃料回热解炉燃烧。此外，其中还含有一定量二氧化硫等酸性气体，在不凝气回炉燃烧前进行脱除处理。据此，在油水分离装置的不凝气出口后依次设置了不凝气净化装置以及活性炭吸附装置。含酸性气体的不凝气首先进入不凝气净化装置脱除不凝气中二氧化硫等酸性气体后，进入活性炭吸附装置，对不凝气中残余的酸性气体以及灰尘进行吸附脱除。

③ 不凝气回炉燃烧产生烟气的处理。不凝气回炉燃烧产生烟气的处理部分主要包括湿式脱硫除尘装置以及烟囱等。不凝气依次经过不凝气净化装置以及活性炭吸附装置，脱除其中大部分酸性气体及灰尘后，进入热解炉炉膛内的燃烧器燃烧处理。工艺上选用的旋转热解炉主要以天然气为燃料（辅以少量回炉的不凝气）。倘若单纯以天然气为燃料，燃烧后的烟气可以直接达标排放。正因为掺混了少量的不凝气，燃烧后有生成二氧化硫的可能性。此外，因油田燃料用天然气属于清洁能源，其灰尘及重金属含量极低（几乎没有）。燃烧产生烟气中烟尘以及重金属含量的多少主要来源于回炉燃烧不凝气中带入的灰尘含量（热解挥发出来的重金属及其化合物颗粒大部分以吸附在灰尘上的形式存在），据此工艺上设置了 1 套湿式脱硫除尘装置（脱硫除尘效率在 98％以上）来控制燃烧产生烟气中二氧化硫以及烟尘的含量。

（3）热解析处理工艺各单元设备功能描述及主要参数

① 物料破碎装置。为了防止裹有油泥的防护物堵塞热解炉进料口，设置了物料破碎装置。该装置主要由料斗、破碎仓、破碎机及溜槽等组成。其采用电动马达或液压马达驱动，用特殊合金钢制作刀具，采用可编程逻辑控制器控制，遇到硬物可自动反转，出料尺寸可按用户要求设计。物料破碎装置见图 5-65。

主要参数：a. 产量为 $1\sim2m^3/h$；b. 刀轴转速为 $29\sim35r/min$；c. 刀具直径为 400mm；d. 出料尺寸为 $5\sim10cm$。

② 刮板输送机。破碎后的物料需经固体物料机械输送设备送至热解炉的液压进料系统。常用固体物料机械输送设备包括带式输送机、螺旋输送机、刮板输送机、斗式提升机等。由于待输送的物料主要以破碎后块状含油 PE 布或蓝旗布为主，设计上选用了密闭式刮板输送机，与其他输送设备相比，其具有以下特点：a. 结构坚实，能经受住油泥或其他物料的冲、撞、砸、压等外力作用；b. 机身矮，便于安装；c. 可反向运行，便于处理

图 5-65　物料破碎装置

底链事故；d. 结构简单，在输送长度上可任意点进料或卸料；e. 机壳密闭，可以防止输送物料时粉尘飞扬而污染环境。

密闭式刮板输送机由中部槽、链条、刮板及牵引系统组成。工作原理如下：由进料口流入的物料，受到刮板的推动，随着刮板一起沿料槽向前至卸料口，在重力的作用下由料槽卸出。可水平安置，也可以倾斜安置，沿倾斜向上运输时，安置倾角不得超过 25°。其工作原理见图 5-66，实物见图 5-67。

其主要设计参数见表 5-29。

表 5-29　刮板输送机主要设计参数

名称	规格	机槽宽 /mm	输送速度 /(m/s)	额定输送量 /(t/h)	输送距离 /m	额定功率 /kW
刮板输送机	MSG20	200	0.04～0.16	2.7～10.8	6.0	3.0

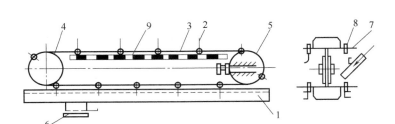

图 5-66 刮板输送机工作原理

1—料槽；2—刮板；3—牵引链条；4—驱动链轮；5—张紧链轮；
6—卸料口；7—链条销轴；8—滚轮；9—导轮

图 5-67 刮板输送机实物

③ 液压进料系统。为了确保旋转热解炉在进料过程尽可能地少卷入空气，设计上给旋转热解炉配置了液压进料系统。其由密闭式进料斗、液压推筒、连接器、耐高温卸料球阀、高架平台等组成，用于向热解炉内推进物料。破碎后的物料经进料斗落入推筒内，经推筒内的液压推杆压实，挤压出的空气经上部进料斗排出，压实后的物料最终经电动阀门落入旋转炉内热解。其结构见图 5-68。

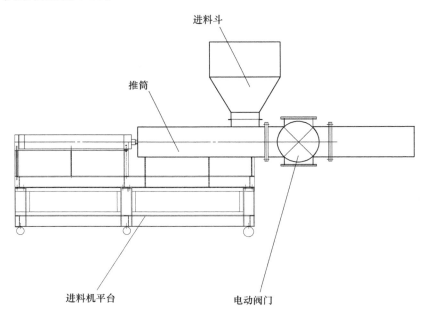

图 5-68 液压进料系统的结构

主要参数：行程 1100mm，主电机功率 11kW，进料腔直径 425mm，进料量 $3\sim5m^3/h$。

④ 旋转热解炉。破碎后的物料经液压进料系统送至旋转热解炉内，旋转热解炉是本试验装置的核心设备，是物料热解反应发生的场所。其主要由热解析炉体、耐磨耐腐蚀螺旋刮

刀、配速装置、炉体前进料系统、炉体后出料系统、前排气系统、前密闭室、后密闭室、点火加温系统等组成。

对其要求：一是炉内能够达到足够高的热解温度；二是能够确保绝氧环境，即要求其有足够高等级的密闭性；三是要求其具有防结焦功能。工艺中的热解炉选用了卧式夹套旋转热解炉，其由内外两层壳体组成了燃烧室，燃烧室内装有燃烧器，燃烧器通过燃烧天然气给旋转炉体加热，实现了静态加热和动态受热的功能，燃烧室内温度最高可达 850℃，旋转炉体炉壁温度最高可达 700℃，旋转炉体温度最高可达 650℃，能够满足物料热解所需温度。工艺采用间歇式运行方式，即一次性进料、一次性出料，避免了因连续进料而带入氧气的可能性。据此泄漏问题就集中在热解炉的进料口和出料口的密封上，设备选用了石墨密封，确保了密封等级。此外，工艺上配备了制氮机，反应起始时向装置内充入氮气，赶走空气，确保热解析处理的绝氧环境。旋转功能是为了确保炉内物料受热均匀，防止局部过热产生结焦。旋转炉体内部采用了双螺旋刮刀紧贴炉壁往复运动的设计结构，在旋转炉体转动的同时，实现刮刀和炉体不同转速运转，在结焦初期即将胶体清除，最大限度地避免了热解过程中炉内结焦的可能性。

物料一次性进入热解炉内，在绝氧环境下逐步被加热升温，直至热解反应结束，累计时间为 10~15h，反应终止时间可以通过设置分气包中的产气量值及产气温度值进行调控。反应过程中产生的热解蒸气由炉体上部的蒸气出口排出进入热解蒸气回收及处理部分，热解后的固体余料经水冷凝降温至 100℃ 以下，再经水喷淋降尘，最后由出料器输出至料槽内，打包后运至附近堆放场。

其外形结构见图 5-69，实物见图 5-70。

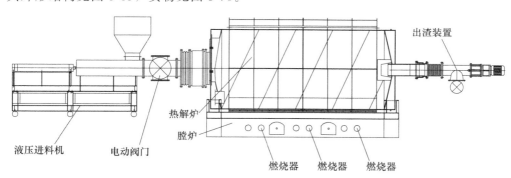

图 5-69　旋转热解炉结构

图 5-70　旋转热解炉实物

单台主要参数：a. 处理规模为 $5m^3/d$；b. 旋转速度为 0.1~0.4r/min；c. 炉膛温度≤850℃，炉壁温度≤700℃，炉内温度≤650℃；d. 反应时间为 10~15h；e. 配套燃烧器 3 套，每套燃烧器热功率 410kW，消耗电功率 0.56kW，其中 2 套用于天然气的燃烧，1 套用于不凝气的回炉燃烧。

⑤ 分气包。旋转热解炉产生的热解蒸气（凝结气、不凝气及灰尘）依靠蒸发上升的动力经炉子蒸气出口进入分气包。分气包主要为高温油气提供一缓冲场所并实现初步分

离，高温油气在内部进行缓流，并将 80% 重油和灰尘在其中进行重力式沉淀收集，收集的重油经泵输送至油暂存罐。其内部设置两道导流板及漏斗式收集池，外部设置进气口、出气口、检修口以及收集池排空阀。其外形结构及实物见图 5-71。

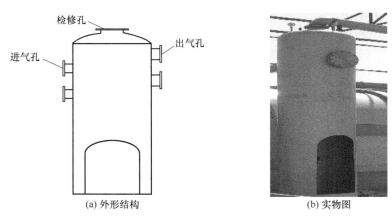

(a) 外形结构　　　　　　(b) 实物图

图 5-71　分气包外形结构及实物

主要参数：a. 处理量（标）$Q = 2000\text{m}^3/\text{h}$；b. 外形尺寸为 $\phi500\text{mm} \times 2500\text{mm}$；c. 控制温度为 $100 \sim 150℃$；d. 控制压力 $< 0.04\text{MPa}$。

⑥ 冷凝装置。为了回收热解蒸气中可冷凝下来的凝结气，设置了冷凝装置，其由 4 组列管式冷凝器组成，传热管采用紫铜管轧制出散热翅片，换热面积大，选用不锈钢材质。冷却水从管内流过，蒸气从列管间流过被冷凝为液体，中间折板使水折流，并采用双程或四程流动方式，强化冷却效果。

单台主要参数：处理量 5t/d，进气温度 320℃，出液温度 45℃。

冷凝装置结构及实物见图 5-72。

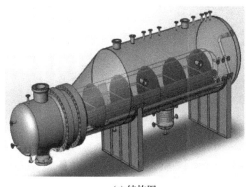

(a) 结构图　　　　　　(b) 实物图

图 5-72　冷凝装置结构及实物

⑦ 油水分离装置。热解蒸气经过冷凝装置后，产生的液态油水混合物和不凝气一并进入油水分离装置。油水分离装置由油气分离室、油水分离室、集油室及污水室等组成，油气分离室内设置散流板及逸气管；油水分离室内设置两道稳流板；集油室及污水室内分别设置不凝气分离及收集装置，收集的不凝气送至不凝气处理单元进一步处理。经油水分离装置分离出来的含油污水排入含油污水暂存储罐；分离出来的含水油排入燃料油回收储罐。油水分离装置结构见图 5-73。

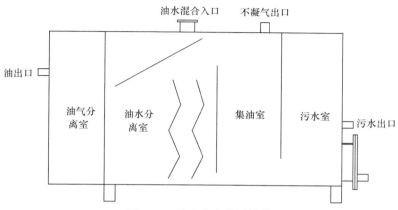

图 5-73　油水分离装置结构

主要参数：a. 处理量 $Q=5t/d$；b. 外形尺寸为 1.3m×0.6m×0.9m；c. 液体在分离器内停留时间为 6~10h；d. 处理后油中含水<0.3%，水中含油量<500mg/L。

⑧ 不凝气净化装置。为了控制不凝气中二氧化硫等酸性气体的含量，在油水分离装置的不凝气出口后设置了不凝气净化装置，内装折流板及一定浓度的碱液。不凝气净化装置见图 5-74。

图 5-74　不凝气净化装置

主要参数：a. 处理量（标）$Q=200m^3/h$ 不凝气；b. 外形尺寸为 $\phi600mm×1500mm$；c. 酸性气体脱除率在 90% 以上。

⑨ 活性炭吸附装置。为了控制不凝气回炉燃烧后产生烟气灰尘及重金属的含量在较低水平，在不凝气净化装置后设置了活性炭吸附装置，主要用于吸附不凝气中的灰尘、热解蒸发出来的重金属及其化合物颗粒（通常以吸附在灰尘上的形式存在）以及残存酸性气体。

主要参数：a. 处理量（标）$Q=200m^3/h$ 不凝气；b. 外形尺寸为 $\phi600mm×1500mm$；c. 灰尘去除率在 95% 以上。

⑩ 湿式脱硫除尘装置。经不凝气净化装置以及活性炭吸附装置等不凝气处理流程处理后的不凝气与天然气一并作为热解炉燃料，经燃烧器燃烧后为热解炉提供热能。为了确保燃烧后产生烟气能够达标排放，控制烟气中二氧化硫及烟尘的浓度，在烟气出口设置了湿式脱硫除尘装置，又称为脱硫除尘塔。塔内设有喷雾系统，冷却水经过电动调节阀调节到一定的压力和流量，经出口管路送到喷枪，产生非常细小的雾化颗粒，吸收和吸附烟气中二氧化硫和灰尘，达到脱硫除尘的目的。

主要参数：a. 进口烟气流量设计值（标）$Q=4000m^3/h$；b. 入口烟气温度<200℃；c. 出口烟气温度<70℃；d. 脱除二氧化硫效率≥95%。

5.5.2　处理标准及分析方法

(1) 处理标准的选择

针对大庆油田井下作业公司目前在用两种防护物（五彩布和蓝旗布）产生的裹有油泥废

物，现场开展热解析处理技术的试验研究。试验效果以热解产生的残渣以及不凝气回炉燃烧产生的烟气是否达到《农用污泥污染物控制标准》（GB 4284—2018）和《危险废物焚烧污染控制标准》（GB 18484—2001）中指标要求为依据，详见表 5-30 和表 5-31。

表 5-30　农用污泥中污染物控制标准值（GB 4284—2018）

控制项目	污染物限值	
	A 级污泥产物	B 级污泥产物
总镉(以干基计)/(mg/kg)	<3	<15
总汞(以干基计)/(mg/kg)	<3	<15
总铅(以干基计)/(mg/kg)	<300	<1000
总铬(以干基计)/(mg/kg)	<500	<1000
总砷(以干基计)/(mg/kg)	<30	<75
总镍(以干基计)/(mg/kg)	<100	<200
总锌(以干基计)/(mg/kg)	<1200	<3000
总铜(以干基计)/(mg/kg)	<500	<1500
矿物油(以干基计)/(mg/kg)	<500	<3000
苯并[a]芘(以干基计)/(mg/kg)	<2	<3
多环芳烃(PAHs)(以干基计)/(mg/kg)	<5	<6

注：A 级污泥产物有耕地、园地、牧草地；B 级污泥产物有园地、牧草地、不种植食用农作物的耕地。

表 5-31　危险废物焚烧污染控制标准限值（GB 18484—2001）

序号	污染物	焚烧容量 300~2500kg/h 时最高允许排放浓度限值/(mg/m³)
1	烟气黑度	林格曼 I 级
2	烟尘	80
3	一氧化碳	80
4	二氧化硫	300
5	氟化氢	7.0
6	氯化物	70
7	氮氧化物	500
8	汞及其化合物	0.1
9	铅及其化合物	1.0
10	砷、镍及其化合物	1.0
11	镉及其化合物	0.1
12	二噁英类	0.5ngTEQ/m³
13	铬、锡、锑、铜、锰及其化合物	4.0

(2) 试验分析方法

① 热解后残渣。按照《农用污泥污染物控制标准》（GB 4284—2018）中要求，对热解后残渣的矿物油以及铬、铅等 11 项指标进行了检测，所采用的方法见表 5-32。

表 5-32　热解后残渣检测项目及方法

序号	检测项目	检测方法	方法来源
1	总镉	石墨炉原子吸收分光光度法	GB/T 17141
2	总汞	冷原子吸收分光光度法	GB/T 17136
3	总铅	微波高压消解后原子吸收分光光度法	CJ/T 221
4	总铬	常压消解后二苯碳酰二肼分光光度法	CJ/T 221
5	总砷	常压消解后原子荧光法	CJ/T 221
6	总镍	火焰原子吸收分光光度法	GB/T 17139
7	总锌	火焰原子吸收分光光度法	GB/T 17138
8	总铜	火焰原子吸收分光光度法	GB/T 17138

续表

序号	检测项目	检测方法	方法来源
9	矿物油	红外分光光度法	CJ/T 221
10	苯并[a]芘	荧光分光光度法	GB 5009.27
11	多环芳烃	液相色谱法	CJ/T 147

② 不凝气回炉燃烧产生烟气。按照《危险废物焚烧污染控制标准》（GB 18484—2001）中要求，对热解后残渣的烟气黑度、烟尘以及铬、铅等 18 项指标进行了检测，所采用的方法见表 5-33。

表 5-33　不凝气回炉燃烧产生烟气检测项目及方法

序号	检测项目	检测方法	方法来源
1	烟气黑度	林格曼烟度法	GB/T 5468—91
2	烟尘	重量法	GB/T 16157—1996
3	一氧化碳（CO）	非分散红外吸收法	HJ/T 44—1999
4	二氧化硫（SO₂）	甲醛吸收副玫瑰苯胺分光光度法	《空气和废气监测分析方法》，国家环保总局（2007）
5	氟化氢（HF）	离子色谱法	HJ 688—2019
6	氯化氢（HCl）	离子色谱法	HJ 549—2016
7	氮氧化物	盐酸萘乙二胺分光光度法	HJ/T 43—1999
8	汞	冷原子吸收分光光度法	《空气和废气监测分析方法》，国家环保总局（2007）
9	镉	原子吸收分光光度法	
10	铅	火焰原子吸收分光光度法	GB/T 15264—1994
11	砷	二乙基二硫代氨基甲酸银分光光度法	《空气和废气监测分析方法》，国家环保总局（2007）
12	铬	二苯碳酰二肼分光光度法	
13	锡	原子吸收分光光度法	HJ/T 65—2001
14	锑	5-Br-PADAP 分光光度法	《空气和废气监测分析方法》，国家环保总局（2007）
15	铜	原子吸收分光光度法	
16	锰	原子吸收分光光度法	
17	镍	原子吸收分光光度法	HJ/T 63.1—2001
18	二噁英类	色谱-质谱联用法	HJ 77.2—2008

③ 热解后回收油。回收热解油的检测标准见表 5-34。

表 5-34　回收热解油检测标准

序号	检测项目	检测方法	方法来源
1	馏程测定	原油馏程的测定	GB/T 26984—2001
2	运动黏度	石油产品运动黏度测定法和动力黏度计算法	GB/T 265—1988
3	闪点	闪点的测定　宾斯基-马丁闭口杯法	GB/T 261—2008
4	灰分	石油产品灰分测定法	GB/T 508—1985
5	硫含量	轻质烃及发动机燃料和其他油品的总硫含量测定法	SH/T 0689—2000
6	密度	原油和石油产品密度测定法（U 形振动管法）	SH/T 0604—2000
7	氮含量	石油和石油产品中氮含量的测定舟进样化学发光法	NB/SH/T 0704—2010

④ 热解后回收水。回收含油污水的检测标准见表 5-35。

表 5-35　回收含油污水检测标准

序号	检测项目	检测方法	方法来源
1	含油量	碎屑岩油藏注水水质指标及分析方法	SY/T 5329—2012
2	悬浮固体含量	碎屑岩油藏注水水质指标及分析方法	SY/T 5329—2012
3	矿化度	油田水分析方法	SY/T 5523—2016

5.5.3　试验结果分析

因为油田井下作业防护物及包裹油泥废弃物中，以含油量为 25%～35% 的油泥废弃物居多，据此依据室内试验研究成果（最高加热温度 500℃、平均升温速率 50℃/h、升温及加热时间至少 10h），现场首先开展防护物及包裹油泥废弃物中含油量的热解析处理参数验证试验，同时确定设备的控制参数，其次依据所确定的设备控制参数，开展防护物及包裹油泥废弃物高含油量和低含油量的现场试验，确定这两种物料的热解析达标处理参数，最终总结出"井下作业防护物及包裹油泥废弃物"热解析处理工艺及设计参数。

（1）五彩布及包裹油泥废弃物含油量为 25%～35% 的热解析试验

试验用井下作业防护物及包裹油泥废弃物（含油量为 25%～35%）来源于井下作业分公司，总计 3.3～4.3m³，实物照片见图 5-75。

图 5-75　大庆油田井下作业防护物及包裹油泥废弃物的现场实物照片

1）试验过程　物料首先经破碎机破碎成 5～10cm 的块状，经刮板输送机输送至热解炉的液压进料系统，由液压进料系统将物料压送至热解炉内，一次性进料 4.0m³。进料结束后，向热解炉内充入氮气赶走空气以保证热解反应所需的缺氧条件，关闭进出料口的密封阀，启动机械旋转系统，使得炉膛内的炉管以 0.4r/min 的转速转动，同时炉膛内燃烧器点火，对炉管进行加热升温。期间，通过调控燃烧器天然气进气量控制对炉管的加热温度，从而实现对炉管内物料的升温历程的控制。试验过程中，装置记录下来的实际升温历时曲线见图 5-76。

图 5-76 中 3 条曲线分别表示炉管的升温历时曲线、炉管内产生热解蒸汽温度变化历时曲线、分汽包内温度变化历时曲线。由图 5-76 可知，炉管内最高温度为 508℃；加热及升温从 9：30 至 19：30 结束，累计 10h，升温速率平均为 48℃/h。

试验过程中对不凝气回炉燃烧产生的烟气、回收油以及水、热解后剩余残渣进行了现场跟踪取样分析，见图 5-77。

2）试验结果分析

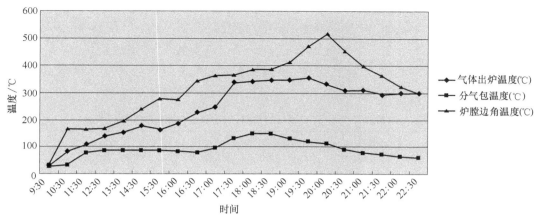

图 5-76 五彩布及包裹油泥废弃物含油量为 25%～35%的热解析现场试验升温历时曲线

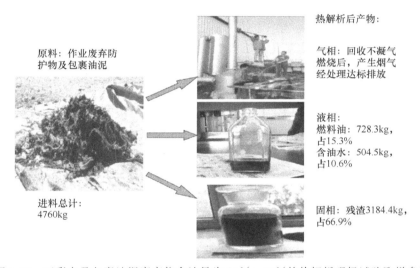

图 5-77 五彩布及包裹油泥废弃物含油量为 25%～35%的热解析现场试验取样参数

① 热解后残渣分析。按照《农用污泥污染物控制标准》（GB 4284—2018）各项指标的要求对井下作业防护物及包裹油泥废物（含油量为 25%～35%）热解后剩余固体物进行了检测分析，结果见表 5-36。

表 5-36 含油量为 25%～35%油泥废弃物的热解后剩余固体物的分析结果

序号	检测项目	B 级标准要求 /(mg/kg)	实测值/(mg/kg)	说明
1	总镉(以干基计)	15	3.60	达标
2	总汞(以干基计)	15	0.7	达标
3	总铅(以干基计)	1000	<0.1	达标
4	总铬(以干基计)	1000	0.2	达标
5	总砷(以干基计)	75	<0.1	达标
6	硼及其化合物(以水溶性 B 计)	—	0.8	达标
7	矿物油(以干基计)	3000	42.3	达标
8	苯并[a]芘(以干基计)	3	<0.1	达标
9	总铜(以干基计)	1500	1.6	达标
10	总锌(以干基计)	3000	276.6	达标
11	总镍(以干基计)	200	14.6	达标

由表 5-36 可知，井下作业防护物及包裹油泥废弃物（含油量为 25%～35%）热解后残渣中矿物油及重金属含量均远远低于排放标准的要求。

② 不凝气回炉燃烧后产生烟气的分析。按照《危险废物焚烧污染控制标准》（GB 18484—2001）各项指标的要求对井下作业防护物及包裹油泥废弃物（含油量为 25%～35%）热解产生不凝气回炉燃烧后的烟气进行了检测分析，结果见表 5-37。

表 5-37　含油量为 25%～35% 废物的热解不凝气回炉燃烧烟气分析结果

序号	污染物	最高允许排放浓度限值/(mg/m³)	实测值/(mg/m³)	说明
1	烟气黑度	林格曼Ⅰ级	0	达标
2	烟尘	80	40.2	达标
3	一氧化碳	80	0	达标
4	二氧化硫	300	0	达标
5	氟化氢	7.0	0	达标
6	氯化物	70	0	达标
7	氮氧化物	500	94.7	达标
8	汞及其化合物	0.1	0.06×10^{-3}	达标
9	铅及其化合物	1.0	ND	达标
10	砷及其化合物	1.0	ND	达标
11	镍及其化合物	1.0	0.0125	达标
12	镉及其化合物	0.1	0.34×10^{-3}	达标
13	二噁英类	0.5ngTEQ/m³	0.014	达标
14	铬及其化合物		0.0156	
15	锡及其化合物		0.00264	
16	锑及其化合物	4.0	0.00263	达标
17	铜及其化合物		0.00127	
18	锰及其化合物		0.00456	

注：ND 代表未检出。

由表 5-37 可知，井下作业防护物及包裹油泥废弃物（含油量为 25%～35%）热解后产生不凝气回炉燃烧后的烟气各项指标的检测值均低于标准要求值。

③ 热解产生含油污水的分析。对热解产生的含油污水进行了含油量及悬浮固体含量的分析检测，结果见表 5-38，离子成分分析见表 5-39。

表 5-38　含油量为 25%～35% 油泥废弃物热解产生含油污水的分析结果

检测次数	含油量/(mg/L)	悬浮固体含量/(mg/L)
1	39.5	94.0
2	58.6	111.5
3	78.9	121.2
平均值	59.0	108.9

由表 5-38 可知，热解产生的含油污水符合污水处理站含油量＜1000mg/L，SS＜200mg/L 的进水指标。

表 5-39　含油量为 25％～35％油泥废弃物热解产生含油污水矿化度分析结果

单位：mg/L

名称	pH 值	Cl⁻	CO_3^{2-}	HCO_3^-	OH⁻	Ca^{2+}	Mg^{2+}	SO_4^{2-}	$Na^+ + K^+$	总矿化度
热解回收水	8.1	1360.2	131.4	634.4	0.0	22.1	7.55	24.2	1194.2	3374.0
聚驱采出水	7.8	1058.7	91.9	2237.1	0	27.1	42.0	5.4	1492.6	4954.9

由表 5-39 可知，井下作业防护物及包裹油泥废弃物（含油量为 25％～35％）热解后回收的含油污水矿化度低于油田聚驱采出水，除了氯离子含量略高外，其他离子含量均较低。这部分含油污水回附近含油污水处理站不会对站上水质及处理工艺带来影响。

3）过程分析及装置控制

①过程分析：当炉管内温度逐步升至 380℃时，热解蒸气的温度随之逐步达到最高温度 350℃，此间主要以矿物油中轻组分挥发为主，热解蒸气主要以水蒸气及中分子有机物为主；炉管温度继续逐步升温至 475℃，热解蒸气的温度几乎维持在 350℃左右不变，此间主要以熔融态的防护物热分解、碳化以及矿物油中重质油热分解为主，此外倘若已挥发的中分子有机物未及时离开炉管，还可能发生热分解成小分子的反应；炉管温度继续升温至 508℃，热解蒸气的温度从 350℃下降至 330℃，此间热解反应接近尾声，热解蒸气产量逐渐减少。

②装置控制：分气包内温度随着进入分气包内热解蒸气量的多少而变化，当炉管温度上升而分气包内温度不升并且开始下降的时候，说明炉内物料热解基本接近尾声，产生的热解蒸气量逐渐减少。据此，试验过程中可以通过控制分气包内温度或压力实现对炉管内温度的控制。温度控制在 100～150℃之间，压力控制在 0.01～0.04MPa 之间，维持在 0.02MPa 左右。装置本身建立了分气包内温度及压力与燃烧器之间的连锁。当分气包内蒸气温度低于 100℃时，经连锁调控（增加）进燃烧器燃气流量，调控炉管的升温速率，从而控制炉管内的温度；当温度高于 150℃或者压力超过 0.04MPa 时，经连锁调控（减少）进燃烧器燃气流量，从而控制炉管内的温度，最终实现对物料加热的温度控制。

(2) 五彩布及包裹油泥废弃物含油量为 40％～60％的热解析试验

现场开展了含油量较高的井下作业防护物及包裹油泥废弃物（含油量为 40％～60％）热解析处理试验。试验用物料来源于井下作业分公司，总计 4.5～5.0m³，实物照片见图 5-78。

图 5-78　大庆油田井下作业防护物及包裹油泥废弃物的现场实物照片

1）试验过程　物料经破碎机破碎后，经刮板输送机一次性送入旋转热解炉的液压进料系统，关闭进料和出料口，炉管内充入氮气赶走空气。通过控制试验装置中分气包内蒸气温度（100～150℃之间）或压力（0.01～0.04MPa），实现对炉管加热温度的控制。实际升温历时曲线见图 5-79。

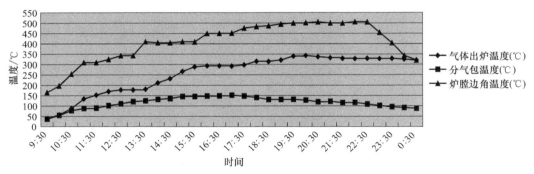

图 5-79　五彩布及包裹油泥废弃物含油量为 40%～60% 的解析现场试验升温历时曲线

由图 5-79 可知，总计有五个升温段和四个保温段：炉管内温度（炉膛边角温度）从 150℃ 1.5h 内升至 300℃，2h 内升至 350℃，0.5h 内升至 400℃，保温 2h 后 0.5h 内升至 450℃，保温 1.5h，2.5h 内升温至 500℃，保温 3h 后进入自然降温段，累计加热及升温时间为 13h。

炉膛内温度升至 475℃ 时，分气包内温度达到限值 150℃；待炉膛内温度继续升温并保持在 500℃ 时，分气包内温度开始呈现下降趋势，说明热解蒸气的产生量开始逐渐减少，热解反应由发生、剧烈逐步走向结束。当分气包内温度降至 100℃ 以下时，认为热解反应结束，关闭燃烧器，进入降温段。

2）试验结果分析

① 热解后残渣的分析。按照《农用污泥污染物控制标准》（GB 4284—2018）各项指标的要求对井下作业防护物及包裹油泥废弃物（含油量为 40%～60%）热解后剩余固体物进行了检测分析，结果见表 5-40。

表 5-40　含油量 40%～60% 油泥废弃物热解后剩余固体物的分析结果

序号	检测项目	A 级标准要求 /(mg/kg)	实测值 /(mg/kg)	说明
1	总镉（以干基计）	<3	<0.1	达标
2	总汞（以干基计）	<3	0.4	达标
3	总铅（以干基计）	<300	<0.1	达标
4	总铬（以干基计）	<500	8.1	达标
5	总砷（以干基计）	<30	<0.1	达标
6	硼及其化合物（以水溶性 B 计）	—	1.46	达标
7	矿物油（以干基计）	<500	93.4	达标
8	苯并[a]芘（以干基计）	<2	<0.1	达标
9	总铜（以干基计）	<500	<0.1	达标
10	总锌（以干基计）	<1200	64.1	达标
11	总镍（以干基计）	<100	2.9	达标

由表 5-40 可知，井下作业防护物及包裹油泥废弃物（含油量 40%～60% 的 PE 布）热解后残渣中矿物油及重金属含量均远远低于排放标准的要求。

② 不凝气回炉燃烧后产生烟气的分析。按照《危险废物焚烧污染控制标准》（GB 18484—2001）各项指标的要求对井下作业防护物及包裹油泥废弃物（含油量为 40%～60%）热解产生不凝气回炉燃烧后的烟气进行了检测分析，结果见表 5-41。

表 5-41　含油量 40%～60%油泥废弃物热解产生不凝气回炉燃烧后的烟气分析结果

序号	污染物	最高允许排放浓度限值 /(mg/m³)	实测值 /(mg/m³)	说明
1	烟气黑度	林格曼Ⅰ级	0	达标
2	烟尘	80	67.5	达标
3	一氧化碳	80	5	达标
4	二氧化硫	300	0	达标
5	氟化氢	7.0	ND	达标
6	氯化物	70	ND	达标
7	氮氧化物	500	112.3	达标
8	汞及其化合物	0.1	$0.04×10^{-3}$	达标
9	铅及其化合物	1.0	ND	达标
10	砷及其化合物	1.0	ND	达标
11	镍及其化合物	1.0	0.0286	达标
12	镉及其化合物	0.1	ND	达标
13	二噁英类	0.5ngTEQ/m³	0.019	达标
14	铬及其化合物		0.08	
15	锡及其化合物		ND	
16	锑及其化合物	4.0	0.00086	达标
17	铜及其化合物		ND	
18	锰及其化合物		0.002	

注：表中 ND 代表未检出。

由表 5-41 可知，井下作业防护物及包裹油泥废物（含油量 40%～60%的 PE 布）热解后产生不凝气回炉燃烧后的烟气各项指标的检测值均低于标准要求值。

③ 热解产生含油污水的分析。对热解产生的含油污水进行了含油量及悬浮固体含量的分析检测，结果见表 5-42。

表 5-42　含油量 40%～60%油泥废弃物热解产生含油污水的分析结果

检测次数	含油量/(mg/L)	悬浮固体含量/(mg/L)
1	133.0	45.0
2	105.0	46.7
3	122.0	32.7
平均值	120.0	41.5

由表 5-42 可知，热解产生的含油污水符合污水处理站含油量＜1000mg/L，SS＜200mg/L 的进水指标。

综上所述，针对含油量 40%～60%的 PE 布，在最高加热温度 500℃、累计加热及升温时间 13h 以及平均升温速率 50℃/h 的热解条件下，热解产生的残渣、含油污水以及不凝气回炉燃烧产生的烟气均达到了指标要求。

（3）蓝旗布及包裹油泥废弃物含油量为 1.4%～12.6%的热解析试验

试验用井下作业防护物及包裹油泥废弃物（含油量为 1.4%～12.6%）来源于井下作业分公司，总计 4.0～4.5m³，实物照片见图 5-80。从实物照片中也可以看出，试验用"井下作业防护物及包裹油泥废弃物"几乎全部是蓝旗布，含有少量的油泥。

图 5-80　现场试验用井下作业防护物及包裹油泥废弃物的实物照片

1）试验过程　通过控制试验装置中分气包内蒸气温度（100～150℃之间）及压力（< 0.04MPa），实现对炉管加热温度的控制。实际升温历时曲线见图 5-81。

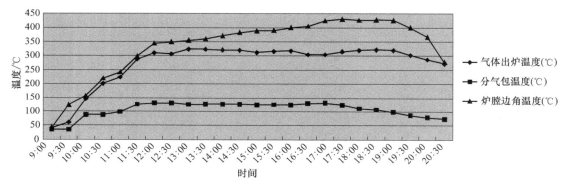

图 5-81　蓝旗布及包裹油泥废弃物含油量为 1.4%～12.6% 热解析现场试验升温历时曲线

依据分气包内热解蒸气的温度变化，控制炉管内加热升温速率及温度。起初，炉膛内燃烧器全部点燃，炉管内的温度经过 3.5h（9：00～12：30）升温至 350℃，此阶段产生大量的热解蒸气，炉管内蒸气温度快速升温至 300℃以上，分气包内蒸气温度达到近 140℃，为了控制分气包内温不超过 150℃，此时装置自动调控（减少）燃烧器的燃气流量，降低炉管升温速率，炉管内温度由 12：30 的 300℃历时 3.5h 升温至 400℃，之后又经过 1h 升温至 425℃，分气包内温度稳定在 130℃左右，炉膛内温度继续升高并稳定在最高温度 430℃左右时，分气包内温度开始呈现下降趋势，说明热解蒸气的产生量开始逐渐减少，热解反应由发生、剧烈逐步走向结束。当分气包内温度降至 100℃以下时，认为热解反应结束，关闭燃烧器，进入降温段。

炉管内升温历程：温度由 9：00 的 42℃历时 8h 升温至 17：00 的 425℃，此阶段的平均升温速率为 47.9℃/h；之后从 17：30 至 19：00 的 1.5h 期间内温度稳定在 430℃左右，最高加热温度达到 430℃。

综上所述，井下作业防护物及包裹油泥废弃物（含油量为 1.4%～12.6%），几乎全是蓝旗布的物料热解析处理参数如下：加热最高温度为 430℃，加热及升温时间为 10h，平均升温速率为 47.9℃/h。

　　试验过程中对热解后剩余残渣、不凝气回炉燃烧产生的烟气、回收油以及水进行了现场跟踪取样分析，见图 5-82。

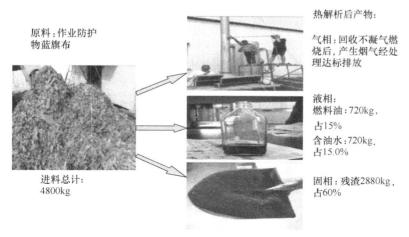

原料：作业防护
物蓝旗布

进料总计：
4800kg

热解析后产物：

气相：回收不凝气燃
烧后，产生烟气经处
理达标排放

液相：
燃料油：720kg，
占15%，
含油水：720kg，
占15.0%

固相：残渣2880kg，
占60%

图 5-82　蓝旗布及包裹油泥废弃物含油量为 1.4%～12.6%的热解析现场试验取样参数

　　2）试验结果分析

　　① 热解后残渣的分析。按照《农用污泥污染物控制标准》（GB 4284—2018）各项指标的要求对井下作业防护物及包裹油泥废弃物（含油量为 1.4%～12.6%）热解后剩余固体物进行了检测分析，结果见表 5-43。

表 5-43　含油量 1.4%～12.6%油泥废弃物热解后剩余固体物的分析结果

序号	检测项目	A 级标准要求/（mg/kg）	实测值/（mg/kg）	说明
1	总镉（以干基计）	<3	0.2	达标
2	总汞（以干基计）	<3	0.5	达标
3	总铅（以干基计）	<300	<0.1	达标
4	总铬（以干基计）	<500	47.4	达标
5	总砷（以干基计）	<30	<0.1	达标
6	硼及其化合物（以水溶性 B 计）	—	1.06	达标
7	矿物油（以干基计）	<500	4.66	达标
8	苯并[a]芘（以干基计）	<2	<0.1	达标
9	总铜（以干基计）	<500	5.8	达标
10	总锌（以干基计）	<1200	203.5	达标
11	总镍（以干基计）	<100	38.4	达标

　　由表 5-43 可知，井下作业防护物及包裹油泥废弃物（含油量为 1.4%～12.6%）热解后残渣中矿物油及重金属含量均远远低于排放标准的要求。

　　② 不凝气回炉燃烧后产生烟气的分析。按照《危险废物焚烧污染控制标准》（GB 18484—2001）各项指标的要求对井下作业防护物及包裹油泥废弃物（含油量为 1.4%～12.6%）热解产生不凝气回炉燃烧后的烟气进行了检测分析，结果见表 5-44。

表 5-44　含油量 1.4%～12.6%废弃物热解产生不凝气回炉燃烧后的烟气分析结果

序号	污染物	最高允许排放浓度限值/（mg/m³）	实测值/（mg/m³）	说明
1	烟气黑度	林格曼 I 级	0	达标

续表

序号	污染物	最高允许排放浓度限值/(mg/m³)	实测值/(mg/m³)	说明
2	烟尘	80	74.7	达标
3	一氧化碳	80	20	达标
4	二氧化硫	300	2	达标
5	氟化氢	7.0	ND	达标
6	氯化物	70	0.0167	达标
7	氮氧化物	500	118.7	达标
8	汞及其化合物	0.1	0.05×10^{-3}	达标
9	铅及其化合物	1.0	ND	达标
10	砷及其化合物	1.0	ND	达标
11	镍及其化合物	1.0	0.03	达标
12	镉及其化合物	0.1	0.16×10^{-3}	达标
13	二噁英类	0.5ngTEQ/m³	0.024	达标
14	铬及其化合物		0.04	
15	锡及其化合物		0.00102	
16	锑及其化合物	4.0	0.00166	达标
17	铜及其化合物		0.000056	
18	锰及其化合物		0.00742	

注：表中 ND 代表未检出。

由表 5-44 可知，井下作业防护物及包裹油泥废弃物（含油量为 1.4%～12.6%）热解后产生不凝气回炉燃烧后的烟气各项指标的检测值均低于标准要求值。

③ 热解产生含油污水的分析。对热解产生的含油污水进行了含油量及悬浮固体含量的分析检测，结果见表 5-45，离子成分分析见表 5-46。

表 5-45 含油量 1.4%～12.6%油泥废弃物热解产生含油污水的分析结果

检测次数	含油量/(mg/L)	悬浮固体含量/(mg/L)
1	93.3	45.3
2	84.6	36.1
3	122.0	27.8
平均值	100.0	36.4

由表 5-45 可知，热解产生的含油污水符合污水处理站含油量＜1000mg/L，SS＜200mg/L 的进水指标。

表 5-46 含油量 1.4%～12.6%油泥废弃物热解产生含油污水矿化度分析结果

单位：mg/L

名称	pH 值	Cl^-	CO_3^{2-}	HCO_3^-	OH^-	Ca^{2+}	Mg^{2+}	SO_4^{2-}	Na^++K^+	总矿化度
热解回收水	7.7	1601.3	124.8	424.0	0	62.2	11.8	30.1	1215.0	3469.4
聚驱采出水	7.8	1058.7	91.9	2237.1	0	27.1	42.0	5.4	1492.6	4954.9

由表 5-46 可知，井下作业防护物及包裹油泥废弃物（含油量为 1.4%～12.6%）热解后回收的含油污水矿化度低于油田聚驱采出水，除了氯离子含量略高外，其他离子含量均较

低。这部分含油污水回附近含油污水处理站不会对站上水质及处理工艺带来影响。

（4）油基钻屑的热解析试验

目前油田暂存油基钻屑 $6.88×10^4 m^3$，主要来自油田钻井作业过程中，为了清洗井底、携带岩屑、冷却和润滑钻头及钻柱、稳定及保护井壁、保护油气层等，使用油基钻井液而产生的。

试验物料来源于采油八厂，其中含油率在 $42.2\%～58.0\%$ 之间，平均为 50.4%，含固率在 $42.0\%～57.8\%$ 之间，平均为 49.6%，详见表 5-47。

表 5-47　油基钻屑储存槽内不同深度样品分析结果

取样位置	样品编号	含油率/%	含固率/%
储存槽上部	样品 1	55.5	44.5
	样品 2	59.7	40.3
	样品 3	58.9	41.1
	平均值	58.0	42.0
储存槽中部	样品 1	52.3	47.7
	样品 2	49.8	50.2
	样品 3	50.6	49.4
	平均值	50.9	49.1
储存槽底部	样品 1	42.6	57.4
	样品 2	39.8	60.2
	样品 3	44.1	55.9
	平均值	42.2	57.8

油基钻屑进行了重金属含量和矿物油等成分分析，结果见表 5-48。

表 5-48　油基钻屑的重金属含量和矿物油等成分分析结果

检测项目	实测值/(mg/kg)	《农用污泥污染物控制标准》(GB 4284—2018) 要求的最高容许含量/(mg/kg)
总镉(以干基计)	0.419	3
总汞(以干基计)	0.423	3
总铅(以干基计)	56.92	300
总铬(以干基计)	7.81	500
总砷(以干基计)	7.100	30
矿物油	406000	500
总铜(以干基计)	6.93	500
总锌(以干基计)	39.2	1200
总镍(以干基计)	6.60	100

由表 5-48 可知，油基钻屑中只有矿物油远远超出排放标准的要求，其他指标均远远低于排放标准的要求。

1）试验过程　通过控制试验装置中分气包内蒸气温度（100～150℃之间）及压力（<0.04MPa），实现对炉管加热温度的控制。实际升温历时曲线见图 5-83。

炉管内升温历程：温度由 8∶30 的 30℃ 历时 10h 升温至 18∶30 的 600℃，此阶段的平均升温速率为 57℃/h；之后从 18∶30 至 21∶00 的 2.5h 期间内温度稳定在 580℃ 左右，21∶00 以后开始降温，最高加热温度达到 600℃。

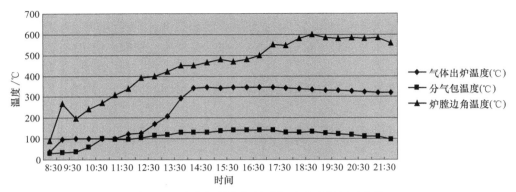

图 5-83　油基钻屑热解析现场试验升温历时曲线

可知，"油基钻屑"的热解析处理参数如下：加热最高温度为 600℃，加热及升温时间为 12.5h，平均升温速率为 57℃/h。

试验过程中对热解后剩余残渣、不凝气回炉燃烧产生的烟气、回收油以及水进行了现场跟踪取样分析，见图 5-84。

图 5-84　油基钻屑的热解析现场试验取样参数

2）试验结果分析

① 热解后残渣的分析。按照《农用污泥污染物控制标准》（GB 4284—2018）各项指标的要求对油基钻屑热解后剩余固体物进行了检测分析，结果见表 5-49。

表 5-49　油基钻屑废物热解后剩余固体物的分析结果

序号	检测项目	B级标准要求 /（mg/kg）	实测值 /（mg/kg）	说明
1	总镉（以干基计）	15	3.8	达标
2	总汞（以干基计）	15	<0.1	达标
3	总铅（以干基计）	1000	<0.1	达标
4	总铬（以干基计）	1000	385.9	达标
5	总砷（以干基计）	75	2.9	达标
6	硼及其化合物（以水溶性B计）	—	3.82	达标

续表

序号	检测项目	B 级标准要求/(mg/kg)	实测值/(mg/kg)	说明
7	矿物油(以干基计)	3000	271	达标
8	苯并[a]芘(以干基计)	3	<0.1	达标
9	总铜(以干基计)	1500	32.7	达标
10	总锌(以干基计)	3000	185.9	达标
11	总镍(以干基计)	200	160.3	达标

由表 5-49 可知，油基钻屑热解后残渣中矿物油及重金属含量均远远低于排放标准的要求。

② 不凝气回炉燃烧后产生烟气的分析。按照《危险废物焚烧污染控制标准》（GB 18484—2001）各项指标的要求对油基钻屑热解产生不凝气回炉燃烧后的烟气进行了检测分析，结果见表 5-50。

表 5-50　油基钻屑废物热解产生不凝气回炉燃烧后的烟气分析结果

序号	污染物	最高允许排放浓度限值/(mg/m³)	实测值/(mg/m³)	说明
1	烟气黑度	林格曼Ⅰ级	0	达标
2	烟尘	80	67.5	达标
3	一氧化碳	80	5	达标
4	二氧化硫	300	0	达标
5	氟化氢	7.0	ND	达标
6	氯化物	70	0.0131	达标
7	氮氧化物	500	112.3	达标
8	汞及其化合物	0.1	0.00011	达标
9	铅及其化合物	1.0	ND	达标
10	砷及其化合物	1.0	0.00261	达标
11	镍及其化合物	1.0	0.145	达标
12	镉及其化合物	0.1	0.0034	达标
13	二噁英类	0.5ngTEQ/m³	0.0046	达标
14	铬及其化合物		0.246	
15	锡及其化合物	4.0	0.0035	
16	锑及其化合物		0.00138	达标
17	铜及其化合物		0.0168	
18	锰及其化合物		0.139	

注：ND 代表未检出。

由表 5-50 可知，油基钻屑热解后产生不凝气回炉燃烧后的烟气各项指标的检测值均低于标准要求值。

③ 热解产生含油污水的分析。对热解产生的含油污水进行了含油量及悬浮固体含量的分析检测，结果见表 5-51，离子成分分析见表 5-52。

由表 5-51 可知，热解产生的含油污水符合污水处理站含油量＜1000mg/L，SS＜200mg/L 的进水指标。

表 5-51　油基钻屑废弃物热解产生含油污水的分析结果

检测次数	含油量/(mg/L)	悬浮固体含量/(mg/L)
1	13.3	25.0
2	14.5	36.0
3	22.0	38.0
平均值	16.6	33.0

表 5-52　油基钻屑废弃物热解产生含油污水矿化度分析结果　　　　单位：mg/L

名称	pH 值	Cl^-	CO_3^{2-}	HCO_3^-	OH^-	Ca^{2+}	Mg^{2+}	SO_4^{2-}	$Na^+ + K^+$	总矿化度
热解回收水	7.6	758.8	124.8	567.6	0	10.0	9.5	8.5	776.5	2255.7
聚驱采出水	7.8	1058.7	91.9	2237.1	0	27.1	42.0	5.4	1492.6	4954.9

由表 5-52 可知，油基钻屑热解后回收的含油污水矿化度低于油田聚驱采出水，除了氯离子含量略高外，其他离子含量均较低。这部分含油污水回附近含油污水处理站不会对站上水质及处理工艺带来影响。

④ 热解回收燃料油的检测。按照《原油馏程测定》（GB/T 26984—2001）标准对油基钻屑热解后回收的 30.6% 的燃料油进行了分析，结果见表 5-53。

表 5-53　油基钻屑热解回收燃料油的分析结果

项目	汽油	柴油	重油	合计
回收质量/kg	75.6	1033.2	151.2	1260
所占比例/%	6.0	82.0	12.0	100

由表 5-53 可知，油基钻屑热解回收燃料油中，柴油所占比重为 82.0%，具有较高的再利用价值。

5.5.4　热解产物性质及用途

井下作业防护物及包裹油泥废弃物热解后的产物有热解后残渣、热解产生不凝气以及热解后回收油及含油污水。为了确定各热解产物的去向及适宜用途，开展了热解产物性质研究。

现场试验三种物料热解析试验最终产物分布情况见表 5-54。

表 5-54　不同废弃物现场热解后产物分布

项目	热解残渣	回收热解油	回收含油水	原料用量
含油量 25%～35% 的废弃物（PE 布包裹油泥）	3.2t(66.9%)	0.73t(15.3%)	0.5t(10.6%)	4.76t
含油量 40%～60% 的废弃物（PE 布包裹油泥）	2.88t(60.0%)	0.74t(15.5%)	0.70t(14.5%)	4.80t
含油量 1.4%～12.6% 的废弃物（PE＋布包裹油泥）	3.2t(65.3%)	1.03t(21.0%)	0.59t(12.0%)	4.90t

(1) 热解后产生的残渣

1) 危险性鉴别。为了确定井下作业防护物及包裹油泥废弃物热解后剩余固体物的去向及适宜用途，首先对其进行了腐蚀性、急性毒性、浸出毒性、易燃性、反应性等危险性属性的判定。

① 鉴别的标准和规范：

《危险废物鉴别标准　通则》（GB 5085.7—2019）；

《危险废物鉴别标准　腐蚀性鉴别》（GB 5085.1—2007）；

《危险废物鉴别标准　急性毒性初筛》（GB 5085.2—2007）；

《危险废物鉴别标准　浸出毒性鉴别》（GB 5085.3—2007）；

《危险废物鉴别标准　易燃性鉴别》（GB 5085.4—2007）；

《危险废物鉴别标准　反应性鉴别》（GB 5085.5—2007）；

《危险废物鉴别标准　毒性物质含量鉴别》（GB 5085.6—2007）；

《危险废物鉴别技术规范》（HJ 298—2019）；

《国家危险废物名录》；

《工业固体废物采样制样技术规范》（HJ/T 20—1998）。

② 结果分析。样品腐蚀性分析结果见表 5-55，急性毒性分析结果见表 5-56，易燃性分析结果见表 5-57，反应性分析结果见表 5-58，浸出毒性分析结果见表 5-59。

表 5-55　井下作业防护物及包裹油泥废弃物热解后残渣腐蚀性分析结果

检测项目	检测方法	检测值	结论
腐蚀性	GB/T 5085.1—2007；GB/T 15555.12—1995 固体废物 腐蚀性测定　玻璃电极法	pH 值：9.30	没有腐蚀性（GB/T 5085.1—2007　标准值 pH≥12.5 或者 pH≤2.0）

表 5-56　井下作业防护物及包裹油泥废弃物热解后残渣急性毒性分析结果

检测项目	检测方法	检测值	结论
急性毒性	GB/T 5085.2—2007	(1)急性经口摄取 LD_{50}>1000mg/kg 体重；(2)急性经皮毒性 LD_{50}>1000mg/kg 体重；(3)急性吸入毒性 LD_{50}>17.71mg/L	不具急性毒性

表 5-57　井下作业防护物及包裹油泥废弃物热解后残渣易燃性分析结果

检测项目	检测方法	检测值	结论
易燃性	GB/T 5085.4—2007；	(1)摩擦不起火；(2)点燃时间>2min	不具易燃性

表 5-58　井下作业防护物及包裹油泥废弃物热解后残渣反应性分析结果

检测项目	检测方法	检测值	结论
反应性	GB/T 5085.5—2007	(1)不具爆炸性；(2)与水或酸接触不产生易燃气体或有害气体；(3)没有过氧化物	不具反应性

表 5-59　井下作业防护物及包裹油泥废弃物热解后残渣浸出毒性分析结果

检测项目	检测方法	检测值	结论
无机元素及化合物（Cu、Pb、Hg、氰化物等16种）	GB/T 5085.3—2007；GB/T 15555.4—1995；GB/T 14204—1993；GB/T 15555.1—1995	检测值均远远低于浸出液中危害成分浓度限值，多数未检出	没有超出标准限值
有机农药类(滴滴涕、六氯苯以及灭蚁灵等10种)	GB 5085.3—2007	未检出	没有超出标准限值

检测项目	检测方法	检测值	结论
非挥发性有机化合物(硝基苯、苯并[a]芘以及多氯联苯等12种)	GB 5085.3—2007	未检出	没有超出标准限值
挥发性有机化合物(苯、丙烯腈以及三氯甲烷等12种)	GB 5085.3—2007	未检出	没有超出标准限值

由表 5-55～表 5-59 可知,井下作业防护物及包裹油泥废弃物热解后剩余固体物没有腐蚀性、不具急性毒性、不具易燃性、不具反应性;对浸出液中 50 种毒性物质检测,检测值均没有超出标准限值,绝大部分未检出,通过五性检测的判定结果可知,井下作业防护物及包裹油泥废弃物热解后剩余固体物不具有危险性。

2)全成分分析。为了考察井下作业防护物及包裹油泥废弃物热解后剩余固体物再利用的价值,进行了无机物以及有机物的全成分分析,分析结果见表 5-60。

表 5-60　井下作业防护物及包裹油泥废弃物热解后剩余固体物全成分分析结果

检测项目	检测结果		
	成分	含量/%	结论
样品成分分析（无机成分）	炭黑	8.32	不属于危险物
	氧化硅＋氧化铝＋氧化铁＋氧化镁	71.36	
	氯化钙＋硫酸钡	10.78	
	碳酸钾＋碳酸钠	5.01	
	水	4.50	
	铬	<0.0001	没有超出标准限值
	镉	<0.0001	
	锌	<0.0001	
	锰	<0.0001	
	铜	<0.0001	
	汞	<0.0001	
	铍	<0.0001	
	镍	<0.0001	
	银	<0.0001	
	砷	<0.0001	
	硒	<0.0001	
	无机氟化物(不含氟化钙)	<0.0001	
	氰化物(以 CN$^-$ 计)	<0.0001	
样品成分分析（有机成分）	苯系物	未检出(检出限 0.01～0.001 mg/kg)	没有超出标准限值
	丙烯腈		
	有机氯农药		
	有机磷农药		
	多溴联苯醚		
	卤代烃		
	多环芳烃		
	烷基汞		
	多氯联苯		
	硝基苯类		
	硝基胺		
	偶氮染料		
	邻苯二甲酸酯类		
	酚类化合物		
	多氯二苯对二噁英和多氯二苯并呋喃	未检出(检出限 0.05μgTEQ/kg)	没有超出标准限值(标准限值:≥15μgTEQ/kg)

由表 5-60 对井下作业防护物及包裹油泥废物热解后剩余固体物全成分分析结果可知：其不含卤代烃、多氯联苯以及二噁英等有机成分，无机成分以氧化硅＋氧化铝＋氧化铁＋氧化镁和氯化钙＋硫酸钡成分为主，含少量的炭黑，据此可知井下作业防护物及包裹油泥废物热解后剩余固体物 以裹有少量炭黑的沙土为主，不属于危险废物，可用于铺路及垫井场。

3）吸附性　由以上全成分分析结果可知，井下作业防护物及包裹油泥废物热解后剩余固体物中含有 8.32% 的炭黑，为了考察其作为吸附剂的可能性，分别开展了剩余固体物吸附特性及热值的测试研究。

固体物料的比表面积及孔径分布测试方法根据测试思路不同分为吸附法、透气法和其他方法。其中，吸附法是让一种吸附质分子吸附在待测粉末样品（吸附剂）表面，根据吸附量的多少来评价待测粉末样品的比表面积及孔径分布。根据吸附质的不同，吸附法分为低温氮吸附法、吸碘法、吸汞法和吸附其他分子方法。以氮分子作为吸附质的氮吸附法由于需要在液氮温度下进行吸附，又叫低温氮吸附法，这种方法中使用的吸附质——氮分子性质稳定、分子直径小、安全无毒、来源广泛，是理想的且是目前主要的吸附法比表面积及孔径分布测试吸附质。

本试验采用低温氮气吸附法依据 BET 吸附等温方程直接测定样品的比表面积和孔径分布。试验样品来自井下作业防护物及包裹油泥废物热解后剩余固体物，其中炭黑含量在 8.32%，试验设两个平行样。试验结果见图 5-85、图 5-86 和表 5-61。

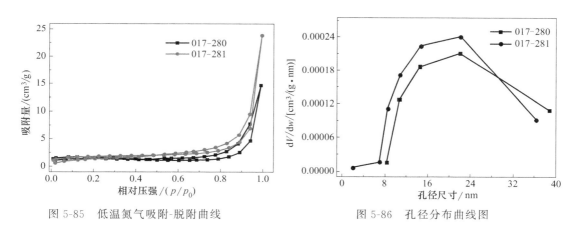

图 5-85　低温氮气吸附-脱附曲线　　　图 5-86　孔径分布曲线图

表 5-61　比表面积及孔结构分布数据表

样品	S_{BET}（总比表面积）/(m²/g)	S_{meso}（中孔比表面积）/(m²/g)	S_{micro}（微孔比表面积）/(m²/g)	V_t（总孔容积）/(cm³/g)	V_{micro}（微孔容积）/(cm³/g)	V_{meso}（中孔容积）/(cm³/g)	D（平均孔径）/nm
017-280（1#样品）	4.4001	4.41442	6.0566	0.022655	0.003237	0.022727	21.9357
017-281（2#样品）	5.8330	6.4356	2.1521	0.036853	0.001128	0.036859	22.9094
活性炭国标要求	900～1100	—	—	—	—	—	—

由图 5-85、图 5-86 和表 5-61 可知，两样品比表面积均较低，小于 $6m^2/g$，远远低于活性炭国家标准 $900\sim1100m^2/g$ 的要求；两样品的孔径分布在 $8\sim50nm$ 之间，为中介孔材料（微孔孔径 $<2nm$，中孔孔径 $2\sim50nm$，大孔孔径 $>50nm$）。由此可初步判定，井下作业防护物及包裹油泥废物热解后剩余固体物为低比表面积的中孔材料，不具有成为高附加值吸附材料的潜力，由于它的含碳量不高，而且含有大量砂粒，可作为路基或建筑的材料。

4）燃烧性　热值是评价物料作为燃料质量的一个重要指标，是计算燃烧温度和燃料消耗量时不可缺少的依据。为了考察井下作业防护物及包裹油泥废物热解后剩余固体物燃烧价值，利用氧弹热量计进行了低位热值测试分析，见表 5-62。

表 5-62　物料热值分析结果

样品名称	热解后剩余固体物料热值/(MJ/kg)	裹有油泥防护物热值/(MJ/kg)	一般燃料热值/(MJ/kg)	
			干木柴	无烟煤
样品 1	1.14	33.28		
样品 2	1.03	35.66	12.6	33.5
样品 3	0.96	32.23		
平均值	1.04	33.72		

由表 5-62 可知，裹有油泥的防护物具有较高热值，平均值为 33.72MJ/kg，达到了一般燃料热值的要求。但是，井下作业防护物及包裹油泥废物热解后剩余固体物的热值较低，平均值为 1.04MJ/kg，远远低于一般燃料的热值，不具有充当燃料的价值。

综上所述，井下作业防护物及包裹油泥废弃物热解后剩余固体物以含有少量炭黑的砂土为主，不具危险性；是一种低表面的中孔材料，不具有成为高附加值吸附材料的潜力；热值较低，不具有充当燃料的价值，可作为路基或建筑的材料或用于油田道路及井场的铺设。

（2）热解产生不凝气

对井下作业防护物及包裹油泥废物热解析处理后不凝气进行了有机和无机组成的全分析，依据现场试验流程，不凝气从油水分离装置不凝气出口取样。分析结果见表 5-63。

表 5-63　井下作业防护物及包裹油泥废弃物热解后不凝气组成全分析结果

类别	序号	组成名称	所占百分比/%
无机成分	1	氮气	69.28
	2	二氧化碳	11.90
	3	氧气	4.58
	4	一氧化碳	2.64
	5	氢气	1.71
有机成分	1	甲烷	3.32
	2	丙烯	2.87
	3	乙烯	2.60
	4	乙烷	1.96
	5	丙烷	0.52
	6	C_6	0.44
	7	异丁烷	0.024
	8	正丁烷	0.095
	9	丙二烯	—
	10	反二丁烯	0.092

续表

类别	序号	组成名称	所占百分比/%
有机成分	11	正丁烯	0.49
	12	异丁烯	0.22
	13	顺二丁烯	0.062
	14	异戊烷	0.01
	15	正戊烷	0.029
	16	1,3 丁二烯	0.081

由表 5-63 可以看出，不凝气中无机成分所占比例较大，占 90% 左右，有机成分占 10% 左右；无机成分中氮气含量较高（利用氮气进行吹扫的结果），有机成分主要以 C_6 以下的有机气体为主，其中甲烷、丙烯、乙烯以及乙烷所占比例较高。

此外，对不凝气中有毒有害成分进行了有针对性的定量分析，结果见表 5-64。

表 5-64　井下作业防护物及包裹油泥废弃物热解后不凝气有毒有害成分定量分析

序号	组成名称	含量/(mg/m^3)
1	硫化氢	504
2	氨	21.25
3	二氧化硫	404.38
4	氯化氢	217.20
5	一氧化氮	未检出
6	二氧化氮	未检出
7	氯气	未检出

由表 5-64 可以看出：

① 不凝气中硫化氢含量较高，处于高度危险浓度范围（300～760mg/m^3）内，必须进行脱除处理。现有试验流程中在不凝气回热解炉燃烧前设计了两道工序，一道是不凝气净化装置，另一道是活性炭吸附装置，可对不凝气中的硫化氢等酸性气体进行脱除，试验效果上也可以证明这两道工序的有效性。但鉴于这么高的浓度，考虑到安全性，建议在工业化站场的设计上进行如下改进及完善：a. 将现工艺中的废气净化装置更换成以脱除硫化氢、二氧化硫为主的两级碱液吸收装置，以进一步控制不凝气中硫化氢、二氧化硫以及氯化氢等酸性气体的含量；b. 增强不凝气处理流程中设备及管道的密闭性，并依据相关标准配置硫化氢以及二氧化硫等有毒有害气体报警器。

② 不凝气中二氧化硫的含量较高，现有试验流程中在不凝气回热解炉燃烧前设计的两道工序，对二氧化硫有一定的去除作用。但二氧化硫脱除的关键是在不凝气燃烧后设计的烟气脱硫除尘系统（脱硫效率≥98%），确保了处理后烟气中二氧化硫达标排放，这点由燃烧后产生的烟气成分分析报告中二氧化硫检测值最高仅为 2mg/m^3（排放标准为 300mg/m^3）得到充分的证明。

（3）热解回收油

为了确定热解回收油的品质，对不同试验物料热解后的回收油，首先按照《原油馏程测定》（GB/T 26984—2001）标准进行馏程的测试分析，最后依据 GB/T 2538 所列举的方法对回收油的物理化学特性进行分析，并与成品柴油相关性质进行对比。

不同试验物料热解回收油馏程分析结果见表 5-65。

表 5-65　不同试验物料热解回收油馏程分析结果　　　　单位：%

项目	汽油	柴油	重油	合计
含油量 25%～35% 的废物（PE 布包裹油泥）	1.5	20.5	78.0	100
含油量 40%～60% 的废物（PE 布包裹油泥）	10.0	30.5	59.5	100
含油量 1.4%～12.6% 的废物（PE＋布包裹油泥）	20.0	47.5	32.5	100

由表 5-65 可知，不同试验物料热解回收油中柴油所占比重大于 20%，其中几乎全是防护物的物料热解回收油中柴油所占比重大于 35%，而且汽油所占比重也超过了 20%。可见，井下作业防护物及包裹油泥废物热解后回收油具有一定的利用价值。

对上述三种试验物料热解回收油物理化学性质进行分析，结果见表 5-66。

表 5-66　不同试验物料热解回收油物理化学性质分析结果

检测项目	1#	2#	3#	柴油
运动黏度（40℃）/(mm²/s)	6.260	1.999	2.257	3.3
闭口闪点/℃	68.0	<26.0	30.5	75
灰分（质量分数）/%	0.010	0.009	0.004	0.01
硫含量/(mg/kg)	1879	2844	1576	2000
密度（20℃）/(g/cm³)	0.8678	0.8580	0.8465	0.78
氮含量/(mg/kg)	1485	751	1243	50

油品黏度是一个非常重要的燃料参数，它影响油的传输速率、物化效果、油泵的运行和损耗。1# 物料热解油的黏度较高，高于成品柴油，原因是其柴油所占比重较低，而重油所占比重较高；其他两种物料热解油黏度低于成品柴油，原因是其热解油中除了柴油所占比重较高外，汽油所占比重也较高。

液体燃料的闪点是表征燃料使用时储藏和着火危险性的重要指标，也间接表明其挥发性。不同质量比物料热解油的闪点均低于成品柴油，这可以理解为热解油并非提炼油，它由许多较宽蒸馏温度范围的组分组成。

油品中的硫含量代表着油品的环境利好性，油品中硫含量过高，会带来腐蚀使用设备、降低油品质量、危害环境等不利影响。

不同试验物料热解油的密度均高于成品柴油，平均在 0.85g/cm³ 左右，原因是热解油中含有一部分重油；热解油中的氮含量均远远高于成品柴油，在对热解油进一步提炼过程中，要考虑脱氮。

5.5.5　现场试验结论

① 针对不同质量组成井下作业防护物及包裹油泥废物的热解析现场试验结果表明：a. 热解后残渣中矿物油及重金属含量等 11 项指标的实测值均远远低于《农用污泥污染物控制标准》（GB 4284—2018）的要求，尤其是矿物油最高为 0.009%（标准要求值为 0.3%）；b. 不凝气回炉燃烧产生烟气中烟尘及重金属含量等 18 项指标的实测值均远远低于《危险废物焚烧污染控制标准》（GB 18484—2001）的要求，尤其是二噁英最高 0.024ngTEQ/m³

（标准要求值为 0.5ngTEQ/m^3）；c. 热解后产生的含油污水中含油量及悬浮固体含量均远远低于含油污水站进站水含油量＜1000mg/L，悬浮固体含量＜200mg/L 指标要求；d. 热解后回收的热解油中柴油所占比重较高（＞20％），具有一定的再利用价值。

②　井下作业防护物及包裹油泥废弃物热解后残渣以含有少量炭黑的砂土为主，不具危险性；是一种低表面的中孔材料，不具有成为高附加值吸附材料的潜力；热值较低，不具有充当燃料的价值，可作为路基或建筑的材料或用于油田道路及井场的铺设。

③　井下作业防护物及包裹油泥废弃物热解产生不凝气中，无机成分占 90％左右，有机成分占 10％左右。有机成分主要以 C$_6$ 以下的有机气体为主，其中甲烷、丙烯、乙烯以及乙烷所占比例较高；无机成分中硫化氢、氯化氢等酸性气体含量较高。

④　井下作业防护物及包裹油泥废弃物热解产生热解回收油中柴油所占比重较高，但理化性质与成品柴油还有一定的差距，具有一定的再利用价值，需要进一步提炼后使用。

⑤　井下作业防护物及包裹油泥废弃物热解产生含油水中含油量及悬浮固体含量均低于含油污水处理站进站设计指标要求，可以送入附近污水站进一步处理。

⑥　井下作业防护物及包裹油泥废物热解析无害化达标处理技术参数：加热温度 400℃≤T≤510℃，升温及加热时间 10h≤t≤15h，平均升温速率 45～50℃/h；关键设备的控制参数：分气包温度控制在 100～150℃之间（一般控制在 135℃左右），压力控制在 0.01～0.04MPa 之间（一般控制在 0.02MPa 左右）。

⑦　现场开展油基钻屑废物的热解析试验

a. 热解后的残渣以及不凝气回炉燃烧产生烟气分别达到了《农用污泥污染物控制标准》（GB 4284—2018）和《危险废物焚烧污染控制标准》（GB 18484—2001）要求；热解产生的含油污水中含油量及悬浮固体含量均远远低于含油污水站进站水含油量＜1000mg/L，悬浮固体含量＜200mg/L 指标要求；热解后回收的热解油中柴油所占比重非常高（＞80％），具有可观的再利用价值。

b. 热解析无害化达标处理技术参数：加热温度 450℃≤T≤600℃，升温及加热时间 12h≤t≤15h，平均升温速率 55～60℃/h；关键设备的控制参数：分气包温度控制在 100～150℃之间（一般控制在 135℃左右），压力控制在 0.01～0.04MPa 之间（一般控制在 0.02MPa 左右）。

5.6　应用情况、效益分析与市场前景

5.6.1　应用情况

2015 年 7 月初，在创业集团华谊井下作业公司保养站院内开展了处理井下作业防护物及包裹油泥废弃物热解析无害化处理技术的现场试验。截至 2016 年 1 月末，累计处理物料 562m^3，合计约 670t。处理后固体残渣中的矿物油含量低于 0.3％，达到了《农用污泥污染物控制标准》（GB 4284—2018）要求，可用来铺路、垫井场。

5.6.2　效益分析

效益分析主要由直接经济效益、间接经济效益以及潜在经济效益组成。

5.6.2.1 直接经济效益

截至 2016 年 1 月末，累计处理井下作业防护物及包裹油泥废弃物 562m³，合计约 670t。其中回收热解油（汽油、柴油以及重油的混合物）134t，价格按照公司内部调拨价 1800 元/t 计算，则试验期间收入为 134×1800＝24.12（万元）；根据试验期间所消耗的天然气量、电量以及人员工资，计算出处理成本约为 310 元/t，则试验期间处理 670t 物料消耗成本为 20.77 万元，试验期间产生的直接经济效益：24.12－20.77＝3.35（万元）。

5.6.2.2 间接经济效益

试验期间，达标处理固体废物约 670t，减少了因没有及时处理而缴纳的处罚费 67 万元，减少了因没有处置技术，需被强制拉运至指定危废处置中心进行处理的费用 234.5 万元，合计 301.5 万元。

① 根据《排污费征收标准管理办法》中规定，产生的含油固体废物没有及时处理，需按照 1000 元/t 缴纳处罚费，670t×1000 元/t＝67 万元。

② 由于没有处置技术，需强制拉运至黑龙江省哈尔滨危险废物处置中心进行处理，根据《关于实行危险废物处置收费制度促进危险废物处置产业化的通知》（发改价格〔2003〕1874 号）规定，黑龙江省的市场指导价为 3500 元/t，则处理费用合计 670t×3500 元/t＝234.5 万元。

5.6.2.3 潜在的经济效益

大庆油田目前暂存井下作业防护物及包裹油泥废弃物 5.66 万立方米，预计每年产生 5.0 万立方米。为了实现这些废弃物的无害化处理，利用现场试验确定的工艺及设计参数，规划首先在长垣南部建设 1 座 15840m³/a 处理站，若以 10 年运行计则能产生近 1.36 亿元的经济效益，具体如下。

(1) 投资估算

新建井下作业防护物及包裹油泥废物处理站估算投资近 3200 万元，其中：工程费用 2556.55 万元，其他费用 327.71 万元，预备费 288.43 万元。详见表 5-67。

表 5-67 新建井下作业防护物及包裹油泥废弃物处理站工程总投资估算表

序号	项目名称	金额/万元	比例/%
一	工程费用	2556.55	80.58
1	热解析处理主体工艺	1521.38	47.95
2	天然气专业	166.40	5.24
3	供水专业	97.28	3.07
4	供配电专业	103.76	3.27
5	仪表专业	74.59	2.35
6	土建专业	528.43	16.66
7	道路专业	64.71	2.04
二	其他费用	327.71	10.33
1	建设单位用地和赔偿费	37.38	1.18
2	可研费	37.71	1.19
3	建设管理费	68.80	2.17
3.1	建设单位管理费	20.31	0.64
3.2	建设工程监理费	48.49	1.53
4	勘察费	20.45	0.64
5	设计费	115.04	3.63
6	联合试运转费	12.78	0.40

续表

序号	项目名称	金额/万元	比例/%
二	其他费用	327.71	10.33
7	环境影响评价及验收费	15.95	0.50
8	安全预评价及验收费	10.00	0.32
9	生产准备费	9.60	0.30
9.1	工器具及生产家具购置费	3.20	0.10
9.2	办公和生活家具购置费	6.40	0.20
三	预备费	288.43	9.09
四	地面建设投资	3172.68	100.00

（2）经济评价

1）成本估算　根据相关文件对生产成本和费用的规定，各项成本费用计算如下：

① 电价为 0.66 元/(kW·h)；

② 气价为 0.3 元/m³；

③ 水价为 6.85 元/m³；

④ 药剂价格为 3000 元/t；

⑤ 生产工人工资及福利费按 8 万元/(人·年) 计算；

⑥ 折旧费按平均年限法计取，折旧年限为 10 年；

⑦ 无形资产按 10 年摊销，递延资产按 5 年摊销；

⑧ 维护修理费按固定资产原值的 2.5 % 计算；

⑨ 厂矿管理费 1 万元/(人·年)；

⑩ 其他管理费 2.8 万元/(人·年)。

经计算年操作 587.38 万元，单位操作成本 370.82 元/m³。具体计算见表 5-68。

表 5-68　年操作成本表

序号	名称	单耗	单价/元	数量(年累)/元	合计/万元
一	年运行成本				587.38
1	耗气/m³	300	0.30	475.2×10⁴	142.56
2	耗药/t		3000.0	40	12.00
3	耗水/t		6.85	60	0.41
4	耗电/(kW·h)	200	0.66	316.8×10⁴	209.09
5	工资及福利费		8×10⁴	16	128.00
6	厂矿管理费		1×10⁴	16	16.00
7	维修费				79.32
二	折旧				317.27
三	单位运行成本				370.82 元/m³
四	单位成本				571.11 元/m³

2）营业收入计算

① 回收燃料油：从含油固体物中回收 20% 燃料油（汽油、柴油以及重油的混合物），回收燃料油按照 1800 元/t 计，每年回收 3801.6t，收入 684.29 万元/年。

② 减少排污费：每年减少 15840m³（密度 1.2t/m³）固体废弃物排放，每吨排污费 1000 元，每年减少排污费支出 1900.80 万元。

以上两项收入合计 2585.09 万元/年。

（3）经济效益核算

新建井下作业防护物及包裹油泥废弃物处理站建设投资为 3172.68 万元，年运行成本为 587.38 万元，每年的折旧费为 317.27 万元；处理站每年产生的效益合计为 2585.09 万元，则运行 2 年后能够将投资收回。

处理站若以 10 年运行计，则产生经济效益近 1.36 亿元，具体如下：

$$2585.09 \times 10 - (587.38 + 317.27) \times 10 - 3172.68 = 13631.72 （万元）$$

5.6.3 市场前景

随着国家对环保要求的日益严格，国家对国内各大油田产生的含油防护物、油基钻屑、含油污泥等危险废物的处置要求、监管力度以及处罚力度逐步加大。该项目所确定的热解析处理工艺不仅能够实现油田产生的上述含油固体废物的无害化达标处理，解决此类废物的出路问题，缓解油田环保压力，而且能回收废物中热解油、不凝气等大量能源。该项目技术成果可向大庆整个油田以及国内各大油田推广应用，具有广阔的应用前景。

5.7 展望和建议

据统计，大庆油田目前暂存井下作业防护物及包裹油泥废弃物 $5.67 \times 10^4 \mathrm{m}^3$，若不采用清洁井下作业生产方式，每年预计新增 $5.2 \times 10^4 \mathrm{m}^3$；目前暂存油基钻屑废弃物 $6.88 \times 10^4 \mathrm{m}^3$，每年预计新增 $1.2 \times 10^4 \mathrm{m}^3$。为了解决生产实际问题，缓解环保压力，建议依托现场试验研究成果设计建设 1 座工业化处理站。工业化站场在设计上进行如下改进及完善：

① 在处理现工艺中废气净化装置前增设两级碱液吸收装置，以进一步控制不凝气中硫化氢、二氧化硫以及氯化氢等酸性气体的含量。

② 增强不凝气处理流程中设备及管道的密闭性，并依据相关标准配置硫化氢以及二氧化硫等有毒有害气体报警器。

③ 工艺中卧式冷凝器采用竖式，便于收集及清除沉积在冷凝器内部的灰尘，以保障冷凝器冷凝效率及使用寿命。

④ 工艺中的湿式脱硫除尘装置及烟囱之间，增设 1 套布袋除尘器以进一步有效控制烟气中烟尘的浓度。

推荐的工业化站场主体工艺流程见图 5-87。

推荐的工业化站场主要设计参数见表 5-69。

表 5-69 含油固体废物热解析处理工业化站场推荐设计参数表

项目	井下作业防护物及包裹油泥废物 热解析处理设计参数	油基钻屑废物 热解析处理设计参数
运行方式	一次性进料、一次性出料的间歇运行方式	
热解反应参数	①加热温度：400～510℃； ②升温加热时间：10～15h； ③升温速率：45～50℃/h	①加热温度：450～600℃； ②升温加热时间：12～15h； ③升温速率：55～60℃/h
热解产物	①15.0%～25.0%的燃料油； ②60.0%～80%的残渣； ③10%～20%的含油水； ④0.2%～2%的不凝气	①29.6%～33.0%的燃料油； ②42.9%～46.9%的残渣； ③21.1%～23.0%的含油水； ④1%～2%的不凝气

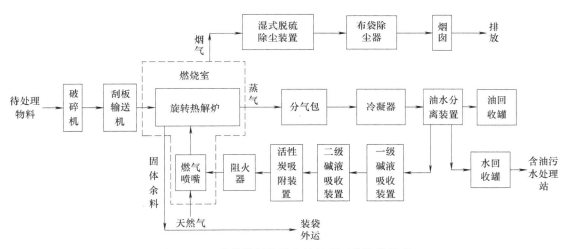

图 5-87 工业化站场设计主体处理工艺流程示意

第6章
长庆油田含油污泥热解试验

6.1 含油污泥的特性

  长庆油田采油三厂年生产原油 400 万吨，管辖的靖一联、靖二联、靖三联等 10 个联合站每年产生含油污泥约 $2000m^3$，油田生产过程中的含油污泥属于国家危险废物名录中的 HW08 类，主要为联合站、接转站、增压站等生产场所内的部分原油储罐、三相分离器等清理作业产生的油泥。

  长庆油田油泥处理厂采取集中建站方式处理油田产出油泥，周边各作业单位产生的油泥经专业车辆运输至场站集中处理。由于来源的多样性、排泥的随机性，需要进行处理或处置的污泥性状会有很大的不同，体现在含水、含固、含油等主要分析指标上，即使是同类来源，甚至是同一来源的污泥也会有很大的变化。油田不同来源的含油污泥形貌如图 6-1 所示。

  (a) 落地油泥   (b) 大罐底泥   (c) 油泥坑剖面   (d) 油基钻屑

  (e) 作业油泥   (f) 水处理污泥   (g) 污泥/坑   (h) 固态油泥   (i) 液态油泥池

图 6-1 油田不同来源的含油污泥形貌（见书后彩图）

  进站油泥含固率、含水率、含油率等主要性状指标见表 6-1。

表 6-1　进站油泥主要性状指标

类别	主要来源	含固率/%	含水率/%	含油率/%
固态油泥	落地油泥	80～90	5～10	5～10
	作业油泥	30～40	50～70	5～20
液态油泥	清罐或其他油泥	5～35	60～75	5～20

其中落地油泥经分拣除杂质之后，经破碎可直接进热脱附设备处理，而固态作业油泥和液态油泥的含水率较高，需先进行预处理脱水。

本站预处理方式为：液态油泥经热洗后用离心机脱水分离，可去除杂质并脱水至约 60%；再输送至堆场，进行翻堆晾晒，自然干化脱水。作业油泥直接输送至晾晒堆场，去除杂质并破碎、翻堆晾晒。

以上油泥经晾晒干化至总含液率 40% 左右，可输送进热脱附设备进行后续处理。

6.2　热脱附室内试验

6.2.1　含油污泥室内热脱附装置简介

含油污泥室内热脱附装置如图 6-2 所示，由热脱附反应装置、保护载气装置以及冷却装置三大部分组成。实验过程中向热脱附反应装置中通入保护载气稳定实验过程，并通过冷却装置回收热脱附过程中产生出的气体，使其冷却成液相后进行收集。

图 6-2　含油污泥室内热脱附装置

6.2.2　热脱附室内实验操作过程

热脱附实验的操作流程如下。

① 在实验室配电盒上找到控制热脱附小试装置的总开关（单批开关），将总开关向上推接通热脱附小试装置总电源，并观察热脱附小型控制柜上数显仪表腔体温度及设置温度显示屏是否可以正常显示数字（在触碰总开关前应确保手部表面无水类等易导电物质）。

② 使用试电笔测量热脱附小试装置小型控制柜外壳是否有电流通过（如有电流通过应关闭热脱附小试装置的总开关并及时检测维修漏电点），在确定未检测出电流后按以下步骤进行操作。

③ 向热脱附反应装置中投入试验油泥样品 50g 左右，并将油泥样品平铺于反应装置腔体之中，平铺油泥应将油泥由反应腔体中心位置向两侧进行平铺且平铺后油泥层边缘应距反应腔体两端均不少于 5cm，铺好样品后关闭反应腔体并拧紧相应螺钉及外层保温盖。

④ 检查冷却系统接口处是否连接完好并在两个冷凝管出口处各放置一个冷凝液收集瓶用于收集冷凝液样品。

⑤ 接通冷却水循环机电源，使用试电笔测量冷却水循环机外壳是否有电流通过（如有电流通过应关闭热脱附小试装置的总开关并及时检测维修漏电点），在确定未检测出电流后按下冷却水机开关，开始冷却循环水并开始向冷凝管中通入冷却水，冷却水设置温度为

8℃，夏季实际可将冷却水温度降至 12～13℃，待冷却水机显示冷却水温度达到 12～13℃时进行以下操作。

⑥ 打开保护气钢瓶阀门，调节减压阀至出气管中有轻微"呲呲"声即可。

⑦ 设置热脱附吸热小型控制柜上需要实验温度（设置温度先按"SET"键，之后通过上、下、左、右按键设置到相应温度后再次按下"SET"键，温度即设置完成）后，将热脱附小型控制柜上的加热开关顺时针旋转，当听到控制器有吸合的声音时热脱附小试装置加热正式开始，待温度升至实验所需温度后开始计时，实验温度及恒温稳定时间均为可变参数（注意：因热脱附实验温度较高，因此在热脱附加热开始后直至静置冷却 12h 内，任何人员不得触碰热脱附反应装置，以免造成高温烫伤事故）。

⑧ 再次使用试电笔测量热脱附小试装置反应装置外壳是否有电流通过（如有电流通过应关闭热脱附小试装置的总开关并及时检测维修漏电点），在确定未检测出电流后继续按以下步骤进行操作。

⑨ 开启通风橱排风系统并将通风橱透明门拉下。

⑩ 实验结束首先应将小型控制柜上加热开关旋钮逆时针旋转至听到吸合的声音，此时表明热脱附小试设备已不在加热。

⑪ 在关闭加热开关 10min 后关闭保护气钢瓶总阀门。

⑫ 在关闭加热开关 30min 后关闭冷却水机开关并拔下冷却水机电源线。

⑬ 在关闭加热开关后关闭热脱附小试装置总开关、通风橱电源以及风机开关。

⑭ 关闭所有设备后将收集冷凝液的收集瓶密封好，并贴好注有实验样品名称、实验时间、实验温度等信息的标签，并拍摄冷凝液照片后将收集瓶及照片妥善保存。

⑮ 关闭所有设备 12h 后，试探性地用手快速触碰反应装置外壳，确认温度为室温或人体可接受温度后，打开保温盖再次试探性地用手快速触碰反应装置内部反应腔体外壁，当腔体外壁温度为室温或人体可接受温度后打开反应腔体法兰门。

⑯ 戴好防护手套后将手伸入反应腔体，将含油污泥残渣取拍照后装入含油污泥残渣收集瓶，收集瓶上仍要贴好注有实验样品名称、实验时间、实验温度等信息的标签并妥善保存。

6.2.3　热脱附室内试验数据

6.2.3.1　长庆储存场含油污泥

长庆储存场油泥泥样试验前后对比如图 6-3 所示。

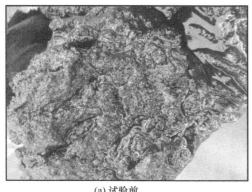 

(a) 试验前　　　　　　　　　　　(b) 试验后

图 6-3　长庆储存场油泥泥样试验前后对比图

热脱附试验结果见表 6-2，不同热脱附温度的油泥样品形貌如图 6-4 所示。

表 6-2　长庆储存场含油污泥室内热脱附试验结果

序号	试验日期	样品名称	热脱附试验温度/℃	热脱附试验停留时间/min	绝干含油率/%	含水率/%	含固率/%	残炭/%
1	2016 年 7 月 12 日	储存场含油污泥	—	—	4.73	0.4	95.1	
2			350	30	2.72	—	—	
3			450		1.43	—	—	4.67
4			550		0.62			

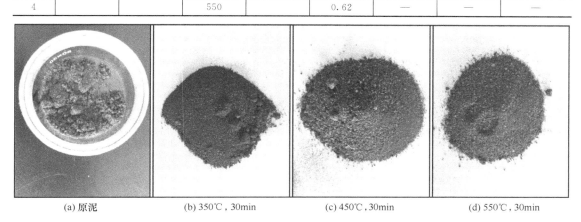

(a) 原泥　　　　(b) 350℃, 30min　　　　(c) 450℃, 30min　　　　(d) 550℃, 30min

图 6-4　长庆储存场不同热脱附温度的油泥样品形貌（见书后彩图）

6.2.3.2　长庆三厂含油污泥

长庆三厂含油污泥的室内热脱附试验结果见表 6-3，不同热脱附温度的油泥样品形貌如图 6-5 所示。

表 6-3　长庆三厂含油污泥室内热脱附试验结果

序号	试验日期	样品名称	热脱附试验温度/℃	热脱附试验停留时间/min	绝干含油率/%	含水率/%	含固率/%	残炭/%
1	2016 年 8 月 20 日	三厂含油污泥	—	—	4.5	8.7	87.2	
2			300	40	0.47	—	—	4.36
3			400		0.45	—	—	—
4			450		0.20			

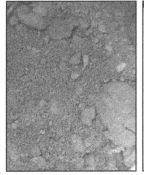

(a) 原泥　　　　(b) 300℃, 40min　　　　(c) 400℃, 40min　　　　(d) 450℃, 30min

图 6-5　长庆三厂不同热脱附温度的油泥样品形貌（见书后彩图）

6.2.3.3 长庆离心脱水后含油污泥

长庆离心脱水后的含油污泥室内热脱附试验结果见表6-4，不同热脱附温度的油泥样品形貌如图6-6所示。

表6-4 长庆离心脱水后含油污泥室内热脱附试验结果

序号	试验日期	样品名称	热脱附试验温度/℃	热脱附试验停留时间/min	绝干含油率/%	含水率/%	含固率/%
1	2016年9月12日	离心脱水后含油污泥	—	—	12.67	9.3	80.5
2			350	30	0.56	—	—
3			450		0.47	—	—
4			550		0.36	—	—

| (a) 原泥 | (b) 350℃，30min | (c) 450℃，30min | (d) 550℃，30min |

图6-6 长庆离心脱水后不同热脱附温度的油泥样品形貌（见书后彩图）

6.2.3.4 长庆蒸发池含油污泥

长庆蒸发池的含油污泥室内热脱附试验结果见表6-5，不同热脱附温度的油泥样品形貌如图6-7所示。

表6-5 长庆蒸发池含油污泥室内热脱附试验结果

序号	试验日期	样品名称	热脱附试验温度/℃	热脱附试验停留时间/min	绝干含油率/%	含水率/%	含固率/%	残炭/%
1	2016年11月2日	蒸发池含油污泥	—	—	37.59	8.5	66.5	—
2			350	30	4.2	—	—	—
3			450		1.8	—	—	4.16
4			550		1.2	—	—	—

6.2.3.5 长庆二厂离心脱水后含油污泥

长庆二厂离心脱水后的含油污泥室内热脱附试验结果见表6-6，不同热脱附温度的油泥样品形貌如图6-8所示。

6.2.3.6 长庆含油污泥处理厂污泥

长庆含油污泥处理厂的含油污泥室内热脱附试验结果见表6-7，不同热脱附温度的油泥样品形貌如图6-9所示。

(a) 原泥 　　　　　(b) 350℃, 30min 　　　　　(c) 450℃, 30min 　　　　　(d) 550℃, 30min

图 6-7　长庆蒸发池不同热脱附温度的油泥样品形貌（见书后彩图）

表 6-6　长庆二厂离心脱水后含油污泥室内热脱附试验结果

序号	试验日期	样品名称	热脱附试验温度/℃	热脱附试验停留时间/min	绝干含油率/%	含水率/%	含固率/%
1	2017 年 4 月 14 日	离心脱水后含油污泥	—	—	29.85	13	67
2			350	30	2.4	—	—
3			450		1.6	—	—
4			550		0.52	—	—

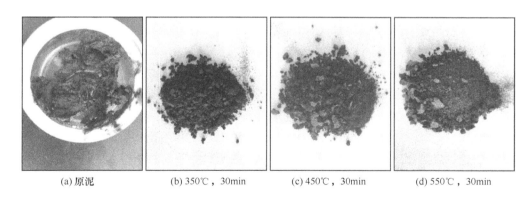

(a) 原泥 　　　　　(b) 350℃, 30min 　　　　　(c) 450℃, 30min 　　　　　(d) 550℃, 30min

图 6-8　长庆二厂离心脱水后不同热脱附温度的油泥样品形貌（见书后彩图）

表 6-7　长庆含油污泥处理厂污泥室内热脱附试验结果

序号	试验日期	样品名称	热脱附试验温度/℃	热脱附试验停留时间/min	绝干含油率/%	含水率/%	含固率/%
1	2018 年 7 月 14 日	含油污泥处理厂污泥	—	—	70.6	54.1	26.9
2			350	30	1.70	—	—
3			450		0.03	—	—
4			550		未检出	—	—

(a) 原泥   (b) 350℃, 30min   (c) 450℃, 30min   (d) 550℃, 30min

图 6-9 长庆含油污泥处理厂不同热脱附温度的油泥样品形貌（见书后彩图）

6.3 高含蜡油污泥热脱附现场试验

6.3.1 热脱附反应设备的工艺流程

在原料堆场，经过预处理符合要求的油泥（经除杂且总含液 40％ 左右）由装载机运送到进料单元。经给料秤计量后按恒定给料量（1t/h 左右）输送提升到热脱附单元进料口，在气锁作用下密闭输送至热脱附提取室内部，在 500～550℃ 的环境下经 25～45min 反应后，残渣经出料单元外排，解析气多数经喷淋冷凝为液相，经循环水处理单元油水分离，油外排，水循环使用；解析气中的少量不凝气经气处理单元净化后返回热脱附单元作为燃料供热。详细的工艺流程如图 6-10 所示。

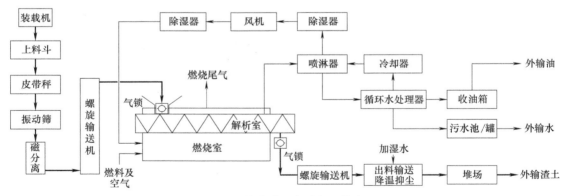

图 6-10 热脱附反应设备工艺流程

6.3.2 现场热脱附工艺的设备功能

成套装置主要由进料单元、热脱附单元、出料单元、循环水处理单元、不凝气处理单元、配电及自控单元和辅助配套设备几部分组成。

6.3.2.1 进料单元

进料单元主要有定量给料秤、振动筛、磁力筛分、皮带输送机和螺旋输送机组成，实现物料的定量给料及筛分提升。

6.3.2.2　热脱附单元

热脱附单元主要由 1 个加热腔和 2 个分离腔组成，是热脱附分离的主作用单元。在本单元，加热腔由多个燃气燃烧器提供解析作用所需热量，对分离腔内的油泥间接加热；而在分离腔中，油泥在螺旋推进器作用下前进的同时受热升温，其中有机物和水组分受热与固态物质（土壤、砂石或其他矿物质等）分离，形成解析气进入解析气处理单元，而解析后的剩余固态物质（渣土）则经出料单元处理外排。

6.3.2.3　出料单元

出料单元由多级螺旋输送机和加湿机组成。

多级螺旋输送机包括水平型和倾斜型，可将物料外输并提升至适当高程。在多级输送机出口接加湿机，加湿机内部设有搅拌轴，顶盖处设进水喷嘴，绝干的渣土在搅拌轴作用下被打散，与喷淋的水雾充分混合并换热，降温至合适温度后外排收集。

6.3.2.4　循环水处理单元

循环水处理单元主要由喷淋罐、隔油池、空冷器等组成。

喷淋罐两侧进气，顶部在风机抽吸作用下排气，在微负压状态下工作。侧壁设多个喷嘴，在罐内喷射形成细密水雾，与解析气充分结合、洗涤，解析气内亲水的油组分、灰分与水雾聚结成油水混合物，由罐底排入隔油池，其余不溶于水的气体（不凝气）则从罐顶进入不凝气处理单元。

在隔油池，油水混合物在重力沉降作用下分层分离。重质的泥渣及重质油下沉至池底集泥槽，定期外排；油上浮至顶层液面，由池顶的收油装置回收至污油箱，外输回用；中间层的清水则经空冷器换热降温后，返回喷淋罐循环利用。

空冷器利用电机驱动带动叶轮转动，产生的涡流不断将空气吸入，冷空气与换热管道接触后传递热量，将管内的介质冷却。

6.3.2.5　不凝气处理单元

不凝气处理单元主要由风机、脱水器和除湿器及配套设备组成，可对喷淋罐排出的不凝气进行净化除尘和除雾，使不凝气可以回用，清洁燃烧。

6.3.3　现场工艺参数

6.3.3.1　进料单元

定量给料秤调节范围为 0~1.5t/h，经过现场试验调整，按 1t/h 为系统定量给料。

振动筛最大出料能力 1.5t/h，筛网尺寸为 30mm×30mm（大于该尺寸的物料筛出再处理）。

螺旋输送机最大输送能力为 4t/h，提升高度约为 3.5m。

6.3.3.2　热脱附单元

本试验现场加热腔分左右两个加热室，每个加热室分为前中后 3 个温控分区，共计 6 个分区，分别对应 6 台燃气燃烧器，每个燃烧器设有低温点和高温点。在每个温控分区，温度传感器检测的温度是燃烧器设定的高温点，PLC 系统自动关闭对应燃烧器；当检测温度低于设定温度时，PLC 系统自动启动对应燃烧器。经过现场试验摸索，燃烧器设定温度分别为：前区 380~430℃；中区 500~550℃；后区 500~550℃。瞬时最大燃气消耗量（标）为 220m³/h，处理 1t 油泥的天然气耗气量（标）为 40~80m³（来料组成的差异对耗气量指标影响很大）。

分离腔外部为空心壳体，前段设有变频驱动器，内部为带清洁装置的螺旋体推进器，推进器由变频电机驱动。可根据生产需要，通过改变变频电机频率来调节螺旋体转速，转速的调节范围为 0.5～5r/min。经过现场调试验证，在处理该现场组分的含油污泥时，旋转体的工作速度设为 1r/min，物料在分离腔内停留时间约 30min，可以保证比较理想的出料指标。

　　分离腔内部在微负压状态下工作，工作压力约为 -0.1～0kPa，可在避免空气吸入的同时保证无解析气外逸。

6.3.3.3　出料单元

　　出料单元的多级螺旋输送机设计输送能力均不小于 2t/h，现场实测可以满足物料外输要求。

　　加湿机采用电机驱动，单台设计处理能力为 1.5t/h，经现场实际验证，可以满足渣土降温和抑尘要求。加湿机输出的渣土含水率约为 10%～15%，温度可控制在 80℃以内，处理每吨油泥加湿机需加清水或处理后的回用水约 100L。

6.3.3.4　循环水处理单元

　　本单元设喷淋罐 2 台，单台处理能力（标）为 2000m³/h，排气温度 ≤95℃，出水温度约为 60℃，单罐喷淋水量约为 6～10m³/h（循环使用）。

　　隔油池设计处理能力（标）为 30m³/h，水力停留时间为 60min，排油含水率约为 10%，排油设污油缓存箱，外排周期间隔为 24h。

　　空冷器采用风冷换热，现场试验测试，运行期间空冷器入口水温约为 60℃，出口温度约为 50℃。

6.3.3.5　不凝气处理单元

　　风机为变频调节，可调范围为 3～50Hz，经过现场试验验证，现场正常工作时风机频率为 25～45Hz，风机吸入口压力约为 -2～-0.5kPa，风机出口风压为 1～4kPa，不凝气排气风量（标）为 100～200m³/h。

6.3.4　现场试验数据

6.3.4.1　现场运行记录表

　　工艺现场进行了 16 天的调试，工艺过程不同参数的运行数据见表 6-8～表 6-13。

表 6-8　天然气现场运行记录表

物料	天然气					
参数	一级减压/MPa		Fisher 二级减压/MPa		瞬时流量（标）/m³	累积流量（标）/m³
日期	进	出	进	出		
2014 年 5 月 15 日	1.15	0.70	0.70	0.018	62.64	1583.20
2014 年 5 月 16 日	1.1	0.70	0.70	0.008	115.2	2451.00
2014 年 5 月 17 日	0.90	0.70	0.70	0.008	40	3390.00
2014 年 5 月 18 日	0.90	0.70	0.70	0.008	43	4664.00
2014 年 5 月 19 日	0.90	0.70	0.70	0.008	43	5847.00
2014 年 5 月 20 日	0.90	0.70	0.70	0.008	44.2	6772.00
2014 年 5 月 21 日	1.00	0.70	0.60	0.014	42	7857.00
2014 年 5 月 22 日	0.80	0.70	0.70	0.008	0	8793.00
2014 年 5 月 23 日	0.80	0.70	0.70	0.008	0	9667.00
2014 年 5 月 24 日	0.80	0.70	0.70	0.014	0	10485.00

续表

物料	天然气					
参数	一级减压/MPa		Fisher 二级减压/MPa		瞬时流量（标）/m³	累积流量（标）/m³
日期	进	出	进	出		
2014 年 5 月 25 日	0.80	0.70	0.70	0.008	43	11280.00
2014 年 5 月 26 日	0.90	0.70	0.70	0.008	41	12011.00
2014 年 5 月 27 日	0.90	0.70	0.70	0.008	34	12647.00
2014 年 5 月 28 日	0.95	0.70	0.70	0.008	0	13363.00
2014 年 5 月 29 日	1.10	0.70	0.70	0.014	0	13772.00
2014 年 5 月 30 日	0.95	0.70	0.70	0.008	35	14333.00

表 6-9　料秤进频率现场运行记录表

日期	2014 年 5 月 16 日	2014 年 5 月 17 日	2014 年 5 月 18 日	2014 年 5 月 19 日	2014 年 5 月 20 日
料秤进频率/Hz	24.60	17.00	18.20	0	0
日期	2014 年 5 月 21 日	2014 年 5 月 22 日	2014 年 5 月 23 日	2014 年 5 月 24 日	2014 年 5 月 25 日
料秤进频率/Hz	21.00	19.51	0	22.00	22.00
日期	2014 年 5 月 26 日	2014 年 5 月 27 日	2014 年 5 月 28 日	2014 年 5 月 29 日	2014 年 5 月 30 日
料秤进频率/Hz	0	17.00	20.00	18.00	30.00

表 6-10　氮气现场运行记录表

日期	减压前/MPa	减压后/MPa	瞬时流量/m³	日期	减压前/MPa	减压后/MPa	瞬时流量/m³
2014 年 5 月 15 日	0.50	0.00	780	2014 年 5 月 23 日	0.35	0.00	950
2014 年 5 月 16 日	0.50	0.00	1195	2014 年 5 月 24 日	0.35	0.00	1010
2014 年 5 月 17 日	0.50	0.00	1203	2014 年 5 月 25 日	0.35	0.00	1010
2014 年 5 月 18 日	0.40	0.00	1015	2014 年 5 月 26 日	0.30	0.00	1020
2014 年 5 月 19 日	0.35	0.00	981	2014 年 5 月 27 日	0.35	0.00	967
2014 年 5 月 20 日	0.35	0.00	950	2014 年 5 月 28 日	0.35	0.00	970
2014 年 5 月 21 日	0.35	0.00	990	2014 年 5 月 29 日	0.35	0.00	941
2014 年 5 月 22 日	0.35	0.00	990	2014 年 5 月 30 日	0.35	0.00	943

表 6-11　清水现场运行记录表

物料	清水			
日期	水箱液位/m	瞬时流量/(m³/h)	累积流量/m³	清水泵压/MPa
2014 年 5 月 15 日	1.00	0.14	6.8790	0.13
2014 年 5 月 16 日	0.96	0.049	7.0849	0.39
2014 年 5 月 17 日	0.62	0	8.48	0
2014 年 5 月 18 日	1.04	0	8.66	0.35
2014 年 5 月 19 日	0.62	0	10.3	0
2014 年 5 月 20 日	1.14	0	10.4	0
2014 年 5 月 21 日	1.10	0	10.4	0
2014 年 5 月 22 日	1.15	0	10.4	0
2014 年 5 月 23 日	1.15	0	10.5	0
2014 年 5 月 24 日	1.16	0	10.5	0.04
2014 年 5 月 25 日	1.16	0	10.5	0
2014 年 5 月 26 日	1.16	0	10.5	0
2014 年 5 月 27 日	1.10	0	10.5	0

（续）

物料	清水			
日期	水箱液位/m	瞬时流量/(m³/h)	累积流量/m³	清水泵压/MPa
2014 年 5 月 28 日	1.10	0	10.5	0
2014 年 5 月 29 日	1.10	0	10.5	0
2014 年 5 月 30 日	0.75	0.064	10.5	0

表 6-12　冷却循环水现场运行记录表

物料	冷却循环水					
日期	分表流量/(m³/h)		总表流量/(m³/h)		水泵压力/MPa	
	A	B	瞬时	累计	A	B
2014 年 5 月 15 日	8.65	7.51	16.44	1052.40	0.60	0.10
2014 年 5 月 16 日	9.10	8.62	16.64	1458	0.7	—
2014 年 5 月 17 日	9.74	11.42	19.38	1889	—	—
2014 年 5 月 18 日	12.2	12.5	24.1	2403	0	—
2014 年 5 月 19 日	9.9	12.2	18	2926	0.5	0
2014 年 5 月 20 日	10.42	9.77	16	3342	0.7	0
2014 年 5 月 21 日	10	10	17	3762	0.8	—
2014 年 5 月 22 日	11.2	5.6	15	4172	0.85	—
2014 年 5 月 23 日	9.96	10.21	19	4627	0.8	—
2014 年 5 月 24 日	11	11	21	5123	0.8	—
2014 年 5 月 25 日	11	9	18	5613	0.8	—
2014 年 5 月 26 日	9	11	17	6029	0.8	—
2014 年 5 月 27 日	9	17	12	6342	0.8	—
2014 年 5 月 28 日	9	10	17	6712	0.8	—
2014 年 5 月 29 日	10	0	18	7048	0.8	—
2014 年 5 月 30 日	11	49	18	7310	0.8	—

表 6-13　解析气和不凝气现场运行记录表

物料	解析气和不凝气								
日期	喷淋罐压力/kPa		提取管压力/kPa		不凝气气量(标)/(m³/h)		风机进出口压力/kPa		
	A	B	A	B	瞬时	累计	A 进	B 进	出口
2014 年 5 月 15 日	0.5	0.48	0.4	3	120.00	5867	−0.02	−0.02	11
2014 年 5 月 16 日	4	3	0	3	0	6942	1	0	2
2014 年 5 月 17 日	0.2	0.3	0.3	2.8	0	8171	0.6	0	4
2014 年 5 月 18 日	0.6	0.5	0.7	3.1	51	8535	−0.001	−0.002	5
2014 年 5 月 19 日	0.6	0.5	0.8	3.2	45	8644	−0.003	0	5
2014 年 5 月 20 日	0.3	0.4	0.7	3.1	30	9047	0	−0.002	14
2014 年 5 月 21 日	0.7	0.6	0.8	3.5	0	9593	0	−0.002	11
2014 年 5 月 22 日	0.4	0.5	0.6	3.2	0	10196	−0.02	0	8
2014 年 5 月 23 日	0.5	0.4	0.6	3.2	0	10427	0	−0.003	6
2014 年 5 月 24 日	0.5	0.4	0.6	3.2	0	10429	0	−0.003	6
2014 年 5 月 25 日	1.4	1.2	3.8	0	0	11120	−0.003	0	6
2014 年 5 月 26 日	0.8	0.8	0.8	9.3	0	11751	−0.003	0	6
2014 年 5 月 27 日	0.5	0.5	−6.6	−3.2	42	11803	0	−0.002	10
2014 年 5 月 28 日	0.4	0.3	0.5	3.2	0	12154	−0.003	0	10
2014 年 5 月 29 日	0.6	0.5	0.6	3.3	38	12728	−0.002	0	7
2014 年 5 月 30 日	0.8	0.5	−0.4	−3.2	25	12971	0	−0.002	8

由上表可见，各参数运行稳定，不凝气的产气量（标）可达 1229m³/h。

6.3.4.2 热脱附液相回收油品组分的分析

① 含水率：由于液相回收油采用冷却水直接冷却方式，因此含有部分乳化油，随着静止时间的延长，回收油中的含水率逐渐降低。沉降 24h，回收油中含水率平均在 10% 左右，72h 自然沉降最低含水率可达到 5%。

② 馏分：虽然经蒸发与高温热脱附过程，但液相回收油组分还是与原料中的原油组分密切相关，由于解析气中不能冷凝的 $C_1 \sim C_4$ 及少量 $C_5 \sim C_6$ 成分，因此液相回收油中基本不含上述成分。长庆油泥的液相回收油中含蜡比原油含蜡比例还高，表现在凝点更高、流动性更差。

液相回收油品组分分析数据见表 6-14。

表 6-14 液相回收油品组分分析数据

项目	原油	液相回收油
初馏点/℃	64	147.0
10%回收温度/℃	141	196.5
20%回收温度/℃	207.8	227.0
30%回收温度/℃	264	266.5
40%回收温度/℃	313.6	287.5
50%回收温度/℃	356.2	278.0

6.3.4.3 热脱附固体产物的分析

(1) 热脱附固体产物含油量

现场试验的热脱附固体产物含油量见表 6-15。

表 6-15 现场试验热脱附固体产物含油量

序号	送样时间	含水率检测			石油类检测		
		检测方法	检测标准	检测指标	检测方法	检测标准	检测指标/(mg/kg)
1	2014 年 5 月 26 日		—		红外分光光度法	GB/T 16488—1996	8700
2	2014 年 5 月 28 日					GB/T 16488—1996	1400
3	2016 年 11 月 24 日	重量法	HJ 613—2011	0.05%		GZHJ-QI-JX 16	8930
4	2018 年 5 月 29 日			0.32%		CJ/T 221—2005	3200

(2) 焦炭分析（热脱附飞灰）

热脱附飞灰的物化特性指标见表 6-16，飞灰颗粒粒径分布如图 6-11 所示。

表 6-16 热脱附飞灰的物化特性指标

粒度					残余石油烃	残炭	焦渣特性
中位径	体积平均径	面积平均径	长度平均径	比表面积			
11.36μm	16.64μm	4.942μm	1.934μm	391.6m²/kg	0.1%~1%	3.24%	1

(3) 残渣重金属毒性分析

热脱附处理后的残渣通过 ICP-MS 进行重金属浸出毒性分析，各项重金属指标满足 GB 5085.3—2007 国家标准浸出毒性鉴别要求，检测结果合格，见表 6-17。

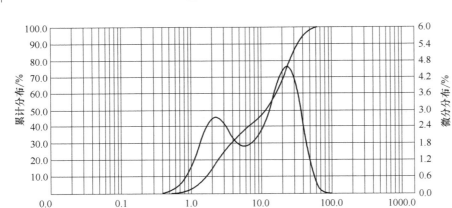

粒径/μm	含量/%
0.300	0.00
0.510	0.10
1.350	6.26
2.500	20.54
32.00	88.20
38.00	93.53
40.00	94.68
42.00	95.78
45.00	96.91
68.58	99.82

图 6-11　热脱附飞灰颗粒粒径分布

表 6-17　热脱附残渣重金属检测结果

指标	检测值	浓度限值	检测结果
pH 值	8.64	≥12.5 或≤2.0	合格
Cu/(mg/L)	<0.050	100	合格
Hg/(mg/L)	<0.00004	0.1	合格
Zn/(mg/L)	<0.050	100	合格
Pb/(mg/L)	<0.0020	5	合格
As/(mg/L)	0.0040	5	合格
Cr/(mg/L)	<0.00020	5	合格
Be/(mg/L)	<0.00020	0.02	合格
Ba/(mg/L)	0.18	100	合格
Se/(mg/L)	<0.0004	5	合格
F^-/(mg/L)	1.35	100	合格
Ni/(mg/L)	<0.00020	5	合格
Cd/(mg/L)	<0.00020	1	合格

6.3.4.4　热脱附气体成分以及排放成分检测数据分析

(1) 不凝气组分检测

热脱附不凝气体的组分检测结果见表 6-18。

表 6-18　热脱附不凝气体的组分检测结果

项目 (体积分数)/%	实测数据				试验方法
	NO. SY2014 T0909	NO. SY2014 T0910	NO. SY2014 T0963	NO. SY2014 T0964	
氢气	—	—	0.77	0.09	
甲烷	未检出	0.35	0.48	0.00	
乙烷	未检出	0.07	0.22	0.02	
丙烷	未检出	0.02	0.09	0.01	
氮气	82.71	85.42	83.79	87.67	
正丁烷	未检出	0.03	0.02	0.002	GB/T 13610—2003
异丁烷	未检出	未检出	0.00	未检出	
正戊烷	0.01	未检出	0.01	0.002	
异戊烷	未检出	未检出	0.01	0.01	
乙烯	0.02	0.51	0.53	0.06	
丙烯	0.01	0.17	0.3	0.03	
反丁烯	未检出	0.02	0.02	0.003	

续表

项目 （体积分数）/%	实测数据				试验方法
	NO. SY2014 T0909	NO. SY2014 T0910	NO. SY2014 T0963	NO. SY2014 T0964	
正丁烯	未检出	0.03	0.09	0.009	
异丁烯	未检出	未检出	0.04	0.006	
顺丁烯	未检出	未检出	0.01	0.002	
丙烷	未检出	0.01	0.04	0.01	GB/T 13610—2003
氧气	16.73	9.43	9.03	8.84	
二氧化碳	0.52	3.94	2.69	2.22	
一氧化碳	—	—	1.86	1.03	

（2）废气检测

热脱附废气检测结果见表 6-19。

表 6-19 热脱附废气检测结果

项目		监测结果	限值	备注
测点烟气温度/℃		385	—	—
烟道/集烟罩面积/m²		0.2827	—	—
含氧量/%		15.6	—	—
流速/(m/s)		7.8	—	—
标杆流量/(m³/h)		2642	—	—
烟尘	排放浓度/(mg/m³)	25.4	—	—
	折算浓度/(mg/m³)	82.3	200	—
	排放速率/(kg/h)	0.067	—	—
SO_2	排放浓度/(mg/m³)	10	—	—
	折算浓度/(mg/m³)	32.4	850	—
	排放速率/(kg/h)	0.026	—	—
NO_x	排放浓度/(mg/m³)	25	—	—
	折算浓度/(mg/m³)	81	—	—
	排放速率/(kg/h)	0.066	—	—

6.3.5 存在的问题和改进分析

6.3.5.1 高含蜡油泥解析气对气输送系统的影响

① 问题：高含蜡油泥间接热脱附形成的解析气，较普通油泥解析气更容易在管道内壁、风机叶轮等部位黏附，造成淤积，影响风机抽吸性能及管道流通能力。此问题受温度变化较明显，遇环境温度下降时，发生频次明显增高。

② 改进分析：通过优化工艺设计，采用不堵塞的工艺，实现了冰冻季节长期稳定运行。

6.3.5.2 高含蜡油泥对循环水系统的影响

① 问题：高含蜡油泥热脱附的解析气受喷淋作用后，形成的冷凝液（油水尘混合物）进入循环水系统，冷凝液在温度较低时流动性差，导致隔油沉降水分离能力下降，油水界面不清，浮渣流动性差，收油效果不好。底部沉泥流动性不好，外输效果不理想。

② 改进分析：通过优化设备结构设计和循环水温控策略，解决了上述问题。

以上措施现场已完成改进，从实际运行看可以实现正常的油水分离和收油、排泥功能。

6.4 靖安热解析含油污泥处理站工程

靖安油泥处理站于 2013 年建成、2014 年投运，采用"调质＋离心脱水＋热解析处理技术"，处理规模 6000t/a，污泥种类包括液态污泥、脱水污泥（湿污泥）和其他污泥。液态污泥的接收能力为清罐泥 400t/次，年进料规模 2371t，脱水污泥（湿污泥）年进料规模 3075t，其他污泥年进料规模 554t。处理后污泥含油率≤1％、含水率≤20％，可用于制砖、铺路。靖安油泥处理站厂貌如图 6-12 所示。

图 6-12　靖安油泥处理站厂貌

6.4.1　含油污泥热解析技术

含油污泥中的有毒物主要是 PAHs，如萘、苊、芴、芘、蒽、苯并［a］芘、苯并菲等，沸点均低于 550℃（各污染物沸点见表 6-20）。在确保安全的前提下，通过间接热解析技术，实现易燃性和毒性的石油类物质全部蒸发，稳定可靠地实现无害化，并能回收产物油，剩余固体主要为惰性的沥青质，环境风险小。原油馏分热失重数据如图 6-13 所示。

表 6-20　危险废物鉴别标准中的毒性有机物及其沸点

名称	代号	分子量	沸点
萘	NAP	128.18	217.9℃
苊烯	ANY	152.2	265～275℃
苊	ANA	154.21	279℃
芴	FLU	166.22	340℃
菲	PHE	178.23	340℃
蒽	ANT	178.22	342℃
荧蒽	FLT	202.25	375℃
芘	PYR	202.26	393.5℃
苯并［b］荧蒽	BbF	252.31	（升华）熔点 168℃
苯并［k］荧蒽	BKF	252	480℃
苯并［a］芘	BaP	252.32	475℃
茚苯［1,2,3-cd］芘	IPY	276.3307	497.1℃
二苯并［ah］蒽	DBA	278.35	524℃
苯并菲	CHR	228.2879	448℃

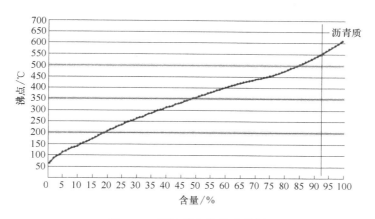

图 6-13　原油馏分热失重数据

6.4.2　含油污泥热解析工艺流程

含油污泥首先经过前端的"调质＋离心脱水"工艺处理后，含油量控制在 10％ 以下，含水率在 60％ 以下，经螺旋输送机送至热解炉，在 450～500℃ 下，历时 0.5h 完成对物料的蒸发、熔融以及热分解。热解残渣经水冷后输送至堆放场；热解蒸气经后续的喷淋塔冷凝后产生的油水混合物进入油水分离装置，分离出的油输送至收油箱，分离出的水作为喷淋塔冷却用水循环利用；喷淋塔冷凝后产生的不凝气经除湿器等不凝气处理系统处理后，作为燃料回至热解炉燃烧腔。

靖安油泥处理站所选热解炉处理量为 $1\sim2m^3/h$，处理时间为 0.5～1h，出料污泥含油率≤1％、含水率≤20％，可用于制砖、铺路。

主要处理工艺流程如图 6-14 所示。

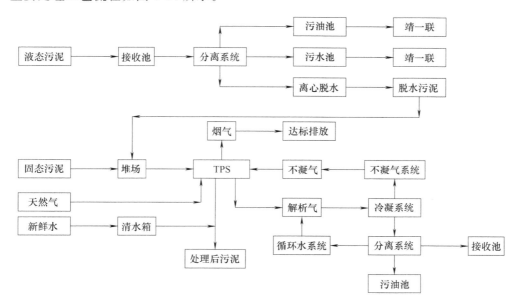

图 6-14　靖安油泥处理站主要处理工艺流程

热解析工艺如图 6-15 所示。

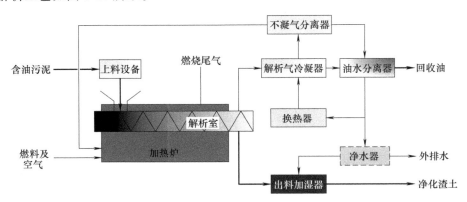

图 6-15　热解析工艺

主体工艺路线是以热相分离（TPS）为核心的热处理。针对"液态污泥"，增加了油、泥两相分离和污泥脱水，作为热处理的预处理。根据进料的含水率，部分固态污泥可直接进行热相分离。

大体的工艺流程为：进料罐车经汽车衡计量后自流卸车到液态污泥接收池，再由提升泵提升到高效内循环油泥分离器，分离器底部浓缩的污泥经过泵提升至离心机脱水。污油在分离器的顶部通过重力进入污油池。脱水后的油泥由螺旋输送机输送至污泥堆放场，进行自然干燥和调配。干燥后的油泥进入 TPS 设备。

本工艺的技术特点如下：

① 解析室温控技术。一整套的温度控制系统：优化加热单元结构，合理配热，沿程分段控温，PLC 自动控制，超温连锁控制。实现了解析腔沿程稳定控温，确保不凝气浓度远低于爆炸极限。

② 固相防堵技术。自清洁和防卡气锁，以及防堵主螺旋，并实现故障自检和自动排除的程序控制。消除了卡、黏附和堆料造成的堵塞，实现长期稳定运行。

③ 汽/气相防堵技术。优选填料，优化冷凝器结构和工艺，改造风机机械部件，设置在线清洗流程等。消除了解析气及不凝气系统堵塞问题，提高了冷凝效果。

④ 含氧量控制技术。开发了气锁、氮封和压力控制等的联动控制系统，实现含氧量的可靠控制。稳定将氧含量控制在临界氧浓度以下，彻底消除爆炸风险。

⑤ 系统安全控制。技术设计和冗余设计包括氮气储罐、双电源、防火防爆、泄爆装置等的设计，进一步确保了安全稳定性。

6.4.3　现场热解析工艺的设备功能

6.4.3.1　液态污泥接收池

进料罐车经汽车衡计量后自流卸车到液态污泥接收池，接收池内分为接收区和提升区，设置格栅，拦截大颗粒油泥，保证污泥提升泵的正常运行。接收池上布置污泥提升泵，将油泥提升至高效内循环油泥分离器。

液态污泥接收池的主要参数如下。

① 接收池 2 座。

② 尺寸：$10 \times 10 \times 2.5$（m）。

③ 有效容积：400m³。

④ 结构：钢筋混凝土。

⑤ 污泥提升泵 2 台（$Q=20m^3/h$，$H=40m$，$N=7.5kW$），防爆，1 用 1 备。

6.4.3.2 高效内循环油泥分离器

分离器以序批的方式运行，在 12h 内完成进料、加热、静止自然沉降和排油、排泥。为了提高分离效率，设计机械搅拌循环和导热油加热设施，在进料过程中同时搅拌和加热，运行温度 80℃。经过自然沉降后，自上而下分成污油和底泥两相，按污油、污泥的先后顺序排出。

高效内循环油泥分离器的主要参数如下：

① 高效内循环油泥分离器 2 台。

② 容积：20m³。

③ 尺寸：$\phi 2600 \times 6960$（mm）。

④ 分离器材质：Q235B。

⑤ 内件材质：SS304。

6.4.3.3 离心机

高效内循环油泥分离器的排泥经污泥加压泵后进入离心脱水机，为了增强脱水效果，进料时加入聚丙烯酰胺，干剂投加量 0.005kg PAM/kg SS。脱水污泥的含水率和含油率分别在 80% 和 8% 左右，由螺旋输送机提升到储存场地，进行自然干燥和调配。

离心脱水机的主要参数如下：

① 离心脱水机 1 套。

② 最大处理能力：5t/h。

③ 总功率：$N=20.7kW$。

④ 加药箱 2 座。

⑤ 尺寸：$1 \times 1 \times 1$（m）。

⑥ 有效容积：1m³。

⑦ 材质：碳钢衬胶。

⑧ 污泥加压泵 2 台（$Q=5m^3/h$，$H=40m$，$N=4kW$），防爆变频，1 用 1 备，布置在综合处理间内。

⑨ 加药泵 2 台（$Q=600L/h$，$H=60m$，$N=0.75kW$），用于离心机加药，变频，1 用 1 备，布置在综合处理间内。

综合处理间内地沟排水重力流入雨水管线，离心机冲洗水利用余压流入污水池。

6.4.3.4 热相分离器

干燥后的油泥通过螺旋输送机输送至 TPS 设备。热解析通过燃烧室间接加热，燃烧器火焰直接加热提取室，燃料为天然气。燃烧室设有 6 个燃烧器，分别位于解析室的下方和外侧。燃烧器温度可设定为需要值，由 PLC 控制，运行温度 500～550℃，平均固体停留时间 20～30min。

出料通过气锁、螺旋，温度在 300℃ 左右，先由新鲜水加湿降温、抑尘，而后螺旋输送到储存场地，装车外运。如果未达到要求的处理效果，出料可重复进行解析过程。

解析气进入冷凝器，通过喷水降温，将解析出的水和油（烃）重新冷凝为液相。少量不凝气依次通过脱水器、风机、除湿器、脱水器、除湿器，去除水分和油滴后，通过阻火器进入燃烧室。除冷凝器之外，风机及以前的设备（包括解析气引出管线）均为双套配备，保证解析气的可靠出流。

冷凝器排液自流到平流隔油池。解析气携带出少量的固体，沉淀在底部排泥槽，定期经排污泵打入接收池，重新处理。上部的浮油通过刮油管排到低位污油箱，再由污油提升泵打入污油池。完成分离的水溢流到冷凝水循环水箱，经循环泵加压进入风冷器，温度从60℃降低到50℃后，利用余压进入冷凝器。

热解所需天然气量（标）70m³/h，气相冷凝循环水量30m³/h，隔油池停留时间1h。

热相分离器的主要参数如下：

① 热相分离器（TPS）设备1套。

② 额定处理能力：1t/h。年进料规模2546t，出渣量1711t/h，处理后的固体总石油烃（TPH）<1%（质量分数）。

所采用的热解析处理工艺具有如下技术特点：

① 解析室温控技术。研发了一整套的热解炉内温度控制系统，优化加热单元结构，合理配热，沿程分段控温，PLC自动控制，超温连锁控制。实现了解析腔沿程稳定控温，确保不凝气浓度远低于爆炸极限。

② 固相防堵技术。研发了自清洁和防卡气锁，以及防堵主螺旋，并实现故障自检和自动排除的程序控制。消除了卡、黏附和堆料造成的堵塞，实现长期稳定运行。

③ 汽/气相防堵技术。优选填料，优化冷凝器结构和工艺，改造风机机械部件，设置在线清洗流程等。消除了解析气及不凝气系统堵塞问题，提高了冷凝效果。

④ 含氧量控制技术。开发了气锁、氮封和压力控制等的联动控制系统，实现含氧量的可靠控制。稳定将氧含量控制在临界氧浓度以下，彻底消除爆炸风险。

6.4.3.5 污泥堆放场

进场固态污泥先经过汽车衡称重，再自卸到卸车场地，而后由铲车转运到储存场地。分拣出的大块料和包装袋在污泥堆放场临时存放。TPS的进料斗和部分进料螺旋设置在堆场内，离心机和TPS出料螺旋输送机将出料直接输送到堆场。

污泥堆放场总面积1836m²，按湿污泥（包括离心机出料）、干燥污泥（TPS进料）、TPS出料（处理后）分区，分别为237m²、1087m²、512m²，采用铲车装载和内部转运。储存量和储存时间满足缓冲、均质、检验的需要。

为了防止污染物渗出，湿污泥储堆放场地面为防渗地面，四周设围堰，高出设计地坪200mm。用于铲车进出料的围堰开口处地面整体加高围堰高度，内外设成坡道。污泥堆放场设有防雨棚，净高3.1m。

在气候温暖干燥的天气，用翻堆机对湿污泥进行翻堆，加快水分的自然蒸发。

6.4.3.6 污水、污油和雨水回收池

1) 污水池1座，主要参数如下：

① 尺寸：5m×5m×2.5m。

② 有效容积：50m³。

③ 污水泵：2台（$Q=15m^3/h$，$H=200m$，$N=15kW$），用于将污水池内的污水输送至靖一联，防爆，1用1备，布置在污水池上。

分离器和TPS排油进入污油池，经污油泵输送至靖一联。

2) 污油池1座，主要参数如下：

① 尺寸：5m×5m×2.5m。

② 有效容积：50m³。

③ 污油泵：2台（$Q=5m^3/h$，$H=200m$，$N=7.5kW$），用于将污油池内的污油输送至靖一联，防爆，1用1备，布置在污油池上。

厂区雨水均进入雨水池，经雨水泵打入污水池，由污水泵输送至靖一联。

3）雨水池1座，主要参数如下：

① 尺寸：10m×10m×2.5m。

② 有效容积：200m³。

③ 雨水泵2台（$Q=15m^3/h$，$H=10m$），用于将雨水池内的雨水打入污水池内，防爆，1用1备，布置在雨水池上。

6.4.3.7　控制系统

长庆油田第三采油厂污泥处理厂控制部分自控系统采用西门子S7-300系列PLC系统和西门子200系列PLC系统相结合的方式，同时采用工控机通过工控机监控热相分离器（TPS）所有仪表的运行状态。在综合处理间操作室可以监测污泥预处理部分所有仪表状态。本系统所选择的仪表按照质优价廉的原则选取，防爆区仪表选择防爆等级不低于Ex dIIBT4等级，防护等级不低于IP65，非防爆区仪表的防护等级不低于IP65。

通过专有的控制软件及仪表系统，实现自动程序控制。控制系统界面如图6-16所示。

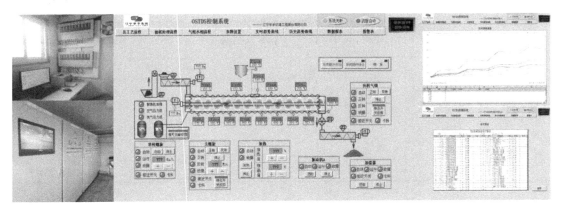

图 6-16　含油污泥热解析工艺控制系统界面

生产过程检测和管理采用计算机监控系统，由现场一次仪表、过程控制单元、操作管理站组成，包括现场PLC（导热油、预处理、离心机PLC）和控制室内的PLC；操作人员通过操作站可对热相分离（TPS）工艺过程进行集中监视和控制操作。

热解析现场工艺各功能设备、构筑物、建筑物清单见表6-21～表6-23，现场安装设备如图6-17所示。

表 6-21　主要工艺设备一览表

序号	名称	规格	单位	数量	备注
1	高效内循环油泥分离器	$\phi2.6×6.96m$　$N=7.5kW$	座	2	钢制、防爆
2	离心机	$Q=5m^3/h$　$N=20.7kW$	台	1	防爆
3	污泥提升泵	$Q=20m^3/h$　$H=40m$　$N=7.5kW$	台	2	防爆
4	污泥加压泵	$Q=5m^3/h$　$H=40m$　$N=4kW$	台	2	防爆、变频

序号	名称	规格	单位	数量	备注
5	污水泵	$Q=15m^3/h$ $H=200m$ $N=15kW$	台	2	防爆
6	污油泵	$Q=5m^3/h$ $H=200m$ $N=7.5kW$	台	2	防爆
7	雨水泵	$Q=15m^3/h$ $H=10m$ $N=1.5kW$	台	2	防爆
8	加药泵	$Q=600L/h$ $H=60m$ $N=0.75kW$	台	2	变频
9	加药箱	$L\times B\times H=1\times1\times1(m)$ $N=0.55kW$	座	2	钢制衬胶
10	无轴螺旋输送机	WZ360 $L=12.35m$ $N=5.5kW$	台	1	防爆
11	60t 汽车衡	$14\times3(m)$ FD300 最大处理能力	套	1	
12	翻堆机	$1000m^3/d$ 外形尺寸:$3.5\times4.2\times2.8(m)$	台	1	
13	装载机	LW188 额定载重 1.8t 卸载高度 1.9m 卸载距离 1.36m 外形尺寸:$5685\times1960\times2315(mm)$	台	1	
14	电动推拉式钢大门	宽:12m	樘	1	
15	平开式钢大门	宽:4.8m	樘	1	
16	装配式钢板给水箱	$4m^3$	座	1	钢制

表 6-22 主要构筑物一览表

序号	名称	规格	单位	数量	备注
1	接收池	$200m^3$	座	2	钢筋混凝土
2	污水池	$50m^3$	座	1	钢筋混凝土
3	污油池	$50m^3$	座	1	钢筋混凝土
4	雨水池	$200m^3$	座	1	钢筋混凝土
5	化粪池	$4m^3$	座	1	钢筋混凝土

表 6-23 主要建筑物一览表

序号	名称	建筑面积/m²	单位	数量	备注
1	综合处理间	120	座	1	框架
2	值班间	75.6	座	1	框架
3	配电间	73.1	座	1	框架
4	变电所	31.5	座	1	框架
5	柴油发电机组	25.2	座	1	框架

主要设备和材料的选择如下。

1)设备壳体 高效内循环油泥分离器材质采用 Q235B,内件材质采用 SS304。加药箱采用碳钢衬胶。

2)管线 雨水排水管线采用钢筋混凝土管,生活给、排水采用 PVC-U 管。其余管线均采用输送流体用无缝钢管,执行标准《输送流体用无缝钢管》(GB/T 8163—2018)。

3)法兰 除仪表有要求或其他特殊要求外,钢法兰采用平焊法兰,执行 HG/T

图 6-17　处理工艺及设备

20592—2009 标准。

4）弯头　除特殊要求外，所有弯头均采用 $R=1.5D$ 弯头，采购时注意与所采购的管线材质相配套。

5）防腐　污水、污油、污泥管线内防腐采用 HCC 加强级结构，涂层干膜厚度不得小于 $200\mu m$。保温管线外防腐除锈达到 st2 级，喷涂环氧富锌底漆二道，涂层干膜总厚度不小于 $100\mu m$，补口结构同管线本体，外露部分喷涂防腐绿漆；不保温管线外防腐除锈达到 st2 级，喷涂环氧富锌底漆二道、氟碳面漆二道，涂层干膜总厚度不小于 $200\mu m$，补口结构同管线本体。

新鲜水管线外防腐除锈达到 st2 级，喷涂环氧富锌底漆二道、氟碳面漆二道，涂层干膜总厚度不小于 $200\mu m$，补口结构同管线本体。

供气管线采用环氧煤沥青外防腐，外露部分喷涂防腐黄漆。

6）保温

① 室外地面上管线采用复合硅酸盐卷毡保温，外包石棉板 1mm 和防腐保护层玻璃布，保温厚度：管径≤$DN80$，保温厚度 50mm；$DN80$＜管径≤$DN100$，保温厚度 60mm。

② 设备保温采用玻璃纤维棉，保温厚度 50mm，外包 0.5mm 的镀锌铁皮。

6.4.4　现场试验数据

6.4.4.1　热解析固体产物的分析

① 热解析固体产物含油量分析。热解析固体产物含油量检测结果见表 6-24。

表 6-24　热解析固体产物含油量检测结果

项目	1 号处理前污泥	1 号处理后泥样	2 号处理前污泥	2 号处理后泥样
石油类/(mg/kg)	214886	4471	97104	1273
TPH	21.4％	0.45％	9.7％	0.13％

经热解析后，1 号含油污泥 TPH 由进料的 21.4％下降到出料的 0.45％，2 号泥样由 9.7％降至 0.13％。

热解析进出料 TPH 监测月平均统计数据见表 6-25。

表 6-25　热解析进出料 TPH 监测月平均统计数据

日期	TPH 月平均统计数据	
	进料/%	出料/%
2014 年 10 月	7.68	0.66
2014 年 11 月	7.56	0.69
2015 年 3 月	14.05	0.96
2015 年 4 月	16.71	0.79
2015 年 5 月	12.48	0.84
2015 年 6 月	8.31	0.82
2015 年 7 月	8.00	0.85
2015 年 8 月	8.81	0.75
平均	10.45	0.80

从 TPH 的月平均数据可见，TPH 从进料的平均值 10.45% 降至出料的 0.80%，热解析工艺处理效果显著。

② 热解析残渣无机组分分析。考虑将热解析残渣制作建筑砖材，对残渣的矿物成分进行了检测分析，检测结果见表 6-26。

表 6-26　热解析残渣矿物成分含量分析

项目	SiO_2	Al_2O_3	TiO_2	CaO	MgO
结果	58.02%	9.88%	0.445%	7.00%	1.84%

6.4.4.2　热解析不凝气组分分析

对不凝气组分的检测数据见表 6-27。

表 6-27　不凝气组分检测数据

项目	氮气	含氧量	水蒸气	可燃气体
结果	>92%	<5%	大量	≪爆炸下限

检测数据显示，含氧量小于临界氧浓度值，可燃气体也远小于爆炸下限值（原油蒸气与空气混合物比例的爆炸区域如图 6-18 所示），现场热解设备安全可运行。

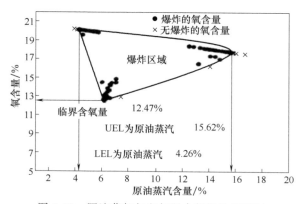

图 6-18　原油蒸气与空气混合物爆炸区域图

6.4.4.3 能源物料消耗分析

现场热解析工艺的能耗分析见表6-28。

表6-28 热解析工艺现场试验能耗分析

序号	名称	消耗	备注
1	清水	0.1t/h	用于出料冷却
2	氮气	最大消耗量(标)30m^3/h,纯度99%,0.1MPa。储气能力30min	用于氮气封闭
3	天然气	0.1MPa,设计平均消耗量(标)70m^3/h,瞬时最大消耗量(标)140m^3/h	采用伴生气,实际消耗取决于进料含水量
4	电	装机容量120kW,运行80kW,380V,3PH	双电源或配置备用发电机

伴生气实际消耗量(标)为40~80m^3,电力消耗约60~80kW·h。

6.4.4.4 处理后渣土浸出毒性检测

热解后的残渣依据国标方法进行了残渣重金属含量的浸出毒性检测,测试结果见表6-29。

表6-29 热解残渣重金属含量分析结果

序号	指标	浓度值	标准限值	是否达标
1	pH 值	7.89	≥12.5 或≤2.0	合格
2	Cu/(mg/L)	51.1	100	合格
3	Hg	6.1×10^{-5}(mg/L);3.05×10^{-5}(mg/kg)	0.1	合格
4	Zn/(mg/L)	0.003ND	100	合格
5	Pb/(mg/L)	0.02ND	5	合格
6	As/(mg/L)	0.0169	5	合格
7	Cr/(mg/L)	0.008	5	合格
8	Be/(mg/L)	2×10^{-6}	0.02	合格
9	Ba/(mg/L)	0.147	100	合格
10	Se/(mg/L)	8.86×10^{-6}	5	合格
11	F$^-$/(mg/L)	2.70	100	合格
12	Ni/(mg/L)	0.009ND	5	合格
13	Cd/(mg/L)	0.001ND	1	合格

注:ND表示未检出,ND前数字为其检出限。

6.4.4.5 环境影响评价和安全评价验收

热解析工艺现场的水、气、扬尘和噪声等达标排放,通过了环保验收监测。回收油含水率3%,污水达到双十指标,经过了工艺现场的配伍试验,回收至油系统。热解析工艺现场通过了安全验收。

第7章

辽河油田含油污泥热解试验

7.1 辽河油田热解法处理工艺研究

7.1.1 室内实验研究

7.1.1.1 实验装置

辽河油田开发研制了污泥热解实验装置，其工艺结构和实物分别见图 7-1 及图 7-2。该装置为常压运行，计算机自动控制并记录加热升温速率、自动连续记录反应罐内温度与压力、自动连续记录馏分出口温度，馏分为水循环冷却，不凝气经碱吸收液处理后用湿式流量计计量。

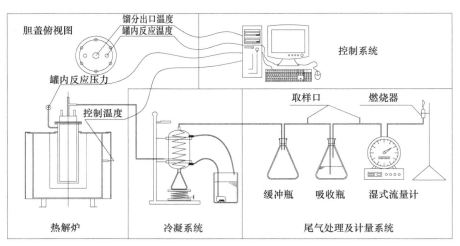

图 7-1　室内热解系统工艺结构

7.1.1.2 热解回收油气及残渣室内实验

通过对辽河油田十余种含油污泥进行热解回收油气与残渣可利用的实验评价，研究结果表明：含油污泥热解的产油率高，可达 10％以上，具有较好的油气回收价值；污水处理产生的污泥热解残渣的 Al_2O_3 含量可达 20％以上，高的可接近 50％，有较高的铝盐含量，可再生制备聚合铝循环利用；污泥热解残渣的吸附性能与活性白土相当，可用作油品精制的吸

图 7-2　室内静态热解实验炉

附材料，或可用作各种溢油处置的应急材料。对辽河油田某污水处理站的两种含油污泥进行试验：一种是气浮选产生的污泥，压滤机脱水后含水率为 70%～80%；另一种是罐底泥，主要是污水处理站的调节水罐和斜管除油罐的底泥。污泥的组成及特征见表 7-1。

表 7-1　某污水处理站压滤后含油污泥组成及特征

名称	含水率 /%	含油率 /%	600℃ 残渣 /%	600℃ 其他挥发物 /%	残渣 Al_2O_3 含量 /%
压滤机脱水污泥	79.32	13.53	5.38	1.77	47.4
清罐污泥	54.59	25.77	13.89	5.75	—

(1) 热解试验基本数据

根据样品高温作用的挥发特征，经实验确定热解加热控制温度为 600℃，热解实验的反应特征曲线见图 7-3，热解实验的产物产率见表 7-2，其数据表明两种污泥都有较好的油气回收率。

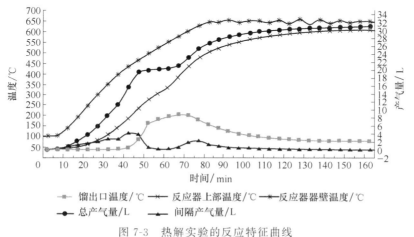

图 7-3　热解实验的反应特征曲线

(2) 热解气组成分析

由表 7-3 可见，不凝气的主要成分为甲烷、二氧化碳和乙烷，其中 C_1～C_3 烃类组分接近 90%，甲烷含量约为 50%。热解气可以直接燃烧供热。

表 7-2　热解实验产物产率

名称		产水	产油	产气	残渣
压滤机脱水污泥	百分比	78.2%	9.3%	4.8%	7.68%
	单位产量	782mL/kg	107.1mL/kg	26.4L/kg	76.8g/kg
清罐污泥	百分比	53.3%	22.0%	8.7%	15.9%
	单位产量	533mL/kg	252.8mL/kg	53.9L/kg	158.9g/kg

表 7-3　热解气的组分分析　　　　　　　　　　　　　　　　单位：%

样品	C_1	C_2	C_3	其他有机物	CO_2
压滤机脱水污泥	50.81	28.17	11.49	2.80	6.73
清罐污泥	48.71	23.19	15.40	3.44	9.26

（3）热解油组分分析

由表 7-4 可见，热解油中汽油、煤油和柴油等轻质组分含量较高，回收油中轻质油占 60% 左右，油品性质与提炼的原油产品还有一定差距，但是可以作为石化工艺的原材料，以得到附加值更高的化工产品。

表 7-4　热解油的组成数据

样品	$C_8 \sim C_9$（汽油）/%	$C_{10} \sim C_{15}$（煤油）/%	$C_{16} \sim C_{18}$（柴油）/%	$C_{19} \sim C_{34}$/%
压滤机脱水污泥	6.65	34.36	16.40	42.58
清罐污泥	7.96	37.99	16.85	37.20

（4）残渣形态及组成特性

压滤机脱水污泥和清罐污泥热解后的形态不同，以下用两组图片分别描述。

① 压滤机脱水污泥的热解残渣及热解残渣 600℃灼烧形态如图 7-4 所示。

图 7-4　灼烧残渣和热解残渣的形态

图 7-4 中，右侧为热解残渣，呈黑色，具有一定机械强度的松散颗粒状；左侧为 600℃灼烧残渣，呈灰白色，蓬松酥散，轻敲即碎，机械强度小。经测定 600℃灼烧残渣中 Al_2O_3 含量为 47.38%，有较高金属铝回收利用价值。

② 清罐污泥的热解残渣及热解残渣 600℃灼烧形态如图 7-5 所示。

图 7-5 中，右侧为热解残渣，呈黑色，颗粒较细；左侧为 600℃灼烧残渣，呈红褐色，蓬松酥散，机械强度小。经测定 600℃灼烧残渣中 Al_2O_3 含量为 11.66%，可以考虑回收利用。

图 7-5　清罐污泥的灼烧残渣及热解残渣

③ 热解残渣中污染物测定及分析。

表 7-5 是某联合站污水站脱水含油污泥 600℃ 残渣污染物测定数据，并与《农用污泥中污染物控制标准》指标进行对比。结果表明，残渣污染物指标均达到了《农用污泥污染物控制标准》。

表 7-5　某联污水站脱水含油污泥 600℃ 残渣污染物测定数据

检测项目	污染物含量/(mg/kg)							
	Cu	Pb	Zn	Cr	Ni	As	Hg	石油类
压滤机脱水污泥	43.8	17.4	211.2	0.9	43.4	3.3	未检出	未检出
清罐污泥	76.6	37.1	432.5	0.3	73.1	7.3	未检出	未检出
标准值①	500	300	1200	500	100	30	3	500

① 《农用污泥中污染物控制标准》（GB 4284—2018）A 级污泥产物污染物限值。

由表 7-6 可见，污水站脱水含油污泥 600℃ 残渣浸出液污染物测定数据，600℃ 残渣浸出液石油类 COD_{Cr} 和重金属含量远低于《危险废物鉴别标准-浸出毒性鉴别》和《污水综合排放标准》二级指标要求。以上分析说明，该污泥 600℃ 灼烧残渣可实现无害化。

表 7-6　某联合站污水站脱水含油污泥 600℃ 残渣浸出液污染物测定数据

检测项目	污染物含量/(mg/L)									
	Cu	Pb	Zn	Cd	Ni	As	Cr	Hg	石油类	COD_{Cr}
压滤机脱水污泥	0.072	0.099	0.058	0.007	0.006	0.022	0.092	未检出	未检出	63
清罐污泥	0.023	0.074	0.083	0.014	0.031	0.015	0.051	未检出	未检出	39
标准值①	100	5	100	1	5	5	15	0.1	—	—
标准值②	2.0	1.0	5.0	0.1	1.0	0.5	0.5	0.05	10	150

① 《危险废物鉴别标准——浸出毒性鉴别》（GB 5085.3—2007）浸出液中危害成分浓度限值。
② 《污水综合排放标准》（GB 8978—1996）二级指标。

7.1.2　现场实验

7.1.2.1　工艺流程

该试验工程在辽河油田某联合站进行，于 2008 年 3 月开始正式投产运行试验，每天 24h 连续运行，处理量为含水率 80% 含油污泥 10t/d。

试验工程的工艺流程如图 7-6 所示。首先由污泥运输车定期将含水率小于 80% 的含油污泥拉运至试验现场，存储到污泥仓内，用污泥泵密闭输送污泥进入回转式干燥热解炉内，在微负压 200～650℃ 条件下经过大约 3～5h 的反应后，残渣由出料口间歇排出，暂存于残渣池，然后经过输送器输出后装袋封存。馏分经过换热器冷凝至 40℃ 后，油和水进入油水缓冲罐，通过油水提升泵进入联合站的油水分离系统。分离出的不凝气，经罗茨风机增压，外输供加热炉利用。馏分和烟道尾气换热器的冷源，采用循环冷却水系统，由冷却塔给水降温。

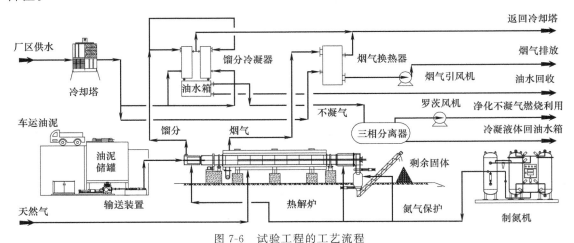

图 7-6　试验工程的工艺流程

该工艺主要分为进料部分、操作系统和排料部分三个部分。

1) 进料部分　由运输车将含油污泥送至污泥罐，再由浓料泵将其打入输泥管线送至煅烧炉。此装置为地下式，以保证车在地面直接卸料，闸门均为液压闸门。运来的含油污泥主要分为两类：一类为袋装老化油泥；另一类为污水处理站产生含油污泥，即经站上板框压滤机脱水后，产生的污泥。

主要进料指标如下。

① 含油率：小于 10%。

② 含水率：80%～95%。

③ 含固率：20%～50%。

④ 固体粒径：<160mm。

⑤ 进料温度：100℃。

⑥ 进料方式：柱塞泵连续进料。

2) 操作系统　主体装置为回转煅烧炉，为自动控制操作系统。煅烧炉共分 5 个区：第 1 区为煅烧炉进口部分，连接蒸气冷凝气回收装置，该区温度控制在 250℃；第 2 区到第 4 区为高温裂解区，温度控制在 750～780℃；第 5 区为煅烧炉最尾端，用于逐渐冷却物料，温度控制在 350℃。炉内负压控制在 -100～-30kPa。煅烧炉总长 22m，设备主体 11m，共有 14 个火嘴，每个火嘴均配备测温仪。燃料为天然气，用量（标）为 300～400m³/t 湿污泥。电耗约为 1000kW·h/d。从进料到出料，在煅烧炉内物料停留时间大致为 5～6h。

3) 排料部分　油回收率很低，几乎全部以裂解气形式回收，每天回收裂解气约为

$300m^3$。分离出的水一部分送回系统用作冷却水，每天排放水量约为 $1m^3$，温度为 35℃ 左右。残渣排放到水里，但由于残渣的疏水性，导致残渣浮于水面。残渣含碳很高，在 15%～35% 左右，并且含有一定量的铝，可用作吸附材料。产生的不凝气具有臭味，且味道很大，不宜直接排放。

7.1.2.2　试验工程运行与结果

(1) 工程运行概况

2008 年初开始投产调试，在长达 1.5 年的运行试验中，完成了对主体设备稳定性、安全性和可操作性的测试。针对运行中暴露出的问题，进行了整改完善。运行调试结果表明，系统配套主要设施设备（污泥输送、热解炉、冷凝器和控制系统等）基本能够正常运行，试验主体工艺与技术是成功的。装置处理能力可以达到 12t/d（设计处理量为 10t/d），回收油可达 50L/t 污泥，产生不凝气体可达 $38m^3/t$ 污泥。

但是，在调试过程中，该工程也暴露出了不凝气回收处理与利用、热解残渣收集和馏分管道防淤清理等配套设施不能实现长时间运行等问题。针对这些问题，于 2008 年 9 月，中石油组织召开了完善整改的技术研讨会，确定了整改的技术方案，并于 2008 年 10 月至 2009 年 4 月进行了停产整改与技术完善，于 2010 年 5 月重新复产运行。经过复产后的运行考核，原先存在的问题都得到了很好的解决。

(2) 设备运行的基本情况

1) 主要设备　中试工程主要工艺设备包括热解炉、污泥储罐、污泥泵、馏分冷凝器、烟气换热器等。主要工艺设备技术参数及其功能见表 7-7。

表 7-7　主要工艺设备技术参数及其功能

序号	名称及规格	数量	功能
1	热解炉　WRHL-Ⅰ（试制） 总容量 1000kW　驱动功率 18kW	1 座	为热解试验站主体生产设备
2	污泥储罐　$V=73m^3$　$\phi=5.6m$　$H=3.0m$	1 座	存储含油污泥
3	污泥泵　NBS3/6 $Q=0\sim3m^3/h$　$H=6.0MPa$　$N=18.5kW/台$	2 台	污泥输送设备
4	馏分冷凝器 换热面积 $36m^2$　$H=4.8m$	1 台	将馏分冷凝至 40℃ 以下
5	烟气冷凝器 换热面积 $25m^2$　$H=1.9m$	1 台	将烟气冷凝至 200℃ 以下
6	罗茨风机　MJSL80 $Q=0\sim3.97m^3/min$　$p=9800Pa$　$N=1.1kW$	2 台	控制热解炉反应压力，输送不凝气
7	烟气引风机　Y6-41-11 $Q=2161m^3/min$　$p=659Pa$　$N=1.1kW$	2 台	控制热解炉燃烧室压力
8	循环冷却水泵　SLWD150-315(1) $Q=100m^3/h$　$H=32m$　$N=15kW$	2 台	提供冷却水动力
9	污油泵　40AY40×2C $Q=4.9m^3/h$　$H=50m$　$N=3.0kW$	2 台	将油水混合物增压排入集输系统
10	冷却塔　$Q=86m^3/h$　$N=3.0kW$	1 座	冷却冷却水
11	制氮机　$p=0.8MPa$	1 套	提供氮气

　　热解炉 WRHL-Ⅰ（试制）为试验工程的主体工艺设备，设计处理能力为 10t/d，该设备采用全自动控制模式，微机实时记录运行过程中的各种参数。热解炉及其操作系统如图 7-7 所示。

图 7-7　热解炉及其操作系统

　　污泥储罐和污泥泵为进料系统主要设备，储泥罐容积为 $73m^3$，能储存系统一周的污泥用量。污泥泵输送量为 $Q=0\sim3m^3/h$，正常运行时控制在 $0.5m^3/h$ 左右。污泥储罐及污泥泵如图 7-8 所示。

图 7-8　污泥储罐及污泥泵

　　2）设备运行参数

　　① 进料系统。进料系统设计的进料量控制在 $0\sim3t/h$ 范围内。配合热解炉试验，分别以 7.2t/d、10.0t/d 和 12.0t/d 进行了系统的输送量与运行稳定可靠性试验，得出该系统运行稳定可靠。

　　② 热解炉反应筒的转速。热解炉的转速由变频器调节，变频器的调节范围是 $0.71\sim3r/min$。热解炉的主拖动电机在 25Hz 的频率下工作，炉体反应筒转速为 1.48r/min。

　　③ 热解炉加热系统。热解炉的加热系统由 21 个独立的火嘴组成，其中有 20 个常用火嘴和一个备用火嘴。20 个常用火嘴共分为 5 个加热区，分布情况如图 7-9 所示。

　　当加热区的温度低于该区的设定温度时，该区的 4 个火嘴会依次启动加热；当温度高于设定值时，火嘴会由 PLC 控制系统依次熄火。

　　a. 升温段燃烧室温度控制（见图 7-10）。如图 7-10 所示，升温速度控制的原则是每小时最高升温 100℃。如果高于该速率，可能导致热解炉机械转动部分永久损坏。整个升温操作详见表 7-8 所示。

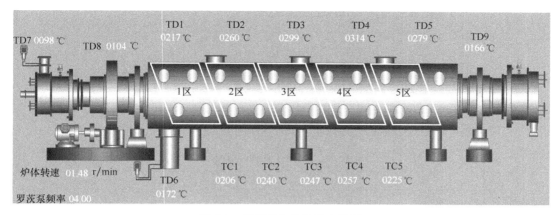

图 7-9　热解炉加热区分布示意

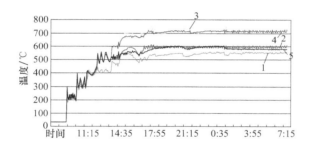

图 7-10　升温段燃烧室温度控制曲线

1—燃烧室温度 1；2—燃烧室温度 2；3—燃烧室温度 3；

4—燃烧室温度 4；5—燃烧室温度 5

表 7-8　热解炉升温操作表

时间	一区	二区	三区	四区	五区
8:00			冷车		
9:00	200	200	200	200	200
10:00	300	300	300	300	300
11:00	400	400	400	400	400
12:00	500	500	500	500	500
13:00	—	600	600	600	—
14:00	—	650	700	700	—
15:00	—	—	750	720	—

注：当热解炉整体温度低于 100℃ 时，视为冷车状态。冷车状态下燃烧器的开启和停止由系统自动控制，不受温度控制。当冷车状态结束后，温控系统开始发挥作用。热解炉每次升温都必须遵循每小时最多 100℃ 的原则。

　　b. 降温段燃烧室温度控制（见图 7-11）。如图 7-11 所示，降温与升温遵守同样的规则，即每小时最高升温 100℃，按照表 7-9 操作。

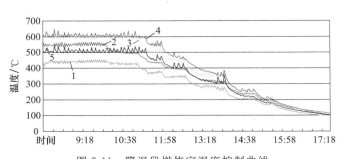

图 7-11   降温段燃烧室温度控制曲线

1—燃烧室温度1；2—燃烧室温度2；3—燃烧室温度3；4—燃烧室温度4；5—燃烧室温度5

表 7-9   热解炉升温操作表

时间	一区	二区	三区	四区	五区
11:00	430	550	600	600	500
12:00	330	450	500	500	400
13:00	230	350	400	400	300
14:00	130	250	300	300	200
15:00	30	150	200	200	100
16:00	0	50	100	100	0
17:00	—	0	0	0	—

(3) 运行效果及数据分析

1) 热解炉加热与温度控制分析

① 进料时反应筒温度工况。由图 7-12 可知，进料 2~3h 后，伴随着大量水蒸气的产生，一区温度和二区温度会以较大的斜率下降，最终一区温度稳定在 120℃ 附近，二区温度稳定在 250℃ 附近。三区为主要的反应区，在刚开始有物料进入的时候，由于整个物料流的热惯性，会有一段极速下降，当稳定后温度会回升至 500~540℃。四区温度比较平稳，维持在 650℃ 的处理温度，主要目的是增加反应时间，使反应更为彻底。五区为保留区域，当四区的处理温度达不到要求时，提高五区控制温度，以确保热解过程的完全。

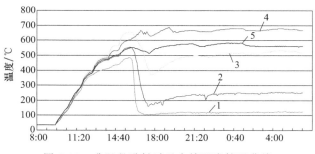

图 7-12   升温段进料时反应筒温度情况曲线

1—反应筒温度1；2—反应筒温度2；3—反应筒温度3；4—反应筒温度4；5—反应筒温度5

② 平稳运行时反应筒温度工况。由图 7-13 可见，在平稳运行的情况下，5 个反应区域的温度也会有一些波动，主要原因是进料的波动和进料含水率的波动。由于进料仓不是均匀搅拌的，在个别时间段内，如果有含水率相当高（90% 以上）的污泥进入热解炉，此时热解炉温度曲线会有波动。

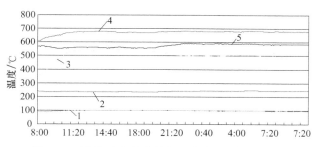

图 7-13　平稳反应段进料段反应筒温度情况曲线

1—入料端温度 1；2—出料端温度 2；3—反应筒温度 3；4—反应筒温度 4；5—反应筒温度 5

③ 一至五区内外温度对比分析。

如图 7-14 所示，在整个反应过程中一区、二区为蒸气产生区域，需要较多热量，所以内外温差较大，热传导量较大。含油污泥中的大部分水分是在这两个区域中挥发的，其中一区温差为 430℃，二区温差为 400℃。三区温差相对小，大致有 250℃ 左右，说明物料在到达 3 区的时候水蒸气已挥发绝大部分，热解反应已经开始了。当一区、二区不能将水分基本蒸发的时候，三区温度会有较大下降。

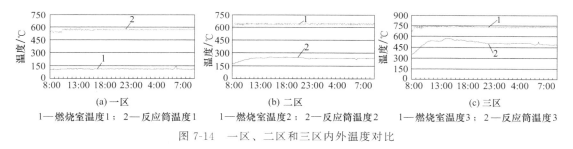

(a) 一区　　　　　　　　　　　(b) 二区　　　　　　　　　　　(c) 三区

1—燃烧室温度 1；2—反应筒温度 1　　1—燃烧室温度 2；2—反应筒温度 2　　1—燃烧室温度 3；2—反应筒温度 3

图 7-14　一区、二区和三区内外温度对比

由图 7-15 可见，四区、五区的温差很小，四区是保证残渣含油率小于 0.3％ 的功能区，在运行过程中要确保四区的内筒反应温度 ≥650℃。五区为保留区域，主要起降温和防止热解油气冷凝的作用。

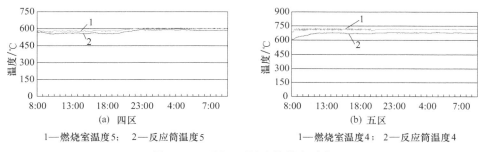

(a) 四区　　　　　　　　　　　　　　　　　(b) 五区

1—燃烧室温度 5；2—反应筒温度 5　　　　　1—燃烧室温度 4；2—反应筒温度 4

图 7-15　四区、五区内外温度对比

2）污泥样品检测结果　表 7-10 列举了 2008 年分析检测的 25 组和 2009 年分析检测的 8 组污泥样品数据。检测项目为含水率、含油率、600℃ 挥发率。污泥样品的检测结果表明，辽河油田某联合站污水处理产生的污泥含水率在 60％~83.28％ 之间。由于板框压滤机操作参数的改变，2009 年脱水后含油污泥含水率较 2008 年低。含油率波动较大，含油率从 2.74％ 到 14.88％，其中 2008 年平均含油率为 5.73％，2009 年平均含油率为 10.02％。

表 7-10　污泥样品检测情况

序号	取样时间	含水率/%	含油率/%	600℃挥发率/%	备注
1	3月11日	78.5	3.31	90.61	
2	3月12日	82.54	6.33	94.07	
3	3月14日	83.16	5.21	93.67	
4	3月15日	79.71	7.24	91.75	
5	3月18日	80.37	8.31	93.68	
6	3月20日	85.5	4.38	94.78	
7	3月23日	73.82	7.68	86.29	
8	3月24日	75.86	4.82	85.77	
9	3月27日	83.28	6.60	95.08	
10	4月7日	86.87	3.57	95.53	
11	4月8日	80.3	4.27	89.17	
12	4月9日	80.67	6.59	93.95	
13	4月10日	76.73	4.78	88.75	2008年3～6月 运行数据
14	4月14日	78.27	5.02	89.92	
15	4月15日	76.45	6.53	91.18	
16	4月16日	86.41	3.87	95.28	
17	4月17日	77.76	3.20	90.8	
18	4月18日	82.73	2.74	96.04	
19	4月19日	73.50	6.87	83.17	
20	4月29日	73.53	6.97	87.73	
21	5月11日	77.22	7.83	91.23	
22	5月15日	79.74	5.48	93.35	
23	5月19日	80.10	8.74	91.47	
24	5月29日	78.85	6.37	92.54	
25	6月9日	82.32	6.53	89.22	
	平均值	79.91	5.73	91.40	
1	5月10日	73.47	11.53	93.40	
2	5月11日	77.55	10.64	95.33	
3	5月15日	68.63	14.88	91.96	
4	5月21日	78.37	9.58	94.21	
5	5月29日	80.35	8.49	93.77	2009年污水处理污泥 运行数据
6	6月5日	73.47	11.53	93.4	
7	6月12日	77.55	10.64	95.33	
8	6月19日	68.63	14.88	91.96	
	平均值	75.98	10.02	93.66	

3) 残渣样品检测结果　表 7-11 列举的残渣样品检测数据，其中 2008 年 24 组，2009 年 15 组。主要检测了含油率、残炭、Al_2O_3 含量（残渣经过 600℃ 灼烧脱碳剩余产物）、飞灰率、饱和吸附量等。2008 年热解残渣的平均含油率为 0.221%，2009 年热解残渣的平均含油率为 0.193%，残渣含油率均达到了小于 0.3% 的设计指标。

残炭的百分含量为 21.09%～35.63%，2008 年平均值为 28.10%，2009 年平均值为 31.90%，说明残渣中有较高的热值。Al_2O_3 含量为 37.08%～58.92%，2008 年平均值为 52.84%，2009 年平均值为 49.22%，整体上比较稳定，说明热解残渣的无机组成部分比较稳定。残渣的飞灰率 2008 年平均为 26.1%，2009 年为 25.3%，说明粉尘量较大。

表 7-11　残渣样品检测数据

序号	取样时间	含油率/%	残炭/%	Al_2O_3/%	飞灰率/%	饱和吸附量/(mg/g)	备注
1	3 月 12 日	0.231	21.09	52.15	26.4	47.8	
2	3 月 15 日	0.198	32.50	57.44	25.1	49.5	
3	3 月 16 日	0.209	35.56	55.60	27.7	52.3	
4	3 月 19 日	0.117	29.46	56.83	30.2	51.4	
5	3 月 21 日	0.273	22.78	53.99	26.4	49.7	
6	3 月 24 日	0.292	29.14	52.16	24.2	48.3	
7	3 月 27 日	0.227	26.57	53.36	28.9	50.1	
8	3 月 28 日	0.245	26.30	58.92	26.3	53.2	
9	4 月 7 日	0.211	25.33	55.46	27.1	51.2	
10	4 月 8 日	0.294	30.84	55.27	25.4	49.7	
11	4 月 9 日	0.174	31.62	54.76	22.3	50.4	
12	4 月 10 日	0.266	24.87	54.47	26.7	48.3	2008 年 3～6 月
13	4 月 11 日	0.210	33.34	57.25	24.5	52.1	部分运行数据
14	4 月 15 日	0.253	23.52	58.40	25.9	47.7	
15	4 月 16 日	0.288	26.15	51.32	28.8	49.5	
16	4 月 17 日	0.276	26.20	55.54	23.2	48.0	
17	4 月 18 日	0.209	32.43	55.68	27.4	52.1	
18	4 月 19 日	0.241	31.62	54.83	23.8	50.8	
19	4 月 29 日	0.040	25.18	47.17	25.8	49.3	
20	5 月 11 日	0.210	24.77	37.08	27.4	50.2	
21	5 月 15 日	0.273	31.05	50.60	25.5	46.7	
22	5 月 19 日	0.255	23.77	39.88	27.3	49.7	
23	5 月 29 日	0.164	28.65	49.70	22.9	53.2	
24	6 月 9 日	0.147	27.41	50.24	26.8	48.8	
平均值		0.221	28.10	52.84	26.1	50.0	
1	5 月 10 日	0.243	35.63	50.37	24.5	47.2	
2	5 月 11 日	0.172	30.11	46.26	25.7	45.6	
3	5 月 18 日	0.255	27.79	51.74	24.8	50.7	
4	5 月 19 日	0.157	34.2	48.93	26.9	51.3	
5	5 月 20 日	0.194	29.06	47.69	27.3	49.3	
6	5 月 21 日	0.079	34.6	49.37	21.8	50.1	
7	5 月 22 日	0.221	31.34	50.14	25.4	47.8	
8	5 月 23 日	0.183	32.17	49.88	23.3	51.5	
9	5 月 24 日	0.194	29.66	47.43	27.2	50.6	2009 年运行数据
10	5 月 25 日	0.217	34.16	51.22	25.4	46.3	
11	6 月 4 日	0.232	37.11	48.59	24.2	53.9.	
12	6 月 5 日	0.184	29.31	49.37	26.5	48.4	
13	6 月 9 日	0.139	33.54	53.14	28.2	49.7	
14	6 月 10 日	0.157	31.96	47.85	23.2	51.5	
15	6 月 19 日	0.274	27.85	46.39	25.2	47.3	
平均值		0.193	31.90	49.22	25.3	49.1	

注：1. Al_2O_3 是指灼烧除碳后残余物质中的含量。

2. 飞灰率是指直径在 0.076mm 以下的粉尘的质量分数。

4）残渣浸出毒性检测及重金属含量分析　对污泥热解残渣样品做了固体废物浸出毒性检测，结果显示各项指标均低于相应的标准限值，具体数据见表 7-12。

表 7-12　残渣样品浸出毒性检测数据

测试项目	六价铬	汞	铬	镍	铜	锌	镉	铅	砷
残渣（酸性浸出）	0.00942	0.00262	0.016	0.030	0.006	0.033	ND	ND	ND
残渣（纯水浸出）	ND	0.00170	ND	ND	ND	ND	ND	N.D	ND
GB 5085.3—2007	5	0.1	15	5	100	100	1	5	5
标准限值残渣（强酸消解）	20.7	0.0336	73.4	98.5	23.2	40.7	ND	24.0	11.5
农用污泥中污染物控制标准（酸性）	—	5	600	100	250	500	5	300	75
农用污泥中污染物控制标准（碱性）	—	15	1000	200	500	1000	20	1000	75

注：残渣（酸性浸出）、残渣（纯水浸出）、GB 5085.3—2007 标准限值，三项中的单位为 mg/L；标准限值残渣（强酸消解）、农用污泥中污染物控制标准（酸性）、农用污泥中污染物控制标准（碱性），三项中的单位为 mg/kg。ND 表示未检出。

5）不凝气样品检测结果　由表 7-13 中数据表明，不凝气的主要成分为 CH_4 和 H_2，除 CO_2 和 N_2 外其余可燃气体含量接近 90%。

表 7-13　不凝气样品检测数据　　　　　　　单位：%

序号	取样时间	C_1	C_2	C_3	CO	CO_2	N_2	H_2	其他有机物
1	2008 年 3 月 24 日	34.85	4.42	0.40	5.31	6.83	5.46	41.46	1.27
2	2008 年 4 月 10 日	33.77	5.22	0.51	5.33	5.13	6.85	40.27	2.92
4	2009 年 5 月 19 日	36.42	5.18	0.92	7.25	6.39	5.52	36.28	2.04
5	2009 年 6 月 15 日	37.19	6.97	1.17	6.98	4.74	4.73	37.19	1.03
	平均值	35.56	4.84	0.53	4.94	6.6	6.26	40.4	1.95

6）热解油检测结果　表 7-14 和表 7-15 是热解油样品全烃气相色谱和棒薄层检测结果，表明热解油基本上以柴油和煤油为主，油中含有较多芳烃。

表 7-14　热解油样品全烃气相色谱

序号	$C_8 \sim C_9$（汽油）/%	$C_{10} \sim C_{15}$（煤油）/%	$C_{16} \sim C_{18}$（柴油）/%	$C_{19} \sim C_{34}$/%	其他/%	备注
1#	3.48	53.66	13.24	26.13	3.49	2008 年样品
2#	7.11	66.06	9.55	14.63	2.65	
3#	5.77	58.94	11.33	22.17	1.79	2009 年样品
4#	6.31	49.23	18.32	23.26	2.88	

表 7-15　热解油样品棒薄层检测结果

样品	饱和烃/%	芳烃/%	非烃/%	沥青质/%	备注
1#	19.57	60.91	12.74	6.78	2008 年样品
2#	17.61	66.34	11.86	4.19	
3#	16.14	58.76	15.63	9.47	2009 年样品
4#	15.73	63.43	13.11	7.73	

7）油水气产生量测试评价与结果分析　表 7-16 是污泥热解油、气、水产量的测试数据。由表中热解产油量数据，与污泥的含油率数据进行对比分析可见，污泥中油的回收率大致为 80%，剩余的有机组分主要转化为残炭和不凝气，不凝气产量（标）大致为 40m^3/t 污泥。

表 7-16　污泥热解油、气、水产量

序号	取样时间	单位污泥热解产水量/(L/t)	单位污泥热解产油量/(L/t)	单位污泥热解产气量(标)/(m³/t)	备注
1	3 月 15 日	847	52.15	37.7	
2	3 月 16 日	855	56.49	35.2	
3	3 月 24 日	853	55.40	36.4	
4	4 月 10 日	849	61.92	41.0	
5	4 月 14 日	856	48.89	37.5	
6	4 月 15 日	855	56.49	40.1	
7	4 月 16 日	870	39.11	35.7	2008 年 3～6 月运行数据
8	4 月 17 日	839	64.10	42.8	
9	4 月 18 日	861	51.06	38.4	
10	4 月 19 日	873	32.59	35.1	
11	5 月 11 日	855	49.79	37.4	
12	5 月 19 日	857	47.98	36.6	
13	6 月 9 日	862	43.45	39.7	
平均值		856	50.70	38.0	
1	5 月 10 日	765	68.3	48.3	
2	5 月 19 日	773	71.2	42.1	
3	5 月 22 日	812	53.5	56.5	
4	5 月 23 日	754	57.1	43.2	
5	5 月 24 日	831	65.6	37.7	
6	5 月 25 日	854	68.9	45.1	
7	6 月 5 日	821	54.3	39.3	2009 年运行数据
8	6 月 10 日	796	47.7	40.5	
9	6 月 19 日	751	69.8	44.6	
10	6 月 23 日	773	72.2	47.1	
11	7 月 17 日	792	63.1	33.2	
12	7 月 19 日	810	58.8	38.9	
平均值		794	62.5	43.0	

7.1.2.3　运行费用分析

(1) 天然气消耗

对处理量为 12t/d 的运行时间段的实际用气量进行统计，2008 年天然气的消耗量（标）平均为 43.14m³/t 污泥，则处理每吨污泥天然气费用为 101.8 元［天然气价格（标）按辽河油田 2011 年含税价 2.36 元/m³ 计算］；2009 年进行了燃烧系统的优化，降低了天然气的总消耗量，消耗量（标）平均为 38.21m³/t 污泥，则处理每吨污泥天然气费用为 90.17 元。

(2) 电耗

统计结果，2008 年试验站的耗电量平均为 926kW·h/d，平均每吨污泥耗电量 77.1kW·h，耗电费用为 45.48 元/t［电费按 0.5894 元/(kW·h) 计算］；2009 年由于增加了制氮系统、实时监测系统和自动出渣系统，耗电量有所增加，平均为 1025kW·h/d，平均每吨污泥耗电量 85.42kW·h，耗电费用为 50.35 元/t。

7.2 辽河油田落地油泥热解处置工艺

7.2.1 热解工艺介绍

7.2.1.1 工艺原理

含油污泥在密闭的热解设备中,加热至 400~500℃,在无氧状态下,含油污泥中大部分石油组分和其他有机废物发生热解反应,形成含水的油气被引出,经冷凝后,油水混合物进入油水分离塔完成油水分离,不可凝的可燃气体导入独立的燃烧系统中补充热解反应。含油污泥不直接与空气接触,不发生氧化反应,处理完的产物是无机碳颗粒,重金属等污染物被络合在碳结构中,可以环保填埋或者回用,彻底减量无害化。

7.2.1.2 工艺流程

油泥热解工艺流程见图 7-16。

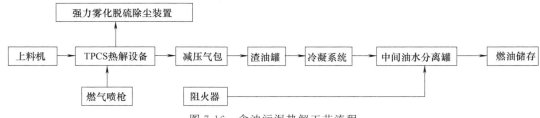

图 7-16 含油污泥热解工艺流程

原料可以直接经上料机输送至旋转裂解釜内,进行无氧状态下的热解处理。物料通过高温热解反应后,主要形成三大类产物,即可凝析油气、不可冷凝可燃气体及炭渣。

其中,可凝析油气和不可冷凝可燃气体的混合气从分气包进入冷凝器,在冷凝水的冷凝作用下,可回收油气变成液体油水混合物进入储油系统,不可冷凝可燃气经两级水封后进入燃烧系统,经燃烧系统燃烧,补充加热系统所需热量。而炭渣成分则在裂解结束时,采用高温排渣工艺,当裂解釜温度降至 200℃以下时输送出系统。

旋转裂解釜由天然气燃烧器和可燃气回收系统提供热量,反应温度为 200~500℃。尾气经脱硫除尘后排放。系统中产生的冷凝水、污水经收集后统一进污水处理系统处理。

热解反应过程中,热源不和物料直接接触,物料在无氧状态下热解,整个反应过程属于还原反应,与燃烧氧化反应相比,污染物及烟尘排放极少。

现场工艺实物照片见图 7-17。

图 7-17 现场工艺实物照片

7.2.1.3　主要设备

主要的设备装备包括以下多种。

① 热解主机：密封环境下，油泥无氧裂解，钢板采用国标 Q345R 专用锅炉钢板，此种钢板具有寿命长、耐腐蚀等特点，是加热主体的理想材料。

② 分气包：主要作用是在裂解过程中，油泥裂解产生的大分子油分及杂质进入分气包后，由于油气流动方向改变及直径变大，起到缓冲油气的作用，使得大分子的油分及杂质沉降到连接在分气包底部的渣油罐内，而大部分油气进入冷却系统内，这样可以保证油的质量。

③ 渣油罐：主要是储存从分气包底部流出的重油。

④ 油水分离罐：主要储存大部分油气冷却后产生的油。

⑤ 水冷式冷却系统：主要起到冷却高温油气的作用，让其在冷却管道内液化成油。

⑥ 水封：起到防回火的作用，是一个非常重要的安全装置，工作原理是可燃废气产生之后进入水封，水封进管在水面下，出管在水面上，然后出管进入炉膛内燃烧，给主机加热，如果因为某些原因，炉膛内的明火开始回流则水封的出管变为进管，进管在水面下，则有效地阻止了明火进入油罐，而该项目采用二级水封，更大限度地保证了生产安全。

⑦ 可燃气回收系统：主要是将油泥在密闭环境下，裂解过程中产生的常温常压下不可液化的可燃气体进行回收，通过水封后，引入炉膛内，开启燃气喷枪及鼓风机，开始燃烧，给主机加热，有效地杜绝了可燃废气无效排放引起的污染及危害，节能环保。

⑧ 强力雾化除尘系统：设备在前期是需要外部燃料（如煤/木柴/废油/天然气等）进行加热的，在燃烧外部燃料时，肯定会产生一定的烟气，烟气中包含硫化物及粉尘等。该项目采用两个强力雾化除尘系统，用碱性水雾化喷出，烟气上升经过水雾区域，水雾会将二氧化硫及粉尘带入雾化塔底部，达到环保排放，碱性水与烟气中的硫化物反应，生成中性的硫酸钙，硫酸钙是建筑及水泥的原料。

⑨ 引风机：将炉膛内燃烧产生的烟气引入强力雾化塔内，让其有效除尘。

⑩ 阻尼罐：大量油气进入冷却系统前，进入了阻尼罐，其可以有效地缓冲及改变油气方向，降低油气速度，增加了冷却时间，充分保证了冷却效果，一定程度上保证了安全性。

⑪ 电控系统：采用集成模块式电控柜，使整个系统整个操作更安全方便。

⑫ 压力温度警示系统：根据系统各观测点仪表数值，及时调整控制阀、控制器，使压力和温度在可控范围内。

7.2.1.4　操作步骤

该热解工艺系统涉及以下几个关键的操作步骤。

① 装料：主要通过铲车将物料装入料斗，再由料斗下的液压进料机将物料推入炉膛内。在装料前应检查设备状态、关闭各阀门，但应将分气包上的排空阀门打开，以便热解炉在加热至 100℃时，排空系统内水蒸气和其他残存气体。装料完成后应密封装料门，重点检查密封情况，保证料门密封良好，在装料过程中用磅秤称量记录后应注意不能超过负荷。

② 点火：点火前应检查水封注水是否合格，进出口阀门是否关闭，上一炉的轻质油是否从出水口得到清理。脱硫除尘器需注满水，再次检查设备是否处于正常状态，先启动除尘风机，检查无误后才能点火。点火后启动主炉电机。

③ 分气包温度显示在 100℃时：油泥中的水分已转化成蒸汽，并在真空风机的引导下，以烟道气的形式进入废气处理系统排出，这时应关闭分气包上的排空阀门，打开放水阀门，排空分气包内的积水，排水完成后关闭放水阀门。随着温度的增加，当分气包上压力表显示

在 0.01MPa 时，打开废气燃气喷枪，此时设备进入正常的微负压运行状态。

④ 热解核心过程：当温度升高到 180℃时，油泥开始裂解；温度升到 300～430℃时油泥充分裂解，裂解时间约 8～10h。在这一过程中，操作人员应严格控制炉体温度及压力，在本项目工艺运行中，炉体正常温度 300℃，最高不能超过 360℃，正常压力 0.02MPa，最高不能超过 0.04MPa。通过燃烧机开关调整温度，当压力超过限值时打开废气燃烧喷枪，降低压力。随着热解温度的增加，油气产生量越来越少，油泥在炉内大幅度减量，热解时限到达后，应关闭燃烧机，降低炉体温度。

⑤ 出渣：当分气包上的温度降到 200℃时，启动高温出渣新工艺，打开排空阀和风机，排空分气包、炉膛内的气体，关闭风机，然后打开出渣机循环水泵，启动高温出渣机出渣，残渣排入密封的储料斗，然后将残渣装袋密封。

⑥ 生产结束：当分气包温度降至 50℃以下时，排出中间油罐里的油，包括分气包、沉降罐、水封内的积油，并检查各设备的密封情况。组织下一轮生产进料。

7.2.2 室内实验

根据现场油泥样品特点，采用实验室工艺模拟方法，检验"化学＋物理热解"工艺能否使样品油泥中油水有效分离，使处理后的污泥残渣含油率＜0.3％。

7.2.2.1 实验过程

取油泥样品 2620g、药剂 0.8％（约 21g）装入试验机，使用液化石油气给试验机加热，收集油、水、气，待试验机温度加热至 500℃时，停止加热，冷却后取出试验机中残渣，收集油、水分别称量。

7.2.2.2 实验结果

2620g 油泥样品中加入药剂 0.8％，经实验装置处理剩余残渣 2050g，得到油、水和混合物 470g，在 200～350℃之间产生少量可燃气体，残渣含油率 0.0008％。实验结果表明，辽河油田落地油泥适合采用此工艺进行热解处理。实验样品和热解产物照片见图 7-18。

(a) 落地油泥　　　　　(b) 热解产物：油水　　　　　(c) 热解残渣　　　　　(d) 可燃气体燃烧

图 7-18　实验样品和热解产物图片

7.2.3 现场试验

7.2.3.1 含油污泥热解处理量

采用高温除渣工艺，按单炉每天处理 35t 油泥估算，至 2018 年 1 月 30 日可处理油泥

9975t，详见表 7-17。

表 7-17　热解设备的含油污泥处理量

试验时间	新增设备量	占地面积	处理量	主炉尺寸	总处理量
11 月 20 日	3	750m²	105t/d	2600mm×6600mm	35×3×55=5775t
11 月 30 日	1	250m²	35t/d	2600mm×6600mm	35×50d=1750t
12 月 15 日	2	500m²	70t/d	2600mm×6600mm	35×2×35d=2450t
					累计总量：9975t

7.2.3.2　含油污泥热解处理前后的外观形貌

含油污泥经"化学＋物理热解"工艺处理后，固体残渣如干砂一般。处理前后的泥样对比见图 7-19。

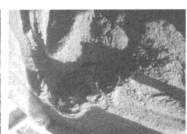

(a) 处理前含油污泥1　　　　　(b) 处理前含油污泥2　　　　　(c) 处理后含油污泥

图 7-19　含油污泥热解前后的外观形貌

7.2.3.3　热解固体产物含油率的检测分析

含油污泥热解现场试验定期采样测试热解固体产物的含油率，测试结果见表 7-18。

表 7-18　热解固体产物的含油率检测结果

序号	检测时间	样品名称	含油率
1	2017 年 8 月 23 日	辽河油田曙光采油厂落地油泥经化学热解处理后固体	0.0008%
2	2018 年 1 月 24 日	辽河油田曙光采油厂落地油泥贮存地(含稠油污泥热解后的灰渣)2#	0.16%
3	2018 年 1 月 24 日	辽河油田曙光采油厂落地油泥贮存地(含稠油污泥热解后的灰渣)3#	0.19%
4	2018 年 2 月 5 日	辽河油田曙光采油厂落地油泥贮存地(含稠油污泥热解后的灰块)	0.07%

表 7-18 表明，检测现场试验热解的固体残渣含油率都小于 0.3%，满足排放标准，"化学＋物理热解"工艺可稳定运行。

7.2.3.4　"三废"达标情况

(1) 废气达标情况

热解中产生的不凝气体回收送入加热仓作燃料用，加热仓中产生的所有气体通过尾气收集装置收集送入强力雾化除尘系统后排放。尾气排放符合《锅炉大气污染物排放标准》（GB 13271—2014）和《大气污染物综合排放标准》（GB 16297）。

(2) 废水达标情况

废水主要来自油水分离装置，油田具有成熟的含油污水处理工艺，不必增加设备，此部分污水可运到采油污水处理厂另行处置。

(3) 废渣达标情况

油泥经热解后，排放的废渣是炭颗粒及其他无机物的混合物，含油率＜2% 或＜0.3%，符合《油田油泥综合利用污染物控制标准》（DB23/T 1413—2010）或《农用污泥中污染物控制标准》（GB 4284—2018）。

7.2.3.5 工艺成本分析

该热解工艺满足相关标准要求，经核算热解工艺成本见表 7-19。

表 7-19 热解工艺现场运行成本分析

序号	指标名称	单位	指标	吨油泥消耗	吨油泥处理直接成本(不含税)/元
A	处理规模				
1	油泥处理规模	t/d	20		
B	原材料消耗量				
1	吸附剂	t/d	0.2	耗量:0.01t	0.01×4500＝45
2	氧化剂	t/d	0.2	耗量:0.01t	0.01×6600＝66
3	脱味剂	t/d	0.2	耗量:0.01t	0.01×5200＝52
C	动力消耗				
1	液化气	m³/d	1120	耗气量:80m³	80×4＝320
2	小时耗气量水	m³	80		
3	生产用新水	m³/d	1	耗气量:0.1m³	0.1×3＝0.3
	冷却循环水	m³	33	耗气量:0.1m³	0.1×3＝0.3
	电装机容量	kW	30		
	小时耗电量	kW·h	5	耗电量:15kW·h	15×1.0＝15
D	产品				
1	可燃气	t/d	1	自燃烧利用	
2	燃料气(出油率99.99%)	t/d	8	储存	
E	产生废物				
1	混合废水	t/d	7	废水量:0.35t	0.35×80＝28
2	尾渣	t/d	8	产尾渣量:0.4t	0.4×100＝40
F	其他指标				
1	装运费	t/km	1		1×300＝300
2	设备折旧				170
3	安全及消防设备设施				根据实际
G	用工定员	人	15	人均日工资 280 元	人工费:210 元/t
	直接运行成本				
	吨油泥直接处理成本	元/t			合计 1248.6

7.3 辽河油田间接热脱附处置工艺

7.3.1 间接热脱附技术

含油污泥实现无害化目标，最成熟可靠的技术是焚烧和热脱附。针对无害化处理效果而言，热脱附技术仅次于焚烧，从安全、环保/资源回收、稳定性和处理标准的变化趋势等方面总体比较，间接热脱附技术是目前国内外实现含油污泥无害化和资源化处理的最适用技术。

辽宁华孚含油污泥间接热脱附成套处理装置采用间接加热工艺和螺旋推进的设备形式，是专门针对含油污泥的特性及热脱附过程特点而开发的 OSTDS，有效解决了四个难题：一是石油烃蒸发气和可能的裂解气，带来安全隐患问题；二是油泥塑性和结焦，以及沥青烟等导致的固相流程和气相流程的堵塞问题，影响长期稳定运行；三是尾气无组织排放导致的环境问题；四是必要的分类分拣和预处理问题。因此实现了设备长期安全稳定的无害化和资源化处理。

含油污泥属危险固体废弃物，其特征污染物为石油，其危险特征为易燃性和毒性，石油中的轻组分具有易燃性，石油中的多环芳烃等具有毒性。在 550℃ 的解析温度下，可以彻底实现绝大部分原油组分的解析和多环芳烃的解析，以及少部分重组分的热解。热脱附的处理效果主要受停留时间和温度控制，因此控制好温度，即可获得稳定可靠的处理效果。因此，间接热脱附技术具备以下特点：a. 稳定可靠地实现无害化；b. 回收大部分油，油品性质好，实现资源化；c. 间接加热，油泥不与热介质接触，安全性高；d. 含油污泥无燃烧，无需复杂的尾气处理即可实现环保达标。

7.3.2　热脱附处理设备

华孚间接热脱附处理设备采用间接加热的技术，该装置模型见图 7-20，控制系统及控制界面见图 7-21，整套设备实现模块化、撬块化和自动化。

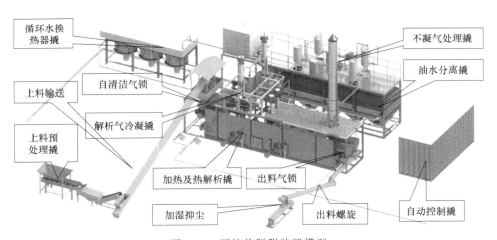

图 7-20　间接热脱附装置模型

华孚间接热脱附成套处理装置具有以下特点：

① 稳定实现无害化：石油烃和有害物质被蒸发去除，运行稳定。

② 安全可靠：热脱附的温度不高，没有明显的裂解反应，系统中的含氧量低于临界氧浓度值，可燃气含量远低于爆炸下限，采用密闭设计和氮气保护，系统运行安全可靠。

③ 实现资源化：回收油泥中 75% 以上的油，油品性质好，不凝气作为燃料利用。

④ 尾气达标：没有油泥的燃烧过程，采用天然气或生物质为燃料时，尾气中的污染物少，净化系统简单；全厂设除臭系统和尾气净化系统，无恶臭，尾气达标排放。

⑤ 实现资源化的最终处置：渣土可制砖或水泥，或用作建筑原材料，不占用填埋空间，

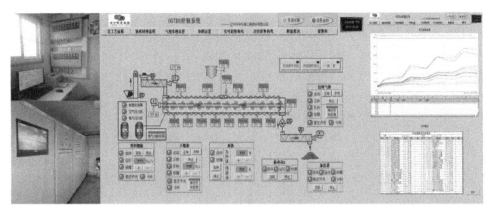

图 7-21　自动控制系统及控制界面

节约填埋费用。渣土还可实现植被种植。

⑥ 设备运行转速低，设备磨蚀低。

⑦ 适应性强：适应的进料含油率和含水率范围宽。

7.3.3　工程应用

间接热脱附设备首次采用易于快速转场的可移动撬块化装置，为辽河油田的含油污泥提供现场处理服务，处理规模为 40000t/a。现场处理可以将含油污泥就地减量，回收了油泥中的油，处理后残渣含油率小于 2%，节约了大量的危废转运、外委处置费用和管理费用。热脱附按进料含液 40% 设计，配套适当的预处理设备设施，可接收处理含液率 70%～80% 的脱水污泥约为 8～12 万 t/a，或含固率 10% 的液态油泥为 24 万 t/a。现场处理工艺见图 7-22。

图 7-22　辽河油田 40000t/a 的油泥现场处理工艺

第8章

热解脱附技术在油田中的应用

8.1 含油废弃物热相分离技术与工程应用

8.1.1 热相分离技术

8.1.1.1 技术介绍

热相分离技术与热解析技术同源，也可称作间接热解析技术。其技术原理是通过间接热交换，在高温绝氧气的条件下，有机污染物发生蒸发、蒸馏、沸腾、氧化和热解等作用，通过调节温度选择性地分离不同的污染物。由于有机质的热不稳定性，此过程中污染物会发生部分裂解。热相分离技术和焚化技术之间的区别在于，过程中物料与火焰不直接接触，从而不会向环境中排放有害气体，无二次污染。

热相分离技术可将烃类物质（包括苯系物、多氯联苯、二噁英/呋喃、农药和石油等）从其他物质中分离出来，尤其对油田领域的含油污泥较为适用。由于含油污泥中含大量的石油资源，该技术可通过高温将油品进行蒸发，部分重质的油品发生裂解反应，形成小分子烃类，最终将含油污泥转变为气相、液相和固相三种相态物质，并加以回收。回收产物的利用率较高：液相是水和回收油，回收油品质一般较好，具有较高的回收利用价值，在配备尾气处理的情况下，也可以直接用作燃料进行燃烧使用，回收油中含有的脂肪酸类物质则可作为化工产业的原材料；固相是以无机矿物和残炭为主的残渣，其中固化了含油污泥中的重金属，降低重金属的污染危险，也具有极多利用的可能性，例如制砖、铺路、填坑等；气相则是以甲烷和二氧化碳为主的少量不凝气体，经过净化处理后可作为补充燃料利用。

热相分离技术目前已成为含油污泥处理的重要发展技术之一，在国内外都有着广泛的研究和推广。利用热相分离技术处理含油污泥不仅能达到资源化利用要求，还实现了无害化"零排放"。含油污泥热相分离技术经长期商业化运作验证，以其高效低耗、稳定、安全环保的优势，在油泥资源化、无害化处理领域受到了越来越多的关注与行业认同，已经成为目前最有前景的含油污泥处理技术。

8.1.1.2 技术原理

热相分离过程中，有机污染物在绝氧加热时除发生蒸发、沸腾等物理变化外，还会发生部分裂解化学反应。此类裂解化学反应较为复杂，除主反应分解反应外，同时还发生脱氢、异构化、环化、叠合和缩合等各类反应。以含油污泥的热解反应为例，主要产物包括以轻烃为主的裂解气体、蒸发冷凝油和水的油水混合液体及以泥土和焦炭为主的固体产物。在100℃发生水分及轻烃等组分的蒸发；100～350℃主要发生各种烃类的蒸发，在350℃大分子烃类物质开始裂解，缩合反应也开始进行，随着温度升高，裂解反应加快；当温度大于450℃时，缩合反应占据主导地位，重质组分发生炭化反应。因此典型的热解过程可以分为：水分干燥和脱气、轻质烃析出、重质烃（大分子烃）热解、半焦炭化和矿物质分解五个阶段。

8.1.1.3　工艺流程

（1）工艺流程图

热相分离工艺流程如图 8-1 所示。整套处理工艺可分为预处理、热相分离、喷淋冷凝除尘、油水分离、热交换五个单元，以下对各单元的工艺路径及技术原理进行详细阐述。

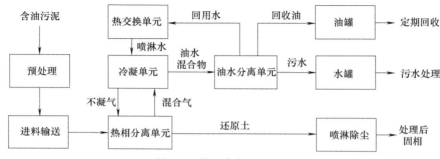

图 8-1　热相分离工艺流程

① 预处理。为保证效率最大化，热相分离设备对待处理物料的黏度、含水率、含油率及粒径均有一定要求，由于不同类型的含油污泥的形成过程与组分差别较大，其表现出的特性也有所差异，因此并不是所有的含油污泥都满足进料要求。对于一些粒径较大、黏度较大、含水含油较高的含油污泥需要对其进行预处理，目前主要的预处理方式为破碎筛分和离心脱水。经过预处理后的物料，能够满足热相分离设备对物料各指标的要求，即可通过密闭传输系统将物料运送到热相分离设备。

② 热相分离。经过预处理后的物料通过进料系统进入热相分离炉内进行深度处理（无氧密闭加热到 600℃），通过高温加热实现污染物与固相的彻底分离，热解脱附出来的油水混合气体进入冷凝收集单元，处理后的固体物料通过输送设备输送至出料口，通过换热降温处理和喷淋除尘后被输送至出料存储区进行存储。

③ 喷淋冷凝除尘。从热相分离单元中分离出的高温挥发分在冷凝单元内进行喷淋冷凝收集，并同时进行喷淋除尘，冷凝后的油水混合物与未冷凝的气体在气液分离器中进行分离，分离后的油水混合物（含粉尘）进入油水分离单元，少量的不凝气作为辅助燃料进入热相分离单元的燃烧区域，作为补充燃料，不凝气与天然气燃烧后的尾气通过烟囱排放。

④ 油水分离。从喷淋冷凝除尘单元中收集到的油水混合物在油水分离单元中进行分离，分离措施包括聚结沉降分离及气浮。

⑤ 热交换。随着系统的运行，气体冷凝的潜热会不断集中在回用水中，循环水的温度不断升高，采用热交换单元可以将循环水的温度降低，提高冷凝系统的运行效果。

（2）**技术优势**

相较于其他含油废弃物处理技术，热相分离技术具有以下优势：

① 处理过程中无需添加任何化学药剂；

② 利用燃料燃烧产生的高温烟气作为热源，对物料间接加热，无尾气排放污染；

③ 可处理多种石油类污染物，包括油田落地油泥、联合站污泥、含油钻屑、炼化油泥；

④ 实现处理后固相的总石油烃含量完全符合排放标准；

⑤ 实现回收油满足石油加工的需求，针对含油钻屑，回收油可重新配制泥浆；

⑥ 处理过程中及处理后没有废水排放及二噁英等废气排放；

⑦ 整套处理装置自动化程度高，实现不同模式的控制方式；

⑧ 安全、环保、高效、彻底的含油废弃物处理技术。

8.1.2　工程应用

随着新环保法的通过，各地对油田环保的要求越来越高，新的时代背景下，石油石化污染场地的修复需严格按照土壤污染防治法的要求进行，也对石油石化污染场地修复设备及服务质量提出了更高的要求。油泥资源化利用、全过程管控，甚至是历史遗留污染场地的修复更要综合考虑。含油污泥的随意排放将再无可能，各地隐藏的污染也被逐渐揭开，含油废弃物处理工程已经在全国各大油田陆续开展。下面根据不同处理对象，对一些典型的含油废弃物处理工程进行介绍。

8.1.2.1　落地油泥

2015 年杰瑞环保科技有限公司为西北油田分公司提供螺旋推进式热相分离设备、间歇热相分离等装备体系用以处理落地油泥，处理后可将含油废弃物高效分离为固相、油相等无污染原始状态。年处理量达到 15 万吨，处理后固相 TPH＜1％。处理现场如图 8-2 所示。

图 8-2　中石化西北油田分公司落地油泥处理现场

8.1.2.2　油基钻屑和泥浆

2014 年杰瑞环保科技有限公司利用螺旋推进式热相分离设备为大庆油田提供油基泥浆和含油钻屑处理服务，处理量为 6000t/a，处理后固相 TPH＜1％，同时得到柴油。处理现场如图 8-3 所示。

2014 年杰瑞环保科技有限公司利用螺旋推进式热相分离设备为四川威远、四川长宁页岩气开发提供油基泥浆和含油钻屑处理服务，处理量为 5000t/a，处理后固相 TPH<0.1%，同时得到白油。处理现场如图 8-4 所示。

图 8-3　大庆油田油基泥浆和含油钻屑处理现场　　　　图 8-4　四川威远页岩气开发油基泥浆和
含油钻屑处理现场

8.1.2.3　炼化油泥

2016 年杰瑞环保科技有限公司在宁夏投资建设固废综合处理中心，利用调质分离、热相分离、水处理回用技术处理油田落地油泥、炼化污水处理底泥、浮渣、储罐底泥，处理量为 1500t/a，处理后固相 TPH<1%，同时得到原油。处理现场如图 8-5 所示。

8.1.2.4　油坑油泥

2018 年 6 月 6 日杰瑞绿洲（新疆）环保科技有限公司取得了新疆维吾尔自治区第一个危险废物橇装经营许可证，利用螺旋推进式热相分离设备为中石油新疆油田分公司提供历史遗留油泥处理服务，年处理量达到 10 万吨，处理后固相 TPH<1%，同时得到原油。处理现场如图 8-6 所示。

图 8-5　宁夏固废综合处理中心现场　　　图 8-6　中石油新疆油田分公司历史遗留油泥处理现场

2018 年 10 月，杰瑞环保科技有限公司的连续回转式热相分离设备在新疆克拉玛依提供历史遗留油泥处理服务，年处理量达到 20 万吨，处理后固相 TPH<1%，同时得到原油。作业现场如图 8-7 所示。

8.1.2.5　轧钢油泥

2018 年杰瑞环保科技有限公司为宝武集团提供热相分离成套设备，用于含铁油泥处理，处理后可将含铁油泥分离为高含铁固相（可资源化利用）、油相（可资源化利用）。处理后固体含油率<1%，处理后固相可作为水泥厂的铁质矫正料，用于调节水泥中的铁含量，也可作为高炉炼铁的原料。处理现场如图 8-8 所示。

图 8-7　克拉玛依连续回转设备作业现场

图 8-8　宝武集团含铁油泥处理现场

8.2　大庆油田油基钻屑及泥浆

2014 年杰瑞环保科技有限公司利用螺旋推进式热相分离设备为大庆油田提供油基钻屑和泥浆处理服务，处理量为 6000t/a，处理后固相 TPH<1%，同时得到回收柴油。项目产生的污水经过杰瑞配套的水处理设施处理后，用于热相分离出渣的降温抑尘，没有外排；固体满足黑龙江省地方标准《油田含油污泥综合利用污染控制标准》（DB23/T 1413—2010）后用于铺设油田进场及井路；回收油返回油田公司。

8.2.1　处理的目标含油污泥的特性

2014 年杰瑞环保科技有限公司利用螺旋推进式热相分离设备为大庆油田提供油泥处理服务，处理对象为油田钻井过程中产生的废弃油基钻屑及泥浆。油基钻屑及泥浆见图 8-9。

图 8-9　油基钻屑及泥浆样品实物照片

经过对样品进行分析检测，样品的三相含量见表 8-1。

表 8-1　原料三相含量检测结果

序号	样品名称	含固率/%	含水率/%	含油率/%
1	1#样品	61.8	20.5	17.7
2	2#样品	54.9	19.4	25.7
3	3#样品	60.7	18.9	20.4
4	平均值	59.1	19.6	21.3

注：1. 含水率：《城市污水处理厂污泥检验方法》（CJ/T 221—2005），城市污泥　含水率的测定　重量法。

2. 含油率：《城市污水处理厂污泥检验方法》（CJ/T 221—2005），城市污泥　矿物油的测定　红外分光光度法。

3. 含固率：差减法。

图 8-10　热解处理室内试验装置实物

8.2.2　热解处理实验工艺（室内试验）

针对 3[#] 样品，利用杰瑞自主设计制造的热相分离模拟装置对样品进行热相分离模拟处理实验，探索最佳的工艺条件，指导现场生产工作。处理后固相检测按照《城市污水处理厂污泥检验方法》（CJ/T 221—2005）进行。实物照片如图 8-10 所示。模拟处理参数及出料检测结果见表 8-2。

表 8-2　模拟处理参数及出料检测结果

序号	物料属性	实验参数		处理后固相含油率（干基）/%
		加热温度/℃	加热时间/min	
1		450	45	1.78
2		450	60	1.12
3	含水率　18.9%	500	45	1.24
4	含油率　20.4%	500	60	0.82
5	含固率　60.7%	550	45	0.53
6		550	60	0.37
7		600	45	0.22
8		600	60	0.15

如表 8-2 所列得出以下 3 个结论：

① 针对该样品，设备加热温度 450℃、加热时间 45min 的情况下处理后固相含油率可＜2%；

② 针对该样品，设备加热温度 500℃、加热时间 60min 的情况下处理后固相含油率可＜1%；

③ 针对该样品，设备加热温度 600℃、加热时间 45min 的情况下处理后固相含油率可＜0.3%。

对大庆油田的样品进行热失重分析，在氮气氛围下，以 10℃/min 的速度进行测试，终点温度为 800℃。热失重曲线如图 8-11 所示。

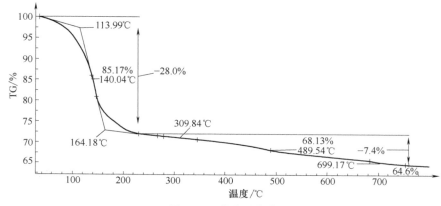

图 8-11　热失重曲线

整个失重分为两个阶段：第一阶段的起始温度为 113.9℃，终止温度为 164.1℃，失重 28%，本阶段的主要失重是由于水的蒸发损失；第二阶段的起始温度为 309.8℃，中点温度为 489.5℃，终止温度为 699.1℃，失重损失为 7.4%，分析前半段为油品的挥发及裂解失重，后半段应该是无机组分分解造成的。

8.2.3　现场试验

(1) 热解反应设备的工艺流程图

热解反应设备的工艺流程见图 8-12。

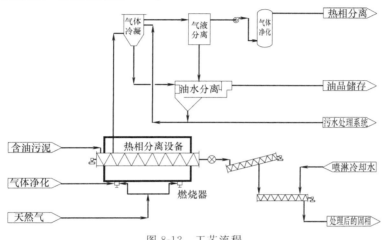

图 8-12　工艺流程

主要的工艺流程如下：

① 油基污泥首先被收集到指定区域内进行预处理。

② 预处理主要包括筛分、均质、破碎。

③ 预处理合格的油基污泥（粒径<32mm）被输送至间接加热的热相分离设备内进行处置。设备的最大处理能力为 2t/h，处理温度 350～600℃可调（针对不同的污染物及物料，处理温度要求会有所差异），停留时间可调，采用天然气作为加热燃料。

④ 经过设备处理后，油基污泥中的污染物气化后与固体分离，处理后的固体中含油率满足该项目处理后指标要求。

⑤ 热相分离过程中产生的含污染物气体进入喷淋冷凝设备中进行处理，得到油水混合物。油水混合物经过油水分离处理后，油分进行回收。分离后的水回用喷淋，多余水进入水处理单元进行处置。

⑥ 喷淋单元后的不凝气经过气液分离后净化处理，作为补充燃料返回热相分离设备。

⑦ 污水经过处理后，用于固体残渣出料的降温除尘。

(2) 现场热解工艺的设备功能介绍

现场热解工艺的设备清单见表 8-3。

表 8-3　设备清单

序号	设备名称	型号	数量
1	进料输送设备	JL15LXB	1
2	热相分离设备(含出料设备)	RJQ50-20X1B	1
3	喷淋设备	LNQ40	1

续表

序号	设备名称	型号	数量
4	油水分离设备	FLQ10B	1
5	不凝气处理设备	QCLQ50B	1
6	散热设备	SRQBC1600B	1
7	中央控制系统	ZKQ1B	1

各设备的功能介绍如下。

① 进料输送橇。进料橇主要由缓存料仓、提升机构、物料分配系统、进料密封系统组成，能够实现物料的过滤、缓存，通过供料机构连续均匀地将物料输送到间接加热分离系统进行处理。

② 热相分离橇。经过预处理的物料通过进料系统进入热相分离炉内进行深度处理，通过高温加热实现污染物与固相的彻底分离，热解脱附出来的油水混合气体进入喷淋系统，处理后的固体物料通过输送设备输送至出料口，通过换热降温处理和喷淋除尘后被输送至出料存储区进行存储。

③ 喷淋橇/不凝气处理橇。从热相分离单元中分离出的高温挥发分在冷凝单元内进行喷淋冷凝收集，并同时进行喷淋除尘，冷凝后的油水混合物与未冷凝的气体在气液分离器中进行分离，分离后的油水混合物（含粉尘）进入油水分离单元，少量的不凝气作为辅助燃料进入热相分离单元的燃烧区域，作为补充燃料，不凝气与天然气燃烧后的尾气通过烟囱排放。

④ 油水分离橇。从喷淋冷凝除尘单元中收集到的油水混合物在油水分离单元中进行分离，分离措施包括聚结沉降分离及气浮，实现油水的分离。水经过换热后循环喷淋使用，油定期回收。

⑤ 散热橇。随着系统的运行，气体冷凝的潜热会不断集中在回用水中，循环水的温度不断升高，采用散热设备可以将循环水的温度降低，保证冷凝系统的运行效果。散热橇主要由大风量冷却风机、散热器、橇架结构等组成，采用橇装结构设计，运输、安装便捷。冷却循环系统主要以空气作为冷却介质，依靠翅片管扩展传热面积来强化管外传热，借空气横掠翅片管后的空气温升带走热量，达到冷却管内热流体的目的。

⑥ 中央控制橇。中央控制橇为成套设备提供电力供应，中央控制系统的结构设计、制造、技术指标、认证指标均依据国标相关标准制定。整套系统具有良好的密封性能，具有防雨水、防风沙、抗震动能力。整套控制系统安装在橇装化集装箱内，由多面控制柜组成，为确保系统安全、可靠运行，室内应具备良好的冷却和通风系统。

（3）现场工艺参数

现场工艺参数见表 8-4。

表 8-4　现场工艺参数

序号	项目	参数	备注
1	处理量	1.8t/h	
2	加热温度	500℃	
3	停留时间	60min	与天气有关，存在变动
4	循环水量	35m³/h	
5	循环水温度	45℃	
6	出料温度	74℃	

(4) 现场试验数据

现场试验数据见表 8-5。

表 8-5　现场试验数据

序号	项目	参数	备注
1	设备处理量	1.3~1.9t/h	物料性质有波动，处理量有波动
2	天然气用量（标）	60~110m³/h	物料性质有波动，天然气用量有波动
3	用电量	55~70kW	与天气有关

除了上述公用工程消耗外，项目配备了设备操作人员 8 人，工程车司机 2 人，实施两班两倒作业。

(5) 存在的问题和改进分析

① 问题：原料中存在固井水泥，在处理过程中出现板结现象。

② 解决方式：在热解设备中增加了专门的机械结构，在运行过程中在线清理，防止板结。

8.2.4　热解产物的分析

(1) 热解固体产物含油量

热解固体产物含油量的测试结果见表 8-6。

表 8-6　热解固体产物含油量测试结果

序号	项目	单位	数值
1	矿物油	mg/kg	1.56×10^3
2	银	mg/L	<0.001
3	砷	mg/L	<0.005
4	钡	mg/L	3.54
5	铍	mg/L	<0.001
6	镉	mg/L	<0.0001
7	铬	mg/L	0.001
8	铜	mg/L	0.002
9	镍	mg/L	0.017
10	铅	mg/L	<0.001
11	硒	mg/L	<0.005
12	锌	mg/L	<0.005
13	汞	mg/L	<0.0001

(2) 液相回收油组分的分析

液相回收油组分分析结果见表 8-7。

表 8-7　液相回收油组分分析结果

名称	结果	
闪点（PMCC）	ASTM D93-15	60℃
灰分	ASTM D482-13	0.001%（质量分数）
密度（20℃）	ASTM D4052-11	0.8366g/cm³

续表

名称		结果
馏程	初馏点	182℃
	5%回收温度	198℃
	10%回收温度	204℃
	20%回收温度	214℃
	30%回收温度	223℃
	40%回收温度	231℃
	50%回收温度	241℃
	60%回收温度	252℃
	70%回收温度	267℃
	80%回收温度	287℃
	85%回收温度	299℃
	90%回收温度	317℃
	95%回收温度	341℃
	终馏点	348℃
	回收率	98%（体积分数）
	残余	1.5%（体积分数）

（结果列中部标注 ASTM D86-12）

（3）焦炭分析（热解飞灰）

热相分离设备采用的是洁净燃料，火焰不与物料直接接触，整个过程不会产生飞灰。

（4）热解气体成分以及排放成分检测数据分析

不凝气组分分析结果见表 8-8，不凝气污染物监测结果见表 8-9，尾气排放监测结果见表 8-10。

表 8-8 不凝气组分分析结果

	测试项目	单位	结果
烃类	甲烷	%（体积分数）	0.81
	乙烷	%（体积分数）	0.31
	丙烷	%（体积分数）	0.13
	异丁烷	%（体积分数）	0.008
	正丁烷	%（体积分数）	0.021
	异戊烷	%（体积分数）	0.002
	正戊烷	%（体积分数）	0.005
	C_{6+}	%（体积分数）	0.019
无机物	一氧化碳	%（体积分数）	0.44
	氢气	%（体积分数）	0.76
	二氧化碳	%（体积分数）	2.83
	氮气	%（体积分数）	65.56

表 8-9　不凝气污染物监测结果

序号	项目	单位	数值
1	二氧化硫	mg/m³	5.47 5.90 5.37
2	硫化氢	mg/m³	16.60 22.00 13.00
3	氨	mg/m³	6.55 6.42 6.13

表 8-10　尾气排放监测结果　　　　　　　　　　　　单位：mg/m³

测试项目	检测结果			
	第一次	第二次	第三次	第四次
颗粒物	4	5	4	5
二氧化硫	23	25	21	25
氮氧化物	31	29	26	31

8.3　中石化西北油田分公司落地油泥处理

　　2015 年杰瑞环保科技有限公司为西北油田分公司提供螺旋推进式热相分离设备、间歇热相分离等装备体系用以处理落地油泥，处理后可将含油废弃物高效分离为固相、油相等无污染原始状态，处理后固相 TPH＜1%。2016 年 5 月项目一期工程开始运行，使用的是杰瑞单螺旋热相分离设备，设备的最大处理能力为 8t/h。

　　落地油泥的处置在新疆维吾尔自治区阿克苏地区库车县中石化西北油田分公司一号固废液处理站内。该项目由阿克苏塔河环保工程有限公司承建，热相分离设备由烟台杰瑞环保科技有限公司提供，中石化西北公司免费提供处理场地，同时提供了免费的电及天然气接入。此项目是中石化西北分公司首次应用热相分离设备处理含油污泥。

　　厂区内的水可循环使用，物料中的水分富余在循环水中，定期排放至一号固废液处理站的污水接收池，委托西北油田分公司进行统一处理，处理后的水用于回注驱油。

　　经过处理后的还原土含油率符合《新疆维吾尔自治区油气田勘探开采行业废弃物污染防治技术规范》中关于铺路、井场铺垫＜2% 的要求，在实际运行过程中，西北油田分公司要求含油率＜1%，经过处理后的还原土经过新疆维吾尔自治区环保厅批准后，由西北油田分公司定期拉运至井场利用。回收油的 BS&W（油中含水及固相＜1%），油田公司统一拉运至联合站，掺入原油中。

8.3.1　处理的目标含油污泥的特性

　　热解处置对象是中石化西北油田分公司的落地油泥（图 8-13），西北局在原油开采及集输送过程中产生的落地油泥都进行了集中存储，本项目建设地点就在存储站内，对含油污泥进行就地处置。

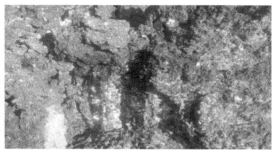

图 8-13　含油污泥实物照片

经过对样品的分析检测，样品的三相含量见表 8-11。

表 8-11　样品属性分析

样品	含水率/%	含油率/%	含固率/%
样品 1	8.0	5.3	86.7
样品 2	4.7	8.0	87.3

注：1. 含水率：《城市污水处理厂污泥检验方法》（CJ/T 221—2005），城市污泥　含水率的测定　重量法。

2. 含油率：《城市污水处理厂污泥检验方法》（CJ/T 221—2005），城市污泥　矿物油的测定　红外分光光度法。

3. 含固率＝1－含水率－含油率。

8.3.2　工艺流程

中石化西北油田分公司落地油泥处理的工艺流程见图 8-14。

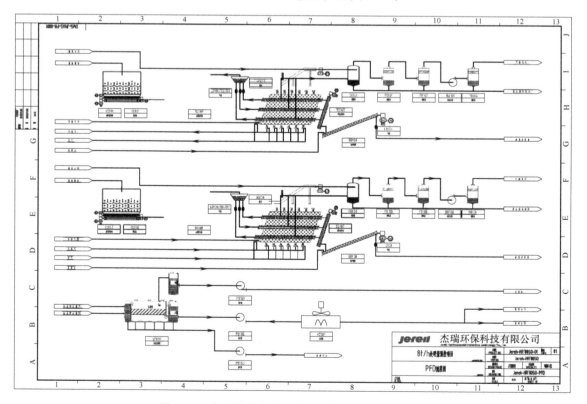

图 8-14　中石化西北油田分公司落地油泥处理工艺

8.3.3　现场试验

(1) 现场热解工艺的设备功能介绍

含油污泥热解工艺的设备清单见表 8-12。

表 8-12　设备清单

序号	部件名称	数量	型号
1	相分离设备	2 台	RJQ70-30X1B
2	冷凝设备	2 台	LN80B
3	油水分离设备	1 台	FLQ50B
4	进料设备	1 台	JL8PDB
5	排料设备	1 台	PL8B
6	散热设备	2 台	SRQGC1200B
7	换热设备	1 台	—
8	控制系统	1 台	ZKQB

本项目选用的设备与大庆项目设备是一个系列的产品，但是设备的处理规模更大（TCLX80JB），最大设备处理能力能够达到 8t/h。

(2) 现场工艺参数

现场工艺参数见表 8-13。

表 8-13　现场工艺参数

序号	项目	参数	备注
1	处理量	7.6t/h	
2	加热温度	560℃	
3	停留时间	55min	与天气有关,存在变动
4	循环水量	80m³/h	
5	循环水温度	55~70℃	
6	出料温度	71℃	

(3) 现场试验数据

现场运行参数见表 8-14。

表 8-14　现场运行参数

序号	项目	参数	备注
1	设备处理量	7.4~8.1t/h	物料性质有波动,处理量有波动
2	天然气用量(标)	150~210m³/h	物料性质有波动,天然气用量有波动
3	用电量	135~160kW	与天气有关

除了上述公用工程消耗外，项目配备了设备操作人员 16 人，每班 4 人，实施四班三倒作业。工程车司机 4 人，工作范围包括将油泥转运至处理厂，以及设备的进出料。

(4) 存在的问题和改进分析

由于固体含量高，出料设备的降温除尘效果不佳，磨损速度快。由原有的单螺旋加湿设备更换成双螺旋设备。

8.3.4 热解产物的分析

(1) 热解固体产物含油量

热解固体产物含油量的测定结果见表 8-15。

表 8-15 现场自检试验结果 单位：t/h

序号	项目		1	2	3	平均值
1	5 月 16 日 00：00—08：00	1# 出料	0.684	0.691	0.710	0.695
2	5 月 16 日 08：00—16：00	1# 出料	0.524	0.535	0.544	0.534
3	5 月 16 日 16：00—24：00	1# 出料	0.310	0.394	0.357	0.354
4	5 月 16 日 00：00—08：00	2# 出料	0.262	0.245	0.244	0.250
5	5 月 16 日 08：00—16：00	2# 出料	0.438	0.439	0.452	0.443
6	5 月 16 日 16：00—24：00	2# 出料	0.343	0.328	0.352	0.341
7	来料		5.396	5.478	5.924	5.599

处理后的还原土经过了通标标准技术服务（上海）有限公司检测，所有的检测结果符合《油气田含油污泥综合利用污染控制要求》（DB65/T 3998—2017）的要求。检测结果如表 8-16 所列。

表 8-16 SGS 检测结果

分析指标	单位	1# 还原土	2# 还原土
样品干重	%	87.8	91.1
矿物油	mg/kg	221	357
石油溶剂	mg/kg	194	325
总银	mg/L	<0.01	—
钡	mg/L	0.11	—
铍	mg/L	<0.01	—
镉	mg/L	<0.001	—
总铬	mg/L	<0.01	—
铜	mg/L	<0.01	—
汞	mg/L	<0.005	—
镍	mg/L	0.01	—
铅	mg/L	<0.01	—
硒	mg/L	<0.05	—
锌	mg/L	<0.05	—
砷	mg/L	<0.05	—
间(对)二甲苯	mg/L	<0.05	—
邻-二甲苯	mg/L	<0.05	—
萘	μg/L	<0.2	—
苊烯	μg/L	<0.2	—
苊	μg/L	<0.2	—
菲	μg/L	<0.2	—

续表

分析指标	单位	1# 还原土	2# 还原土
蒽	μg/L	<0.2	—
荧蒽	μg/L	<0.2	—
芘	μg/L	<0.2	—
苯并蒽	μg/L	<0.2	—
䓛	μg/L	<0.2	—
苯并[a]芘	μg/L	<0.05	—
苯并[b]荧蒽	μg/L	<0.05	—
苯并[k]荧蒽	μg/L	<0.05	—
茚并[1,2,3-cd]芘	μg/L	<0.05	—
二苯并[a,h]蒽	μg/L	<0.2	—

(2) 热解气体成分以及排放成分检测数据分析

热解气体污染物监测结果见表 8-17。

表 8-17　热解气体污染物监测结果　　　　　　　　　　单位：mg/m³

测试项目	检测结果			
	第一次	第二次	第三次	第四次
颗粒物	12	9	12	12
二氧化硫	8	8	9	7
氮氧化物	71	68	60	57

8.4　大港油田含油污泥热解试验

8.4.1　含油污泥室内热解试验

8.4.1.1　含油污泥热解反应机制

含油污泥热解（也称焦化）试验在大港油田进行，由于油泥中含有一定量的矿物油，其组成主要有烷烃、环烷烃、芳香烃、烯烃、胶质及沥青质等，含油污泥中矿物油重质组分沉积居多。热解法处理含油污泥实质就是对重质油的深度热处理，其反应是一个烃类物质的热转化过程，即重质油的高温热裂解和热缩合，其反应过程大致如下：

石蜡烃→烯烃→二烯烃→环烯烃→芳烃→稠环芳烃→沥青质→焦炭。

重质油中各组成的裂解和缩合能力依次为：正构烷烃＞异构烷烃＞环烷烃＞芳香烃＞环芳烃＞多环芳烃。

烃类的热反应基本上可以分成裂解和缩合两个方向。裂解生成较小的分子（如气体烃），缩合生成较大的分子（如胶质、沥青质、焦炭等）。在热转化过程中，重质油一般加热至370℃左右即开始裂解，同时缩合反应随裂化深度的增加而加快。在低裂解深度下，原料和焦油中的芳烃是主要结焦母体；在高裂解深度下，二次反应生成的缩聚物是主要结焦母体。最终，裂解的轻质烃类在合适的温度下被分离，缩聚物被留在反应容器中。通过控制一定的反应条件，可以使反应有选择地进行，其中原料性质、反应温度、反应压力、停留时间等是影响反应的主要参数。

8.4.1.2　热解试验所需仪器设备

实验所采用的主要仪器有水浴振荡器、电热烘箱、减压干燥箱、锡浴加热装置、热解反应釜、冷却系统、减压蒸馏装置、冰水浴装置和尾气吸收装置等。水浴振荡器和电热烘箱用于测定含油污泥中的含油量，减压干燥箱用于对油泥进行预处理，锡浴加热装置和热解反应釜等用于进行热解实验研究，冷却装置用于收集油品，减压蒸馏用于对油品进行进一步分析。

热解实验所采用的仪表包括数字仪控温表、固态继电器、热电偶、冷凝器。实验以 N_2 作为载气，通过数字控温表来控制锡浴的温度，从而达到反应所需要的温度，反应产物经过冷凝器，然后用冰水浴收集在收集器内，尾气经过碱液吸收后直接排放。反应装置如图 8-15 所示。

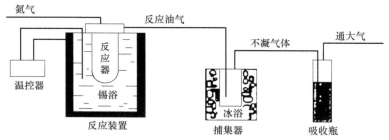

图 8-15　含油污泥焦化反应处理实验装置

8.4.1.3　热解处理实验工艺

热解处理工艺流程见图 8-16。

图 8-16　含油污泥焦化反应处理室内实验简易流程

取一定量的预处理后的含油污泥送入焦化反应釜内，添加适量的催化剂，密封反应器，进行预加热脱除剩余的水分，待反应器出口无白色小雾出现时，将反应器温度由 105℃升温至焦化控制温度，反应一定时间后接收液相冷凝产品，不凝气经碱液吸收后排空，反应完成后清除反应器内焦化固体产物。

8.4.1.4　热解反应条件的优化试验

（1）反应条件的初步选择

实验选用某联合站沉降罐底泥经干燥箱干燥脱水后的样品作为反应原料，其含油率为 27.62%，含砂率为 64.84%，含水率为 7.54%。实验当中反应温度取 470℃、485℃、500℃，反应时间取 45min、60min、75min，催化剂百分比为 2%、4%、6%。催化剂选用催化剂 A。正交实验的设计见表 8-18。

对正交实验的数据进行处理后得到表 8-19，液相收率达到了 70%左右，最高可达到 82.22%左右。由表中极差大小可见，影响因素的主次顺序依次为：催化剂投加量＞反应温度＞反应时间。由表中各因素水平值的均值可见较佳的水平条件分别为：催化剂投加量 4%，反应温度 500℃，反应时间 75min。

表 8-18　焦化反应多因素正交实验数据表

编号	反应条件		
	反应时间/min	反应温度/℃	催化剂投加量/%
1	60	500	4
2	75	470	4
3	45	485	4
4	45	500	6
5	60	470	6
6	60	485	2
7	45	470	2
8	75	485	6
9	75	500	2

表 8-19　正交实验结果分析表

实验号	反应条件			液相收率/%
	反应时间/min	反应温度/℃	催化剂投加量/%	
1	60	500	4	82.22
2	75	470	4	81.88
3	45	485	4	74.94
4	45	500	6	64.08
5	60	470	6	67.56
6	60	485	2	65.92
7	45	470	2	66.95
8	75	485	6	63.01
9	75	500	2	75.04
K_1	205.9824	216.3957	207.91	
K_2	215.6944	203.8733	239.04	
K_3	219.9302	221.338	194.66	
K_1 效应值	68.6608	72.1319	69.302	
K_2 效应值	71.8981	67.9578	79.681	
K_3 效应值	73.3101	73.7793	64.886	
R	4.6493	5.8152	14.796	

(2) 焦化反应条件的优化

① 催化剂投加量对液相收率的影响。反应条件为反应时间 75min，反应温度为 500℃，反应催化剂采用催化剂 A，考察反应催化剂投加量为 3.0%、3.5%、4.0%、4.5%、5.0% 对焦化液相收率的影响，实验数据见表 8-20，催化剂投加量对液相收率的影响曲线见图 8-17。

表 8-20　催化剂投加量对液相收率的影响数据表

实验号	反应时间/min	反应温度/℃	催化剂投加量/%	液相收率/%	焦化固体产物含油率/%
单 7#(1)	75	500	3.0	68.74	0.07
单 7#(2)	75	500	3.5	74.65	0.12
单 7#(3)	75	500	4.0	77.41	0.01
单 7#(4)	75	500	4.5	81.25	0
单 7#(5)	75	500	5.0	70.52	0

由表 8-20 和图 8-17 可知，液相收率与催化剂投加量的关系较为复杂，过低和过高都不

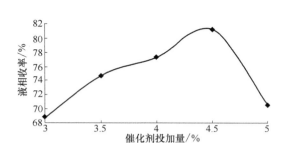

图 8-17　催化剂投加量对液相收率的影响曲线

利于液相产品的收集，而是有一个适当范围。其原因有以下几个方面：a. 投加量过低，催化作用不够，所以液相收率相对较低；b. 投加量过高，催化作用强烈，反应速度大大增加，虽然从理论上分析，催化剂不会改变反应的平衡，但反应速度的增加，使得反应器中的中间产物浓度大大增加，二次反应变得较为重要，裂化反应和缩合反应同时加剧，从而使气相组分和焦渣产率增加，液相产率下降。所以催化剂投加量不宜过大，适量即可。根据对表 8-20 中的数据和图 8-17 的分析可知，最佳的催化剂投加量为 4.5％。

　　② 反应温度对液相收率的影响。实验反应条件为反应时间 75min，催化剂选用催化剂 A，催化剂投加量为 4.5％，考察反应温度 450℃、470℃、490℃、500℃、510℃对焦化液相收率的影响，实验数据见表 8-21，反应温度对液相收率的影响曲线见图 8-18。

表 8-21　反应温度对液相收率的影响数据表

实验号	反应时间/min	反应温度/℃	催化剂投加量/%	液相收率/%	焦化固体产物含油率/%	不凝气量/g
单 6#(1)	75	450	4.5	46.68	2.69	4.0388
单 6#(2)	75	470	4.5	73.40	0	4.4356
单 6#(3)	75	490	4.5	76.28	0.02	4.7682
单 6#(4)	75	500	4.5	65.46	0	4.9352
单 6#(5)	75	510	4.5	55.83	1.40	5.2183

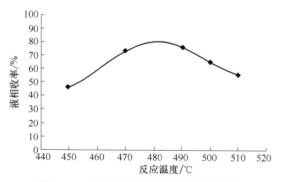

图 8-18　反应温度对液相收率影响曲线

　　由表 8-21 和图 8-18 可以看出，在其他条件不变的情况下，随着反应温度的升高，液相收率先增加后减少，在 480℃左右有最高液相收率。当反应温度高于 490℃时液相收率有所下降。主要因为反应温度升高，反应速率增加，裂解深度和缩合程度也随之增加，因此当反应温度提高到一定程度时反应产物中焦渣和气体增多，产品中不饱和烃也随之增加，反而使液相产率下降。所以，反应温度太低，焦化反应不完全，反应温度过高，焦化反应过深，裂化和缩合程度均加剧，使得气体和焦渣产率增加而液相产品减少。而且反应温度提高，能耗也随之增加，对设备的要求也会较高。所以反应温度要适中，最佳反应温度为 480～490℃。

③ 反应时间对液相收率的影响。实验选用某联合站沉砂池混合油泥经预处理脱水后样品作为反应原料，其含油率为 26.05%，含砂率为 65.92%，含水率为 8.03%。反应条件为反应温度 490℃，催化剂采用催化剂 A，催化剂投加量为 4.5%，考察反应时间 45min、60min、75min、90min、105min、120min 对焦化液相收率的影响，实验数据见表 8-22，反应时间对液相收率及产气量的影响曲线见图 8-19。

表 8-22　反应时间对液相收率的影响数据

实验号	反应时间 /min	反应温度 /℃	催化剂投加量 /%	液相收率 /%	焦化固体产物含油率 /%	产气量 /g
单 5#（1）	45	490	4.5	80.25	0.41	4.4059
单 5#（2）	60	490	4.5	80.93	0.17	6.5735
单 5#（3）	75	490	4.5	82.77	0	4.4781
单 5#（4）	90	490	4.5	82.04	0	3.5738
单 5#（5）	105	490	4.5	80.00	0	5.5119
单 5#（6）	120	490	4.5	86.12	0	5.8624

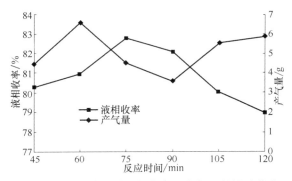

图 8-19　反应时间对液相收率及产气量的影响曲线

由表 8-22 和图 8-19 所示，随着反应时间的增加，液相收率呈先增加后减少的趋势，焦化产生不凝气的量先减少后增加，在反应时间为 75min 时，液相收率最高，反应产生不凝气量较小，故选取反应时间为 75min。焦化反应是一个复杂的平行-顺序反应。平行-顺序反应的一个重要特点是：反应深度对产品产率的分配有重要影响。随着反应时间的增长，液相收率随之提高，最终产物气体和焦渣的产率也随之一直增加。随着反应深度的加深，样品中的石油馏分逐步减少，反应速率开始降低，反应产物在反应器中的停留时间逐渐增长，使得二次反应占据优势，液相分解成气体的速率渐渐超过反应生成液相的速率，缩合反应加剧，从而对液相收率影响减弱。

综上所述，反应时间过短则影响液相收率，同时由于反应深度不够，废渣中的含油量也会较多，无法实现达标处理的目的；反应时间过长，对液相收率影响不明显，气体和焦渣产率增加，而且能耗也随之增加，所以反应时间不宜过长，最佳反应时间为 75min。

④ 催化剂的筛选。实验反应条件为反应温度 490℃，反应时间 75min，催化剂投加量4.5%，考察催化剂种类为无催化剂、催化剂 A、催化剂 B、催化剂 C、催化剂 D、催化剂 E

对热解液相收率的影响，实验数据见表 8-23，不同催化剂对焦油污泥热解液相收率的影响见图 8-20。

表 8-23 催化剂类型对热解反应液相收率的影响

催化剂名称	泥量/g	催化剂量/g	油重/g	焦化固体产物/g	产气量/g	液相收率/%
对照(空白)	85.8502	0	13.2829	52.4868	8.6213	59.39
催化剂 A	86.8037	3.9059	17.4756	57.0161	5.4394	73.98
催化剂 B	88.8954	4.0112	16.6540	59.6308	4.8686	71.92
催化剂 C	78.4135	3.5277	14.1395	51.4362	3.9136	69.22
催化剂 D	90.6847	4.0277	15.4895	62.6233	3.2683	68.50
催化剂 E	83.6139	3.7742	15.7305	55.3121	6.7012	72.22

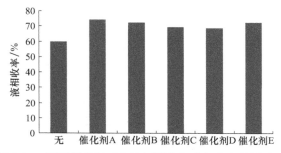

图 8-20 不同催化剂对焦油污泥热解液相收率的影响图

由表 8-23 和图 8-20 可见，热解反应时，加入催化剂比无催化剂时液相收率要高，说明催化剂对焦油污泥热解反应有一定的催化效果。催化剂 A、催化剂 B、催化剂 D 和催化剂 E 的价格均在 2 万元/t 以上，而催化剂 C 的价格在 1500 元/t 左右，催化剂 C 的液相收率与其他催化剂相差不大，从经济方面考虑，采用催化剂 C 是经济可行的。

⑤ 不同氮气量对液相收率的影响。实验反应条件为反应时间 75min，采用催化剂 C，催化剂投加量 4.5%，反应温度 490℃，试验不同氮气量 70mL/min、90mL/min、110mL/min 对热解液相收率的影响，实验数据见表 8-24。

表 8-24 不同氮气量对液相收率的影响

实验号	氮气量/(mL/min)	泥量/g	催化剂量/g	油重/g	热解固体产物/g	产气量/g	液相收率/%
单 6#′(1)	70	85.8101	3.8651	12.9525	70.4471	4.1879	66.58
单 6#′(2)	90	81.2872	3.6651	13.8315	62.8274	5.9758	75.06
单 6#′(3)	110	77.6414	3.4955	11.3480	63.7124	4.2824	64.47

由表 8-24 可看出，当吹扫氮气量为 90mL/min 时，反应液相收率最高，故反应选取氮气量为 90mL/min。

8.4.1.5 热解固体产物的分析

(1) 热解固体产物含油量

热解固体产物的含油量也是实验考察的一个指标，用含油率指标衡量。热解固体产物的含油量反映了热解反应进行的最终程度。试验对某联合站沉降罐底泥样品进行正交实验得到的热解固体产物进行了含油率的分析，所得数据见表 8-25。

表 8-25　热解固体产物含油率的测定数据

热解固体产物名称	m_1	m_2	m_3	m_4	含油率/%
7#(1)	156.7958	161.2225	69.5896	69.5921	0.0565
7#(2)	113.278	116.5132	74.5383	74.5448	0.2009
7#(3)	169.1878	175.7834	71.1235	71.1568	0.5049
7#(4)	113.4403	121.2826	35.8692	35.8801	0.1390
7#(5)	174.3294	180.2777	71.2171	71.2305	0.2253
7#(6)	120.7035	124.0439	74.6661	74.6689	0.0838
7#(7)	169.2851	174.1414	69.6835	69.7067	0.4777
7#(8)	92.3688	99.4076	35.9212	35.9314	0.1449
7#(9)	169.2778	173.9342	51.7185	51.7259	0.1589

由表 8-25 可见，热解固体产物的含油率差别较大，最小的仅为 0.0565%，最大的有
0.5049%。热解固体产物含油率整体上是理想的，焦渣的含油率较低，说明反应进行得比较
完全，含油污泥中的油成分基本上被分离出。反应后绝大部分热解固体产物中矿物油含量
＜0.3%，低于《农用污泥污染物控制标准》（GB 4284—2018）。

(2) 液相回收油品组分的分析

以某联合站污泥池混合油泥正交实验得到的油为例，进行克氏蒸馏，得到数据见
表 8-26。

表 8-26　蒸馏实验数据表

实验号	原油重/g	汽油重/g	汽油质量分数/%	柴油重/g	柴油质量分数/%	蜡油重/g	蜡油质量分数/%
6#(1)	14.0927	3.8484	27.31	3.7838	26.85	6.4605	45.84
6#(2)	13.0577	3.2734	25.07	4.4131	33.80	5.3712	41.13
6#(3)	13.4732	3.0839	22.89	3.2022	23.77	7.1871	53.34
6#(4)	14.0009	2.7053	19.32	5.4206	38.72	5.875	41.96
6#(5)	13.6472	3.6799	26.96	4.5955	33.67	5.3718	39.36
6#(6)	15.4564	2.3353	15.11	5.559	35.97	7.5621	48.93
6#(7)	12.9753	4.0159	30.95	5.7237	44.11	3.2357	24.94
6#(8)	13.2268	3.0029	22.70	5.9169	44.73	4.307	32.56
6#(9)	16.9853	3.0705	18.08	6.3535	37.41	7.5613	44.52

注：常压下 IBP～200℃的馏分为汽油馏分，200～350℃的馏分为柴油馏分，＞350℃的馏分为蜡油馏分。减压蒸馏
真空度为−0.09MPa 时，0～90℃的馏分为水及汽油，90～150℃之间的馏分为柴油，150℃以上的馏分为蜡油及渣油。

如表 8-26 所列，回收油中汽油馏分的平均含量大约为 25%，柴油馏分的平均含量大约
为 35%，蜡油及渣油馏分的平均含量大约为 40%。所以产品质量较好，可以作为进一步深
加工原料。

(3) 焦炭分析

① 重金属含量测定。对某联合站沉降罐底泥和沉砂池混合油泥及在无催化剂条件下含
油污泥的热解固体产物中重金属含量测试结果见表 8-27。

表 8-27　油泥及重金属含量测定表　　　　　　　　单位：μg/g

项目	Ni	Cu	Pb	Cd	Zn	Cr
油泥	22.0	16.2	23.0	＜0.05	46	64.6
焦炭	73.8	47.2	112	＜0.05	168	148

续表

项目		Ni	Cu	Pb	Cd	Zn	Cr
《农用污泥污染物控制标准》最高容许含量	在酸性土壤上（pH＜6.5）	100	250	300	5	500	600
	在中性和碱性土壤上（pH≥6.5）	200	500	1000	20	1000	1000

从监测结果看，含油污泥和热解固体产物中的重金属含量均不超过《农用污泥污染物控制标准》（GB 4284—2018）最高容许含量。

对某联合站混合油泥反应后热解固体产物结焦情况进行了测定，扫描电镜照片见图 8-21。

② 焦炭全分析。对某联合污泥池油泥样品反应后的焦炭进行焦炭全分析检测，其检测结果见表 8-28。

由表 8-28 可见，热解反应后生成的焦炭，热值仅为 0.69MJ/kg。所以生成的焦炭不适合于作燃料，可直接外排或作建筑材料或铺路。

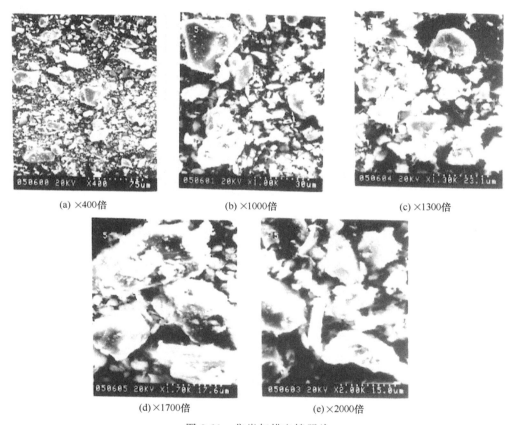

(a) ×400倍 (b) ×1000倍 (c) ×1300倍

(d) ×1700倍 (e) ×2000倍

图 8-21 焦炭扫描电镜照片

表 8-28 焦炭全分析检测结果

名称	监测值
空气干燥基水分 M_{ad}/%	0.41
空气干燥基挥发分 V_{ad}/%	4.90
空气干燥基灰分 A_{ad}/%	92.70
空气干燥基全硫 $S_{t,ad}$/%	0.25
空气干燥基高位发热量 $Q_{gr,ad}$/(MJ/kg)	0.69

③ 热解尾气中硫化物含量分析。反应油泥量为 80g，用 2% 的 NaOH 溶液对反应后的尾气进行吸收，并将吸收后尾气通入 $CrSO_4$ 溶液中，检测硫化物是否吸收完全，吸收完全后，用银氨电位滴定，测定尾气中硫化物的含量。计算得反应后硫化物含量为：总 $S^{2-} = 9.081 \times 10^{-3}$ mol。

8.4.2　含油污泥现场小型热解试验

8.4.2.1　热解处理现场试验工艺

在大量实验室试验的基础上，提出现场小型试验工艺流程，见图 8-22。

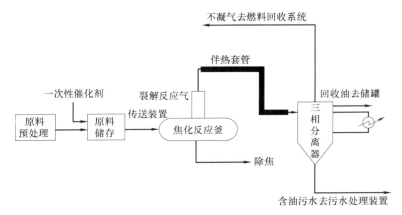

图 8-22　热解法处理含油污泥工艺流程

含油污泥经过预处理脱水后除去较大机械杂质，利用传输设备与一次性催化剂掺混后送入已经预热（合理的进料温度有利于缩短反应时间，提高液收率，同时便于操作）的热解反应器，反应温度控制在 490℃，反应时间为 75min。热解反应器通过伴热管线（避免重组分在管中凝固，伴热温度>350℃）进入三相分离器；三相分离器由循环水控制降温（100℃），分离器上部分相组分送入燃料系统回收利用；底部含油污水送入排水处理系统，回收油送入储罐储存。

8.4.2.2　现场热解试验

在室内实验研究的基础上，设计了单次处理能力为 1kg 的小型中试热解实验装置，为现场中试装置的设计和加工直接提供更为合理、具体的技术参数。

(1) 实验装置设计

根据室内小试实验的反应条件和工艺操作参数，设计了单次处理量为 1kg 的小型中试装置。装置加工材质仍采用不锈钢，整个装置分为加热炉及反应单元、油气冷凝单元、液相产品收集单元和尾气处理单元四部分。各部分组成见表 8-29。

表 8-29　含油污泥热解小型中试装置主要组成

单元名称	组成部件
加热炉及反应单元	燃烧器、加热炉、烟囱、反应釜、U 形管水压差计等
油气冷凝单元	水冷套管
液相产品收集单元	油品收集器、油水分离分液漏斗、破沫器
尾气处理单元	采用 NaOH 吸收尾气中的酸性气体

含油污泥热解小型中试装置与室内实验装置不同的是：

① 加热方式采用天然气明火直接加热，这样能够更真实地模拟现场装置。

② 油气冷却方式采用水冷的冷却方式，水冷较空冷的冷却效果好。

含油污泥热解小型中试实验装置见图 8-23，装置实物见图 8-24。

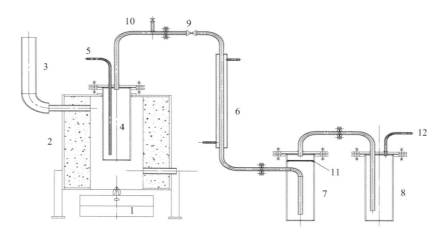

图 8-23　含油污泥热解小型中试实验装置

1—燃烧器；2—加热炉；3—烟囱；4—反应釜；5—载气进口；6—水冷却器；
7—液相收集器；8—尾气吸收装置；9—法兰；10—阀门；11—破沫器；12—尾气出口

图 8-24　含油污泥热解小型中试装置实物

(2) 实验方法与步骤

① 用减量法称取含油污泥 1kg 装入反应釜内，加入相应百分比一次性添加剂，搅拌混合均匀，装好密封垫片，将反应釜螺钉固定紧，关好阀门，检查装置气密性。

② 连接实验装置，打开 N_2 阀门通入 N_2，控制 N_2 流量剂流量；打开冷却水阀门，通入冷却水。

③ 打开加热炉，注意调节天然气量。控制反应釜内温度为 $102 \sim 105℃$，脱除含油污泥中的水分，加热时间在 1h 左右；适当加大火焰，若反应釜内温度升高较快，继续加大火焰，使反应温度迅速升温至 $485℃$，进行反应，记录反应时间。

④ 反应完毕后，关闭天然气阀门，关闭冷却水阀门，待反应釜冷却至 $100℃$ 左右时，打

开阀门，1min 后再关闭 N$_2$ 阀门（为了防止反应釜冷却后釜内压力降低，NaOH 尾气吸收液倒吸回油品器内），称量收集液相产品质量。

⑤ 将反应釜卸开，将焦渣从反应釜内取出称重；将液相产品移至分液漏斗中，静置约 30min 进行油水分离，称量分离油品。

（3）实验结果

① 热解反应温度-压力关系。含油污泥热解实验包括预处理脱水阶段和热解反应两部分，对炉膛温度、反应釜内温度和釜内压力进行监测，实验数据见图 8-25。

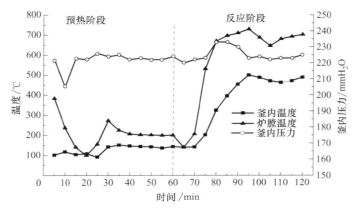

图 8-25　小型中试反应釜内温度-压力随时间变化曲线

如图 8-25 所示，预处理阶段反应釜内温度主要控制在 105℃ 左右，炉膛内温度初始升温较快，通过调节，基本控制在 200℃ 左右，反应釜内压力基本维持不变。反应开始后，反应原料升温需要 30min 左右，反应釜内压力先增加，后趋于稳定，主要是由于含油污泥中部分原油裂解，使釜内压力增加，整个反应过程中，反应釜内压力基本保持在 225mmH$_2$O（1mmH$_2$O＝9.80665Pa，下同）。

② 反应温度对热解反应的影响。反应条件为：反应时间 75min，催化剂投加量 4.0%（质量分数），反应温度 450℃、460℃、470℃、480℃、490℃、500℃、510℃、520℃、530℃，吹扫氮气量为 40L/h。实验结果见表 8-30 和图 8-26。

表 8-30　反应温度对含油污泥热解实验影响数据表

序号	反应温度/℃	催化剂投加量/%	反应时间/min	油回收率/%	产气量/g	生成焦渣量/g	热解固体产物含油率/%
1	450	4.0	75	67.18	39	45	0.446
2	460	4.0	75	65.51	42	46	0.650
3	470	4.0	75	63.56	55	39	0.597
4	480	4.0	75	64.36	51	41	0.485
5	490	4.0	75	76.43	29	32	0.210
6	500	4.0	75	82.46	11	34	0.201
7	510	4.0	75	81.26	14	34	0.107
8	520	4.0	75	80.45	18	32	0.095
9	530	4.0	75	70.80	24	41	0.092

由表 8-30 和图 8-26 可见，当温度在 490℃ 以上时，热解固体中含油率＜0.3%，随着反应温度的增加，液相油品收率先增加后减小，反应温度 500℃ 时液相油品回收率最大，且此

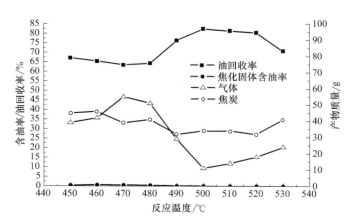

图 8-26　温度对含油污泥热解影响曲线

时焦渣和不凝气体生成量较小。该温度较室内小试实验 485℃ 要高，其原因可能为小型中试反应釜内径较大，受整个反应釜传热的影响，反应温度较小试时要高。

③ 反应时间对热解反应的影响。反应条件为：反应温度 500℃，催化剂投加量 4.0%（质量分数），吹扫氮气量为 40L/h，反应时间分别为 30min、40min、50min、60min、70min、80min、90min、100min、110min、120min。实验结果见表 8-31 和图 8-27。

表 8-31　反应时间对含油污泥热解实验影响数据表

序号	反应时间 /min	反应温度 /℃	催化剂投加量 /%	油回收率 /%	产气量 /g	生成焦炭量 /g	热解固体产物含油率 /%
1	30	500	4.0	53.68	57	62	0.515
2	40	500	4.0	60.61	42	59	0.456
3	50	500	4.0	77.92	22	35	0.284
4	60	500	4.0	80.68	10	34	0.106
5	70	500	4.0	82.52	18	32	0.120
6	80	500	4.0	82.25	14	31	0.105
7	90	500	4.0	80.95	18	31	0.132
8	100	500	4.0	78.35	24	32	0.120
9	110	500	4.0	80.09	20	31	0.096
10	120	500	4.0	79.22	23	31	0.087

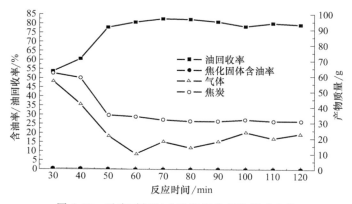

图 8-27　反应时间对含油污泥热解的影响曲线

由表 8-31 和图 8-27 可见，随着反应时间的增加，液相油品回收率增加，生成焦渣和不凝气的量减少，反应时间 70min 时液相油品收率最大，此时焦渣和不凝气生成量最少，与室内实验反应时间 75min 相比，反应时间基本一致。

④ 不同氮气量对含油污泥热解的影响。考察不同氮气量 0、20L/h、40L/h、80L/h 对含油污泥热解的影响，实验反应条件为反应温度 500℃，反应时间 70min，催化剂投加量（质量分数）4.0%，实验数据结果见表 8-32。

表 8-32　不同氮气量对含油污泥热解的影响

吹扫氮气量/(L/h)	0	20	40	80
液相油品回收率/%	72.15	76.56	80.06	78.47
生成焦炭量/g	66	47	31	29

由表 8-32 可见，当吹扫氮气量为 40L/h 时，反应液相收率最高，生成焦渣量也较少，故反应选取氮气量为 40L/h。

综上所述，含油污泥热解小型中试实验较佳的反应操作条件是：反应压力微正压 225mmH$_2$O 左右，反应温度 500℃，反应时间 70min，催化剂投加量 4.0%（质量分数），吹扫氮气量 40L/h。

⑤ 含油污泥热解处理效能。采用优化后的反应条件即反应温度 500℃，反应时间 70min，催化剂投加量 4.0%（质量分数），吹扫氮气量 40L/h。实验结果见表 8-33。由表 8-33 可知，未脱水的含油污泥进行热解反应，其油回收率在 70% 以上，而且热解固体含油率在 0.3% 以下，能够满足农用污泥含油量标准的要求，说明含油污泥热解小型中试装置能够达到处理要求。

表 8-33　含油污泥热解验证实验数据表

编号	含油率 /%	回收油质量 /g	油回收率 /%	热解固体含油率 /%
1#	9.78	75	76.48	0.209
2#	24.55	192	78.32	0.085
5#	21.81	165	75.48	0.136
6#	23.59	187	79.36	0.102
7#	25.65	212	82.64	0.086
8#	11.75	96	81.85	0.149
10#	17.27	139	80.34	0.212

通过含油污泥热解小型中试装置的实验结果验证了室内实验，反应条件与实验室内实验基本一致。说明小型中试装置实验是成功的，为下一步现场中试放大试验创造了条件。

8.4.3　含油污泥现场试验

8.4.3.1　含油污泥热解处理装置

根据室内现场试验结果，设计加工了最大处理量为 100kg/批次的污泥处理装置，装置设计上考虑的核心问题是污泥热解反应过程中受热的均匀性、耐高温材质的选择、反应器的密封性和反应器的恒温控制。由于装置本身体积很小，因此本次设计考虑进料和除渣均采用人工手动方式来进行。工业化生产中可以配备自动进料和除焦工艺，装置设计见图 8-28，主体设备规格为 2600mm×1500mm×1500mm。

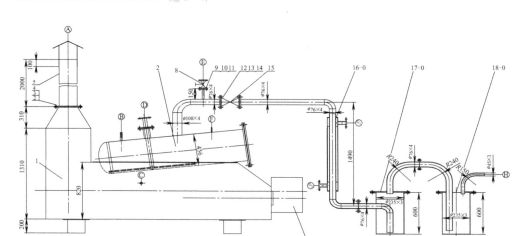

图 8-28　热解反应装置设计

1—加热炉；2—烟囱；3—反应器；4—天然气燃烧器；5—冷却器；

6—气液分离器；7—液相收集器；8—尾气吸收装置

　　装置组成主要包括加热炉、反应器、天然气燃烧器、冷却器、气液分离器、吸收罐及配套仪表，各组件规格与材质见表 8-34。

表 8-34　加热炉各主要组件材质与规格

序号	名称	材质与规格	数量
1	加热炉	Q235-A/304	1 台
2	反应器	0Cr18Ni9	1 台
3	冷却器	0Cr18Ni9	1 台
4	气液分离器	0Cr18Ni9	1 台
5	吸收罐	0Cr18Ni9	1 台
6	燃烧器		1 台
7	温度数字显示仪		2 台
8	热电偶(0～8000℃)	WRNK-332	1 根
9	热电偶(0～16000℃)	WRR-130	1 根

8.4.3.2　含油污泥热解处理的现场实验

(1) 现场实验参数的优化与运行

　　污泥热解处理的现场试验在大港某联合站进行，现场试验共分三个阶段进行：第一阶段，现场安装与调试运行；第二阶段，中试反应控制参数优化；第三阶段，热解装置的稳定运行。

　　1) 第一阶段：现场安装与调试运行

　　① 现场安装。设备运进某联合站后，首先进行加热炉、燃烧器、反应器、烟囱、冷凝管、气液分离罐和尾气吸收罐的连接与安装，然后进行水、电、气源管线的连接及氮气、天然气、压力计等计量仪表的安装，并对该设备进行整体保温施工作业。然后开始进行加热炉的预处理，预处理过程为燃烧器点火后分阶段逐渐升温至 200℃，并在该温度下对炉子烘烤 8h 左右，使炉膛内衬层老化。

　　② 调试运行。第一次运行先加少量的污泥约 54kg 进行试运行。根据室内试验结果，控制反应器温度为 500℃左右，反应时间为 70min。停止加热，待炉温冷却至 150℃以下后打

开进料盖，取出反应器内焦渣，取样检测焦渣中含油率为 10% 左右。

2）第二阶段：中试反应控制参数优化 以室内小试优化出来的参数为依据，采用某联合站污泥池沉积污泥（含水率在 10%～15%，含油率在 8%～18% 左右）分别进行了反应温度、反应时间、催化剂投加量与不同吹扫氮气方式（连续吹扫氮气和间断吹扫氮气）等主要参数的优化试验。实验过程中取样时发现，反应器内焦渣外观颜色在炉内不一致，主要表现在反应器进料口处局部焦渣颜色稍深于反应器中部和内部，因此现场分别取样进行含油量的检测。某联合站池底泥在不同反应条件下的试验结果见表 8-35。

表 8-35 不同设计参数条件下的现场试验结果

序号	参数设计					测试项目			
	温度 /℃	时间 /min	N₂ /(L/h)	吹扫方式	催化剂投加量 /%	液相回收率 /%	炉渣不同部位含油率/%		
							外	内	混合
不同反应温度和反应时间下的试验结果									
1	500	70	—		—	60.2	9.7	5.2	6.3
2	540	70	6.0	连续	4.5	65.6	8.6	4.5	5.8
3	540	120	6.0	连续	4.5	68.2	5.4	3.2	4.7
4	600	120	6.0	连续	4.5	70.8	0.45	0.28	0.36
5	600	150	6.0	连续	4.5	78.5	0.04	0.022	0.036
不同 N₂ 吹扫量和吹扫方式下的试验结果									
5′	600	150	6.0	连续	4.5	78.5	0.04	0.022	0.036
6	600	150	4.5	连续	4.5	75.6	0.04	0.011	0.032
7	600	150	3.0	连续	4.5	73.2	0.04	0.012	0.033
8	600	150	3.0	间断	4.5	75.2	0.041	0.015	0.035
9	600	150	3.0	间断	4.5	74.8	0.042	0.018	0.036
不同催化剂投加量下的试验结果									
9′	600	150	3.0	间断	4.5	74.8	0.042	0.018	0.036
10	600	150	3.0	间断	3	74.6	0.05	0.021	0.036
11	600	150	3.0	间断	2	74.5	0.046	0.021	0.038
12	600	150	3.0	间断	1.5	74.2	0.048	0.025	0.040
13	600	150	3.0	间断	1	73.8	0.082	0.04	0.075
14	600	150	3.0	间断	0	73.5	0.13	0.06	0.11
不吹氮气、不加催化剂条件下的试验结果									
15	600	150	—	—	2	73.1	0.16	0.028	0.12
16	600	150	—	—	—	73.5	0.21	0.026	0.18

表 8-35 中，"连续"指从反应升温到预定的反应温度开始到反应结束后的 0.5h 这一段时间内一直连续吹扫氮气，"间断"指反应升温到预定的反应温度后开始计算的 0.5h 内和反应结束后的半小时内吹扫氮气。

① 反应温度和反应时间的影响。不同参数对污泥处理结果的影响程度有所不同。当反应温度在 500℃，反应时间为 70min 时，处理后液相回收率和焦渣中含油量均不能达标；当温度升高到 540℃ 时，焦渣中含油量虽然有所下降，但仍不能达标，即使反应时间从 70min

延长到 120min 时，仍不能达标；当温度从 540℃ 升到 600℃，反应时间为 120min 时，液相回收率达到 70.8%，焦渣中含油量呈大幅下降的趋势，其中反应器外侧焦渣含油量为 0.45%，反应器内侧焦渣含油量为 0.28%，混合焦渣含油量为 0.36%；当反应温度为 600℃，反应时间达到 150min 时，液相回收率达到 78.5%，且混合焦渣的含油量下降到 0.04%。因此，反应温度和反应时间对污泥处理效果的影响十分明显。

现场试验的热解反应装置见图 8-29。

图 8-29　热解反应装置现场试验

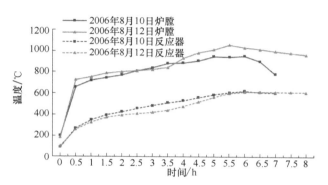

图 8-30　反应器升温曲线

现场加热所用气源为大港油田某油井套管伴生气，伴生气气压波动较大，伴生气热值为天然气热值的 60%~70%。气压在 0.06MPa 时加热炉和反应器的升温曲线见图 8-30。由表 8-35 可知，反应器升温到 600℃ 所用时间大约为 5.5h，如气压升高 0.08MPa，反应时间可缩短到 4~4.5h。

在确定了反应温度和反应时间两个主要参数后，进行了氮气吹扫量、氮气吹扫方式和催化剂投加量对热解反应效果的影响。

② N_2 吹扫量的影响。在反应温度为 600℃，连续吹扫方式条件下，N_2 吹扫量分别为 6.0m^3、4.5m^3、3.0m^3 时，污泥中液相回收率为 73.2%~78.5%，混合焦渣的含油量为 0.032%~0.036%，说明 N_2 吹扫量对滤渣中含油量的影响不明显，而对液相收率有一定的影响，但均能满足大于 70% 这一指标要求。因此，N_2 吹扫量不是反应的主要控制因素。

③ N_2 吹扫方式的影响。当 N_2 吹扫方式由连续变为间断时，液相回收率略有上升，炉渣中含油量基本保持稳定。因此，N_2 吹扫方式对试验效果影响不大。

④ 催化剂投加量的影响。现场试验过程中当催化剂投加量从 4.5% 逐渐下降到 1.5% 时，液相回收率和焦渣中的含油量基本稳定，而当催化剂投加量从 1.5% 下降到 1% 再到 0% 时，含油量也相应从 0.04% 升高到 0.075% 再到 0.11%，但均能满足小于 0.3% 这一指标要求。

通过以上 4 个方面参数的优化试验可知，影响中试装置处理效果的因素按影响程度从高到低顺序依次为反应温度＞反应时间＞N_2 吹扫量和催化剂投加量。从现场试验结果看，对处理量为 100kg 的中试装置，热解反应最佳工艺控制参数为：反应温度 600℃，反应时间 150min，N_2 吹量 3m^3，吹扫方式为间断，催化剂投加量 1%~2%。

3）第三阶段：热解装置的稳定运行

本阶段采用该油田产泥量较多的四个站内不同性质的含油污泥，分别进行不同含水污泥的热解处理。由表 8-36 可见，四个站内不同区块油田污泥处理后残渣中污泥含油率为 0.011%～0.11%，均能达到 0.3% 的要求，液相回收率在 73.8%～78.2% 之间。均满足规定的 70% 这一指标的要求。站点 3 和站点 4 污泥热解处理后焦渣外观见图 8-31 和图 8-32。

通过以上试验数据可知，污泥中含水率对处理效果影响不大，但液相含量超过 75% 时，污泥整体呈流动状态，给污泥的运输和进料带来一定的不便。

表 8-36　不同污泥不同含水率的热解反应现场试验结果

序号	取样地点	泥量/kg	含水率/%	含油率/%	含油率＋含水率/%	液相回收率/%	混合焦渣含油率/%	耗气量
1	站点 1	84	64	10.5	74.5	78.2	0.011	
2		76	42	8	50	76.5	0.022	
3		74	27	16.2	43.2	76.8	0.013	
4	站点 2	83	60	12.4	72.4	75.4	0.032	
5		78	44.2	10.8	55	74.6	0.041	
6		82	18	22	40	74.2	0.055	60～75m³/批次
7	站点 3	73	40	15.5	55.5	75.3	0.046	
8		76	30	19.8	49.8	75.1	0.062	
9		68	60	8.2	68.2	74.3	0.054	
10	站点 4	72	50	12	62	73.8	0.061	
11		78	40	10.7	50.7	74.1	0.055	
12		94	8.5	22.5	41	73.9	0.011	

图 8-31　站点 3 油田含油污泥热解反应焦渣外观

图 8-32　站点 4 含油污泥热解反应焦渣外观

（2）回收液相组分的分析结果

取上述四个站点污泥热解反应后回收液相的混合样进行重金属含量、元素分析及液相组分分析，具体测试结果见表 8-37～表 8-39。

根据减压蒸馏试验结果，回收液相组分中汽油占 5.5%，柴油占 72.3%，渣油和蜡油占 23.3%，液相组分凝固点为 ＋3℃，回收液相产品性能较好。

表 8-37　回收油中重金属含量的分析结果

测试指标	锌	镍	铬	铜	铅	镉
含量/(mg/kg)	0.51	0.39	0.33	0.22	0.29	0.002

表 8-38　回收液相组分的元素分析结果　　　　　　　　　　单位：%

C	H	N	S
85.42	9.10	0.67	0.55

表 8-39　液相组分分析结果

温度/℃	188	202	222	238	249	258	269
蒸馏体积/mL	初馏点	5	10	15	20	25	30
体积分数/%	—	5.5	11.1	16.7	22.2	27.7	33.3
温度/℃	286	308	342	370	396	469	
蒸馏体积/mL	40	50	60	70	80	90	
体积分数/%	44.4	55.5	66.6	77.7	88.8	100	

(3) 焦渣分析

热解处理后焦渣外观颜色随取泥地点的不同而有所变化，但主要呈砖红色或黑色，残渣外观呈面状或疏松的小颗粒状。

取 4 个站点污泥反应后的焦渣，混合后进行了重金属含量和 C、H、N、S 等元素的分析，试验结果见表 8-40 和表 8-41。

表 8-40　重金属含量分析结果

序号	检测项目	最高容许含量/$(\mu g/g)$		检测结果/$(\mu g/g)$
		酸性土壤中 (pH<6.5)	在中性和碱性壤上 (pH≥6.5)	
1	隔(Cd)	5	20	0.18
2	铅(Pb)	300	1000	1.53
3	铬(Cr)	600	1000	49.5
4	铜(Cu)	250	500	19.6
5	锌(Zn)	500	1000	82.7
6	镍(Ni)	100	200	18.9
7	砷(As)	75	75	2.3
8	硼(B)	150	150	6.8
9	苯并[a]芘	3	3	0.2

由表 8-40 可见，残渣中重金属元素锌、镍、铬、铜、铅、镉的含量远小于《农用污泥污染物控制标准》（GB 4284—2018）中规定的含量范围。残渣中元素分析结果见表 8-41。

表 8-41　残渣中元素分析结果

测试项目	1	2	3	4
元素	C	H	N	S
测试结果/%	7.91	2.25	0.41	0.61

(4) 试验结论

中试装置的现场试验结果表明，对含油污泥采用热解处理从技术上来说是可行的，从经济上来说是合理的。对于大港油田不同区块污泥，热解处理后液相回收率完全可以达到 >70%，同时，热解固体产物含油率<0.3%，重金属含量低于《农用污泥污染物控制标准》的要求，主要指标满足合同规定的考核指标。通过 100kg/批次的现场试验可以得出以下结论：

① 影响中试装置处理效果的因素按影响程度从高到低的顺序依次为反应温度>反应时间>N_2 吹扫量和催化剂投加量。其中反应温度和反应时间是主要控制参数，N_2 吹扫量和催

化剂投加量为辅助控制参数。吹扫 N_2 可小幅提高液相回收率，若不考虑最大限度地提高液相回收率而只需满足 70% 这一指标，工业实施中可以考虑不吹扫氮气而适当延长热解反应时间；投加催化剂可小幅降低残渣中含油量，工业实施中可以尽量降低催化剂的添加量，以 1%～2% 为宜。

② 对处理量为 100kg 的中试装置热解反应最佳工艺控制参数为：反应温度 600℃，反应时间 150min，N_2 吹扫量 $3m^3$，吹扫方式为间断，催化剂投加量 1%～2%。现场中试与室内小试优化出来的最佳工艺控制参数存在一定差别，分析认为这主要是由于增大出气量后，污泥内部受热的均匀程度变差，工业实施中随处理规模的不同，热解反应的具体控制参数亦会有所差别，但差别不会很大。

③ 污泥中的含水量对污泥的处理效果基本上没有影响，但污泥中液相含量过高使污泥呈现流动状态，给污泥的运输和进料带来一定的不便，因此，通过污泥的预处理使污泥中液相含量控制在 75% 以下是比较合适的。

④ 热解反应处理后焦渣外观呈面状或疏松颗粒状，焦渣与反应器内壁的黏结力小，易于清理，不存在人工除焦困难的问题。

⑤ 回收液相组分中汽油占 5.5%，柴油占 72.2%，渣油和蜡油占 22.3%，液相组分凝固点为 3℃，回收液相产品性能较好，可作为燃料油直接使用或作为深加工原料。

8.5　新疆油田含油污泥热解试验

8.5.1　基本组成特征

试验物料共 5 种。分别取六九区清罐堆存的干化罐底泥、81 站污水深度处理站脱水堆存干化污泥，以及克拉玛依石化分公司润滑油精制的废白土、炼油污水处理的离心脱水污泥（湿污泥，含水率在 60% 以上）和其堆存干化污泥。

对现场制备储存备用样品进行取样，测定了污泥的含水率、含油率及残渣等指标。由表 8-42 可见，克拉玛依石化废白土含油率高达 27.5%；六九区罐底污泥和克拉玛依石化湿污泥含油率较低，在 10% 左右；81 站脱水污泥含油率最低仅为 6.4%。固废的来源不同，其基本物性有较大差异，并对热解油气水的产率有较大的影响。

表 8-42　样品的基本物性

样品名称	含油率/%	含水率/%	其他挥发物/%	残渣/%
六九区罐底污泥	12.0	5.5	6.8	75.7
81 站脱水污泥	6.4	12.1	13.8	67.7
克拉玛依石化废白土	27.5	1.4	11.1	60.0
克拉玛依石化湿污泥	7.9	64.0	20.3	7.8
克拉玛依石化干化污泥	17.0	11.5	28.5	43.0

8.5.2　室内热解处理效果

对五种中试样品做了室内测试。实验主要测取了在 600℃、反应 3h 条件下油气水产收率和残渣含油量。表 8-43 中的实验数据表明，五种中试样品均具有较好的油气产收率，其中产油率的高低基本与物料本身的含油量大小相一致，但有的较高，有的则略低于其含油率，克拉玛依石化废白土产油率最高，其达 31.3%，高于含油率近 4%；在热解过程中，六九区罐底污泥、81 站脱水污泥和克拉玛依石化废白土除本身含水外其合成水低于 3%，克拉玛依石化干化污泥则为 5.1%，而克拉玛依石化湿污泥则为 11%；5 种中试样品残渣含油量为 0.003%～0.009%，基本不含油。

表 8-43　5 种中试样品室内热解实验油气水产率及残渣含油量

样品名称	产油率/%	产气量/(m³/t)	产水率/%	残渣含油量/%
六九区罐底污泥	12.6	43	6.6	0.006
81 站脱水污泥	6.0	47	14	0.009
克拉玛依石化废白土	31.3	36	4.0	0.003
克拉玛依石化湿污泥	8.6	41	75	0.004
克拉玛依石化干化污泥	14.1	79	16.6	0.007

8.5.3　中试热解处理实验

8.5.3.1　热解处理工艺流程与装置

含油固废热解处理现场中试工艺流程见图 8-33。

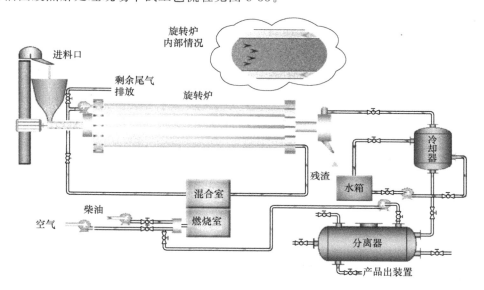

图 8-33　含油固废热解处理现场中试工艺流程

整个工艺装置如图 8-34 所示。试验装置处理油砂能力为 20t/d。试验主体设备为水平回转炉，自控连续运行。整体工艺装置由进料、传动、热解反应、热力、馏分排出、馏分冷凝分离、排渣和自控八个系统（设施）构成。

8.5.3.2　热解反应温度与停留时间

热解炉进料口温度为 200～250℃，最高反应温度控制为 450～500℃，物料在炉内的停留时间为 3～4h。

8.5.3.3　试验结果与分析

对五种中试评价样品现场热解处理的产油气水率进行了现场测试，对其剩余残渣的含油量进行了室内测定。表 8-44 中的实验数据表明，5 种中试样品均具有较好的油气产收率，产气率略高于室内评价结果，产油率为室内的 81.4%～95.8%，平均值为 86.6%，这表明

图 8-34　含油固废热解处理中试现场及装置

现场试验装置设备可行；在现场热解过程中，5 种中试样品的含水率高于室内评价结果，比室内的产水率高出 3%～6%，这可能与中试设备不如室内实验设备密闭有关；5 种中试样品残渣含油量为 0.3%～2.0%，远高于室内评价结果，除克拉玛依石化废白土渣的含油量与农用污泥含油量 0.3% 的指标相当外，其余均严重超标，这表明热解还不彻底，应延长反应时间或提高反应温度。

表 8-44　现场中试评价热解油气水产率及残渣含油量

样品名称	产油率/%	产气量/(m³/t)	产水率/%	残渣含油量/%
六九区罐底污泥	11	60	11	0.9
81 站脱水污泥	5	75	17	1.2
克拉玛依石化废白土	30	50	10	0.3
克拉玛依石化湿污泥	7	30	80	2.0
克拉玛依石化干化污泥	12	90	20	1.1

8.5.3.4　试验装置运行中暴露的问题

对用于油砂干馏处理的两种炉型进行了含油固废热解处理的现场试验，试验运行结果表明，立式炉基本不能用于含油固废热解处理，水平炉可用于含油固废热解处理。但水平炉在运行过程中，除设备的控制系统和机械传动系统运行正常外，其他多个系统存在与含油固废处理不配套、设计能力不够和技术待完善等问题。

水平炉用于含油固废热解处理现场试验暴露的主要问题如下。

1）进料系统　进料系统是针对油砂设计的，各种含油污泥进料困难，试验只能人工喂料，进料工艺有待重新设计。

2）馏分从热解炉中排出的排放系统。

① 馏分排放的整个管道系统易被灰尘堵塞，试验过程中清理工作频繁，需做改进。

② 在正常运行情况下，炼油脱水干化污泥进料量为 300kg/h 的馏分排放存在排出不畅问题。按照油砂馏分的产生量设计，对含油固废来说其排放管道设计排放能力不足，针对含油固废则需根据其馏分产生量做重新设计。

3）馏分冷凝系统　在正常运行情况下，炼油脱水干化污泥进料量为 300kg/h 的馏分排放时已存在冷凝液过热问题。针对馏分冷凝系统也需根据其馏分产生量做重新设计。

4）热解炉反应系统　现场试验热解残渣仍具有一定的含油量，高的达到了 2%；在试验正常运行时排出残渣有冒白烟现象，这表明物料热解反应不充分，有待进一步优化反应系统的运行工艺参数或反应系统的工艺结构。

5）热力系统。

① 对于高挥发馏分的含油固废热解处理，试验装置（设备）的供热能力不足，炼油脱水干化污泥进料量为 300kg/h 时，其炉内反应温度提升困难，针对高挥发馏分的含油固废热解处理设备的供热能力需做进一步的优化设计；

② 供热系统的热效率低，提高供热系统热效率也是改进工作的重点。

6）排渣系统　试验设备排渣系统简易，出渣温度高，粉尘易四处飞扬。对排渣系统需根据含油固废残渣粉尘含量高的特点进行设计。

参 考 文 献

[1] Mrayyan B, Battikhi M N. Biodegradation of total organic carbons (TOC) in Jordanian petroleum sludge [J]. Journal of Hazardous Materials, 2005, 120 (1): 127-134.

[2] 宫晖, 奚晓东, 夏宣. 乌石化炼油厂污泥处理技术现状 [J]. 石油化工环境保护, 2003, 26 (3): 38-41.

[3] 刘鲁珍, 屈撑囤, 杨英伟. 含油污泥资源化利用现状 [J]. 广州化工, 2015, 43 (3): 30-32.

[4] 阮宏伟, 王志刚, 白天. 含油污泥热解处理的试验与应用 [J]. 油气田环境保护, 2009, 19 (S1): 47-49.

[5] 王飞飞, 屈璇, 张欢, 等. 含油污泥处理现状及新的研究进展 [J]. 广州化工, 2018, 46 (1).

[6] 宋绍富, 魏强, 等. 含油污泥处理技术进展 [J]. 石油化工应用, 2015, 34 (11): 3-7.

[7] Hu G, Li J, Zeng G. Recent development in the treatment of oily sludge from petroleum industry: A review [J]. Journal of Hazardous Materials, 2013, 261 (13): 470-490.

[8] 刘鲁珍. 含油污泥低温催化热解催化剂的合成与应用技术研究 [D]. 西安: 西安石油大学, 2016.

[9] 马蒸钊. 含油污泥回转窑热固载体热解特性研究 [D]. 大连: 大连理工大学, 2015.

[10] 潘志娟. 基于微波破乳和热解的含油污泥资源化处理研究 [D]. 杭州: 浙江大学, 2015.

[11] 王静静. 含油污泥热解动力学及传热传质特性研究 [D]. 青岛: 中国石油大学, 2013.

[12] 郑晓伟, 陈立平. 含油污泥处理技术研究进展与展望 [J]. 中国资源综合利用, 2008, 26 (1): 34-37.

[13] 吴小飞. 含油污泥固定床热解特性研究 [D]. 北京: 中国石油大学, 2016.

[14] Hosseini M S. In situ thermal desorption of polycyclic aromatic hydrocarbons from lampblack impacted soils using natural gas combustion [J]. Dissertations & Theses-Gradworks, 2006.

[15] Shie J L, Chang C Y, Lin J P, et al. Resources recovery of oil sludge by pyrolysis: Kinetics study [J]. Journal of Chemical Technology & Biotechnology, 2015, 75 (6): 443-450.

[16] Domínguez A, Menéndez J A, Inguanzo M, et al. Production of bio-fuels by high temperature pyrolysis of sewage sludge using conventional and microwave heating [J]. Bioresource Technology, 2006, 97 (10): 1185-1193.

[17] 于清航, 宋闯. 罐底含油污泥的热解动力学研究 [A]. 中国环境科学学会 (Chinese Society for Environmental Sciences). 2015 年中国环境科学学会学术年会论文集 [C]. 中国环境科学学会 (Chinese Society for Environmental Sciences): 中国环境科学学会, 2015: 7.

[18] 吴小飞. 含油污泥固定床热解特性研究 [D]. 北京: 中国石油大学, 2016.

[19] 谢磊. 含油污泥大物料量热重热解动力学研究 [D]. 大连: 大连理工大学, 2013.

[20] 刘鹏, 王万福, 岳勇, 等. 含油污泥热解工艺技术方案研究 [J]. 油气田环境保护, 2010, 20 (2): 10-13.

[21] 徐强. 污泥处理处置技术及装置 [J]. 北京: 化学工业出版社, 2003.

[22] Krebs, Geory. Sludge drying system with recycling exhaust air [J]. US, 1993: 55-71.

[23] 胡海杰, 李彦, 屈撑囤. 含油污泥热解技术的研究进展 [J]. 当代化工, 2003 (11): 133-135, 149.

[24] Motasemi F, Afzal M T. A review on the microwave-assisted pyrolysis technique [J]. Renewable & Sustainable Energy Reviews, 2013, 28 (8): 317-330.

[25] 张健, 雍兴跃, 祝威, 等. 深度干化含聚油泥的微波热解过程研究 [J]. 环境工程, 2010 (s1): 241-245.

[26] 王同华, 胡俊生, 夏莉, 等. 微波热解污泥及产物组成的分析 [J]. 沈阳建筑大学学报 (自然科学版), 2008, 24 (4): 662-666.

[27]　吴爽，王鑫. 微波裂解制生物油技术研究进展 [J]. 林产化学与工业，2012，32（5）：120-126.

[28]　Teixeira G，Antonio M，Goncalves A，et al. The combination of thermal analysis and supercritical extraction as a tool for the characterization of mixed deposits and sludges [J]. Journal of Petroleum Science & Engineering，2001，32（2）：249-255.

[29]　Saikia N，Sengupta P，Gogoi P K，et al. Kinetics of dehydroxylation of kaolin in presence of oil field effluent treatment plant sludge [J]. Applied Clay Science，2003，22（3）：93-102.

[30]　Choudhury D，Borah R C，Goswamee R L，et al. Non-isothermal thermogravimetric pyrolysis kinetics of waste petroleum refinery sludge by isoconversional approach [J]. Journal of Thermal Analysis & Calorimetry，2007，89（3）：965-970.

[31]　Wu R M，Lee D J，Chang C Y，et al. Fitting TGA data of oil sludge pyrolysis and oxidation by applying a model free approximation of the Arrhenius parameters [J]. Journal of Analytical & Applied Pyrolysis，2006，76（1）：132-137.

[32]　金浩，石丰，刘鹏，等. 含油污泥的干燥研究 [J]. 石油与天然气化工，2011，40（5）：522-526.

[33]　陈爽，刘会娥，郭庆杰. 含油污泥热解特性和动力学研究 [J]. 石油炼制与化工，2007，38（7）：50-53.

[34]　高敏杰，林青山，娄红春，等. 炼化厂含油污泥的理化特性分析及动力学研究 [J]. 淮阴工学院学报，2018（1）：36-40.

[35]　鲁文涛，何品晶，邵立明，等. 轧钢含油污泥的热解与动力学分析 [J]. 中国环境科学，2017，37（3）：1024-1030.

[36]　Cheng S，Chang F，Feng Z，et al. Progress in thermal analysis studies on the pyrolysis process of oil sludge [J]. Thermochimica Acta，2018，663：S0040603118300066.

[37]　杨淑清，郑贤敏，王北福，等. 临港含油污泥的热解动力学分析 [J]. 化工学报，2015，66（s1）：319-325.

[38]　Ayen R J，Swanstrom C P. Low temperature thermal treatment for petroleum refinery waste sludges [J]. Environmental Progress & Sustainable Energy，2010，11（2）：127-133.

[39]　Samolada M C，Baldauf W，Vasalos I A. Production of a bio-gasoline by upgrading biomass flash pyrolysis liquids via hydrogen processing and catalytic cracking [J]. Fuel，1998，77（14）：1667-1675.

[40]　丘克强，吴倩，湛志华. 废弃电路板真空热解产物特性分析 [J]. 功能材料，2009，40（3）：515-518.

[41]　Benallal，Roy，Pakdel，et al. Characterization of pyrolytic light naphtha from vacuum pyrolysis of used tyres comparison with petroleum naphtha [J]. Fuel，1995，74（11）：1589-1594.

[42]　Mastral M A，Murillo R，Callen T Garcia，Evidence of coal and tire interaction in coal-tire coprocessing for short resi-dence times [J]. Fuel Processing Technology，2001，69（2）：127-140.

[43]　Avenell C S，Sainz-Diaz C I，Griffiths A J. Solid waste pyrolysis in a pilot-scale batch pyrolyser [J]. Fuel，1996，75（10）：1167-1174.

[44]　ming Y W，Huang S C，Cheng L S. Oxidative pyrolysis of mixed solid wastes by sand bed and free-board reaction in a fluidized bed [J]. Fuel，1997，76（2）：115-121.

[45]　Lee J M. Pyrolysis of waste tires with partial oxidation in a fluidized-bed reactor [J]. Energy，1995，20（10）：969-976.

[46]　Anderson L L，Callén M，Ding W，et al. Hydrocoprocessing of scrap automotive tires and coal. Analysis of oils from autoclave coprocessing [J]. Industrial & Engineering Chemistry Research，1997，36（36）：4763-4767.

[47]　Mastral A M，Mayoral M C，Murillo R. Evaluation of synergy in tire rubber-coal coprocessing [J]. Industrial & Engineering Chemistry Research，1998，37（9）：3545-3550.

[48] Gupta A K，Lilley D G．Thermal destruction of wastes and plastics [M]．John Wiley & Sons，Inc. 2005.

[49] 王万福，金浩，石丰，等．含油污泥热解技术 [J]．石油与天然气化工，2010，39（2）：173-177.

[50] 钟思青，童海颖，陈庆龄，等．轴向固定床反应器内构件的研究 [J]．石油化工，2004，33（6）：540-543.

[51] 张力峰，陈标华．苯与丙烯烷基化固定床反应器气液分布的研究 [J]．石油化工，2004，33（1）：61-64.

[52] Hyunju P，Hyeonsu H，Youngkwon P，et al．Clean bio-oil production from fast pyrolysis of sewage sludge：effects of reaction conditions and metal oxide catalysts [J]．Bioresour Technol，2010，101（1）：S83-S85.

[53] Chang C Y，Shie J L，Lin J P，et al．Major products obtained from the pyrolysis of oil sludge [J]．Energy Fuels，2000，14（6）：1176-1183.

[54] Heuer S R，Reynolds V R．Process for the recovery of oil from waste oil sludges：Steven R Heuer，Victor Reynolds [J]．Environment International，1991，18（1）：7.

[55] 贠小银，吕清刚，那永杰，等．循环流化床污泥焚烧一体化工艺的研究与应用 [J]．环境工程，2007，25（4）：56-58.

[56] Schmidt H，Kaminsky W．Pyrolysis of oil sludge in a fluidised bed reactor [J]．Chemosphere，2001，45（3）：285-290.

[57] 吴家强，马宏瑞，许光文，等．循环流化床热解油田采油污泥的实验研究 [J]．西安石油大学学报（自然科学版），2011，26（6）：88-92.

[58] 刘会娥，魏飞，金涌．气固循环流态化研究中常用的测试技术 [J]．化学反应工程与工艺，2001，17（2）：165-173.

[59] 陈爽，郭庆杰，王志奇，等．含油污泥热解动力学研究 [J]．中国石油大学学报（自然科学版），2007，31（4）：116-120.

[60] 马建录，杨传芳．污泥焚烧回转炉的运行控制 [J]．工业用水与废水，2003，34（1）：68-70.

[61] Fortuna F，Cornacchia G，mincarini M，et al．Pilot-scale experimental pyrolysis plant：Mechanical and operational aspects [J]．Journal of Analytical & Applied Pyrolysis，1997，s40-41（97）：403-417.

[62] Klose W，Wiest W．Experiments and mathematical modeling of maize pyrolysis in a rotary kiln [J]．Fuel，1999，78（1）：65-72.

[63] Yao Q，Chi Y，et al．Pilot-scale pyrolysis of scrap tires in a continuous rotary kiln reactor [J]．Industrial & Engineering Chemistry Research，2004，43（17）：5133-5145.

[64] Chao C，et al．Comparative experiments on recycling of oil sludge，oil shale and biomass waste in a continuous rotating pyrolysis reactor [J]．Carbon，2005，18（35，51）：46-51.

[65] 陈超，李水清，岳长涛，等．含油污泥回转式连续热解——质能平衡及产物分析 [J]．化工学报，2006，57（3）：650-657.

[66] 李静．杜229断块超稠油油藏剩余油分布研究 [D]．青岛：中国石油大学（华东），2009.

[67] 唐昊渊．含油污泥热处置资源化试验研究 [D]．杭州：浙江大学，2008.

[68] 巴玉鑫，王惠惠，吴小飞，等．热解装置对含油污泥热解产物的影响 [J]．油气田环境保护，2017，27（1）：18-20.

[69] 杨海军．含油污泥热裂解技术研究 [D]．青岛：中国石油大学，2008.

[70] Cypres R，et al．Thermogravimetric analysis of (co-) combustion of oily sludge and litchi peels：combustion characterization，interactions and kinetics [J]．Pyrolysis and Gasification C London：Elsevier Science Publ Co Inc，1989：209-216.

[71] Bridgwater A V，Peacocke G V C. Fast pyrolysis processes for biomass [J]. Renewable & Sustainable Energy Reviews，2000，4 (1)：1-73.

[72] And T J B，Block K. Municipal sludge-industrial sludge composite desulfurization adsorbents：Synergy enhancing the catalytic properties [J]. Environmental Science & Technology，2006，40 (10)：3378-3383.

[73] Bandosz T J，Block K A. Removal of hydrogen sulfide on composite sewage sludge-industrial sludge-based adsorbents [J]. Industrial & Engineering Chemistry Research，2006，45 (10)：3666-3672.

[74] Cornelissen T，Yperman J，Reggers G，et al. Flash co-pyrolysis of biomass with polylactic acid. Part 1：Influence on bio-oil yield and heating value [J]. Fuel，2008，87 (7)：1031-1041.

[75] And Y K，Ishihara Y，Kuroki T. Novel process for recycling waste plastics to fuel gas using a moving-bed reactor [J]. Energy Fuels，2014，20 (1)：155-158.

[76] 黄发荣. 高分子材料的循环利用 [M]. 上海化工，1998 (20)：27-31.

[77] Hu G，Li J，Zhang X，et al. Investigation of waste biomass co-pyrolysis with petroleum sludge using a response surface methodology [J]. Journal of Environmental Management，2017，192：234-242.

[78] 宋薇，刘建国，聂永丰. 含油污泥的热解特性研究 [J]. 燃料化学学报，2008，36 (3)：286-290.

[79] 赵海培，侯影飞，祝威. 热解含油污泥制备吸附剂及热解过程的优化 [J]. 环境工程学报，2012，6 (2)：627-632.

[80] 阚新东. 热解法处理含油污泥的若干技术问题 [J]. 石油合化工设备，2014 (9)：85-86.

[81] 杨鹏辉，魏君，屈撑囤. 高凝点含油污泥真空热解实验研究 [J]. 石油化工应用，2015，34 (6)：81-83.

[82] 周建军，吴春笃，赵朝成，等. 大港油田含油污泥热解处理实验研究 [J]. 环境污染与防治，2007，29 (10)：759-762.

[83] 刘鲁珍，李金灵，屈撑囤. $TiO_2/MCM-41$ 的制备及对含油污泥热解过程的影响 [J]. 环境工程学报，2016，10 (12)：7294-7298.

[84] 李彦，胡海杰，屈撑囤. 含油污泥催化热解影响因素研究及热解产物分析 [J]. 现代化工，2018，38 (1).

[85] 雍兴跃，王万福，张晓飞，等. 含油污泥资源化技术研究进展 [J]. 油气田环境保护，2010，20 (2)：43-45.

[86] 迪丽努尔·木拉提，屈撑囤. 含油污泥资源化利用技术的前景探讨 [J]. 广州化工，2013，41 (14)：3-5.

[87] 李琛，李浩飞. 含油污泥资源化利用研究现状 [J]. 炼油与化工，2011 (2)：4-6.

[88] Steger M T，Meibner W. Drying and low temperature conversion——A process combination to treat sewage sludge obtained from oil refineries [J]. Water Science & Technology，1996，34 (10)：133-139.

[89] Satchwell R M，Sethi V K，Johnson L A，et al. Field testing of the taborr (tank bottom recovery and remediation) process using the asphalt and dry bottoms configurations [J]. Office of Scientific & Technical Information Technical Reports，1997.

[90] 王庆莲. 大庆油田典型含油固废热解处理及资源化探讨 [D]. 大庆：大庆石油学院，2009.

[91] Menéndez J A，Domínguez A，Inguanzo M，et al. Microwave-induced drying, pyrolysis and gasification (MWDPG) of sewage sludge：Vitrification of the solid residue [J]. Journal of Analytical & Applied Pyrolysis，2005，74 (1)：406-412.

[92] 金保升，黄亚继，仲兆平. 双床交互循环式污泥热解制油方法：中国，13640321 [P]. 2008. 11. 19.

[93] Kuriakose A P，Manjooran S K B. Utilization of refinery sludge for lighter oils and industrial bitumen

[J]. Energy & Fuels，1994，8（3）：788-792.

[94] Godino R，Mcgrath M. Sludge dewatering destruction within delayed coking process：Assigned to Foster Wheeler USA Corporation，1991：11-21.

[95] 葛丹，赵晓非，张晓阳，等. 油田含油污泥的综合利用［J］. 化工科技，2016，24（3）：91-94.

[96] Cho K W，Park H S，Kim K H，et al. Estimation of the heating value of oily mill sludges from steel plant［J］. Fuel，1995，74（12）：1918-1921.

[97] Steven R. Process for the recovery of oil from waste oil sludges：USA. Feb，5th.

[98] Zhao X，Min W，Liu H，et al. A microwave reactor for characterization of pyrolyzed biomass［J］. Bioresour Technol，2012，104（1）：673-678.

[99] Hu Z，Ma X，Chen C. A study on experimental characteristic of microwave-assisted pyrolysis of microalgae［J］. Bioresource Technology，2012，107（none）：487-493.

[100] Ren S，Lei H，Lu W，et al. Biofuel production and kinetics analysis for microwave pyrolysis of Douglas fir sawdust pellet［J］. Journal of Analytical & Applied Pyrolysis，2012，94（6）：163-169.

[101] Omar R，et al. Characterization of empty fruit bunch for microwave-assisted pyrolysis［J］. Fuel，2011，90（4）：1536-1544.

[102] 王静静. 含油污泥热解动力学及传热传质特性研究［D］. 青岛：中国石油大学，2013.

[103] Oil sludge recycling by fluidized-bed pyrolysis［J］. energy conversion and recycling，1996，112（6）：271-272.

[104] Qin L，Han J，He X，et al. Recovery of energy and iron from oily sludge pyrolysis in a fluidized bed reactor［J］. Journal of Environmental Management，2015，154：177-182.

[105] Punnaruttanakun P，Meeyoo V，Kalambaheti C，et al. Pyrolysis of API separator sludge［J］. Journal of Analytical and Applied Pyrolysis，2003：68.

[106] 谢江浩，马蒸钊，郭兵，等. 油气田含油固废热解技术应用现状［J］. 现代化工，2018，38（9）：36-39.

[107] 斐斯分离解决方案——热相分离技术［EB/OL］. http：//www. goootech. com/solutions/detail/73023949. html.

[108] 李爱民，李水清. 有机垃圾在外热回转窑内热解的产物分析［J］. 自然科学进展：国家重点实验室通讯，1999（11）：1023-1031.

[109] Shie J L，Lin J P，Chang C Y，et al. Pyrolysis of oil sludge with additives of catalytic solid wastes［J］. Journal of Analytical & Applied Pyrolysis，2004，71（2）：695-707.

[110] Shie Je Lueng，Lin Jyh Ping，et al. Pyrolysis of oil sludge with additives of sodium and potassium compounds［J］. Resources Conservation & Recycling，2003，39（1）：51-64.

[111] 萨依绕，李慧敏，张燕萍，等. 新疆油田含油污泥处理技术研究与应用［J］. 油气田环境保护，2009，19（2）：11-13.

[112] 贺利民. 炼油厂废水处理污泥热解制油技术研究［J］. 湘潭大学自然科学学报，2001，23（2）：74-76.

[113] Crelier M M M，Dweck J. Water content of a Brazilian refinery oil sludge and its influence on pyrolysis enthalpy by thermal analysis［J］. Journal of Thermal Analysis & Calorimetry，2009，97（2）：551.

[114] 王万福，杜卫东，张剑. 一种污泥热解处理装置：中国，01652370［P］. 2008.3.11.

[115] 陈继华，马增益，马攀. 储运油泥热解机理研究［J］. 能源工程，2012（2）：60-65.

[116] 张欢，屈撑囤，黄保军，等. 含油污泥清洁燃烧实验研究［J］. 广西大学学报（自然科学版），2018，43，162（2）：385-392.

[117] 秦国顺，薛兴昌，衣怀峰，等. 含油污泥混煤热解动力学及气体产物分析［J］. 煤炭转化，2014，

37 (2)：16-20.

[118]　叶政钦，李金灵，李彦. 炼厂含油污泥低温热解研究 [J]. 石油化工应用，2016，35 (3)：123-126.

[119]　朱元宝，吴道洪，高金森，等. 含油污泥热解及热解油加氢精制研究 [J]. 石油炼制与化工，2017 (1)：46-49.

[120]　胡志勇. 塔河油田含油污泥低温热解研究 [J]. 油气田环境保护，2015，25 (3)：9-11.

[121]　李桂菊，秦璐璐，白丽萍. 罐底含油泥热解动力学参数计算方法的优选 [J]. 环境工程学报，2014，8 (4)：1657-1662.

[122]　朱冬立，金占鑫，李艳芳，等. 化学法处理含油污泥研究进展 [J]. 化学工程师，2015 (2)：36-39.

[123]　张巧灵，韩专，李志刚，等. 含油污泥催化焦化处理技术 [J]. 油气田地面工程，2008，27 (8)：92-92.

[124]　Ma Z，Gao N，Lei X，et al. Study of the fast pyrolysis of oilfield sludge with solid heat carrier in a rotary kiln for pyrolytic oil production [J]. Journal of Analytical & Applied Pyrolysis，2014，105 (5)：183-190.

[125]　Lin B，Huang Q，Ali M，et al. Continuous catalytic pyrolysis of oily sludge using U-shape reactor for producing saturates-enriched light oil [J]. Proceedings of the Combustion Institute，2019，37 (3)：3101-3108.

[126]　Hou Y，Qi S，You H，et al. The study on pyrolysis of oil-based drilling cuttings by microwave and electric heating [J]. Journal of Environmental Management.

[127]　何品晶，顾国维. 低温热化学转化污泥制油技术 [J]. 环境科学，1996 (5)：82-86.

[128]　王琼，严建华，池涌，等. 废轮胎热解炭的分析及其活化特性的研究 [J]. 燃料化学学报，2004，32 (3)：301-306.

[129]　闫大海，严建华，池涌，等. 废轮胎回转窑中试热解炭表面组分 XPS 分析 [J]. 燃料化学学报，2005，33 (4)：487-491.

[130]　李海英. 生物污泥热解资源化技术研究 [D]. 天津：天津大学，2006.

[131]　邵敬爱. 城市污水污泥热解试验与模型研究 [D]. 武汉：华中科技大学，2008.

[132]　戴先文，赵增立. 循环流化床内废轮胎的热解油化 [J]. 燃料化学学报，2000，28 (1)：71-75.

[133]　Dai X，Yin X，Wu C，et al. Pyrolysis of waste tires in a circulating fluidized-bed reactor [J]. Energy，2001，26 (4)：385-399.

[134]　刘阳生，白庆中，李迎霞，等. 废轮胎的热解及其产物分析 [J]. 环境科学，2000，21 (6)：85-88.

[135]　贾相如，金保升，李睿. 污水污泥在流化床中快速热解制油 [J]. 燃烧科学与技术，2009，15 (6)：528-534.

[136]　丁慧. 含油污泥微波热解工艺条件优化现场实验研究 [J]. 环境污染与防治，2013，35 (4)：81-85.

[137]　Wang Yuhua，Zhang Xiaomin，Pan Yuying，et al. Analysis of oil content in drying petroleum sludge of tank bottom [J]. International Journal of Hydrogen Energy，2017，42：18681-18684.

[138]　王万福，杜卫东，何银花. 含油污泥热解处理与利用研究 [J]. 石油规划设计，2008，19 (6)：24-27.

[139]　姜亦坚. 油田含油污泥连续化热解处理装置的研究 [J]. 化学工程师，2013，27 (6)：33-35.

[140]　Liu J，et al. Pyrolysis treatment of oil sludge and model-free kinetics analysis [J]. Journal of Hazardous Materials，2009，161 (2-3)：1208-1215.

[141]　Chiang H L，Lo J C，Tsai J H，et al. Pyrolysis kinetics and residue characteristics of petrochemical

industrial sludge [J]. Journal of the Air & Waste Management Association，2000，50（2）：272-277.

[142] 汤超，刘忠运，赵楠，等. 辽河油田含油污泥资源化利用的研究 [J]. 精细石油化工进展，2010，11（4）：52-53.

[143] 宋薇，刘建国，聂永丰. 含油污泥低温热解的影响因素及产物性质 [J]. 中国环境科学，2008，28（4）：340-344.

[144] 武伟男. 污水污泥热解技术研究进展 [J]. 环境保护与循环经济，2009，29（12）：50-52.

[145] Caballero J A，Front R，Marcilla A，et al. Characterization of sewage sludges by primary and secondary pyrolysis [J]. Journal of Analytical & Applied Pyrolysis，1997，40-41：433-450.

[146] Andres Fullana，Juan A Conesa，Rafael Font，et al. Pyrolysis of sewage sludge：Nitrogenated compounds and pretreatment effects [J]. Journal of Analytical & Applied Pyrolysis，2003，68：561-575.

[147] 周协鸿. 杏壳等生物质在含油污泥脱水及热解中作用的研究 [D]. 西安：西北大学，2016.

[148] 李金灵，屈撑囤，朱世东，等. 含油污泥热解残渣特性及其资源化利用研究概述 [J]. 材料导报，2018（1）：3023-3032.

[149] 吕全伟，林顺洪，柏继松，等. 热重-红外联用（TG-FTIR）分析含油污泥-废轮胎混合热解特性 [J]. 化工进展，2017，36（12）：4692-4699.

[150] 周雄，李伟，柏继松，等. N_2/CO_2 气氛下含油污泥热解特性实验研究 [J]. 热力发电，2016，45（10）：64-69.

[151] 祝威. 油田含油污泥热解产物分析及性能评价 [J]. 环境化学，2010，29（1）：127-131.

[152] González A M，Lora E E S，Palacio J C E，et al. Hydrogen production from oil sludge gasification/biomass mixtures and potential use in hydrotreatment processes [J]. International Journal of Hydrogen Energy，2018，43（16）.

[153] 姜深行. 含油污泥微波热转化工艺设计与试验 [D]. 北京：北京化工大学，2012.

[154] Saleh T A，Gupta V K. Chapter 10——Applications of nanomaterial-polymer membranes for oil and Gas Separation [J]. Nanomaterial & Polymer Membranes，2016.

[155] Seredych M，Bandosz T J. Sewage sludge as a single precursor for development of composite adsorbents/catalysts [J]. Chemical Engineering Journal，2007，128（1）：59-67.

[156] 张冠瑛. 热解油田污泥制备吸附材料的研究 [D]. 青岛：中国海洋大学，2010.

[157] 戴永胜，张贵才. 含油污泥制备含碳吸附剂工艺研究 [J]. 石油与天然气化工，2004，33（2）：137-139.

[158] 詹亚力，戚琳琳，郭绍辉，等. 剩余污泥热解及其残渣综合利用的研究进展 [J]. 化工进展，2009，28（2）：334-338.

[159] Xu W Y，Wu D. Comprehensive utilization of the pyrolysis products from sewage sludge [J]. Environmental Technology，2015，36（14）：1731-1744.

[160] Sutherland G. Preparation of activated carbonaceous materials or from sewage sludge and sulfuric acid：U S，US3998756A [P]. 1976.

[161] Lewis F M. Method of pyrolyzing sewage sludge to produce activated carbon：U S，US4122036 A [P]. 1978.

[162] Lu G Q. Preparation and evaluation of adsorbents from waste carbonaceous materials for SO_x and NO_x removal [J]. Environmental Progress，2010，15（1）：12-18.

[163] Tay J H，Chen X G，Jeyaseelan S，et al. A comparative study of anaerobically digested and undigested sewage sludges in preparation of activated carbons [J]. Chemosphere，2001，44（1）：53-57.

[164] Chen X，et al. Study of sewage sludge pyrolysis mechanism and mathematical modeling [J]. Jour-

nal of environmental engineering，2001，127（7）：585-593.

[165] 周传君，刘冰，张鹏飞. 热解含油污泥制备吸附材料浅析［J］. 油气田环境保护，2016，26（4）：29-30.

[166] 丛高鹏，施英乔，丁来保，等. 造纸污泥生物质资源化利用［J］. 生物质化学工程，2011，45（5）：37-45.

[167] 邓皓，王蓉沙，任雯. 含油污泥热解残渣吸附性能初探［J］. 油气田环境保护，2010，20（2）：1-3.

[168] Monsalvo V M，Mohedano A F，Rodriguez J J. Activated carbons from sewage sludge：Application to aqueous-phase adsorption of 4-chlorophenol［J］. Desalination，2011，277（1）：377-382.

[169] Pollock A，George B S，Fenton M，et al. A preliminary study of the preparation of porous carbon from oil sludge for water treatment by simple pyrolysis or KOH activation［J］. New Carbon Materials，2015，30（4）：310-318.

[170] Wang J，et al. Production and characterization of high quality activated carbon from oily sludge［J］. Fuel Processing Technology，2017，162：13-19.

[171] Méndez A，Gascó G. Optimization of water desalination using carbon-based adsorbents［J］. Desalination，2005，183（1）：249-255.

[172] Gascó G，Méndez A. Sorption of Ca^{2+}，Mg^{2+}，Na^+ and K^+ by clayminerals［J］. Desalination，2005，182（1）：333-338.

[173] Wang Y S，Wu C X，Zhang H T，et al. Research on oily sludge pyrolysis residue to the adsorption of biologically treated oil-field wastewater［J］. Advanced Materials Research，2011，393-395：1398-1404.

[174] 程爱华，罗词丽，陈柳. 污泥吸附剂脱色性能初探［J］. 西安科技大学学报，2009，29（6）：742-745.

[175] 方平，岑超平，陈定盛，等. 炭化污泥吸附剂对 Pb^{2+} 的吸附试验研究［J］. 工业用水与废水，2008，39（3）：37-40.

[176] 尹炳奎，朱石清，朱南文，等. 生物质活性炭的制备及其染料废水中的应用［J］. 环境污染与防治，2006，28（8）：608-611.

[177] 尹炳奎，朱石清，朱南文，等. 化学活化法制备生物质活性炭及其应用研究［J］. 中国给水排水，2006，22（15）：88-90.

[178] 张德见，魏先勋，曾光明，等. 基于非线性拟合的污泥衍生吸附剂对铅子等温吸附特性研究［J］. 离子交换与吸附，2004，20（1）：1-6.

[179] 任爱玲，王启山，贺君. 城市污水处理厂污泥制活性炭的研究［J］. 环境科学，2004（s1）：48-51.

[180] 胡艳军，郑小艳，严密，等. 湿污泥热解残渣微观孔隙结构及吸附性能［J］. 燃烧科学与技术，2016，22（2）：121-125.

[181] Jindarom C，Meeyoo V，Kitiyanan B，et al. Surface characterization and dye adsorptive capacities of char obtained from pyrolysis/gasification of sewage sludge［J］. Chemical Engineering Journal，2007，133（1）：239-246.

[182] Otero M，Rozada F，Calvo L F，et al. Elimination of organic water pollutants using adsorbents obtained from sewage sludge［J］. Dyes & Pigments，2003，57（1）：55-65.

[183] 余兰兰，钟秦. 石化污泥制备吸附剂及其脱硫机理研究［J］. 化学反应工程与工艺，2006，22（5）：457-462.

[184] 冯兰兰. 污泥吸附剂的制备及其脱除烟气中 SO_2 的研究［D］. 南京：南京理工大学，2005.

[185] Lau D D. Development of absorbent from waste materials for air pollution control［D］. Singapore：Nanyang Technological University，1994.

[186] Baggreev A，et al．Sewage sludge-derived materials as efficient adsorbents for removal of hydrogen sulfide [J]．Environmental Science & Technology，2001，35（7）：1537-1543.

[187] 侯影飞，张建，祝威，等．油田含油污泥热解制备烟气脱硫剂 [C]．全国环境化学大会，2009.

[188] Bashkova S，Bagreev A，Locke D C，et al．Adsorption of SO_2 on sewage sludge-derived materials [J]．Environmental Science & Technology，2001，35（15）：3263-3269.

[189] 胡华龙，韩梅，黄秉禾，等．利用石化污泥生产新型除油吸附剂的试验研究 [J]．交通环保，2001，22（4）：12-14.

[190] 赵海培，侯影飞，祝威，等．热解含油污泥制备吸附剂及热解过程的优化 [J]．环境工程学报，2012，6（2）：627-632.

[191] 杨帅强，王会．含油污泥来源及高温处理技术探讨 [J]．内江科技，2013，34（6）：179-179.

[192] 李金灵，刘鲁珍，屈思敏．污泥热解催化剂研究进展 [J]．材料导报，2016，30（3）：65-69.

[193] 陈超，李水清，岳长涛，等．含油污泥回转式连续热解——质能平衡及产物分析 [J]．化工学报，2006，57（3）：650-657.

[194] 刘龙茂，陈建林，李娣，等．城市生活污泥低温催化热解实验研究 [J]．环境科学与技术，2009，32（7）：156-159.

[195] 彭海军，李志光，夏兴良，等．污泥热解残渣催化市政破膜污泥的热解作用 [J]．环境化学，2014，33（3）：508-514.

[196] 张亚，金保昇，左武，等．污泥残炭对城市污泥催化热解制油影响的实验研究 [J]．东南大学学报（自然科学版），2014，44（3）：605-609.

[197] 刘思佳．含油污泥微波处理效果影响因素分析实验 [J]．辽宁化工，2011，40（4）：362-365.

[198] 林炳丞，等．含油污泥在 ZSM-5 沸石上催化热解产物特性 [J]．化工学报，2017.

[199] 张璇，王振波，王军．热解含油污泥制备活性炭负载纳米氧化铝 [J]．过滤与分离，2017，27（4）：15-20.

[200] 宋丹．含油污泥处理技术的研究 [J]．石油化工环境保护，2006，29（2）：39-42.

[201] 何银花，张明栋，王万福，等．污泥热解残渣制备聚合氯化铝的实验研究 [J]．油气田环境保护，2010，20（2）：14-17.

[202] 罗凯，陈汉平，王贤华，等．生物质焦及其特性 [J]．可再生能源，2007，25（1）：17-19.

[203] 张艳丽，肖波，胡智泉．污泥热解残渣水蒸气气化制取富氢燃气 [J]．可再生能源，2012（1）：67-71.

[204] 杨鹏辉，魏君，屈撑囤，等．延长油田含油污泥真空热解研究 [J]．环境工程，2015，33（10）：101-103.

[205] Shie J L，Chang C Y，Lin J P，et al．Use of inexpensive additives in pyrolysis of oil sludge [J]．Engergy & Fuels，2002，16（1）：102-108.

[206] Hwang I H，Matsuto T，Tanaka N，et al．Characterization of char derived from various types of solid wastes from the standpoint of fuel recovery and pretreatment before landfilling [J]．Waste Manag，2007，27（9）：1155-1166.

[207] Turovskiy I S，Mathai P K，Turovskiy I S，et al．Wastewater sludge processing [M]．Wiley Interscience，2006.

[208] Sahouli B，Blacher S，Brouers F，et al．Surface morphology of commercial carbon blacks and carbon blacks from pyrolysis of used tyres by small-angle X-ray scattering [J]．Carbon，1996，34（5）：633-637.

[209] Roy C，Darmstadt H，Benallal B，et al．Characterization of naphtha and carbon black obtained by vacuum pyrolysis of polyisoprene rubber [J]．Fuel Processing Technology，1997，50（1）：87-103.

[210] 胡彪，张晓雨，赵新，等．废旧橡胶制品资源化利用研究进展 [J]．材料导报，2014，28（3）：

75-79，87.

[211] 邓皓，王蓉沙，任雯，等. 含油污泥热解残渣中碳分离回收技术研究 [J]. 石油天然气学报，2013，35（7）：145-147.

[212] 李娣，陈建林. 污水污泥低温催化热解实验研究 [J]. 新疆环境保护，2008，30（4）：24-28.

[213] 王立璇. 含油污泥处理技术进展 [J]. 当代化工研究，2016（8）：104-105.

[214] 岳勇，刘鹏，王蓉沙，等. 油田含油污泥与芦苇共热解实验研究 [J]. 油田环境保护，2012，22（1）：7-9.

[215] 张岩，陈春宇，呼苏娟. 长庆油田超低渗透油藏含油污泥处理技术研究 [J]. 中国石油和化工标准与质量，2013（20）.

[216] Mansurov Z A，Ongarbaev E K，Tuleutaev B K. Contamination of soil by crude oil and drilling muds use of wastes by production of road construction materials [J]. Chemistry & Technology of Fuels & Oils, 2001，37（6）：441-443.

[217] Khanbilvardi R. Sludge ash fine aggregate for concrete mix [J]. Environment Engineering, 1995, 101（9）：635-638.

[218] Okuno N，Takahashi S. Full scale application of manufacturing bricks from sewage [J]. Water Science & Technology, 1997, 36（11）：243-250.

[219] 杨肖曦，李晓宇，程刚，等. 含油污泥与煤共热解特性的研究 [J]. 西安石油大学学报（自然科学版），2012，27（5）：82-85.

[220] 全翠，李爱民，高宁博，等. 采用热解方法回收油泥中原油 [J]. 石油学报（石油加工），2010，26（5）：742-746.

[221] Hossain A K，Ouadi，et al. Experimental investigation of performance，emission and combustion；characteristics of an indirect injection multi-cylinder CI engine；fuelled by blends of deinking sludge pyrolysis oil with biodiesel [J]. Fuel, 2013, 105（5）：135-142.

[222] Ju Z，Li J，Thring R，et al. Application of ultrasound and fenton's reaction process for the treatment of oily sludge [J]. Procedia Environmental Sciences, 2013, 18：686-693.

[223] Nazem M A，Tavakoli O. Bio-oil production from refinery oily sludge using hydrothermal liquefaction technology [J]. The Journal of Supercritical Fluids, 2017, 127：33-40.

[224] 栾明明. 湿式氧化法处理含油污泥研究 [D]. 大庆：东北石油大学，2012.

[225] 谢水祥，纪佳萱. 微波热解法处理油田作业含油污泥技术研究 [J]. 石油石化绿色低碳，2016，1（1）：48-54.

[226] 谢水祥，陈勉，蒋官澄，等. 含油污泥燃料化处理剂研制及其作用机理研究 [J]. 环境工程学报，2011，5（6）：1351-1357.

[227] 陈云华，郭健，解丽娟. 含油污泥固化与燃煤混烧的可行性 [J]. 油气田环境保护，2010，20（4）：33-34.

[228] 郭全. 含油污泥处理技术研究及装置设计 [D]. 成都：西南石油大学，2016.

[229] Marco Antonio ávila-Chávez，Rafael Eustaquio-Rincon，Joel Reza，et al. Extraction of hydrocarbons from crude oil tank bottom sludges using supercritical ethane [J]. Separation Science & Technology, 2007, 42（10）：2327-2345.

[230] 殷贤波. 国内外油田含油污泥处理技术 [J]. 油气田环境保护，2007，17（3）：52-55.

[231] Jacob S M Karsner G G，Tracy Iii WJ. Liquid sludge disposal process [J]. US, 1988.

[232] Bruce S，Jerry M，Bruce A，et al. PYROLYSIS APPARATUS. 2009.

[233] Akira S. Conversion of sewage sludge to heavy oil by direct thermochemical liquefaction [J]. Journal of Chemical Engineering of Japan, 1988, 12（3）：288-293.

[234] Roy C，Chaala A，Darmstadt H. The vacuum pyrolysis of used tires：End-uses for oil and carbon

black products [J]. Journal of Analytical & Applied Pyrolysis, 1999, 51 (1-2): 201-221.

[235] Williams E A, Williams P T. The pyrolysis of individual plastics and a plastic mixture in a fixed bed reactor [J]. Journal of Chemical Technology & Biotechnology Biotechnology, 2010, 70 (1): 9-20.

[236] Arazo R O, Genuino D A D, Luna M D G D, et al. Bio-oil production from dry sewage sludge by fast pyrolysis in an electrically-heated fluidized bed reactor [J]. Sustainable Environment Research, 2017, 27 (1): 7-14.

[237] Cheng S, Wang Y, Gao N, et al. Pyrolysis of oil sludge with oil sludge ash additive employing a stirred tank reactor [J]. Journal of Analytical & Applied Pyrolysis, 2016, 120 (Complete): 511-520.

[238] Il P S, Been K S. Recycling System for Recycling the Energy using the Waste: Korea. 2016. 07. 29.

[239] Tartakovsky I. Waste treatment system [P]. 2017.

[240] Shen L, Zhang D K. An experimental study of oil recovery from sewage sludge by low-temperature pyrolysis in a fluidised-bed [J]. Fuel, 2003, 82 (4): 465-472.

[241] Alvarez J, Lopez G, Amutio M, et al. Characterization of the bio-oil obtained by fast pyrolysis of sewage sludge in a conical spouted bed reactor [J]. Fuel Processing Technology, 2016, 149: 169-175.

[242] Amutio M, Lopez G, Artetxe M, et al. Influence of temperature on biomass pyrolysis in a conical spouted bed reactor [J]. Resources Conservation & Recycling, 2012, 59 (2): 23-31.

[243] Alvarez J, Lopez G, Amutio M, et al. Bio-oil production from rice husk fast pyrolysis in a conical spouted bed reactor [J]. Fuel, 2014, 128 (28): 162-169.

[244] Alvarez J, Amutio M, Lopez G, et al. Sewage sludge valorization by flash pyrolysis in a conical spouted bed reactor [J]. Chemical Engineering Journal, 2015, 273: 173-183.

[245] Conesa J A, Moltó J, Ariza J, et al. Study of the thermal decomposition of petrochemical sludge in a pilot plant reactor [J]. Journal of Analytical & Applied Pyrolysis, 2014, 107 (5): 101-106.

[246] biogreen-energy [EB/OL]. http://www. biogreen-energy. com/.

[247] Otero M, DiEz C, Calvo L F, et al. Analysis of the co-combustion of sewage sludge and coal by TG-MS [J]. Biomass & Bioenergy, 2002, 22 (4): 319-329.

[248] 王君, 刘天璐, 黄群星, 等. 储运含油污泥慢速热解特性分析 [J]. 化工学报, 2017, 68 (3): 1138-1145.

[249] Zhou L, Jiang X, Liu J. Characteristics of oily sludge combustion in circulating fluidized beds [J]. J Hazard Mater. 2009, 170 (1): 175-9.

[250] Liu J G, Jiang X M, Han X X. Devolatilization of oil sludge in a lab-scale bubbling fluidized bed. [J]. Journal of Hazardous Materials, 2011, 185 (2-3): 1205-1213.

[251] Fan H, Hua Z, Jie W. Pyrolysis of municipal sewage sludges in a slowly heating and gas sweeping fixed-bed reactor [J]. Energy Conversion & Management, 2014, 88: 1151-1158.

[252] Gao N, Wang X, Cui Q, et al. Study of oily sludge pyrolysis combined with fine particle removal using a ceramic membrane in a fixed-bed reactor [J]. Chemical Engineering and Processing-Process Intensification, 2018, 128: S0255270117313521.

[253] Wang Y P, Zeng Z H, Tian X J, et al. Production of bio-oil from agricultural waste by using a continuous fast microwave pyrolysis system. [J]. Bioresource Technology, 2018, 269: 1-34.

[254] 罗士平, 周国平, 张齐. 油田含油污泥处理工艺条件的研究 [J]. 常州大学学报 (自然科学版), 2003, 15 (1): 24-26.

[255] Kingtiger 公司 [EB/OL]. https://kingtigergroup. com/oil-sludge-treatment-plant/.

[256] Beston 公司 [EB/OL]. https：//tyrepyrolysisplants. net/oil-sludge-pyrolysis-plant. html.

[257] Henan Doing 公司 [EB/OL]. http：//www. continuouspyrolysisplant. com/continuous _ oil _ sludge _ pyrolysis _ plant/.

[258] YONGLE GROUP 公司 [EB/OL]. http：//yonglegroup. net/oil/.

[259] Lin Q，Chen G，Liu Y. Scale-up of microwave heating process for the production of bio-oil from sewage sludge [J]. Journal of Analytical & Applied Pyrolysis，2012，94：114-119.

[260] HUAYIN 公司 [EB/OL]. http：//www. huayinenergy. com/products/Oil _ Based _ Mud _ Refining _ Equipment/.

[261] JINPENG 公司 [EB/OL]. http：//www. pyrolysis-machine. com/domestic _ detail/productId＝140. html.

[262] 台湾 RESEM 公司 [EB/OL]. http：//pyrolysisplant. net/aboutus. html.

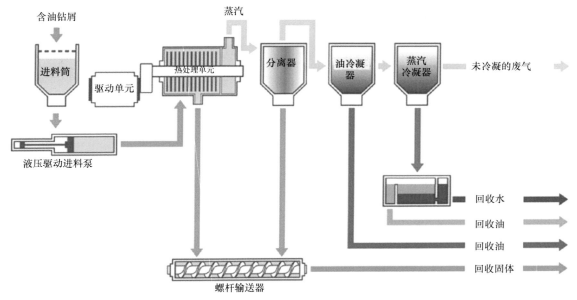

图 1-12　TCC 工艺流程

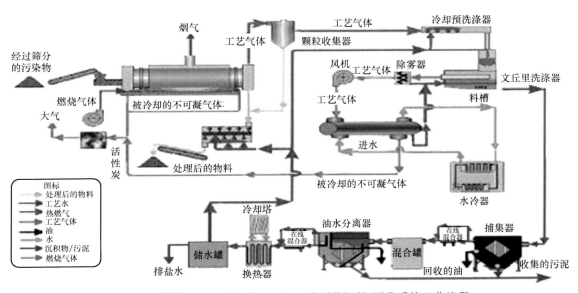

图 1-13　美国 RLC Technologies Inc. 公司热解析/回收系统工艺流程

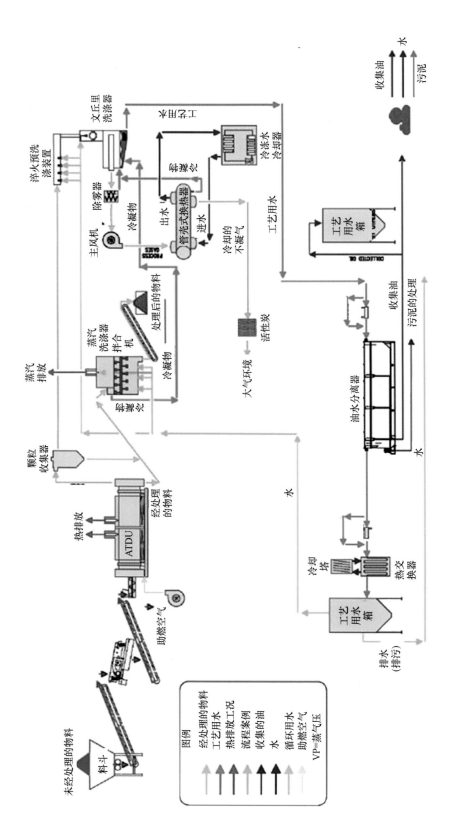

图 3-6 RLC 公司热解炉工艺流程

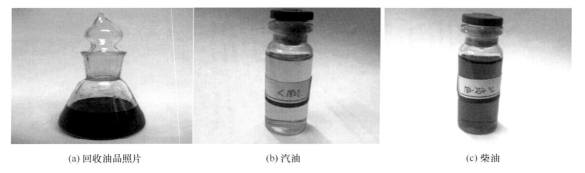

(a) 回收油品照片   (b) 汽油   (c) 柴油

图 3-37   油品中分离出汽油、柴油的外观特征

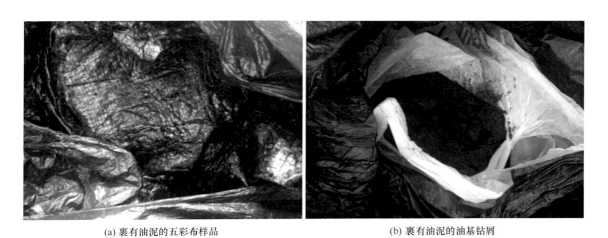

(a) 裹有油泥的五彩布样品   (b) 裹有油泥的油基钻屑

图 5-3   裹有油泥的五彩布样品及油基钻屑实拍照片

(a) 200℃   (b) 300℃   (c) 400℃   (d) 500℃   (e) 600℃

图 5-4   含油污泥样品在不同焙烧温度下焙烧的实拍照片

(a) 20min   (b) 40min   (c) 60min   (d) 80min   (e) 100min

图 5-5   含油污泥样品在 400℃下焙烧不同时间的实拍照片

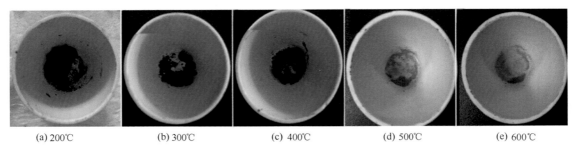

(a) 200℃   (b) 300℃   (c) 400℃   (d) 500℃   (e) 600℃

图 5-6   油基钻屑样品在不同焙烧温度下焙烧的实拍照片

(a) 20min   (b) 40min   (c) 60min   (d) 80min   (e) 100min

图 5-7   油基钻屑样品在 400℃下焙烧不同时间的实拍照片

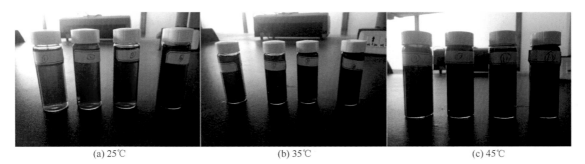

(a) 25℃   (b) 35℃   (c) 45℃

图 5-8   含油污泥萃取情况实拍图

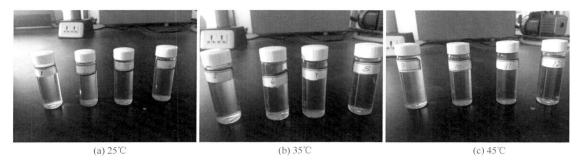

(a) 25℃   (b) 35℃   (c) 45℃

图 5-9　油基钻屑萃取情况实拍图

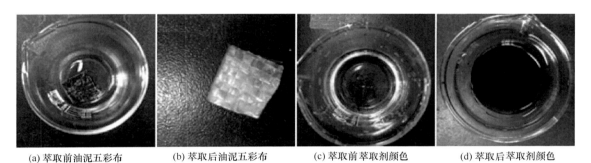

(a) 萃取前油泥五彩布　　　(b) 萃取后油泥五彩布　　　(c) 萃取前萃取剂颜色　　　(d) 萃取后萃取剂颜色

图 5-26　油泥五彩布萃取前后对比图

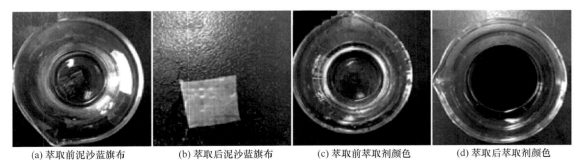

(a) 萃取前泥沙蓝旗布　　　(b) 萃取后泥沙蓝旗布　　　(c) 萃取前萃取剂颜色　　　(d) 萃取后萃取剂颜色

图 5-27　泥沙蓝旗布萃取前后对比图

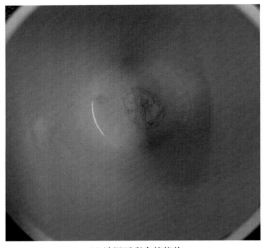
(a) 油泥五彩布焙烧物

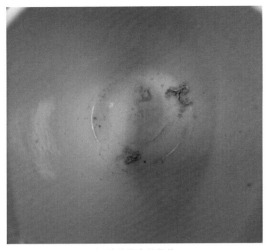
(b) 泥沙蓝旗布焙烧物

图 5-28　油泥五彩布及泥沙蓝旗布焙烧物实拍照片

(a) 落地油泥　　　　　　(b) 大罐底泥　　　　　　(c) 油泥坑剖面　　　　　　(d) 油基钻屑

(e) 作业油泥　　　　　　　(f) 水处理污泥　　　　　　(g) 污泥/油坑

(h) 固态油泥　　　　(i) 液态油泥池

图 6-1　油田不同来源的含油污泥形貌

| (a) 原泥 | (b) 350℃, 30min | (c) 450℃, 30min | (d) 550℃, 30min |

图 6-4　长庆储存场不同热脱附温度的油泥样品形貌

| (a) 原泥 | (b) 300℃, 40min | (c) 400℃, 40min | (d) 450℃, 30min |

图 6-5　长庆三厂不同热脱附温度的油泥样品形貌

| (a) 原泥 | (b) 350℃, 30min | (c) 450℃, 30min | (d) 550℃, 30min |

图 6-6　长庆离心脱水后不同热脱附温度的油泥样品形貌

(a) 原泥　　　　　(b) 350℃, 30min　　　　　(c) 450℃, 30min　　　　　(d) 550℃, 30min

图 6-7　长庆蒸发池不同热脱附温度的油泥样品形貌

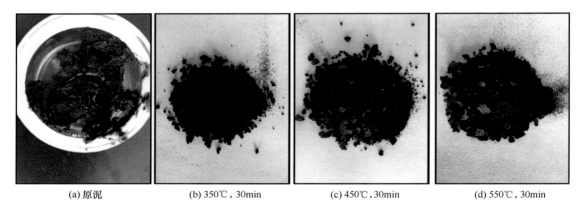

(a) 原泥　　　　　(b) 350℃, 30min　　　　　(c) 450℃, 30min　　　　　(d) 550℃, 30min

图 6-8　长庆二厂离心脱水后不同热脱附温度的油泥样品形貌

(a) 原泥　　　　　(b) 350℃, 30min　　　　　(c) 450℃, 30min　　　　　(d) 550℃, 30min

图 6-9　长庆含油污泥处理厂不同热脱附温度的油泥样品形貌